Hauptgruppen

	I	II	III	IV	V	VI	VII	VIII
								4,0 **He** Helium 2
			10,8 **B** Bor 5 2,0	12,0 **C** Kohlenstoff 6 2,5	14,0 **N** Stickstoff 7 3,0	16,0 **O** Sauerstoff 8 3,5	19,0 **F** Fluor 9 4,0	20,2 **Ne** Neon 10
			27,0 **Al** Aluminium 13 1,5	28,1 **Si** Silicium 14 1,8	31,0 **P** Phosphor 15 2,1	32,1 **S** Schwefel 16 2,5	35,5 **Cl** Chlor 17 3,0	39,9 **Ar** Argon 18
,7 **Ni** Nickel 8 1,8	63,5 **Cu** Kupfer 29 1,9	65,4 **Zn** Zink 30 1,6	69,7 **Ga** Gallium 31 1,6	72,6 **Ge** Germanium 32 1,8	74,9 **As** Arsen 33 2,0	79,0 **Se** Selen 34 2,4	79,9 **Br** Brom 35 2,8	83,8 **Kr** Krypton 36
6,4 **Pd** Palladium 6 2,2	107,9 **Ag** Silber 47 1,9	112,4 **Cd** Cadmium 48 1,7	114,8 **In** Indium 49 1,7	118,7 **Sn** Zinn 50 1,8	121,8 **Sb** Antimon 51 1,9	127,6 **Te** Tellur 52 1,9	126,9 **I** Iod 53 2,5	131,3 **Xe** Xenon 54
5,1 **Pt** Platin 8 2,2	197,0 **Au** Gold 79 2,4	200,6 **Hg** Quecksilber 80 1,9	204,4 **Tl** Thallium 81 1,8	207,2 **Pb** Blei 82 1,8	209,0 **Bi** Bismut 83 1,9	[209] **Po*** Polonium 84 2,0	[210] **At*** Astat 85 2,2	[222] **Rn*** Radon 86
71] **Ds*** rmstadtium 0	[272] **Rg*** Roentgenium 111	[277] **Cn*** Copernicium 112	[284] **Nh*** Nihonium 113	[289] **Fl*** Flerovium 114	[288] **Mc*** Moscovium 115	[293] **Lv*** Livermorium 116	[293] **Ts*** Tenness 117	[294] **Og*** Oganesson 118

2,0 **Eu** Europium 3 1,2	157,3 **Gd** Gadolinium 64 1,1	158,9 **Tb** Terbium 65 1,2	162,5 **Dy** Dysprosium 66 1,2	165,0 **Ho** Holmium 67 1,2	167,3 **Er** Erbium 68 1,2	168,9 **Tm** Thulium 69 1,2	173,0 **Yb** Ytterbium 70 1,2	175,0 **Lu** Lutetium 71 1,2
43] **Am*** Americium 5 1,3	[247] **Cm*** Curium 96 1,3	[247] **Bk*** Berkelium 97 1,3	[251] **Cf*** Californium 98 1,3	[252] **Es*** Einsteinium 99 1,3	[257] **Fm*** Fermium 100 1,3	[258] **Md*** Mendelevium 101 1,3	[259] **No*** Nobelium 102 1,3	[262] **Lr*** Lawrencium 103 1,3

ÜBERSICHT: LABORGERÄTE

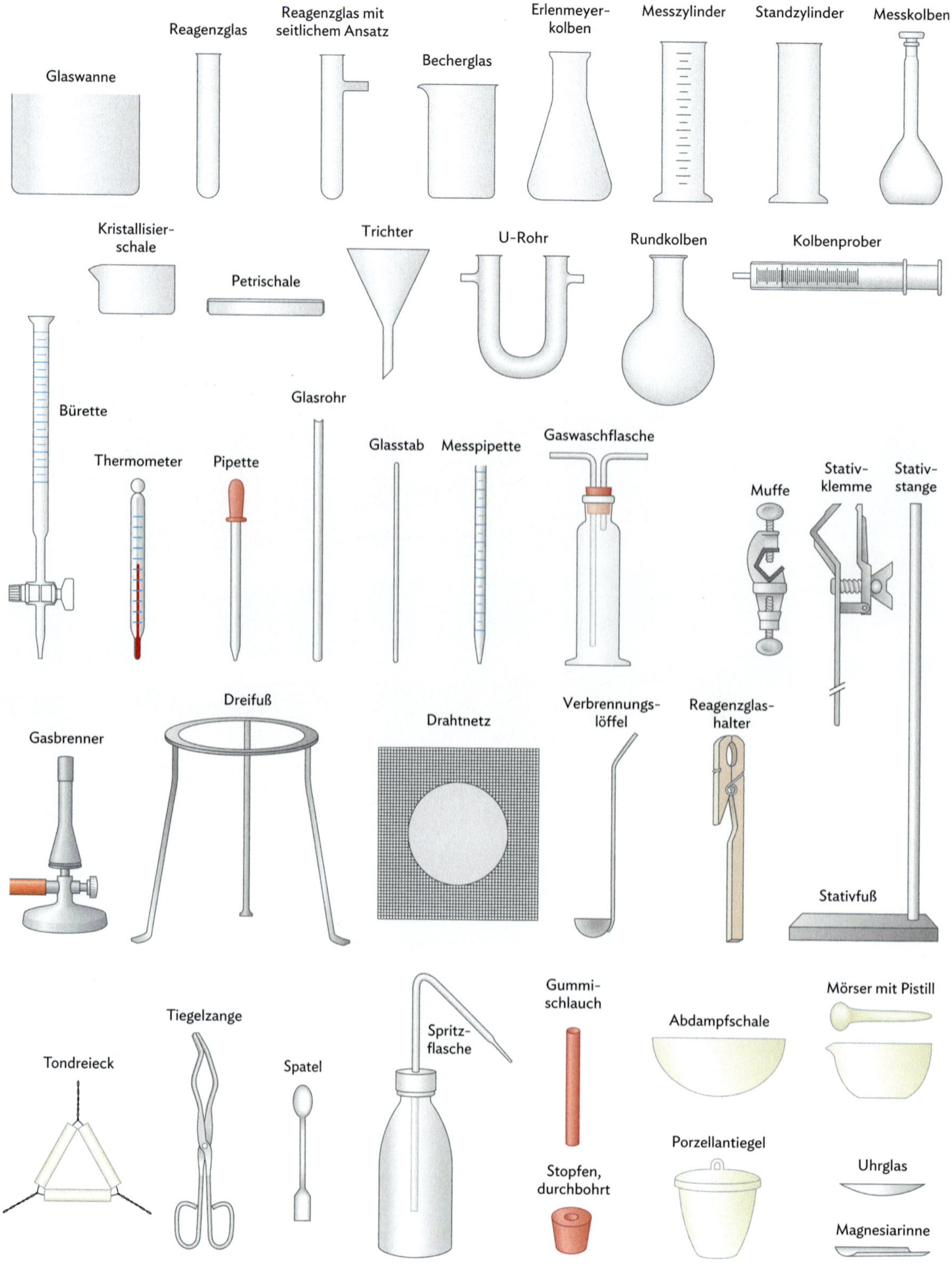

Chemie 9 NTG

Gymnasium Bayern

C.C.Buchner

Chemie – Bayern
Chemie für Gymnasien
Herausgegeben von Ernst Hollweck und Thomas Weingand

Chemie 9 NTG
Chemie für die 9. Jahrgangsstufe an naturwissenschaftlich-technologischen Gymnasien

Bearbeitet von Volker Bast, Karin Broll, Tobias Fröhlich, Alina Hermann, Ernst Hollweck, Fabian Kellermeier, Johannes Schmidkonz, Sonja Schmidkonz, Harald Steinhofer, Martina Wagner, Thomas Weingand und Martin Wild unter Beratung von Marco Korn

Zu diesem Lehrwerk ist erhältlich:
· Digitales Schulbuch **click & study**, Einzellizenz, WEB-Bestell-Nr. 050421
· Digitales Lehrermaterial click & teach Einzellizenz, WEB-Bestell-Nr. 050451
Weitere Lizenzformen (Einzellizenz flex, Kollegiumslizenz) und Materialien unter www.ccbuchner.de.

1. Auflage, 3. Druck 2025
Alle Drucke dieser Auflage sind, weil untereinander unverändert, nebeneinander benutzbar.

Dieses Werk folgt der reformierten Rechtschreibung und Zeichensetzung. Ausnahmen bilden Texte, bei denen künstlerische, philologische oder lizenzrechtliche Gründe einer Änderung entgegenstehen.

produktsicherheit@ccbuchner.de

Redaktion: Carolin Ratzka, Ronny Reimann, Britta Jung
Layout und Umschlag: Petra Michel, Amberg
Gestaltung: mgo360 GmbH & Co. KG, Bamberg
Illustrationen: Stefan Dangl, München; Helmut Holtermann, Dannenberg; Manfred Koch, Oberweißbach; Angelika Kramer, Stuttgart
Druck und Bindung: Firmengruppe Appl, aprinta Druck, Wemding

www.ccbuchner.de

ISBN 978-3-661-**05042**-3

Liebe Schülerin, lieber Schüler,

dieses Buch baut auf die chemischen Kenntnisse auf, die du im bisherigen Chemieunterricht mithilfe des ersten Bandes erworben hast.

Auch im zweiten Band werden naturwissenschaftliche Phänomene aus deinem Alltag aus chemischer Sicht aufgegriffen, hinterfragt und erklärt. Ausgegangen wird dabei in der Regel von Experimenten. Du hast im Chemieunterricht bereits viele chemische Versuche durchgeführt und dabei gelernt, verantwortungsvoll mit Chemikalien umzugehen und die Versuche sicher durchzuführen. Du weißt, dass du durch genaues Beobachten und Auswerten neues Wissen über die Welt der Chemie, die Teil deines Alltags ist, gewinnst.

Im diesem Band werfen wir einen genauen Blick auf den Atombau und das Periodensystem. Wir beschäftigen uns mit der Rolle von Elektronen bei chemischen Reaktionen und mit der Bildung von Salzen. Das Wissen über den Aufbau der Teilchen und die Verteilung der Elektronen hilft uns, Eigenschaften von Stoffen, wie die Löslichkeit und die Schmelztemperatur, zu verstehen.

Werkstoffe und Materialien kommen überall zum Einsatz, z. B. im Automobil oder im eigenen Haus. Dabei spielen die Themen „Ressourcen schonen“ und „Energie einsparen“ in unserer modernen Welt immer eine zentrale Rolle. Auf diesem Weg unterstützt uns die Chemie. Jeder übernimmt mit seinem Tun oder Nichtstun Verantwortung für die Zukunft. Die Themen dieses Bandes werden dir helfen, im Alltag umweltbewusst, nachhaltig und ökologisch handeln zu können. Du lernst zum Beispiel etwas über:

- das Ordnungssystem der Elemente,
- den Aufbau der Atomhülle,
- die chemische Bindung zwischen Atomen und zwischen Ionen,
- die Funktionsweise von Batterien,
- den Bau von Molekülen,
- die Wechselwirkungen zwischen Teilchen und
- den alltäglichen, aber doch besonderen Stoff Wasser.

An verschiedenen Stellen in diesem Buch findest du **QR-Codes** bzw. **Mediencodes** direkt darunter. Scanne den QR-Code mit deinem Smartphone oder gib den Mediencode unter **www.ccbuchner.de/medien** in das Eingabefeld ein. Dadurch gelangst du zu Zusatzmaterialien wie z. B. Arbeitsblättern, Animationen oder gestuften Hilfen zu den Aufgaben. Eine Übersicht über alle hinterlegten Materialien findest du unter dem QR-/Mediencode 05042-01. Durch Nachlesen und das Lösen vieler Aufgaben kannst du chemische Fachinhalte verstehen und dich selbst testen (Hinweise zu verwendeten Operatoren unter QR-/Mediencode 05042-50). Deine Lehrkraft und auch dieses Buch helfen dir dabei.

Viel Spaß und Erfolg!
Die Herausgeber

05042-01

05042-50

So kannst du mit diesem Buch arbeiten ...

Dein neues Chemiebuch enthält fünf Kapitel. Jedes Kapitel ist in mehrere Untereinheiten unterteilt und enthält eine Reihe verschiedener Seitentypen. Hier erfährst du, wie du mit diesen Seitentypen arbeiten kannst.

1. Los geht's

Um festzustellen, ob du fit für ein Kapitel bist, kannst du dich auf den Seiten **Startklar?** zunächst selbst einschätzen und anschließend deine Einschätzung anhand von Aufgaben überprüfen. Die passenden Arbeitsblätter kannst du unter dem jeweiligen QR-Code bzw. Mediencode abrufen (vgl. Info 1 unten). Die Lösungen findest du im Anhang des Buches. Schneidest du in einem Bereich nicht so gut ab, bekommst du im Auswertungskasten Informationen, wo du noch einmal nachlesen solltest.

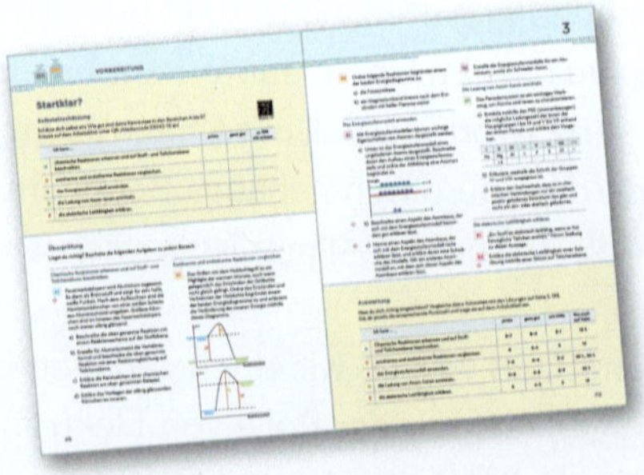

2. Die Untereinheiten

Die Seiten **Versuche und Material** sind der Ausgangspunkt für deinen Erkenntnisgewinn. Wie alle Wissenschaftlerinnen und Wissenschaftler führst du Versuche durch, um neues Wissen zu erlangen. Auswertungs- und Lernaufgaben helfen dir dabei.

Info 1

Im Buch findest du QR-Codes und Mediencodes, die zu Videos, Animationen, gestuften Hilfen u. ä. führen. Eine Übersicht über alle hinterlegten Materialien findest du unter dem QR-/Mediencode 05042-01.
Die QR-Codes kannst du direkt mit deinem Smartphone einscannen. Alternativ kannst du den jeweils darunter stehenden Mediencode auf www.ccbuchner.de/medien eingeben.

05042-01

- **V** Schülerversuch
- **PV** Versuch für Profilbereich
- **LV** Lehrerversuch
- **M** Arbeitsmaterialien
- **A** anspruchsvolle Aufgabe
- ✧ Aufgabe zu prozessbezogenen Kompetenzen

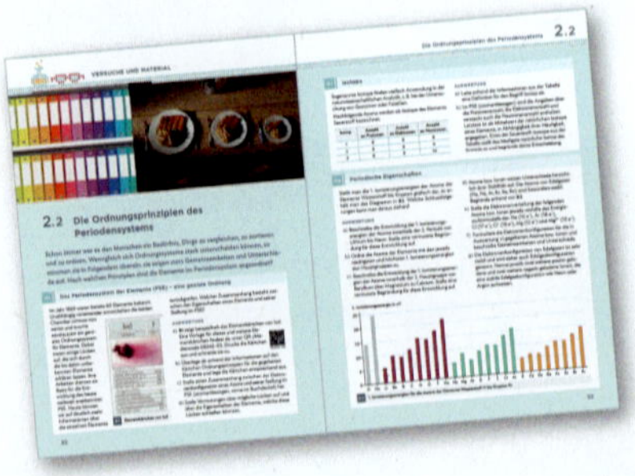

Info 2

Unter prozessbezogenen Kompetenzen (Lernbereich 1) versteht man die Fähigkeiten, Erkenntnisse zu gewinnen, Informationen zu kommunizieren und Sachverhalte zu bewerten.

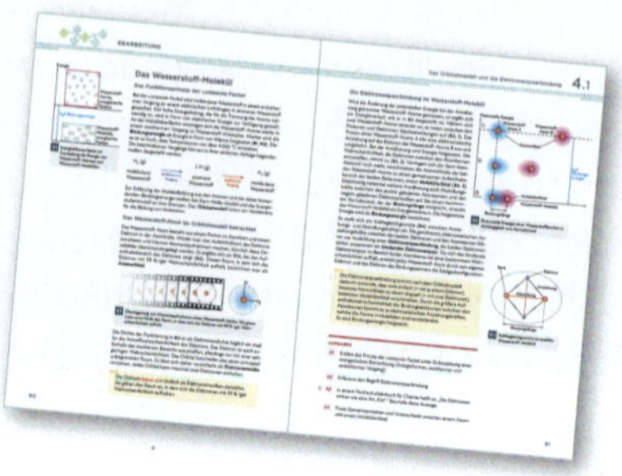

Auf den Seiten **Erarbeitung** kannst du Neues in leicht verständlichen Texten nachlesen. Dort findest du auch Querverweise (z. B. **V1**) zu den Seiten Versuche und Material. Ausgehend von experimentellen Befunden werden die neuen Inhalte aufgearbeitet und erklärt. Das Wichtigste findest du in gelb hinterlegten Merksätzen. Kleine Infokästen bieten Zusatzinformationen zum Text. Zudem gibt es auf jeder Doppelseite passende Aufgaben. Am Ende jeder Untereinheit sind die neuen Fachbegriffe in einem Kasten zusammengestellt.

3. Am Ende des Kapitels

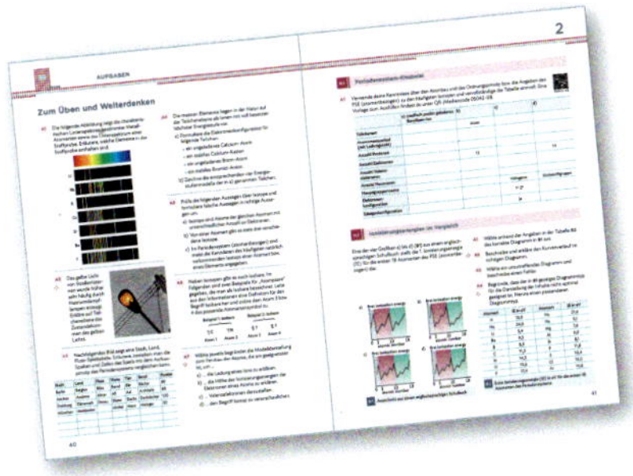

Am Kapitelende warten auf den Seiten **Zum Üben und Weiterdenken** eine große Anzahl bunt gemischter Aufgaben darauf, gelöst zu werden.

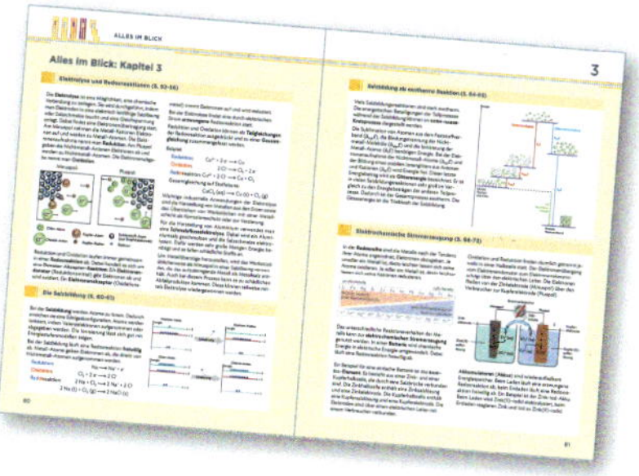

Die wichtigsten Inhalte aus jedem Kapitel werden bei **Alles im Blick** kompakt zusammengefasst. Damit kannst du dich gut auf einen Test vorbereiten.

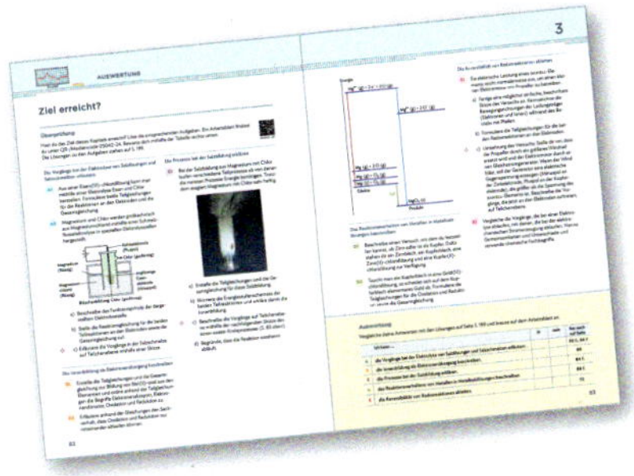

Mit den Seiten **Ziel erreicht?** kannst du überprüfen, ob du die neuen Inhalte und Kompetenzen des Kapitels beherrschst. Das entsprechende Arbeitsblatt kannst du unter dem QR-Code bzw. Mediencode herunterladen und deine Antworten mit den Lösungen im Anhang abgleichen. Wenn du in einem Bereich noch nicht so gut bist, kannst du auf den angegebenen Seiten nochmal nachlesen.

Sonderseiten

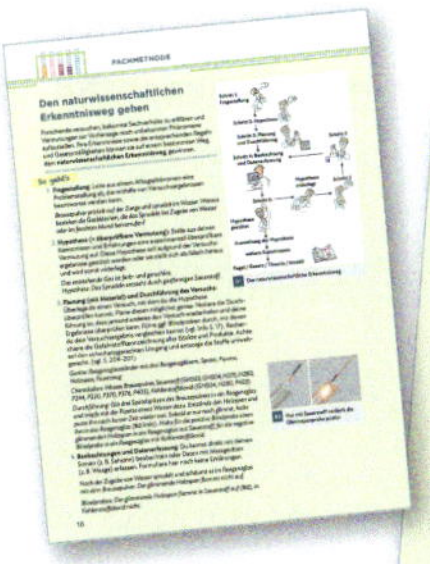

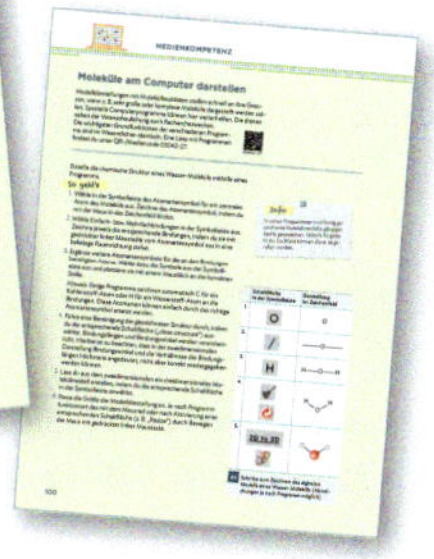

Fachmethoden der Chemie sind Werkzeuge, deren Handhabung gelernt sein will. Auf den Seiten **Fachmethode** (FM) wird Schritt für Schritt erklärt, wofür eine Methode gut ist und wie man sie anwendet.

Der Einsatz digitaler Medien spielt in der Chemie eine große Rolle. Auf den **Medienkompetenz**-Seiten (MK) lernst du, wie man Moleküle mit dem Computer darstellt und Informationen zu diesen Molekülen aus Modellen gewinnt.

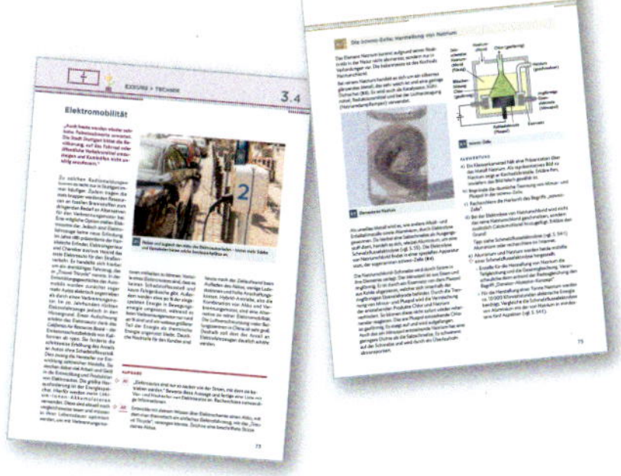

Keine Wissenschaft kommt heute noch ohne andere Wissenschaften aus. Auf den Seiten **Exkurs** (EK) kannst du „über den Tellerrand blicken". Spannende Themen, z. B. aus Biologie, Physik, Medizin, Umwelt oder Erdkunde, werden wie in einer Zeitschrift vorgestellt.

Auf den **Profilseiten** werden Schülerversuche und Materialien vorgestellt, von denen einige wahlweise in den Profilstunden selbstständig bearbeitet werden können.

INHALT

2 Atombau und gekürztes Periodensystem

3 Donator-Akzeptor-Konzept – Elektronenübergänge

Info
Im Buch findest du QR-/Mediencodes, die zu Zusatzmaterialien führen. Eine Übersicht über alle hinterlegten Materialien findest du unter dem QR-/Mediencode 05042-01.

05042-01

5
Wechselwirkungskonzept -
Anziehung zwischen Teilchen

Grundlegendes aus Jahrgangsstufe 8

Physikalische Eigenschaften von Stoffen auf Stoffebene

Ein **Reinstoff** besteht aus einer Stoffart und ist durch eine Kombination von **Kenneigenschaften** (z. B. Schmelztemperatur, Siedetemperatur, Dichte, Löslichkeit) identifizierbar.

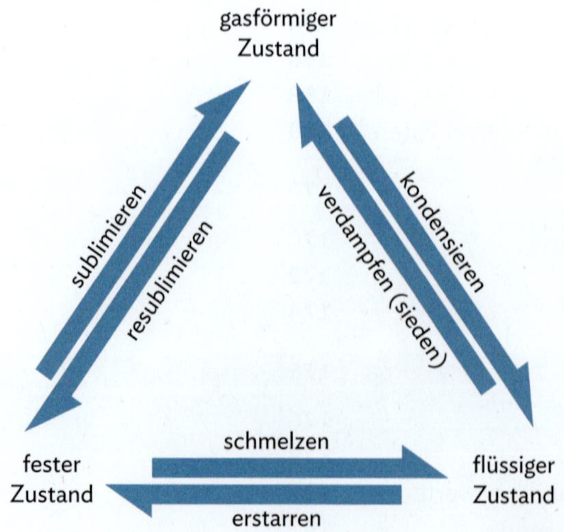

Stoffe können die **Aggregatzustände** fest, flüssig und gasförmig annehmen (Animation unter QR-/Mediencode 05042-52).

05042-52

Schmelz- und **Siedetemperaturen** nennt man die Temperaturen, bei denen ein Stoff vom festen in den flüssigen bzw. vom flüssigen in den gasförmigen Zustand übergeht.

Kennt man das **Volumen *V*** und die **Masse *m*** einer Stoffportion, so kann man daraus die **Dichte *ρ*** des Stoffes nach folgender Formel berechnen:

$$\text{Dichte (Stoff)} = \frac{\text{Masse (Stoff)}}{\text{Volumen (Stoff)}}; \rho(\text{Stoff}) = \frac{m(\text{Stoff})}{V(\text{Stoff})}$$

Stoffe können in einem bestimmten **Lösemittel** löslich oder unlöslich sein. Wasserlösliche Stoffe können mit Wasser **saure**, **basische** oder **neutrale Lösungen** bilden. Blaukrautsaft ändert seine Farbe je nachdem, ob eine Lösung sauer (rötlich), neutral (violett) oder basisch (blaugrün) ist und dient somit als ein **Indikator** für den Säuregrad einer Lösung.

sauer neutral basisch

Das Teilchenmodell zur Erklärung von Stoffeigenschaften auf Teilchenebene

Die Eigenschaften eines Stoffes versucht man mithilfe des **Teilchenmodells** zu erklären (**Stoff-Teilchen-Konzept**). Man nimmt dazu an, dass die Teilchen eines Stoffes sehr klein sind und zwischen den einzelnen Teilchen leerer Raum ist. Die Teilchen verschiedener Stoffe unterscheiden sich in ihrer Größe und Masse. Zwischen den Teilchen gibt es Anziehungskräfte, die bei verschiedenen Stoffen unterschiedlich stark sind.

Alle Teilchen sind in ständiger und ungerichteter Bewegung. Die Geschwindigkeit der Bewegung nimmt mit steigender Temperatur zu.

Die Eigenbewegung der Teilchen erklärt die selbstständige und gleichmäßige Durchmischung (Diffusion) der Stoffe in Lösungen oder in einem Gasgemisch. In einer Lösung verteilen sich Teilchen des gelösten Stoffes zwischen den Teilchen des Lösemittels.

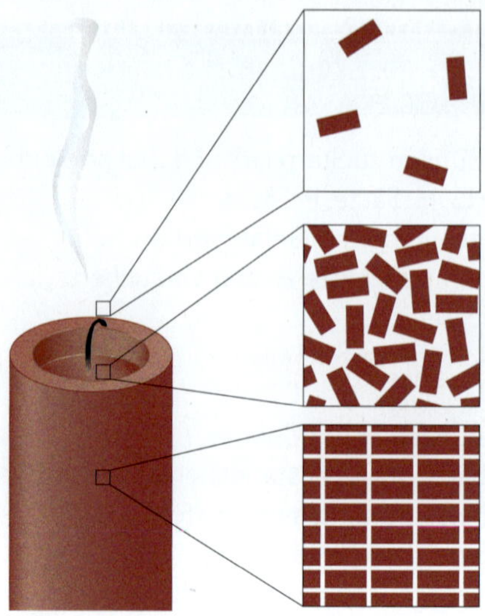

Stoffgemische und Trennverfahren

Stoffgemische sind Mischungen verschiedener Reinstoffe. Kann man die Bestandteile mit dem Mikroskop oder dem Auge noch erkennen, nennt man ein Stoffgemisch **heterogen** (z. B. Gemenge, Suspension, Emulsion, Rauch, Nebel). Sind die einzelnen Bestandteile nicht mehr unterscheidbar, so nennt man es **homogen** (z. B. Lösung, Legierung, Gasgemisch). Die Eigenschaften der Stoffgemische hängen von der Zusammensetzung des Gemisches ab.

Aufgrund der unterschiedlichen Kenneigenschaften der Reinstoffe lassen sich Stoffgemische mithilfe geeigneter **Trennverfahren** (z. B. Extraktion, Chromatographie, Destillation) in die einzelnen Reinstoffe trennen.

Luft ist beispielsweise ein homogenes Stoffgemisch, das v. a. die Gase Stickstoff, Sauerstoff und Argon enthält. Durch Verflüssigung (**LINDE-Verfahren**) und anschließende Destillation kann Luft in diese Bestandteile getrennt werden.

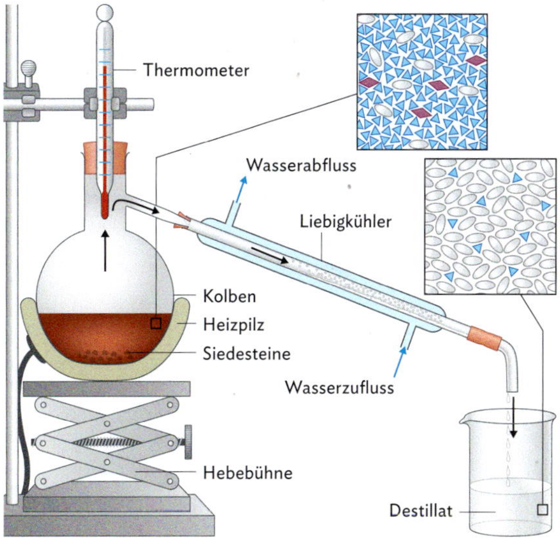

Nachweis wichtiger Gase

Die Gase Kohlenstoffdioxid, Sauerstoff und Wasserstoff können mithilfe einfacher Versuche nachgewiesen werden (Videos unter QR-/Mediencodes 05042-53, -54, -55).

Kohlenstoffdioxid wird mit der **Kalkwasserprobe** nachgewiesen. Beim Einleiten von Kohlenstoffdioxid in Kalkwasser trübt sich dieses weiß. Es bildet sich Kalk.

05042-53

Zum Nachweis von Sauerstoff wird die **Glimmspanprobe** durchgeführt. Ein glimmender Span flammt in reinem Sauerstoff wieder auf.

05042-54

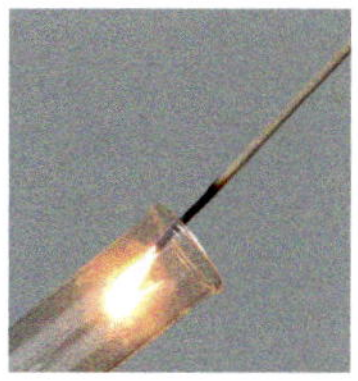

Wasserstoff kann mit der **Knallgasprobe** nachgewiesen werden. Ist Wasserstoff bzw. ein Wasserstoff-Sauerstoff-Gemisch vorhanden, so hört man einen leisen Pfeifton bzw. ein Knallen.

05042-55

Der Gehalt eines Reinstoffes an einem Stoffgemisch

Der Gehalt eines Reinstoffes in einem Stoffgemisch kann experimentell oder rechnerisch ermittelt werden. Die Masse *m* eines Feststoffes, der in einer wässrigen Lösung vorliegt, kann z. B. durch Eindampfen eines bestimmten Volumens *V* des Wassers in der Lösung experimentell ermittelt werden. Aus den erhaltenen Werten kann schließlich die Massenkonzentration β des Feststoffes in der Lösung folgendermaßen berechnet werden:

$$\beta(\text{Feststoff}) = \frac{m(\text{Feststoff})}{V(\text{Volumen der Lösung})}$$

Um vergleichbare Messwerte zu erhalten, sollte ein Versuch stets mehrmals wiederholt werden und mögliche Fehlerquellen gesucht und behoben werden.

Grundlegendes aus Jahrgangsstufe 8

Kennzeichen chemischer Reaktionen

Neben dem **Energieumsatz** ist der **Stoffumsatz** ein Kennzeichen einer **chemischen Reaktion**. Aus **Edukten** entstehen **Produkte** mit anderen Kenneigenschaften. **Verbindungen** können durch chemische Reaktion in **Elemente** zerlegt werden.

In einem **Reaktionsschema** werden chemische Reaktionen verkürzt dargestellt:

Wasser (l) ⟶ Wasserstoff (g) + Sauerstoff (g)

Die Namen der Edukte stehen links, die Namen der Produkte rechts. Sie sind durch einen Reaktionspfeil (⟶) verbunden.

Hinter den Stoffnamen wird in Klammern angegeben, ob es sich um einen Feststoff (s), eine Flüssigkeit (l), ein Gas (g) oder um einen gelösten Stoff (aq) handelt.

Nach DALTONS **Atomvorstellung** sind Atome die kleinsten Teilchen. Element-Moleküle bestehen aus einer **Atomart**. Verbindungs-Moleküle sind aus mindestens zwei Atomarten aufgebaut.

Mit dem Atommodell nach DALTON kann eine chemische Reaktion als Umgruppierung von Atomen beschrieben werden.

Das **Periodensystem der Elemente** liefert Informationen über ein Element auf Stoffebene. Elemente können den Stoffklassen der **Metalle**, **Halbmetalle** und **Nichtmetalle** zugeordnet werden. Das **Periodensystem der Atomarten** gibt Informationen über eine Atomart auf Teilchenebene.

Massenerhalt bei chemischen Reaktionen

Bei chemischen Reaktionen in einem **geschlossenen System** findet im Gegensatz zum **offenen System** kein Stoffaustausch mit der Umgebung statt. Es gilt LAVOISIERS **Satz von der Erhaltung der Masse**. Er besagt, dass sich die Gesamtmasse aller beteiligten Stoffe bei einer chemischen Reaktion nicht ändert. Es findet eine Umgruppierung der Atome statt.

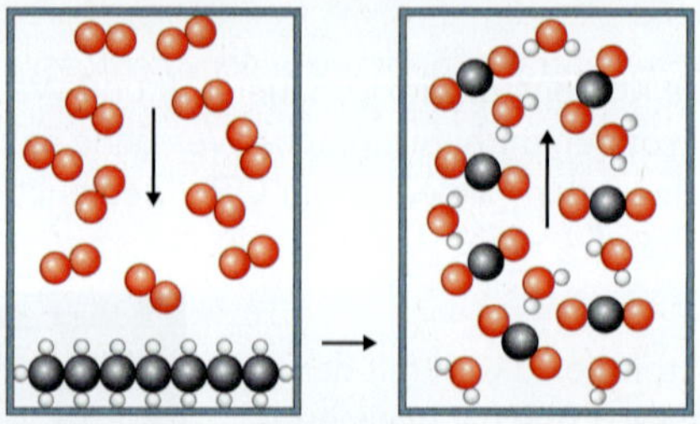

Energieumsatz, Aktivierung und Katalyse bei chemischen Reaktionen

Bei chemischen Reaktionen findet ein **Energieumsatz** statt. Bei **exothermen Reaktionen** wird Wärme an die Umgebung abgegeben und bei **endothermen Reaktionen** aus der Umgebung aufgenommen. Die Differenz zwischen dem Gehalt an innerer Energie der Produkte und Edukte wird als **Reaktionsenergie $\Delta_i E$** bezeichnet. Entsprechend dem **Energieerhaltungssatz** findet bei chemischen Reaktionen eine Energieumwandlung statt.

Die zum Start einer chemischen Reaktion erforderliche Energie wird als **Aktivierungsenergie E_A** bezeichnet. Diese kann durch einen **Katalysator** herabgesetzt werden. Der Katalysator wird dabei nicht verbraucht und hat keinen Einfluss auf die Reaktionsenergie $\Delta_i E$.

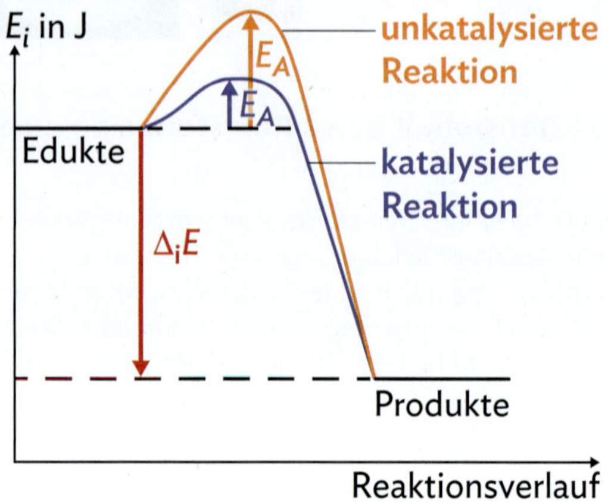

Molekülformel

Gase mit gleichen Volumina enthalten bei Standardbedingungen gleich viele Teilchen (**Hypothese von AVOGADRO**) und reagieren im ganzzahligen Verhältnis miteinander (**Volumengesetz für Gasreaktionen**).

Moleküle sind Verbände aus mindestens zwei Atomen. Manche Elemente sind aus zweiatomigen Molekülen aufgebaut (H_2, O_2, N_2, F_2, Cl_2, Br_2, I_2).

Verbindungs-Moleküle sind aus mindestens zwei Atomarten aufgebaut und können mit den Atomartensymbolen in einer chemischen Formel dargestellt werden. Aus dieser **Molekülformel** lässt sich der korrekte Name ableiten und umgekehrt.

Bsp.: CO_2 Kohlenstoffdioxid

Verbrennung von Kohlenwasserstoffen

Alkane gehören zur Gruppe der Kohlenwasserstoffe. Sie sind durch die Molekülformel $\mathbf{C_nH_{2n+2}}$ gekennzeichnet. Aufeinanderfolgende Vertreter der homologen Reihe unterscheiden sich durch eine CH_2-Gruppe.

Bei der **Verbrennung** von Alkanen mit ausreichend Sauerstoff ensteht neben Kohlenstoffdioxid Wasser.

Reaktionsgleichung für die Verbrennung von Propan:

$$C_3H_8 + 5\,O_2 \longrightarrow 3\,CO_2 + 4\,H_2O$$

Kohlenwasserstoffe können als Brennstoffe für die Energiebereitstellung verwendet werden. Nachwachsende Energieträger besitzen gegenüber fossilen Energieträgern eine neutrale Kohlenstoffdioxidbilanz und ihre Verwendung ist nachhaltiger.

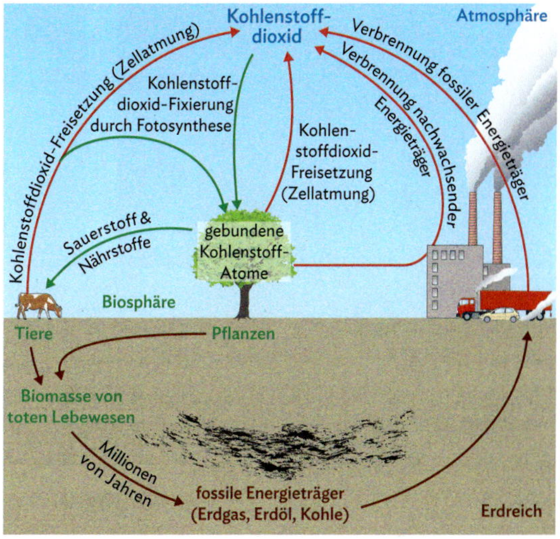

Quantitative Aspekte chemischer Reaktionen

Messbare Größen (**Quantitätsgrößen**) können direkt im Experiment gemessen und mithilfe von **Umrechnungsgrößen** ineinander überführt werden.

Mithilfe dieser Größen kann stöchiometrisch z. B. die Masse eines Edukts oder eines Produkts einer chemischen Reaktion ermittelt werden. Es gelten u. a. folgende Beziehungen:

$$N_A(\text{Stoff}) = \frac{N(\text{Stoff})}{n(\text{Stoff})} \quad \text{(Einheit: 1/mol)}$$

$$M(\text{Stoff}) = \frac{m(\text{Stoff})}{n(\text{Stoff})} \quad \text{(Einheit: g/mol)}$$

$$V_m(\text{Stoff}) = \frac{V(\text{Stoff})}{n(\text{Stoff})} \quad \text{(Einheit: L/mol)}$$

(mit V_m = 22,4 L/mol für (ideale) Gase bei Normbedingungen)

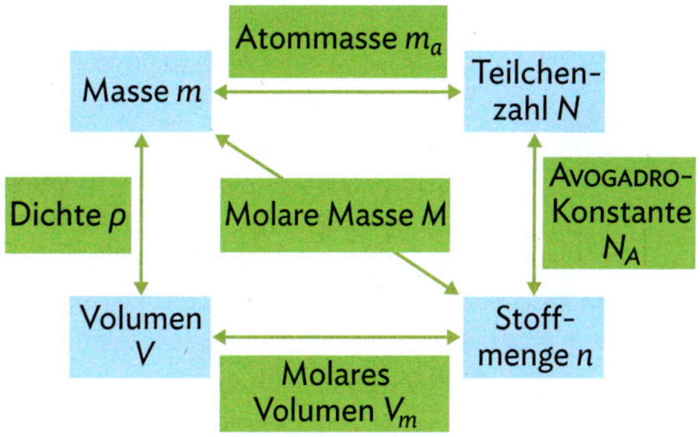

Grundlegendes aus Jahrgangsstufe 8

Bausteine der Reinstoffe und Verbindungsklassen

Reinstoffe

Elemente	**Verbindungen**
Reinstoffe, die nur aus einer Atomart bestehen	Reinstoffe, die aus mindestens zwei Atomarten gebildet werden

Atome		**Moleküle**		**Ionen**
einzelne Atome VIII. Hauptgruppe im PSE: He, Ne, Ar, Kr, Xe, Rn, Og	**Atomverbände** z. B. Mg, Fe, Cu	**Element-Moleküle** bestehend aus gleichen Atomarten, z. B. H_2, O_2, N_2	**Verbindungs-Moleküle** bestehend aus verschiedenen Atomarten, z. B. H_2O, CH_4, CO_2	**Kationen** z. B. Na^+, Fe^{2+}, Al^{3+} **Anionen** z. B. Cl^-, S^{2-}, O^{2-}

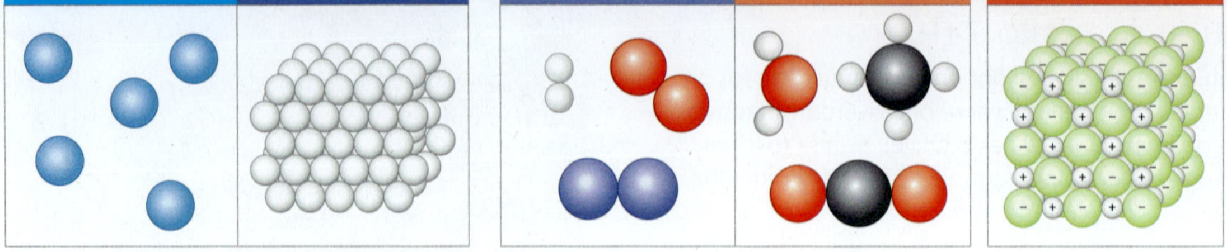

Das Kern-Hülle-Modell zum Atombau

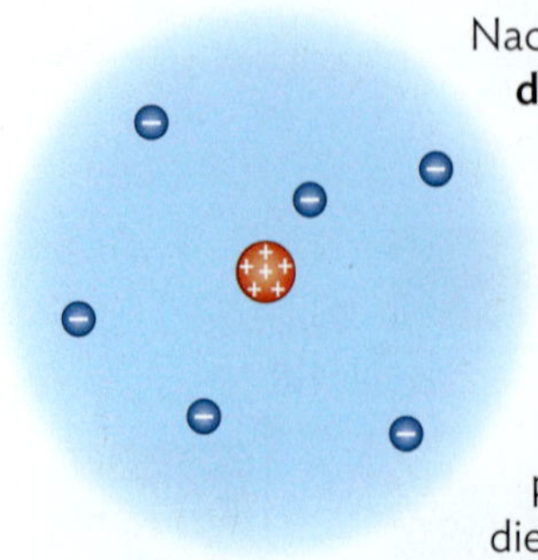

Nach dem **Kern-Hülle-Modell** von RUTHERFORD bestehen Atome aus einem sehr kleinen Atomkern und einer großen, den Kern umgebenden Atomhülle.

Der Atomkern enthält positiv geladene Teilchen, die **Protonen**. Diese haben eine Masse von jeweils 1 u (atomare Masseneinheit). Die Anzahl der Protonen in den Atomkernen eines Elements ist immer gleich. Sie ist für ein Element charakteristisch.

Neben den Protonen befinden sich auch **Neutronen** im Atomkern. Ihre Anzahl kann innerhalb eines Elements variieren. Neutronen sind nicht geladen und haben ebenfalls eine Masse von 1 u.

Näherungsweise befindet sich die gesamte **Atommasse** im Atomkern.

Die Atomhülle ist überwiegend leerer Raum und enthält negative Ladungsträger, die **Elektronen**. Sie sind beweglich und haben nur eine sehr geringe Masse.

Im ungeladenen Atom ist die Anzahl der Elektronen gleich der Anzahl der Protonen. Die Atome eines Elements haben stets die gleiche Anzahl an Protonen im Kern. Bei Ionen sind in der Hülle weniger oder mehr Elektronen enthalten als Protonen im Kern.

	Proton	Neutron	Elektron
Symbol	p^+	n	e^-
Ladung in Elementarladungen	+1	0	-1
Masse	1 u	1 u	0,0005 u
Modelldarstellung		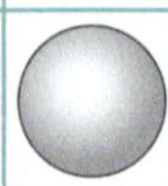	

Aufbau und Eigenschaften von Salzen

Alle Stoffe, die aus Ionen aufgebaut sind, werden **Ionenverbindungen** oder Salze genannt. Salze können aus chemischen Reaktionen von Metallen mit Nichtmetallen gewonnen werden.

Die starken, ungerichteten Anziehungskräfte zwischen positiv geladenen **Kationen** und negativ geladenen **Anionen** sind Grundlage der starken **Ionenbindung**. Da sich entgegengesetzt geladene Ionen anziehen und gleichnamig geladene Ionen abstoßen, entsteht bei großen Mengen an Ionen ein regelmäßiges **Ionengitter**. Die **Verhältnisformel** gibt das Verhältnis Kationen zu Anionen im Kristall wieder.

Salze haben charakteristische Eigenschaften wie Kristallinität, Sprödigkeit und hohe Schmelztemperaturen. In Schmelzen und Lösungen sind sie aufgrund der beweglichen Ionen elektrisch leitfähig, nicht aber im festen Zustand.

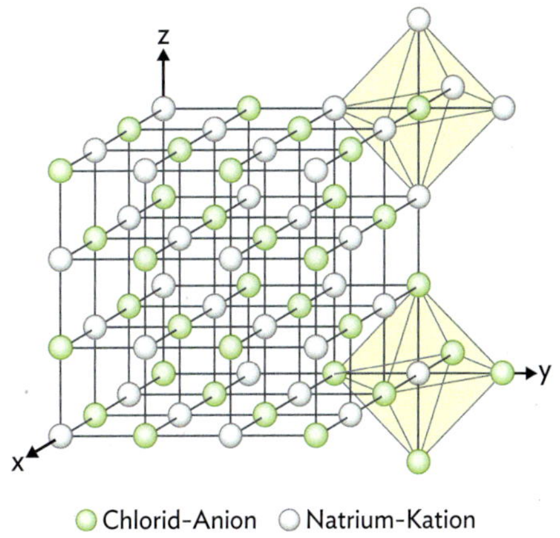

Ionennachweise

Ionen können in Salzen und Salzlösungen auf verschiedene Weise nachgewiesen werden.

Bei einer **Fällungsreaktion** bildet sich in klaren Lösungen durch Zugabe eines Nachweisreagenzes ein sichtbarer, schwer löslicher Niederschlag. Halogenid-Anionen bilden bei Zugabe von Silber(I)-nitratlösung einen weißen Niederschlag. Die Zugabe von Bariumchloridlösung dient als Nachweis für Sulfat- und Carbonat-Anionen, wobei sich Carbonate durch Zugabe saurer Lösungen wieder auflösen lassen, Sulfate nicht.

Eisen(III)- und Kupfer(II)-Ionen lassen sich durch **Farbreaktionen** nachweisen. Bei der Zugabe von Lösungen mit Thiocyanat-Ionen (SCN^-) färben sich Lösungen, die Eisen(III)-Ionen enthalten, rot. Kupfer(II)-Ionen bilden mit Ammoniaklösung eine tiefblaue Färbung.

Mittels **Flammenfärbung** lassen sich viele Alkali- und Erdalkalimetalle nachweisen. Je nach vorhandener Atomart (bzw. Ionenart) erhält die rauschende Brennerflamme eine charakteristische Farbe.

Metalle und Metallbindung

Die typischen Eigenschaften von Metallen wie metallischer Glanz, Verformbarkeit, Wärmeleitfähigkeit und elektrische Leitfähigkeit lassen sich mit dem **Elektronengasmodell** erklären. Bei Metall-Atomen sind manche Elektronen nur schwach gebunden.

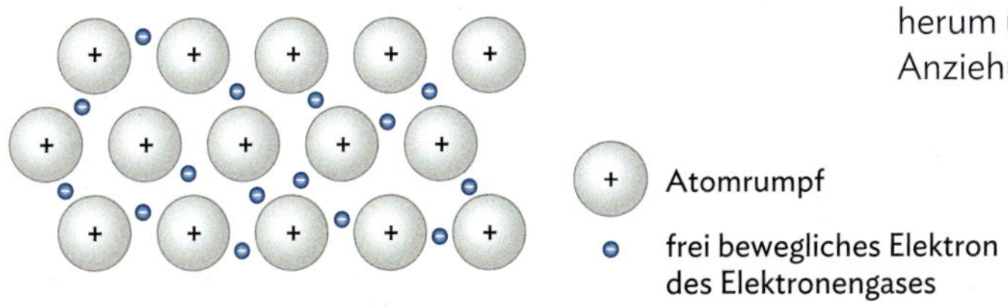

Diese negativ geladenen Elektronen sind im Metallgitter frei beweglich, während die positiv geladenen Atomrümpfe an festen Gitterplätzen sitzen. Dadurch sind die Metalle nach außen ungeladen. Die freien Elektronen, die man in ihrer Gesamtheit als **Elektronengas** bezeichnet, „schwirren" um die Atomrümpfe herum und sorgen daher im Metallgitter für starke Anziehungskräfte: Dieser Zusammenhalt der Teilchen wird als **Metallbindung** bezeichnet. Die ständige Bewegung der freien Elektronen im Metallgitter ist die Ursache für die charakteristischen Eigenschaften von Metallen.

Den naturwissenschaftlichen Erkenntnisweg gehen

Forschende versuchen, bekannte Sachverhalte zu erklären und Vermutungen zur Vorhersage noch unbekannter Phänomene aufzustellen. Ihre Erkenntnisse sowie die entsprechenden Regeln und Gesetzmäßigkeiten können sie auf einem bestimmten Weg, dem **naturwissenschaftlichen Erkenntnisweg**, gewinnen.

So geht's

1. **Fragestellung**: Leite aus einem Alltagsphänomen eine Problemstellung ab, die mithilfe von Versuchsergebnissen beantwortet werden kann.

   Brausepulver prickelt auf der Zunge und sprudelt im Wasser. Woraus bestehen die Gasbläschen, die das Sprudeln bei Zugabe von Wasser oder im feuchten Mund hervorrufen?

2. **Hypothese (= überprüfbare Vermutung)**: Stelle aus deinen Kenntnissen und Erfahrungen eine experimentell überprüfbare Vermutung auf. Diese Hypothese soll aufgrund der Versuchsergebnisse gestützt werden oder sie stellt sich als falsch heraus und wird somit widerlegt.

   Das entstehende Gas ist farb- und geruchlos.
   Hypothese: Das Sprudeln entsteht durch gasförmigen Sauerstoff.

3. **Planung (mit Material) und Durchführung des Versuchs**: Überlege dir einen Versuch, mit dem du die Hypothese überprüfen kannst. Plane diesen möglichst genau. Notiere die Durchführung so, dass jemand anderes den Versuch wiederholen und deine Ergebnisse überprüfen kann. Führe ggf. Blindproben durch, mit denen du dein Versuchsergebnis vergleichen kannst (vgl. Info S. 17). Recherchiere die Gefahrstoffkennzeichnung aller Edukte und Produkte. Achte auf den sicherheitsgerechten Umgang und entsorge die Stoffe umweltgerecht. (vgl. S. 204-207)

   Geräte: Reagenzglasständer mit drei Reagenzgläsern, Spatel, Pipette, Holzspan, Feuerzeug

   Chemikalien: Wasser, Brausepulver, Sauerstoff (GHS03, GHS04; H270, H280; P244, P220, P370, P376, P403), Kohlenstoffdioxid (GHS04, H280, P403)

   *Durchführung: Gib drei Spatelspitzen des Brausepulvers in ein Reagenzglas und tropfe mit der Pipette etwas Wasser dazu. Entzünde den Holzspan und puste ihn nach kurzer Zeit wieder aus. Sobald er nur noch glimmt, halte ihn in das Reagenzglas (**B2** links). Halte für die positive Blindprobe einen glimmenden Holzspan in ein Reagenzglas mit Sauerstoff, für die negative Blindprobe in ein Reagenzglas mit Kohlenstoffdioxid.*

4. **Beobachtungen und Datenerfassung**: Du kannst direkt mit deinen Sinnen (z. B. Sehsinn) beobachten oder Daten mit Messgeräten (z. B. Waage) erfassen. Formuliere hier noch keine Erklärungen.

   Nach der Zugabe von Wasser sprudelt und schäumt es im Reagenzglas mit dem Brausepulver. Der glimmende Holzspan flammt nicht auf.

   *Blindproben: Der glimmende Holzspan flammt in Sauerstoff auf (**B2**), in Kohlenstoffdioxid nicht.*

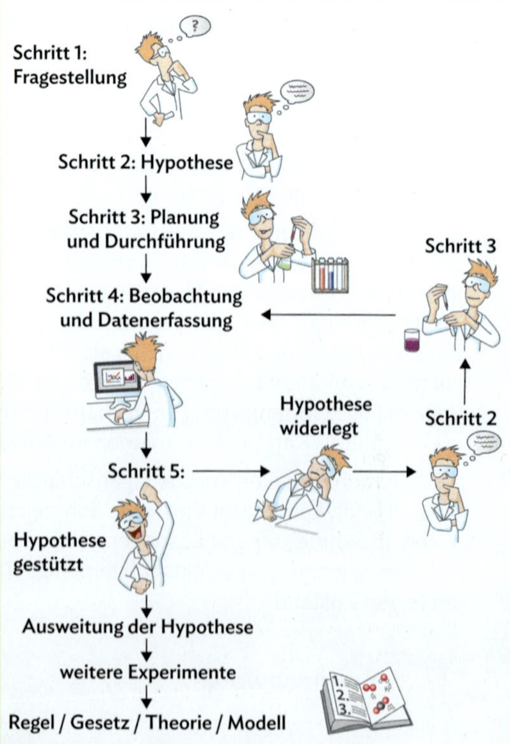

B1 Der naturwissenschaftliche Erkenntnisweg

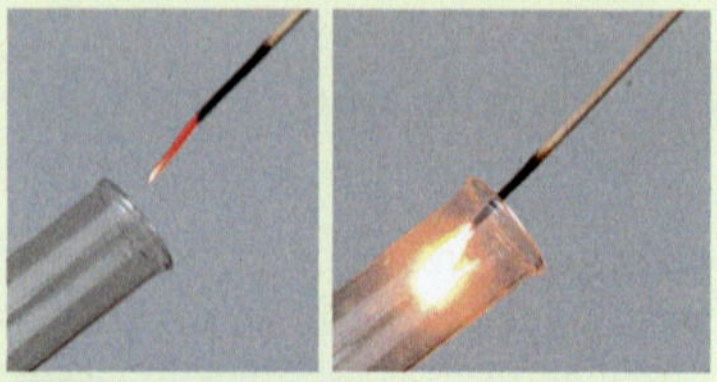

B2 Nur mit Sauerstoff verläuft die Glimmspanprobe positiv

5. **Interpretation mit Hypothesenprüfung**: Werte deine Beobachtungen bzw. Daten geeignet aus (z. B. Tabelle, Diagramm). Interpretiere unter Einbezug der Blindproben die Beobachtungen und diskutiere mögliche Fehlerquellen bei der Versuchsdurchführung. Entscheide, ob deine Hypothese gestützt oder widerlegt wird.
   a) Hypothese widerlegt: Stelle eine neue Hypothese auf und überprüfe sie durch Versuche.
   b) Hypothese gestützt: Führe weitere Versuche durch, um die Hypothese zu bestätigen, zu konkretisieren oder auszuweiten. Wenn die Hypothese ausreichend gestützt wird, kannst du eine allgemeingültige Regel oder ein Gesetz ableiten. Das Gesetz sollte wiederum mit Versuchen überprüft werden.

Die Glimmspanprobe ist in dem Versuch negativ. Ein Fehler in der Durchführung kann ausgeschlossen werden, da die Glimmspanprobe zum richtigen Zeitpunkt durchgeführt wurde (Gasentwicklung bereits eingesetzt, Gas noch nicht aus dem Reagenzglas entwichen) und die Blindprobe mit Sauerstoff wie erwartet positiv verlief. Die Hypothese ist widerlegt. Eine neue Hypothese muss aufgestellt und geprüft werden:

Schritt 2 (Hypothese B): Das Sprudeln entsteht durch Kohlenstoffdioxid.

Schritt 3 (Versuch B):

Geräte: Tropftrichter, durchbohrter Stopfen, Reagenzglas mit seitlichem Ansatz, gebogenes Glasrohr, Becherglas

Chemikalien: Wasser, Brausepulver, Kalkwasser (gesättigte Calciumhydroxidlösung, GHS05, GHS07; H315, H318, H335; P280 P305, P351, P338), Kohlenstoffdioxid (GHS04, H280, P403)

Durchführung: Baue die Apparatur wie in **B3** *auf. Tropfe etwas Wasser auf das Brausepulver und verschließe den Hahn. Leite das entstehende Gas in Kalkwasser ein.*

positive Blindprobe: Einleiten von Kohlenstoffdioxid in Kalkwasser

Schritt 4 (Beobachtungen B): Nach Zugabe von Wasser sprudelt und schäumt es im Reagenzglas mit Brausepulver. Das Kalkwasser trübt sich, wie bei der positiven Blindprobe.

Schritt 5 (Interpretation mit Hypothesenprüfung B): Mithilfe der Kalkwasserprobe wurde nachgewiesen, dass das Sprudeln von Brausepulver im Wasser durch die Bildung des Gases Kohlenstoffdioxid entsteht. Die Hypothese ist bestätigt.

Info

Mit einer Blindprobe soll die Eignung der Nachweismethode, der Versuchsapparatur und der Chemikalien sichergestellt werden.

Bei einer **positiven Blindprobe** wird statt der eigentlichen Stoffprobe (unbekanntes Gas) direkt der nachzuweisende Stoff (hier Sauerstoff) getestet. Sind Versuchsaufbau und verwendete Chemikalien in Ordnung, muss die Nachweismethode ein positives Ergebnis zeigen.

Bei einer **negativen Blindprobe** wird die Nachweismethode ohne Stoffzugabe oder mit einem Stoff getestet, von dem man weiß, dass die Nachweismethode ein negatives Ergebnis zeigen müsste.

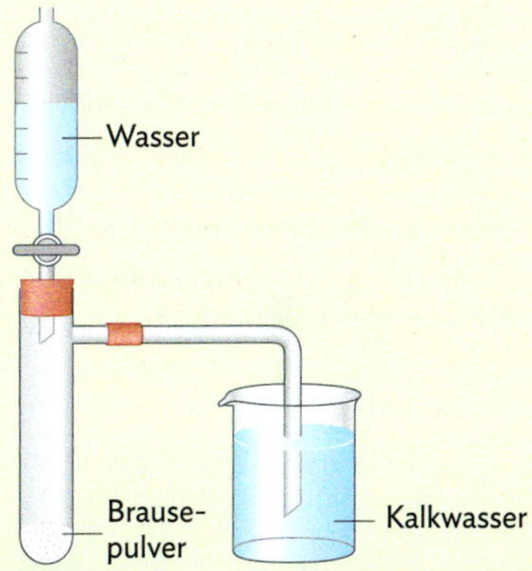

B3 Apparatur zu Versuch B

AUFGABEN

A1 Rene fragt: „Brausetablette A enthält mehr Natriumcarbonat und Citronensäure als Brausetablette B. Setzt Brausetablette A in Wasser mehr Kohlenstoffdioxid frei als Brausetablette B?" Plane einen geeigneten Versuch zur Klärung der Frage. Dir steht die Apparatur aus **B3** und eine Laborwaage mit 0,01 g Genauigkeit zur Verfügung. Rufe dir die Regeln zum sicheren Arbeiten im Chemielabor ins Gedächtnis (QR-/Mediencode 05042-56) und führe deinen Versuch nach Rücksprache mit der Lehrkraft durch.

05042-56

A2 Vergleicht eure Vorschläge aus **A1** in der Klasse. Diskutiert mögliche Fehlerquellen bei der Versuchsdurchführung, die die Ergebnisse verfälschen könnten.

A3 Erstelle zu deinem Versuch aus **A1** ein denkbares Versuchsprotokoll. Vergleiche die Elemente des Protokolls mit den Schritten des naturwissenschaftlichen Erkenntniswegs.

Ein Protokoll zu einem Versuch erstellen

In der Chemie gelangt man durch Experimente zu neuen Erkenntnissen. Im Versuchsprotokoll werden dabei alle wichtigen Versuchsschritte festgehalten. Das ist notwendig, um den Versuch jederzeit wiederholen und die Ergebnisse überprüfen zu können.

Viele Medikamente werden in Form von Brausetabletten angeboten. Neben den zu verabreichenden Inhaltsstoffen enthalten die Tabletten meist das Salz Natriumhydrogencarbonat und eine feste Säure, wie Citronensäure. In Wasser reagieren das Salz und die Säure miteinander. Dabei wird Kohlenstoffdioxid freigesetzt, wodurch sich die Bestandteile der Tablette gleichmäßig im Wasser verteilen und lösen können (**B1**). Arzneimittel- und Lebensmittelvorschriften bestimmen, dass Brausetabletten innerhalb einer bestimmten Zeit ohne Umrühren im Wasser zerfallen müssen. Dafür muss eine hinreichende Menge Kohlenstoffdioxid gebildet werden. In Qualitätskontrollen wird dies systematisch in Versuchen überprüft. Wie geht eine Chemielaborantin oder ein Chemielaborant (vgl. S. 220 f.) bei der Protokollierung dieser Versuche vor?

B1 Auflösen einer Brausetablette in Wasser

So geht's

1. Notiere das Datum, die Überschrift des Versuchs und eine **Fragestellung**, die mit dem Versuch beantwortet werden soll.

2. Stelle aus deinen bisherigen Kenntnissen und Erfahrungen eine **Hypothese** zur Antwort auf die Fragestellung auf.

3. Beschreibe die **Planung** des Versuchs: Notiere die **Geräte und Chemikalien**, die für den Versuch benötigt werden. Beachte auch durchgeführte Blindproben. Gib die Gefahrstoffkennzeichnungen aller Edukte und Produkte an. Formuliere die **Versuchsdurchführung** möglichst kurz und präzise. Eine andere Person muss den Versuch anhand dieser Beschreibung verstehen und wiederholen können. Fertige ggf. eine Skizze an und beschrifte sie.

4. Notiere die **Beobachtung(en)** und ggf. Messwerte. Wähle dafür passende Darstellungsformen, z. B. Text, Skizzen, Bilder, Diagramme und/oder Tabellen. Formuliere an dieser Stelle noch keine Erklärungen.

5. **Interpretiere** die Beobachtungen und ggf. Messwerte im Hinblick auf die Aufgabe bzw. Fragestellung. **Prüfe** deine **Hypothese** und formuliere eine Aussage, ob sie durch die Daten gestützt oder widerlegt wird. Beziehe mögliche Fehlerquellen in deine Überlegungen ein. Ergänze ggf. Überlegungen zu weiteren Versuchen, um eine neue Hypothese zu prüfen oder eine gestützte Hypothese zu bestätigen, zu konkretisieren oder auszuweiten.

Kohlenstoffdioxidbildung beim Auflösen von Brausetabletten

22.06.2021

1. Fragestellung:

Brausetablette A enthält laut Etikett etwa die doppelten Mengen an Natriumcarbonat und Citronensäure als Brausetablette B, während die übrige Zusammensetzung identisch ist. Setzt Brausetablette A also in Wasser mehr Kohlenstoffdioxid frei?

2. Hypothese:

Brausetablette A setzt aufgrund des höheren Anteils an Natriumcarbonat und Citronensäure mehr Kohlenstoffdioxid frei als Brausetablette B.

3. Planung und Durchführung:

Geräte: Laborwaage (Genauigkeit: 0,01 g), Tropftrichter (100 mL), durchbohrter Stopfen, Reagenzglas mit seitlichem Ansatz, gebogenes Glasrohr, Becherglas (600 mL, hohe Form)

Chemikalien: Wasser, Brausetabletten (Hersteller A und B), Kalkwasser, Kohlenstoffdioxid (für Blindprobe)

Gefahrstoffkennzeichnung: Wasser und Brausetabletten: keine Gefahrstoffe nach GHS; Kalkwasser (gesättigte Calciumhydroxidlösung): GHS05, GHS07; H315, H318, H335; P280, P305, P351, P338; Kohlenstoffdioxid: GHS04, H280, P403

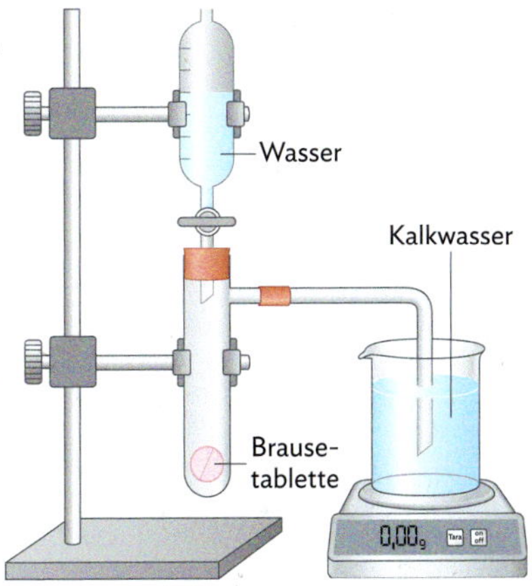

Durchführung: Baue eine Versuchsapparatur gemäß der Skizze auf. Gib 50 mL Wasser in den Tropftrichter und 500 mL Kalkwasser in das Becherglas. Drücke die Tara-Taste der Waage und tropfe langsam Wasser auf die Brausetablette A. Lies die Anzeige der Waage ab, sobald die Gasbildung aufgehört hat und notiere den Wert. Wiederhole den Versuch mit Brausetablette B. Führe nun eine positive Blindprobe durch, indem du Tropftrichter und Reagenzglas entfernst und direkt Kohlenstoffdioxid durch das Glasrohr in das Kalkwasser einleitest.

4. Beobachtung:

Im Reagenzglas kommt es bei allen Versuchen zur Gasentwicklung. Im Becherglas entsteht ein weißer Feststoff.
m_A(Kohlenstoffdioxid) = 0,40 g; m_B(Kohlenstoffdioxid) = 0,15 g.

5. Interpretation mit Hypothesenprüfung:

Die Blindprobe zeigt, dass das verwendete Kalkwasser zum Nachweis von Kohlenstoffdioxid geeignet ist. Je mehr Kohlenstoffdioxid eingeleitet wird, desto größer ist die Masse des entstehenden Feststoffs Calciumcarbonat, der für die Trübung des Kalkwassers verantwortlich ist. Brausetablette A erzeugt mehr als doppelt so viel Kohlenstoffdioxid wie Brausetablette B. Die Hypothese scheint damit gestützt.

Allerdings entspricht die Masse des Kohlenstoffdioxids bei Brausetablette A nicht genau der doppelten Masse des Kohlenstoffdioxids bei Brausetablette B. Dies könnte auf eine Undichtigkeit in der Apparatur zurückzuführen sein.

Aus dem Ergebnis lässt sich ableiten, dass die Menge des gebildeten Kohlenstoffdioxids von den Mengen der Inhaltsstoffe Natriumcarbonat und Citronensäure abhängt. Diese Regel sollte allerdings durch weitere Experimente genauer überprüft werden.

AUFGABE

A1 „Bei der Verbrennung einer Kerze kann kein Kohlenstoffdioxid entstehen, denn das Gas würde die Flamme ersticken." Überlege dir einen Versuch, um die Hypothese zu prüfen, und fertige ein vollständiges Protokoll an.

2 Atombau und gekürztes Periodensystem

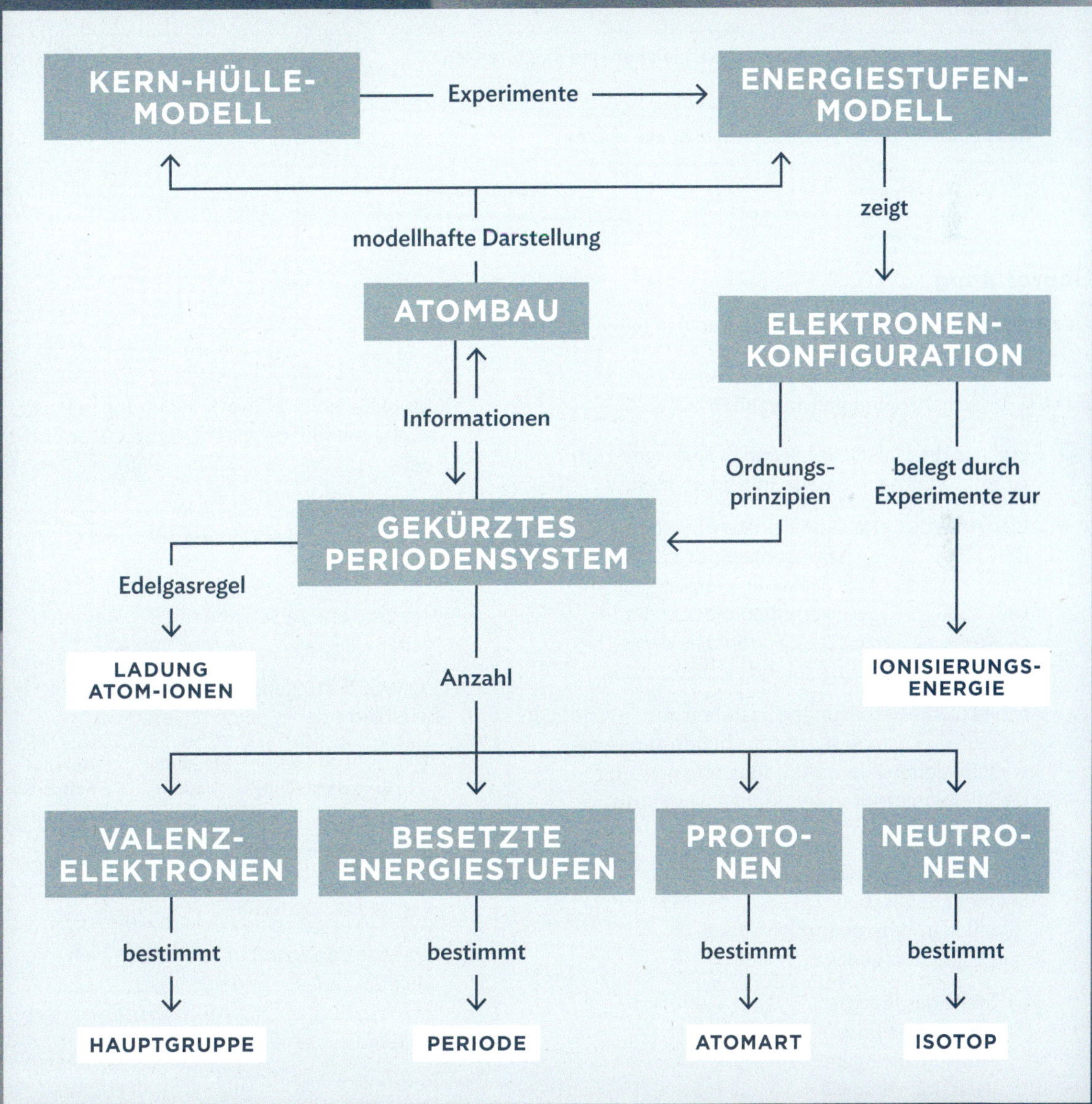
KERN-HÜLLE-MODELL
Experimente
ENERGIESTUFEN-MODELL
zeigt
modellhafte Darstellung
ATOMBAU
ELEKTRONEN-KONFIGURATION
Informationen
Ordnungs-prinzipien
belegt durch Experimente zur
GEKÜRZTES PERIODENSYSTEM
Edelgasregel
LADUNG ATOM-IONEN
Anzahl
IONISIERUNGS-ENERGIE
VALENZ-ELEKTRONEN
BESETZTE ENERGIESTUFEN
PROTO-NEN
NEUTRO-NEN
bestimmt
bestimmt
bestimmt
bestimmt
HAUPTGRUPPE
PERIODE
ATOMART
ISOTOP

Startklar?

Selbsteinschätzung

Schätze dich selbst ein: Wie gut sind deine Kenntnisse in den Bereichen A bis D?
Kreuze auf dem Arbeitsblatt unter QR-/Mediencode 05042-02 an!

05042-02

	Ich kann …	prima	ganz gut	es fällt mir schwer
A	das DALTONsche Atommodell anwenden.			
B	den Aufbau von Atomen und Ionen anhand des Kern-Hülle-Modells erklären.			
C	Modelle zum Aufbau der Materie vergleichen und ihre Grenzen beschreiben.			
D	das Periodensystem als Informationsquelle nutzen.			

Überprüfung

Liegst du richtig? Bearbeite die folgenden Aufgaben zu jedem Bereich.

Das DALTONsche Atommodell anwenden

A1 Ergänze die Lücken in folgenden Aussagen zum Atommodell nach DALTON in deinem Heft:

Elemente bestehen aus kleinsten Teilchen, den ________. Die Atome eines ________ ________ sind in ihrer Masse und Größe gleich. Die ________ verschiedener Elemente (= Atom________) unterscheiden sich in ihrer ________ und ________.

Molekulare Verbindungen bestehen aus ________. Diese sind aus mindestens zwei verschiedenen Atomarten zusammengesetzt, die in einem bestimmten Mengenverhältnis gebunden sind.

A2 Flüssiges Wasser wird in einer chemischen Reaktion in Wasserstoff und Sauerstoff zerlegt.

a) Stelle das Reaktionsschema unter Angabe der Aggregatzustände sowie die Reaktionsgleichung auf.

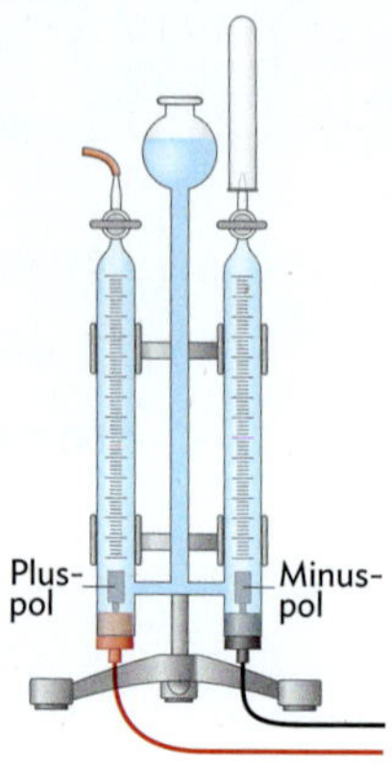

b) Modelliere diese Reaktion auf der Teilchenebene mithilfe des DALTONschen Atommodells.

Den Aufbau von Atomen und Ionen anhand des Kern-Hülle-Modells erklären

B1 Atome sind aus verschiedenen Bausteinen aufgebaut.

a) Ergänze die folgende Tabelle auf dem Arbeitsblatt oder in deinem Heft.

	Modelldarstellung	Elementarladung	Aufenthaltsort im Atom
Proton			
		0	
	⊖		

b) Ergänze den Satz: Ein Atom hat gleich viele ________ in der ________ wie ________ im Atomkern. Es ist nach außen ________.

c) Beurteile folgende Aussage Ernestines: „Die Masse eines Atoms ist in der Atomhülle lokalisiert.“ Gehe hierzu auf die Masse der Bausteine in den Atomen ein.

B2 Erkläre mithilfe des Kern-Hülle-Modells die positive Ladung eines Kations sowie die negative Ladung eines Anions.

B3 Zeichne das Kern-Hülle-Modell eines Natrium-Kations Na^{+} und eines Fluorid-Anions F^{-}.

Modelle zum Aufbau der Materie vergleichen und ihre Grenzen beschreiben

C1 Nenne die Atommodelle, die durch die Bilder dargestellt werden könnten.

a) 

b) 

C2 Stelle die Zerlegung von Wasser (vgl. A2) im einfachen Teilchenmodell dar. Erläutere an diesem Beispiel eine Grenze des einfachen Teilchenmodells im Vergleich zum DALTONschen Atommodell.

C3 Ordne folgende Aussagen dem DALTONschen Atommodell oder dem Kern-Hülle-Modell zu.

- „Atome sind die kleinsten Teilchen."
- „Das Atom enthält positive Ladungen."
- „Atome sind unteilbar."
- „Die negativen Ladungsträger befinden sich nicht im Atomkern."
- „Der Atomkern bestimmt die Masse eines Atoms."

C4 Der Begriff „Atom" stammt aus dem Griechischen und bedeutet „unteilbar". Begründe mit deinem Wissen über das Kern-Hülle-Modell, dass diese Bezeichnung heute nicht mehr passend ist.

Das Periodensystem als Informationsquelle nutzen

D1 Die Ordnungszahl gibt nicht nur die Anzahl der Protonen, sondern auch die der Elektronen an.

a) Erkläre diesen Sachverhalt.

b) Ergänze die folgende Tabelle mithilfe des Periodensystems (vorne im Buchdeckel).

Atomart	Anzahl Protonen	Anzahl Elektronen
Schwefel		
Beryllium		
Silicium		

D2 Nenne die Atomarten, deren Kern-Hülle-Modelle unter a) und b) dargestellt sind, und begründe.

a) 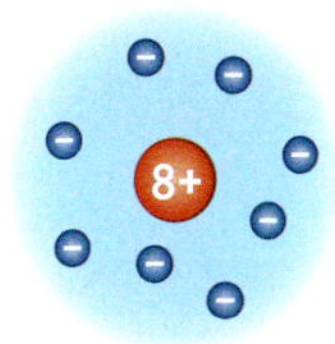

b) 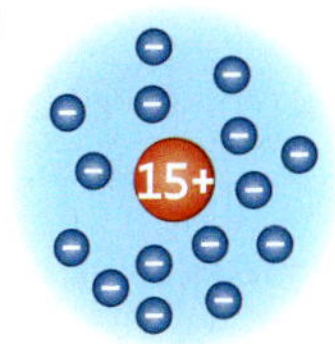

D3 Ermittle mithilfe des Periodensystems das Atomartensymbol und die Atommasse (in u) der Atome von Stickstoff, Natrium, Aluminium sowie Phosphor.

D4 Berechne mithilfe der Atommassen die Molekülmassen von Kohlenstoffmonooxid und Wasserstofffluorid in u.

Auswertung

Hast du dich richtig eingeschätzt? Vergleiche deine Antworten mit den Lösungen auf S. 196. Gib dir jeweils die entsprechende Punktzahl und trage sie auf dem Arbeitsblatt ein.

	Ich kann ...	prima	ganz gut	mit Hilfe	lies nach auf Seite
A	das DALTONsche Atommodell anwenden.	11-9	8-6	5-2	12, 13
B	den Aufbau von Atomen und Ionen anhand des Kern-Hülle-Modells erklären.	14-12	11-9	8-5	14
C	Modelle zum Aufbau der Materie vergleichen und ihre Grenzen beschreiben.	10-8	7-5	4-2	12, 14
D	das Periodensystem als Informationsquelle nutzen.	12-10	9-7	6-4	12

2.1 Das Energiestufenmodell

Feuerwerke sind schon seit etwa 1000 Jahren die Höhepunkte vieler Feste. Bis zum 19. Jahrhundert mussten sich die Zuschauer jedoch mit weißen und goldenen Funkenregen begnügen. Wie wird die Farbenvielfalt unserer heutigen Feuerwerke erreicht?

PV1 Flammenfärbung

PROBLEM

Entscheidend für die Farben eines Feuerwerks sind Salze, die eine Färbung der Flamme verursachen. Hier sind zwei Feuerwerksrezepturen angegeben.

Rotfeuer: 75 g Strontiumsalz, 2,7 g Holzkohlepulver, 32 g Schwefelpulver, 63 g Kaliumsalz

Grünfeuer: 75 g Bariumsalz, 2,7 g Holzkohlepulver, 32 g Schwefelpulver, 63 g Kaliumsalz

Welches Salz erzeugt welche Farbe?

DURCHFÜHRUNG

1.1 Formuliere eine Hypothese über die Eigenschaft der gegebenen Salze, Flammen zu färben.

1.2 Plane ein Experiment, um deine Hypothese zu überprüfen. Berücksichtige nachfolgende Hinweise:

- Magnesiastäbchen (Trägermaterial) müssen vor dem Aufnehmen kleiner Salzmengen ausgeglüht und kurz in verdünnte Salzsäure gehalten werden.
- Montiere einen Gasbrenner (Flammenquelle) mithilfe eines Stativs schräg, sodass kein Salz in das Brennerrohr fallen kann.
- Für jeden neuen Stoff muss die verunreinigte Spitze des Magnesiastäbchens vorsichtig mit der Tiegelzange abgebrochen werden. Achtung heiß!
- Betrachte die Flammenfärbung des Kaliumsalzes durch ein Cobaltglas.

1.3 Fertige eine Versuchsskizze an und formuliere konkrete Durchführungshinweise. Führe den Versuch nach Rücksprache mit deiner Lehrkraft durch.

1.4 Andrea behauptet: „Für die Flammenfarbe sind die Anionen entscheidend!" Plane ein Experiment, um Andreas Hypothese zu prüfen. Führe es nach Rücksprache mit deiner Lehrkraft durch.

AUSWERTUNG

a) Halte deine Beobachtungen tabellarisch fest.

b) Nimm basierend auf deinen Beobachtungen Stellung zu der von dir in **V1.1** aufgestellten Hypothese.

c) Beurteile Andreas Hypothese anhand deines Versuchsergebnisses aus **V1.4**. Stelle ggf. eine neue Hypothese auf und prüfe sie nach Rücksprache mit deiner Lehrkraft experimentell.

ENTSORGUNG R

PM2 Linienspektrum

Weißes Licht, wie das sichtbare Sonnenlicht, ist eine Mischung aller Farben des Regenbogens. Man nennt sie Spektralfarben. **B1a** zeigt, wie diese Spektralfarben mithilfe eines Spektroskops dargestellt werden können. Die Farben gehen lückenlos ineinander über, man sieht ein sogenanntes kontinuierliches Spektrum.

Ein Spektroskop ist ein optisches Untersuchungsinstrument, das in der analytischen Chemie bei flammenfärbenden Stoffen Anwendung findet. In **B1b** und **c** sind spektroskopische Aufnahmen eines in der Brennerflamme erhitzten Natrium- bzw. Kaliumsalzes abgebildet.

AUSWERTUNG

a) Zähle anhand von **B1a** die verschiedenen Spektralfarben von links nach rechts auf.

b) Beschreibe den Unterschied zwischen **B1a** und **b** und zwischen **B1b** und **c**.

c) Formuliere eine Vermutung über die Flammenfarbe, welche Natrium- bzw. Kaliumsalze erzeugen.

B1 Spektroskopische Aufnahme von weißem Licht (a), eines Natriumsalzes (b) und eines Kaliumsalzes (c)

M3 Ionisierungsenergien

Durch Zufuhr von Energie können Elektronen aus einem Atom herausgelöst werden. In **B2** ist dieser Vorgang, den man als Ionisierung bezeichnet, exemplarisch an einem Natrium-Atom dargestellt. Die dafür erforderliche Energie nennt man Ionisierungsenergie. Sie wird in der Einheit Elektronenvolt (eV) angegeben. In einem Experiment wurden die Ionisierungsenergien für die elf Elektronen eines Natrium-Atoms ermittelt. **B3** stellt die dabei erhobenen Messdaten dar.

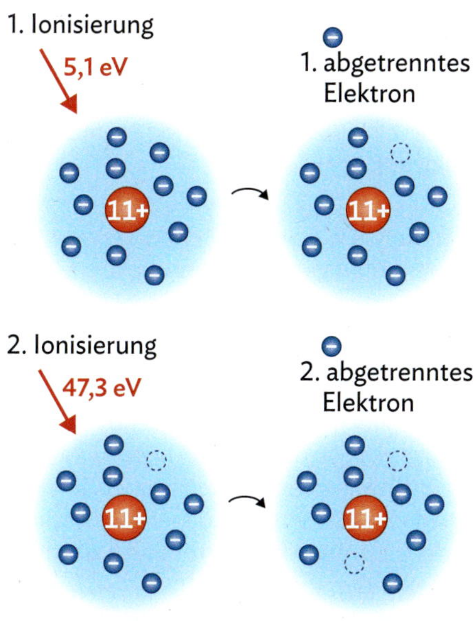

B2 Zweifache Ionisierung eines Natrium-Atoms

AUSWERTUNG

a) Beschreibe **B2** in eigenen Worten.

b) Leite anhand des Informationstextes und mithilfe von **B2** eine allgemeine Definition für den Begriff Ionisierung ab und formuliere diese.

c) Das Diagramm in **B3** zeigt die Ionisierungsenergien für alle elf Elektronen eines Natrium-Atoms. Beschreibe das Diagramm und stelle einen Bezug zur Abbildung **B2** her.

d) Begründe den Anstieg der Ionisierungsenergien vom 1. bis zum 11. Elektron.

e) Begründe, inwiefern die sprunghaften Anstiege der Ionisierungsenergien vom 1. zum 2. bzw. vom 9. zum 10. Elektron nicht mit dem Kern-Hülle-Modell erklärt werden können.

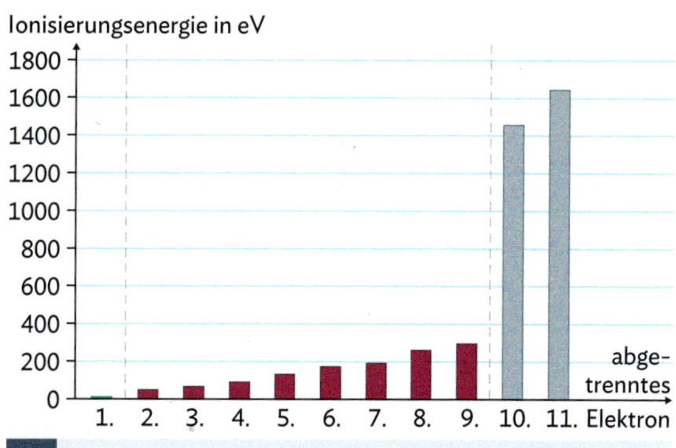

B3 Ionisierungsenergien für die Elektronen in einem Natrium-Atom

Ionisierungsenergien

Flammenfärbung

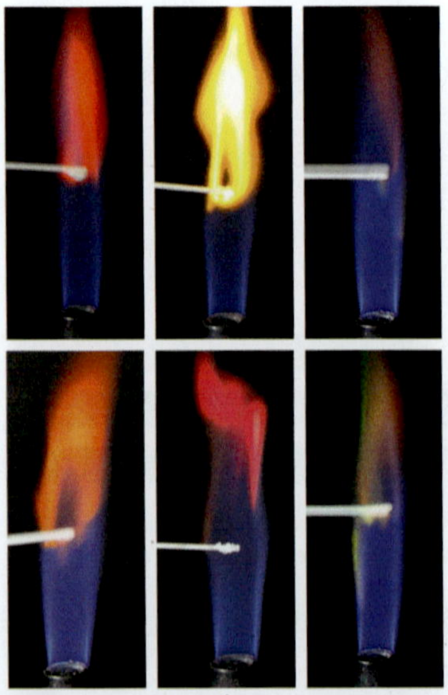

B1 Flammenfärbungen einiger Salze (von links oben nach rechts unten): Lithiumsalz, Natriumsalz, Kaliumsalz, Calciumsalz, Strontiumsalz, Bariumsalz

Feuerwerkskörper erfreuen sich vor allem zu feierlichen Anlässen großer Beliebtheit. Ihre Farbigkeit beruht häufig auf den darin enthaltenen Salzen (**B1**). Die Färbung der Flammen lässt sich folgendermaßen erklären: Durch die exotherm verlaufende Verbrennungsreaktion wird Energie auf die Ionen der Salzkristalle übertragen. Dabei entstehen aus den Kationen für kurze Zeit Metall-Atome. Die weitere Energiezufuhr bewirkt, dass bestimmte Elektronen der Metall-Atome kurzzeitig an innerer Energie zunehmen und sich schneller bewegen. Sie befinden sich dann im sogenannten **angeregten Zustand**. Anschließend fallen sie in ihren energetischen Grundzustand zurück. Die zuvor aufgenommene Energie wird in Form von Licht abgegeben (**B2**).

Elektronen können durch Energiezufuhr kurzzeitig in einen angeregten Zustand mit höherer innerer Energie versetzt werden.

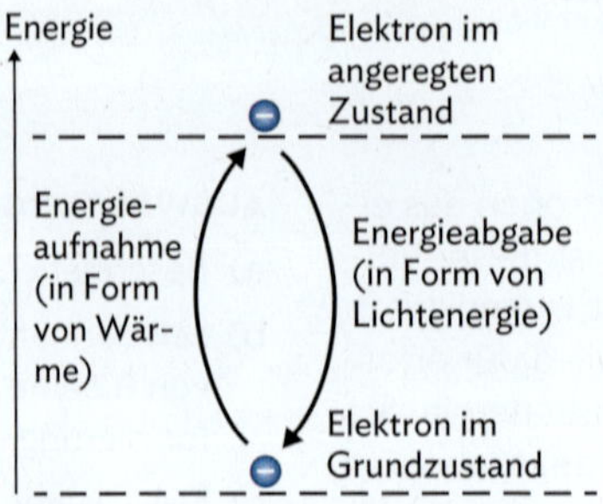

B2 Elektron im Grundzustand und im angeregten Zustand

Der Betrag, den die Elektronen an innerer Energie aufnehmen beziehungsweise abgeben, ist spezifisch für die jeweilige Metall-Atomart eines Salzes. Aus den unterschiedlichen Energiebeträgen resultieren die charakteristischen Farben des abgestrahlten Lichts. Liegt ein Gemisch verschiedener flammenfärbender Metall-Atomarten vor, können sich die Lichter der verschiedenen angeregten Metall-Atomarten überdecken, sodass die einzelnen Atomarten oft nicht eindeutig erkennbar sind. Daher verwendet man zur genaueren Identifizierung ein **Spektroskop**. Durch dieses Untersuchungsinstrument betrachtet, erzeugen die Metall-Atomarten scharfe Linien auf dunklem Hintergrund (**PM2: B1b/c**). Die Anzahl, Lage und Farbe der Linien ist charakteristisch für die entsprechende Atomart. Mehrere Linien ergeben ein **Linienspektrum**.

Bestimmte Metalle bzw. die entsprechenden Metallsalze erzeugen atomartspezifische Flammenfärbungen und Linienspektren.

Vom Atom zum Ion

Nach dem Kern-Hülle-Modell befinden sich alle Elektronen in der Hülle und werden gleich stark vom Atomkern angezogen. Dabei bleibt unberücksichtigt, dass sie Energie aufnehmen und angeregt werden können. Die Betrachtung der **Ionisierungsenergien** eines Atoms hilft dabei, ein besseres Verständnis über die Verteilung der Elektronen in der Atomhülle zu entwickeln.

Bei der **Ionisierung** wird die innere Energie einzelner Elektronen durch eine äußere Energiezufuhr so stark erhöht, dass sie das Atom verlassen. Zurück bleibt ein positiv geladenes Ion, ein Kation. Die Ladung des entstandenen Kations hängt von der Anzahl der abgespaltenen Elektronen ab (**B3**, **M3**).

Den Vorgang der Bildung eines Ions durch Abspaltung eines Elektrons aus einem Atom bezeichnet man als Ionisierung. Die dafür erforderliche Energie nennt man Ionisierungsenergie. Sie wird in der Einheit Elektronenvolt (eV) angegeben (vgl. Info).

Ionisierungsenergien genauer betrachtet

Ein Natrium-Atom besitzt insgesamt elf Elektronen. Trennt man alle elf Elektronen nacheinander ab und misst die dazu nötigen Ionisierungsenergien, so kann man die Messwerte in einem Diagramm vergleichen (**M3**: **B3**) und daraus folgende Schlussfolgerungen ziehen:

1. Die erste Ionisierungsenergie ist sehr klein. Das erste Elektron lässt sich also mit wenig Energieaufwand abtrennen.
2. Die Ionisierungsenergie nimmt mit jedem weiteren Elektron zu, das abgetrennt wird.
3. Die Ionisierungsenergien der letzten beiden Elektronen sind vergleichsweise hoch. Diese Elektronen sind demnach besonders schwer aus der Atomhülle zu entfernen.

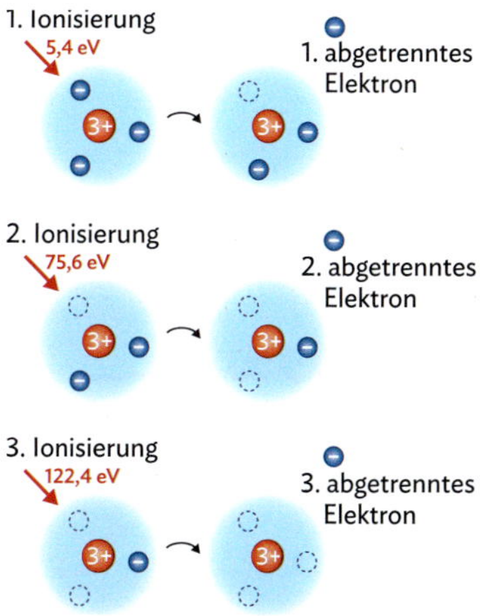

B3 Ionisierung eines Lithium-Atoms bis zum dreifach positiv geladenen Lithium-Ion

Info

Ein Elektronenvolt (1 eV) entspricht $1{,}602 \cdot 10^{-19}$ J (Joule) und ist die Energie, die ein Elektron beim Durchlaufen einer Spannung von 1 V erhält.

AUFGABEN

A1 Beurteile die Richtigkeit der nachfolgenden Aussage: „Lithiumchlorid und Natriumchlorid weisen die gleiche Flammenfärbung auf, da sie beide Chlorid-Ionen enthalten."

A2 Die Proben folgender Salze sollen durch Betrachtung der Flammenfärbung voneinander unterschieden werden:
a) eines Lithiumsalzes und eines Strontiumsalzes
b) eines Lithiumsalzes und eines Bariumsalzes (vgl. **B1**).
Entscheide über die Notwendigkeit des zusätzlichen Einsatzes eines Spektroskops.

A3 Vergleiche das Ionisierungsenergie-Diagramm eines Natrium-Atoms (S. 25 **B3**) mit dem eines Lithium-Atoms (**B4**). Beschreibe dazu Gemeinsamkeiten und Unterschiede.

A4 Zur Erklärung der gemessenen Ionisierungsenergien eines Atoms wurde das Kern-Hülle-Modell zum sogenannten Energiestufenmodell weiterentwickelt, gemäß dem sich die Elektronen eines Atoms in ihrem Energiegehalt unterscheiden. In **B5** ist das Energiestufenmodell eines Lithium-Atoms dargestellt. Beschreibe das Energiestufenmodell eines Lithium-Atoms (**B5**) und stelle Zusammenhänge zu den gemessenen Ionisierungsenergien (**B4**) her.

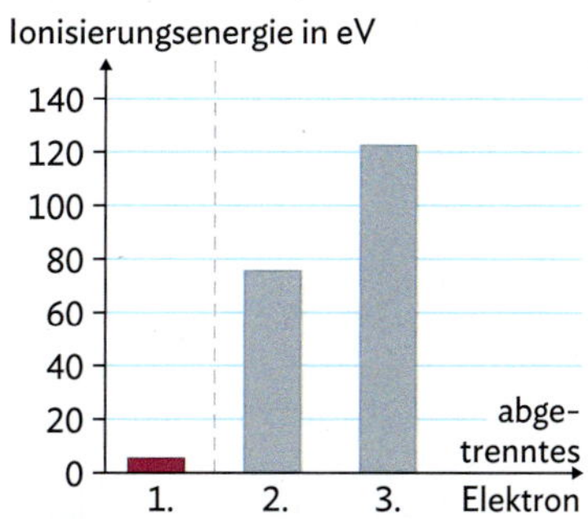

B4 Ionisierungsenergien für die Elektronen des Lithium-Atoms

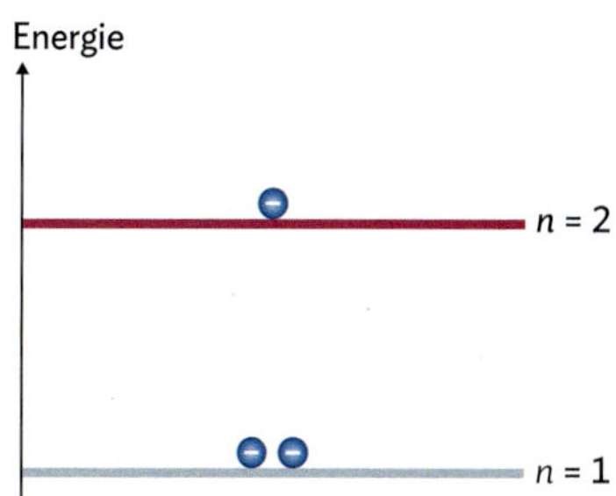

B5 Energiestufenmodell eines Lithium-Atoms

Elektronenverteilung in der Atomhülle

Das Energiestufenmodell

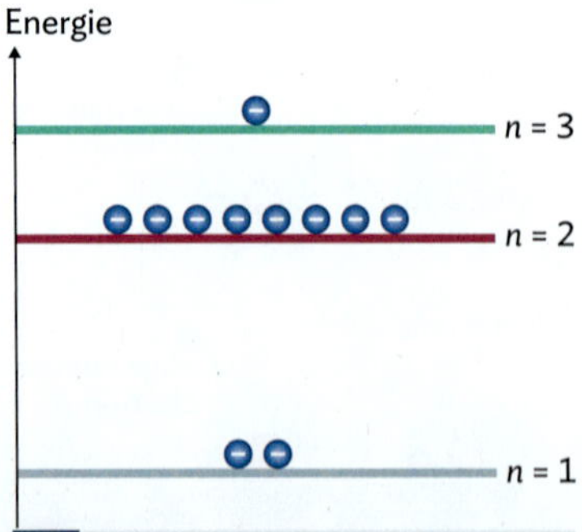

B6 Energiestufenmodell der elf Elektronen eines Natrium-Atoms

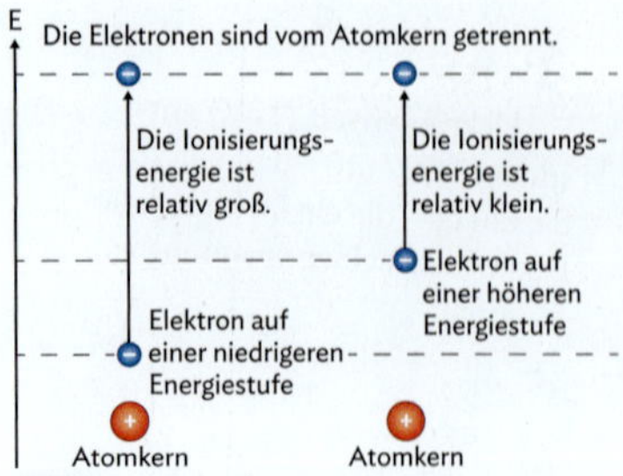

B7 Zusammenhang zwischen den Energiestufen der Elektronen im Atom und den Ionisierungsenergien

Energiestufe	Maximale Anzahl an Elektronen
$n = 1$	2
$n = 2$	8
$n = 3$	18
$n = 4$	32

B8 Maximale Besetzung der Energiestufen

Um ein Elektron aus der Atomhülle entfernen zu können, muss die vom Atomkern ausgehende elektrostatische Anziehungskraft überwunden werden. Die Ionisierungsenergien eines Atoms bzw. Ions nehmen von Elektron zu Elektron zu (**M3**). Dies lässt sich dadurch erklären, dass sich durch die fortschreitende Abspaltung von Elektronen die gleiche Anziehungskraft des Atomkerns auf immer weniger Elektronen verteilt und sich damit pro Elektron erhöht.

Gemäß dem Kern-Hülle-Modell würde man erwarten, dass die Beträge der Ionisierungsenergien gleichmäßig ansteigen. Tatsächlich stellt man aber nach dem Entfernen bestimmter Elektronen einen sprunghaften Anstieg fest. Beim Natrium-Atom sind diese Sprünge nach dem ersten und nach dem neunten Elektron zu beobachten (**M3**: **B3**).

Wie ergeben sich diese sehr sprunghaften Anstiege der Ionisierungsenergien? Um diese Frage zu beantworten, wurde das Kern-Hülle-Modell zum sogenannten **Energiestufenmodell** weiterentwickelt. Gemäß dem Energiestufenmodell unterscheiden sich die Elektronen eines Atoms in ihrem Energiegehalt. Sie können nur bestimmte Energiestufen besetzen. Vom Kern weiter entfernte Elektronen besetzen höhere Energiestufen und umgekehrt.

Die elf Elektronen eines Natrium-Atoms z. B. verteilen sich auf drei verschiedene Energiestufen (**B6**). Das erste abgespaltene Elektron hat eine niedrige Ionisierungsenergie. Nach dem Energiestufenmodell befindet sich dieses Elektron auf der höchsten der drei besetzten Energiestufen. Da es relativ viel Energie besitzt, kann es leicht abgespalten werden (**B7**). Die beiden Elektronen des untersten Energieniveaus haben relativ wenig Energie und werden deshalb sehr stark vom Kern angezogen. Sie können nur unter hohem Energieaufwand abgetrennt werden. Daher werden sie als letztes (10. und 11. Elektron in **B3** auf S. 25) abgespalten und besitzen sehr hohe Ionisierungsenergien, was den sprunghaften Anstieg erklärt.

Je mehr Energie ein Elektron bereits hat, desto weniger Energie ist nötig, um es abzutrennen und desto kleiner ist die Ionisierungsenergie des Elektrons.

Der energetische Zustand eines Elektrons entspricht stets einer klar definierten Energiestufe n in der Atomhülle. Ausgehend von der energieärmsten Stufe werden diese mit 1, 2, 3 usw. gekennzeichnet. Die Energiestufen können jeweils nur eine bestimmte Anzahl an Elektronen aufnehmen. Die maximale Anzahl an Elektronen erhält man rechnerisch aus der Energiestufe über die Formel $2 \cdot n^2$ (**B8**). Die Elektronen der höchsten Energiestufe einer Atomart werden auch als Außenelektronen oder **Valenzelektronen** bezeichnet.

Nach dem Energiestufenmodell lassen sich die Elektronen der Atomhülle gemäß ihres Energiegehalts bestimmten Energiestufen zuordnen. Die Elektronen der höchsten Energiestufe nennt man Valenzelektronen.

Energiestufen und Flammenfärbung

Elektronen können unter Energieaufnahme bzw. -abgabe zwischen den festgelegten Energiestufen kurzzeitig wechseln. Somit lässt sich anhand des Energiestufenmodells auch das eingangs beschriebene Phänomen der Flammenfärbung nachvollziehen. Der angeregte Zustand entspricht dem Übergang in eine höhere Energiestufe.

Außerdem lässt sich nun auch erklären, warum die Flammenfärbung atomartspezifisch ist. Die Energiedifferenzen zwischen den Energiestufen sind unterschiedlich groß. Aus den Sprüngen der Elektronen zwischen verschiedenen Energiestufen ergeben sich die charakteristischen Farben des abgestrahlten Lichts.

Die Elektronenkonfiguration

Die Verteilung der Elektronen eines Atoms bzw. Ions auf die verschiedenen Energiestufen bezeichnet man als **Elektronenkonfiguration**. Für ein Natrium-Atom lautet diese:

$1^2\ 2^8\ 3^1$ (Energiestufe, Anzahl an Elektronen)

Ein Atom des Elements Calcium besitzt 20 Elektronen. Das Diagramm in **B9** zeigt die Ionisierungsenergien für alle 20 Elektronen eines Calcium-Atoms. Ein sprunghafter Anstieg der Ionisierungsenergien und somit eine Änderung des Energiegehalts der entsprechenden Elektronen tritt jeweils zwischen dem 2. und 3., dem 10. und 11. sowie dem 18. und 19. Elektron des Calcium-Atoms auf. Demnach lassen sich die Elektronen des Calcium-Atoms auf insgesamt vier Energiestufen aufteilen. Das Calcium-Atom besitzt zwei Valenzelektronen in der höchsten Energiestufe. Seine Elektronenkonfiguration lautet: $1^2\ 2^8\ 3^8\ 4^2$. Die höchste besetzte Energiestufe eines Atoms bzw. Ions kann maximal 8 Elektronen aufnehmen.

Zur Ermittlung der Elektronenkonfiguration eines Atoms werden die Energiestufen *n* ausgehend von der 1. Energiestufe aufgefüllt. Die Anzahl der mit Elektronen befüllten Energiestufen *n* eines Atoms kann anhand des PSE (atomartbezogen) abgelesen werden. Ebenso kann man im Periodensystem die Zahl der Elektronen in jeder Energiestufe des Atoms durch Abzählen nachvollziehen.

B9 Ionisierungsenergien für die Elektronen in einem Calcium-Atom

AUFGABEN

A1 Zeichne das Energiestufenmodell eines Calcium-Atoms.

A2 Skizziere den erwarteten Verlauf der Ionisierungsenergien für ein Neon-Atom (10 e^-) und ein Kalium-Atom (19 e^-). Leite daraus jeweils das entsprechende Energiestufenmodell ab.

A3 Gib jeweils die Elektronenkonfiguration für ein Kohlenstoff-Atom (6 e^-), ein Aluminium-Atom (13 e^-) und ein Argon-Atom (18 e^-) an. Zeichne jeweils das passende Energiestufenmodell.

A4 Stelle einen Zusammenhang zwischen der Elektronenkonfiguration des Magnesium-Atoms (12 e^-) und seiner Stellung im Periodensystem her. *Tipp:* Achte auf die Farben der Kästchen für die Atomartensymbole im Periodensystem vorne im Buchdeckel.

FACHBEGRIFFE

der angeregte Zustand, das Spektroskop, das Linienspektrum, die Ionisierungsenergie, die Ionisierung, das Energiestufenmodell, die Valenzelektronen, die Elektronenkonfiguration

Modelle vergleichen und beurteilen

In allen Wissenschaften bedient man sich bestimmter Modelle. In den Naturwissenschaften versteht man darunter häufig vereinfachte Darstellungen von Originalen oder realen Systemen. Sie entsprechen in wesentlichen Eigenschaften dem Original, sind aber anschaulicher, da einzelne Merkmale eines oft komplizierten Systems hervorgehoben oder weggelassen werden.

Modelle bilden immer nur einen Teil des Originals ab.

Oft sind Modelle Verkleinerungen der Originale, wie z. B. ein Modell der Erde oder des Sonnensystems. In der Chemie ist jedoch meist genau das Gegenteil der Fall: Die Originale wie die Atome und Verbindungen sind so klein, dass man sie selbst mit dem besten Mikroskop nicht direkt sichtbar machen kann.

Atommodelle können daher keine verkleinerten und vereinfachten Abbildungen der Originale sein. Modelle in der Chemie sind Ergebnisse von menschlichen Gedankengängen. Sie helfen uns das Nichtsichtbare abzubilden und vorstellbar zu machen.

Zur Entwicklung eines Modells hat sich folgende Vorgehensweise etabliert: Zuerst beobachtet man ein bestimmtes Phänomen sehr genau und führt dazu gezielt Experimente durch. Aus den gemachten Beobachtungen und Ergebnissen leitet man dann ein passendes Modell ab (**B1**).

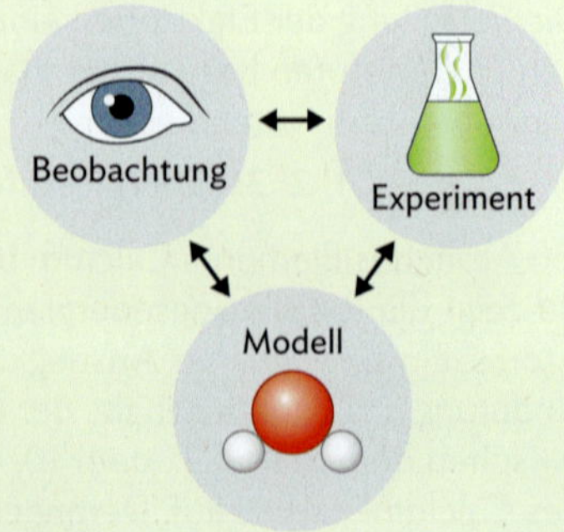

B1 Schema zur Entwicklung von Modellen

Neue Experimente und Erkenntnisse erfordern unter Umständen, dass ein Modell verworfen oder verändert werden muss. So entwickelte sich auch die Modellvorstellung vom Atom durch neue Erkenntnisse von JOSEPH JOHN THOMSON, ERNEST RUTHERFORD, NIELS BOHR und anderen Forschern immer weiter.

Beziehungen zwischen Beobachtungen und Modellen werden u. a. in der Chemie genutzt, um naturwissenschaftliche Sachverhalte zu erklären. Da in der Chemie die kleinsten Teilchen nicht sichtbar sind, denkt man immer in Modellen.

Modelle sind nie mit der Realität gleichzusetzen. Aus diesem Grund weist jedes Modell gewisse Schwächen auf. Dennoch sind Modelle in der Chemie unverzichtbar, denn nur durch sie ist es uns möglich, gewisse Phänomene überhaupt beschreibbar und nachvollziehbar zu machen. Je nachdem welchen Aspekt man betrachten möchte, kann sich ein Modell besser eignen als ein anderes.

So geht's

1. Wähle zwei oder mehrere Modelle bzw. Modellvorstellungen aus, die zum Atombau entwickelt wurden.

   Zur Beschreibung des Aufbaus von Atomen existieren u. a. das Atommodell von THOMSON, das Kern-Hülle-Modell von RUTHERFORD und das Schalenmodell von BOHR (vgl. **B2***).*

2. Recherchiere, auf welchen Beobachtungen und Erkenntnissen die verschiedenen Modelle beruhen.

a) *THOMSON konnte experimentell ermitteln, dass sich negativ geladene Teilchen (Elektronen) aus Atomen entfernen lassen. Daraus folgerte er, dass im nach außen hin ungeladenen Atom negativ geladene Ladungsträger vorhanden sein müssen, welche sich im positiv geladenen Rest des Atoms frei bewegen können (***B2a***).*

b) *RUTHERFORD schloss aus seinen Versuchen, dass sich die positive Ladung eines Atoms in einem winzigen Atomkern befindet, welcher nahezu die gesamte Masse ausmacht. In der darum befindlichen Atomhülle kreisen die nahezu masselosen Elektronen um den Kern (***B2b***).*

c) *Bei der Ermittlung der Ionisierungsenergien für die Elektronen eines Atoms ergeben sich unterschiedliche Messwerte. Daraus leitete BOHR ab, dass sich die Elektronen in einem Atom bezüglich ihres Energiegehalts unterscheiden müssen. In seinem Schalenmodell ist die Atomhülle wie eine Zwiebel in mehrere Schalen gegliedert, die eine definierte maximale Anzahl an Elektronen enthalten können. Elektronen in der äußersten Schale besitzen die höchste innere Energie und werden am wenigsten stark vom Kern angezogen. Sie können am leichtesten aus dem Atom entfernt werden (niedrigere Ionisierungsenergien) (***B2c***).*

3. Vergleiche die Modelle.
   Gemeinsamkeiten: z. B. Vorhandensein von Ladungsträgern, räumliche Zuordnung der Ladungsträger
   Unterschiede: z. B. Verteilung der Teilchen im Atom, Berücksichtigung energetischer Unterschiede der Teilchen

4. Charakterisiere die Modelle hinsichtlich ihrer Stärken und Schwächen: Stelle jeweils heraus, welche Aspekte durch das Modell treffend beschrieben werden und gib an, wo das Modell Schwächen aufweist. Leite daraus eine Beurteilung des Modells ab.

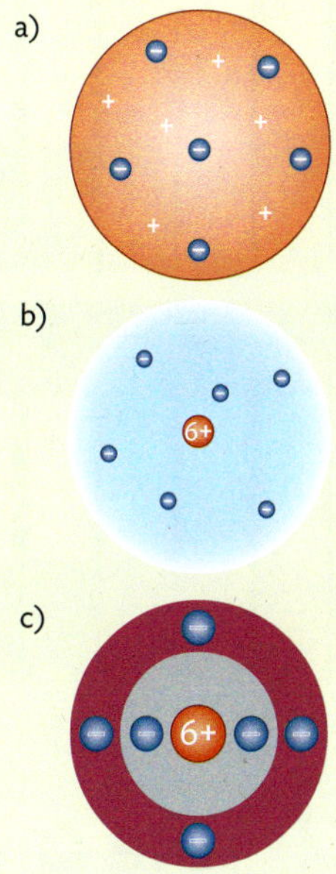

B2 Verschiedene Atommodelle:
a) THOMSON Atommodell
b) Kern-Hülle-Modell
c) Schalenmodell

Modell	Stärken	Schwächen	Beurteilung
a) Atommodell von THOMSON	Atome sind nicht unteilbar; Berücksichtigung von negativen und positiven Ladungen	Aufteilung zwischen Atomkern und Atomhülle fehlt	Modell ist nicht mehr gültig, da es durch den Streuversuch widerlegt wurde.
b) Kern-Hülle-Modell (RUTHERFORD)	Gliederung in positiv geladenen Atomkern und negativ geladene Hülle	„Kreisbahnen" der Elektronen	Modell verwendbar, um Grundidee vom Aufbau eines Atoms zu erhalten.
c) Schalenmodell (BOHR)	Berücksichtigung energetischer Unterschiede zwischen den Elektronen	Elektronenschalen als scheinbare Aufenthaltsbereiche der Elektronen	Modell verwendbar, um Ionisierungsenergien zu erklären.

AUFGABEN

A1 Vergleiche die besprochenen Atommodelle mit dem DALTONschen Atommodell. Beschreibe dazu Grenzen des DALTONschen Atommodells und überlege dir Sachverhalte, für deren Beschreibung es besonders geeignet ist. Beurteile das Atommodell von DALTON.

A2 Die Atommodelle in **B2** beziehen sich jeweils auf die gleiche Atomart.

a) Benenne die Atomart und zeichne das passende Energiestufenmodell.

b) Vergleiche das Energiestufenmodell mit dem Schalenmodell und beurteile begründet Unterschiede.

A3 „Um die Entstehung von Fehlvorstellungen zu vermeiden, wird das Schalenmodell heutzutage kaum noch verwendet." Erkläre, welche Fehlvorstellungen hier gemeint sein könnten.

2.2 Die Ordnungsprinzipien des Periodensystems

Schon immer war es den Menschen ein Bedürfnis, Dinge zu vergleichen, zu sortieren und zu ordnen. Wenngleich sich Ordnungssysteme stark unterscheiden können, so stimmen sie in Folgendem überein: sie zeigen stets Gemeinsamkeiten und Unterschiede auf. Nach welchen Prinzipien sind die Elemente im Periodensystem angeordnet?

M1 Das Periodensystem der Elemente (PSE) – eine geniale Ordnung

Im Jahr 1869 waren bereits 60 Elemente bekannt. Unabhängig voneinander entwickelten die beiden Chemiker LOTHAR VON MEYER und DIMITRI MENDELEJEW ein geniales Ordnungssystem für Elemente. Dabei traten einige Lücken auf, die sich durch die bis dahin unbekannten Elemente erklären lassen. Ihre Arbeiten dienten als Basis für die Entwicklung des heute weltweit anerkannten PSE. Heute können wir auf deutlich mehr Informationen über die einzelnen Elemente zurückgreifen. Welcher Zusammenhang besteht zwischen den Eigenschaften eines Elements und seiner Stellung im PSE?

Iod	I
Halogene	VII 5

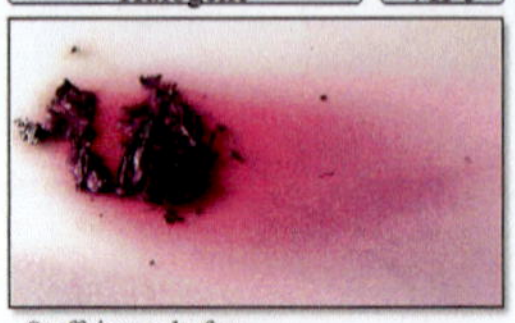

Stoffeigenschaften	
Molare Masse in g/mol	126,9
Schmelztemperatur in °C	114
Siedetemperatur in °C	184
Dichte in g/cm³ oder g/L	4,93
Atomeigenschaften	
Anzahl an Protonen	53
Anzahl an Valenzelektronen	7
Anzahl besetzter Energiestufen	5
1. Ionisierungsenergie in kJ/mol	1008
Atomradius in pm	115

B1 Elementkärtchen von Iod

AUSWERTUNG

a) **B1** zeigt beispielhaft das Elementkärtchen von Iod. Eine Vorlage für dieses und weitere Elementkärtchen findest du unter QR-/Mediencode 05042-03. Drucke die Kärtchen aus und schneide sie zu.

05042-03

b) Überlege dir anhand der Informationen auf den Kärtchen Ordnungsprinzipien für die gegebenen Elemente und lege die Kärtchen entsprechend aus.

c) Stelle einen Zusammenhang zwischen der Elektronenkonfiguration eines Atoms und seiner Stellung im PSE (atomartbezogen, vorne im Buchdeckel) her.

d) Stelle Vermutungen über mögliche Lücken auf und über die Eigenschaften der Elemente, welche diese Lücken schließen könnten.

M2 Isotope

Sogenannte Isotope finden vielfach Anwendung in der naturwissenschaftlichen Analytik, z. B. bei der Untersuchung von Gesteinen oder Fossilien.

Nachfolgende Atome werden als Isotope des Elements Sauerstoff bezeichnet:

Isotop	Anzahl an Protonen	Anzahl an Elektronen	Anzahl an Neutronen
1	8	8	8
2	8	8	9
3	8	8	10

AUSWERTUNG

a) Leite anhand der Informationen aus der Tabelle eine Definition für den Begriff Isotop ab.

b) Im PSE (atomartbezogen) sind die Angaben über die Protonenanzahl, die Elektronenanzahl und versteckt auch die Neutronenanzahl enthalten. Letztere ist als Mittelwert der natürlichen Isotope eines Elements, in Abhängigkeit ihrer Häufigkeit, angegeben. Eines der Sauerstoff-Isotope aus der Tabelle stellt das häufigste natürliche Isotop dar. Ermittle es und begründe deine Entscheidung.

M3 Periodische Eigenschaften

Stellt man die 1. Ionisierungsenergien der Atome der Elemente Wasserstoff bis Krypton grafisch dar, so erhält man das Diagramm in **B2**. Welche Schlussfolgerungen kann man daraus ziehen?

AUSWERTUNG

a) Beschreibe die Entwicklung der 1. Ionisierungsenergien der Atome innerhalb der 2. Periode von Lithium bis Neon. Stelle eine vermutete Begründung für diese Entwicklung auf.

b) Ordne die Atome der Elemente mit den jeweils niedrigsten und höchsten 1. Ionisierungsenergien den Hauptgruppen zu.

c) Beschreibe die Entwicklung der 1. Ionisierungsenergien der Atome innerhalb der II. Hauptgruppe von Beryllium über Magnesium zu Calcium. Stelle eine vermutete Begründung für diese Entwicklung auf.

d) Atome bzw. Ionen weisen Unterschiede hinsichtlich ihrer Stabilität auf. Die Atome von Edelgasen (He, Ne, Ar, Kr, Xe, Rn) sind besonders stabil. Begründe anhand von **B2**.

e) Stelle die Elektronenverteilung der folgenden Atome bzw. Ionen jeweils mithilfe des Energiestufenmodells dar: Ne (10 e^-), Ar (18 e^-), Cl (17 e^-), Cl^- (18 e^-), Mg (12 e^-) und Mg^{2+} (10 e^-).

f) Formuliere die Elektronenkonfiguration für die in Auswertung **e)** gegebenen Atome bzw. Ionen und beschreibe Gemeinsamkeiten und Unterschiede.

g) Die Elektronenkonfiguration von Edelgasen ist sehr stabil und wird daher auch Edelgaskonfiguration genannt. Nenne jeweils zwei weitere positiv geladene und zwei weitere negativ geladene Ionen, die eine stabile Edelgaskonfiguration wie Neon oder Argon aufweisen.

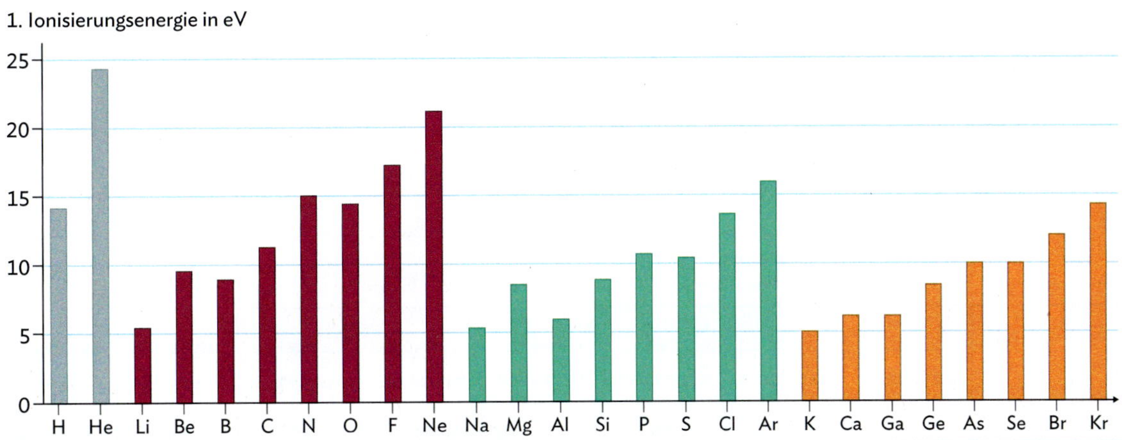

B2 1. Ionisierungsenergien für die Atome der Elemente Wasserstoff H bis Krypton Kr

D. MENDELEJEW (1834 bis 1907) L. MEYER (1830 bis 1895)

B1 Die Begründer des PSE

Das gekürzte Periodensystem der Elemente

Der Aufbau des PSE (atomartbezogen)

Im 19. Jahrhundert legten die bahnbrechenden Arbeiten von LOTHAR VON MEYER und DIMITRI MENDELEJEW (**B1**) die Grundlage für die Entwicklung eines weltweit gültigen Ordnungssystems, des Periodensystems der Elemente (PSE). Das heutige Periodensystem umfasst 118 Elemente. Je nachdem, wie viele Protonen die Atome im Kern enthalten, sind sie fortlaufend von links nach rechts angeordnet. Die **Protonenzahl** wird daher auch als **Ordnungszahl** bezeichnet.

Das **gekürzte Periodensystem** enthält nur die sogenannten **Hauptgruppen**. Es ist wie eine Tabelle aus acht Spalten und sieben Zeilen aufgebaut. Die acht Spalten stellen die Hauptgruppen dar (**B2**, **B3**). Alle Atome der Elemente, die zu einer Hauptgruppe gehören, weisen die gleiche Anzahl an Valenzelektronen auf. Entsprechend stimmt die Anzahl der Valenzelektronen mit der Hauptgruppennummer überein (**M1**). Beispielsweise lautet die Elektronenkonfiguration eines Kohlenstoff-Atoms $1^2\ 2^4$ und die eines Silicium-Atoms $1^2\ 2^8\ 3^4$. Die Atome beider Elemente besitzen jeweils vier Valenzelektronen und stehen demnach in der IV. Hauptgruppe.

Die Zeilen des Periodensystems nennt man **Perioden**. Die Periodennummer entspricht der Nummer der höchsten besetzten Energiestufe. Aus der Elektronenkonfiguration eines Magnesium-Atoms ($1^2\ 2^8\ 3^2$) und eines Chlor-Atoms ($1^2\ 2^8\ 3^7$) lässt sich z. B. ableiten, dass die Elektronen dieser Atome jeweils drei Energiestufen belegen. Daher stehen die beiden Elemente in der 3. Periode.

Die Zahl der Valenzelektronen in den Atomen eines Elements bestimmt dessen Hauptgruppennummer und die Anzahl der besetzten Energiestufen dessen Periode.

Hauptgruppe	Bezeichnung
I	Alkalimetalle (Ausnahme: H)
II	Erdalkalimetalle
III	Bor-Gruppe
IV	Kohlenstoff-Gruppe
V	Stickstoff-Gruppe
VI	Chalkogene
VII	Halogene
VIII	Edelgase

B2 Die acht Hauptgruppen und ihre Bezeichnungen

Periode (besetzte Energiestufen)	E	Hauptgruppe (Anzahl an Valenzelektronen)							
		I	II	III	IV	V	VI	VII	VIII
1	↑	H o							He oo
2	↑	Li o oo	Be oo oo	B ooo oo	C oooo oo	N ooooo oo	O oooooo oo	F ooooooo oo	Ne oooooooo oo
3	↑	Na o oooooooo oo	Mg oo oooooooo oo	Al ooo oooooooo oo	Si oooo oooooooo oo	P ooooo oooooooo oo	S oooooo oooooooo oo	Cl ooooooo oooooooo oo	Ar oooooooo oooooooo oo

B3 Energiestufenmodelle

Die Nukleonenzahl

Die Ordnungszahl (= Protonenzahl) eines Elements gibt die Anzahl seiner Protonen im Atomkern an. In einem ungeladenen Atom gilt, dass die Anzahl an Protonen gleich der Anzahl an Elektronen ist (**B4**). Informationen über die Anzahl an Neutronen in einem Atom erhält man über die im PSE (atomartbezogen) angegebene **Nukleonenzahl**. Diese gibt die Anzahl an Kernteilchen (= Nukleonen) an, also die Summe an Protonen und Neutronen. Um die Anzahl an Neutronen eines Atoms herauszufinden, muss man folglich die Ordnungszahl von der Nukleonenzahl abziehen. Das in **B4** dargestellte Beryllium-Atom besitzt fünf Neutronen.

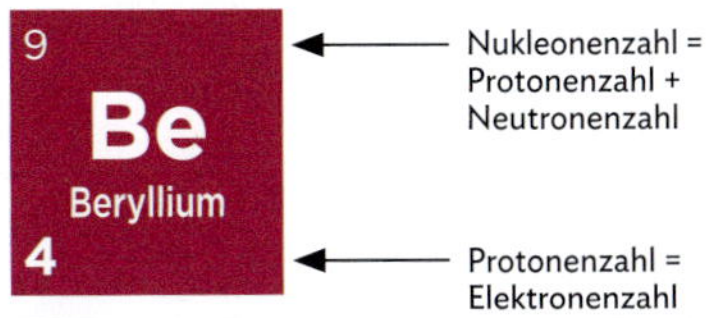

B4 Protonen- und Nukleonenzahl eines Beryllium-Atoms

Anzahl an Neutronen = Nukleonenzahl - Protonenzahl

Isotope

Die Anzahl der Protonen im Kern legt zwar die Art des Atoms fest, tatsächlich können sich Atome des gleichen Elements aber in der Anzahl an Neutronen und damit in ihrer Masse unterscheiden. Man bezeichnet sie als **Isotope** (**M2**, **B5**).

Isotop	Anzahl p+	Anzahl n	Vorkommen in %	Bezeichnung
1	6	6	98,89	^{12}C
2	6	7	1,11	^{13}C
3	6	8	$< 10^{-9}$	^{14}C

B5 Natürliche Isotope des Elements Kohlenstoff

Ein Element besteht aus Atomen mit gleicher Protonenzahl. Isotope sind Atome des gleichen Elements mit unterschiedlicher Neutronenzahl.

Von den meisten Elementen gibt es unterschiedliche Isotope. Die im PSE (atomartbezogen) angegebene mittlere Atommasse ist nur ein Durchschnittswert, der sich anhand der Häufigkeiten der verschiedenen Isotope berechnen lässt. Daher sind die Mittelwerte der Atommassen im Periodensystem oft nicht ganzzahlig.

Info

Kohlenstoff-Atome kommen in jedem Lebewesen vor, so auch zu einem kleinen Anteil das radioaktive ^{14}C. Es zerfällt nach einer bestimmten Zeit und sendet dabei radioaktive Strahlung aus. Diese Tatsache wird genutzt, um das Alter von verstorbenen Lebewesen zu ermitteln.

AUFGABEN

A1 Ein bestimmtes Element steht in der 3. Periode und der VI. Hauptgruppe. Benenne es und notiere die Elektronenkonfiguration eines Atoms dieses Elements.

A2 Das Element Wasserstoff zählt als einziges Element der I. Hauptgruppe nicht zu den Alkalimetallen. Erkläre diese Tatsache.

A3 Ermittle mithilfe des PSE (atomartbezogen) die Neutronenanzahl des häufigsten natürlichen Stickstoff-Isotops.

A4 Die mittlere Atommasse von Chlor wird im PSE (atomartbezogen) mit 35,45 u angegeben.
a) Erkläre den Grund für den nicht ganzzahligen Wert.
b) Von Chlor kommen die beiden folgenden stabilen Isotope natürlich vor: $^{35}_{17}Cl$ und $^{37}_{17}Cl$
Mithilfe der im PSE (atomartbezogen) angegebenen mittleren Atommasse lassen sich mathematisch die Häufigkeiten (x und y) der beiden Isotope berechnen. Der Ansatz dazu lautet:
I $x + y = 1$
II $35x + 37y = 35{,}45$ [u]
Erkläre die Bedeutung der beiden Gleichungen I und II.
c) Berechne die relativen Häufigkeiten der Bor-Isotope $^{10}_{5}B$ und $^{11}_{5}B$.

Die Edelgaskonfiguration

Trends der 1. Ionisierungsenergien

Beim Vergleich der 1. Ionisierungsenergien verschiedener Atome kann man Folgendes feststellen (**M3**):

- Innerhalb einer Periode steigen die 1. Ionisierungsenergien an, z. B. von Lithium (Li) bis Neon (Ne) und von Natrium (Na) bis Argon (Ar).
- Die 1. Ionisierungsenergien nehmen innerhalb einer Hauptgruppe von oben nach unten ab, z. B. hat Argon eine kleinere Ionisierungsenergie als Neon, Krypton eine kleinere als Argon, usw.
- Die Atome der Alkalimetalle Lithium (Li), Natrium (Na) und Kalium (K) haben besonders niedrige 1. Ionisierungsenergien. Beim Wasserstoff-Atom (H) ist sie fast dreimal so hoch wie beim Lithium-Atom. Dies zeigt die Sonderstellung von Wasserstoff in der I. Hauptgruppe.
- Die Atome der Edelgase Helium (He), Neon (Ne), Argon (Ar) und Krypton (Kr) haben besonders hohe erste Ionisierungsenergien.

Stabile Elektronenverteilung

Viele Elemente kommen in der Natur als Ionenverbindungen vor. Lediglich die Edelgase scheinen als Atome äußerst „edel" (= stabil) zu sein. Wie lässt sich dies erklären? Warum sind andere Atome deutlich reaktiver?

Die Antwort liegt in der Besetzung der höchsten Energiestufe. Eine Besetzung mit acht Valenzelektronen (bzw. zwei Valenzelektronen bei Helium), die bei Edelgasen (VIII. Hauptgruppe) vorliegt, bezeichnet man als **Edelgaskonfiguration**. Diese Elektronenverteilung ist besonders stabil bzw. energetisch günstig. Daher benötigt man eine sehr hohe Ionisierungsenergie, um ein Elektron von einem Edelgas-Atom abzuspalten (**M3**).

Atome, die nicht von einem Edelgas sind, nehmen in Verbindungen häufig die stabile Edelgaskonfiguration ein, indem sie Elektronen aufnehmen bzw. abgeben. Dies nennt man **Edelgasregel**. Voraussetzung dafür ist allerdings, dass ihnen die dafür notwendige Energie zugeführt wird. Bei Alkalimetall-Atomen ist die erste Ionisierungsenergie besonders niedrig, da durch die Abspaltung eines Elektrons die Edelgaskonfiguration erreicht wird (**M3**).

> Die Edelgasregel besagt, dass Atome bzw. Ionen in Verbindungen häufig die stabile Elektronenkonfiguration eines Edelgas-Atoms einnehmen.

Werden zum Erreichen der Edelgaskonfiguration Elektronen abgespalten, so erhält man positiv geladene Ionen (Kationen). Durch die Aufnahme von Elektronen entstehen negativ geladene Ionen (Anionen). Aus der Anzahl der aufgenommenen bzw. abgegebenen Elektronen ergibt sich die **Ionenladungszahl**. Sie hängt von der Stellung im PSE (atomartbezogen) ab (vgl. **FM** S. 37). Metall-Atome bilden typischerweise Kationen, Nichtmetall-Atome bilden Anionen (**B6, B8**).

> Die Ionenladungszahl von Atom-Ionen leitet sich von der Zahl an Elektronen ab, die das Ion mehr oder weniger besitzt als das entsprechende ungeladene Atom.

Elektronenabgabe beim Natrium-Atom
$Na \rightarrow Na^{+} + e^{-}$

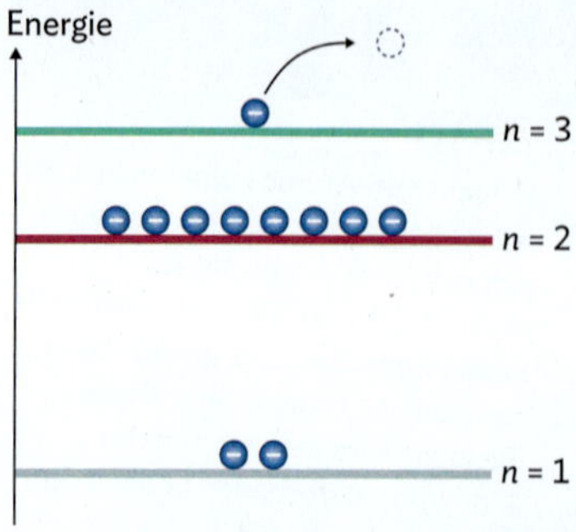

Elektronenaufnahme beim Fluor-Atom
$F + e^{-} \rightarrow F^{-}$

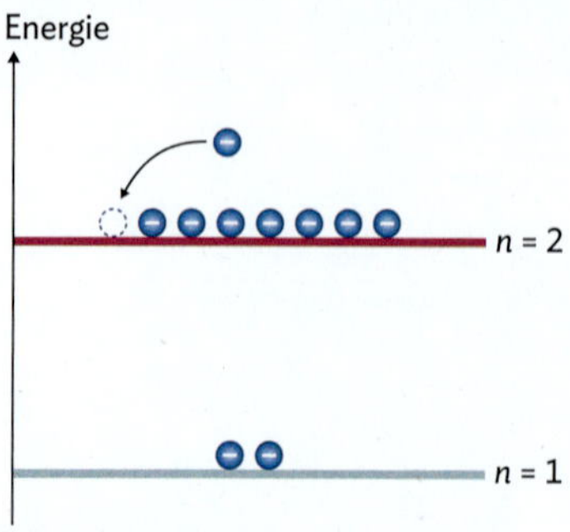

B6 Abgabe bzw. Aufnahme von Elektronen zum Erreichen der Edelgaskonfiguration des Neon-Atoms

FM Die Ionenladungszahl bestimmen

Bestimme die Ionenladungszahlen der Kationen und Anionen in Calciumbromid ($CaBr_2$).

So geht's

1. Verwende das Periodensystem (atomartbezogen, vorne im Buchdeckel). Suche die Atomarten Calcium und Brom und ermittle deren Valenzelektronenzahl.

   Calcium-Atom: II. Hauptgruppe ⟶ zwei Valenzelektronen

   Brom-Atom: VII. Hauptgruppe ⟶ sieben Valenzelektronen

2. Vergleiche die Elektronenkonfigurationen der beteiligten Atomarten mit der Edelgaskonfiguration des nächstgelegenen Edelgas-Atoms und ermittle so die Ladung der Ionen im entsprechenden Salz.

   Ca: $1^2\ 2^8\ 3^8\ 4^2$, nächstes Edelgas-Atom: Argon Ar: $1^2\ 2^8\ 3^8$

   Ein Calcium-Atom hat zwei Elektronen mehr als ein Argon-Atom.

   ⟶ Abgabe der beiden Valenzelektronen, Bildung von Ca^{2+}

   Br: $1^2\ 2^8\ 3^{18}\ 4^7$, nächstes Edelgas-Atom: Krypton Kr: $1^2\ 2^8\ 3^{18}\ 4^8$

   Ein Brom-Atom hat ein Elektron weniger als ein Krypton-Atom.

   ⟶ Aufnahme eines Elektrons, Bildung von Br^-

AUFGABEN

A1 Zur spielerischen Bestimmung von Ionenladungszahlen kann man sich das PSE (atomartbezogen) auch als ein Spielbrett vorstellen. Betrachte **B7** und formuliere dann eine Anleitung zur Bestimmung von Ionenladungszahl mit dem „Periodensystem als Spielbrett". Gehe dabei auf die Bedeutung der Zugrichtung und der Schrittanzahl einer Spielfigur ein.

A2 Ermittle die Ladungszahl der Ionen in folgenden Verbindungen (vgl. **FM** oben) und stelle dann jeweils die Verhältnisformel auf: Berylliumfluorid, Kaliumoxid, Magnesiumnitrid.

A3 Beschreibe und erkläre folgendes Diagramm (**B8**).

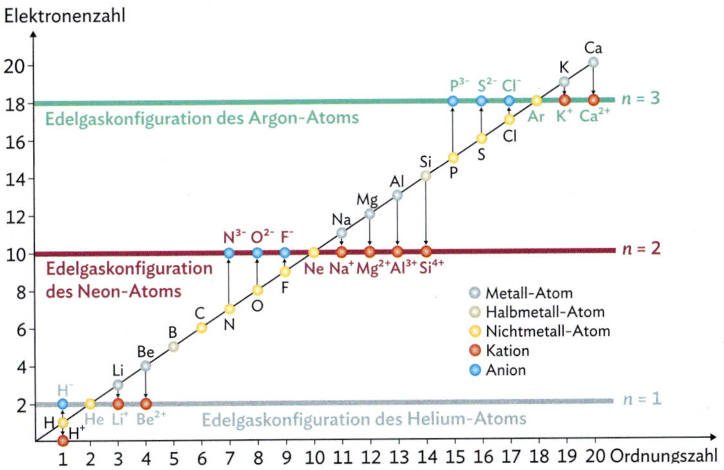

B8 Typische Ionen mit Edelgaskonfiguration

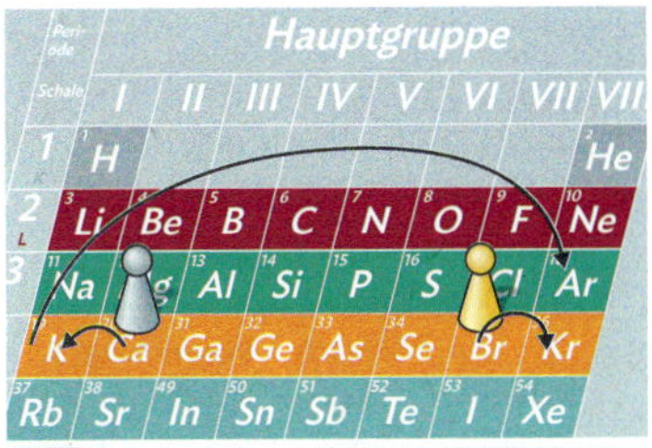

B7 Das Periodensystem als Spielbrett zur Bestimmung der Ionenladungszahl

FACHBEGRIFFE

die Protonenzahl, die Ordnungszahl, das gekürzte Periodensystem, die Hauptgruppe, die Periode, die Nukleonenzahl, das Isotop, die Edelgaskonfiguration, die Edelgasregel, die Ionenladungszahl

Ausgewählte Hauptgruppenelemente

M1 Erstellen von Plakaten zu den Hauptgruppenelementen

Das Periodensystem ist sehr hilfreich, wenn man etwas über die Stoff- bzw. Atomeigenschaften der Elemente erfahren möchte. Doch wo finden diese Elemente eigentlich in unserem Alltag Verwendung? Wer hat sie entdeckt? Wo bzw. in welchen Verbindungen kommen sie vor? Das lässt sich alles prima mithilfe von Plakaten übersichtlich darstellen!

Einigt euch mit eurer Lehrkraft, ob die Plakate handschriftlich gemacht werden sollen oder digital am Computer. Jeder bekommt ein Hauptgruppenelement zugeteilt oder zugelost.

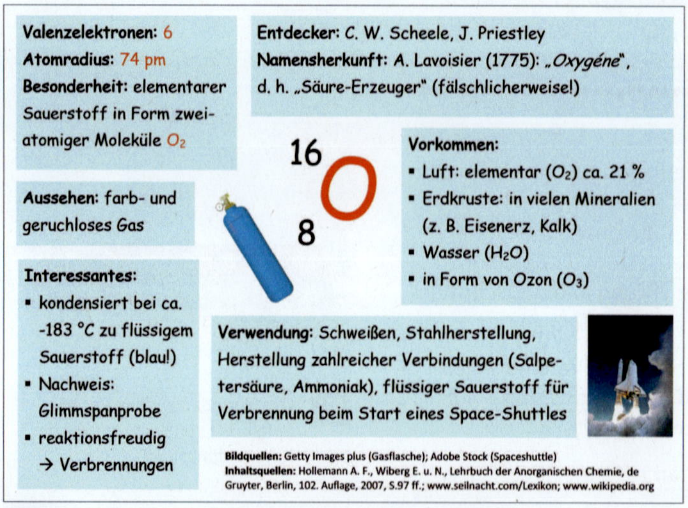

B1 Beispiel eines Plakats zu einem Hauptgruppenelement

AUSWERTUNG

a) Überlege dir Kriterien eines guten Plakats. Lade dazu unter QR-/Mediencode 05042-04 die Beispielplakate (**B1**) herunter. Beurteile diese bezüglich dir bekannter Kriterien eines guten Plakats. Gehe dabei auf formale und auf inhaltliche Aspekte ein.

05042-04

b) Diskutiere die von dir gewählten Beurteilungskriterien mit denen deiner Mitschülerinnen und Mitschüler. Beschließt gemeinsam mit der Lehrkraft, welche Kriterien für die Erstellung der Plakate zu den Hauptgruppenelementen beachtet werden sollen.

c) Recherchiere Informationen zu deinem zugeteilten Hauptgruppenelement. Nutze hierfür Bücher (Bibliothek) und/oder das Internet. Hilfreiche Links findest du unter QR-/Mediencode 05042-05. Notiere dir wichtige Inhalte.

05042-05

d) Erstelle nun mithilfe der gewonnenen Informationen ein übersichtliches Plakat. Beachte bei der Erstellung des Plakats die zuvor beschlossenen Kriterien und unterscheide zwischen Angaben auf der Stoff- und auf der Teilchenebene. Vergiss nicht, am Ende deine Quellen, insbesondere Bildquellen, anzugeben.

M2 Das Klassen-Periodensystem

Sammelt alle Plakate der Klasse aus **M1** und legt diese gemäß dem Periodensystem aus.

AUSWERTUNG

a) Nenne Kriterien, nach denen das Periodensystem sortiert ist.

b) Betrachte die Atome der Hauptgruppen und der Perioden. Beschreibe Tendenzen bezüglich

a) der Zahl der Protonen.

b) der Zahl der Valenzelektronen.

c) des Atomradius.

c) Kürt innerhalb der Klasse das schönste Plakat.

d) Wähle dein Lieblingselement und begründe deine Auswahl.

e) Erstelle für dein Hauptgruppenelement drei Fragen, die mithilfe deines Plakats beantwortet werden können. Notiere jede Frage auf ein kleines leeres Blatt Papier oder Karteikärtchen. Verteilt die Fragen nach dem Zufallsprinzip in der Klasse. So erhält jeder drei Fragen, die er zu den Elementen beantworten muss. Tragt die Antworten in der Klasse vor.

M3 Das Periodensystem-Quartett: Erstellung des Kartenspiels

Welches Element hat die höchste Siedetemperatur? Welches Atom ist am größten und welcher Stoff am dichtesten? Viele Elemente bzw. Atome zeigen Superlative.

Und das Beste daran: In einem unterhaltsamen Lernspiel lassen sich all diese Eigenschaften praktisch nebenbei kennenlernen. Auf geht's zum Quartett!

Es sollten Karten zu allen Hauptgruppenelementen der Perioden 2 bis 5 erstellt werden ($4 \cdot 8 = 32$ Karten). Als „Joker" könnt ihr zusätzlich Wasserstoff und Helium integrieren.

AUSWERTUNG

a) Einigt euch zusammen mit eurer Lehrkraft, in welcher Form ihr das Quartett erstellen wollt. Ihr könnt die ausgedruckten Blanko-Karten mit dem Stift ausfüllen, aber auch die digital ausfüllbaren Vorlagen verwenden (siehe unter QR-/Mediencode 05042-06). Verteilt die Elemente fair auf alle Mitschülerinnen und Mitschüler.

05042-06

b) Erstelle die an dich zugeteilte(n) Karte(n) des Quartetts. Die Informationen findest du z. T. vorne im Buchdeckel. Die fehlenden Informationen kannst du über eine Internetrecherche oder durch Verwendung einer Periodensystem-App beschaffen. Links zu Materialien findest du unter QR-/Mediencode 05042-07.

05042-07

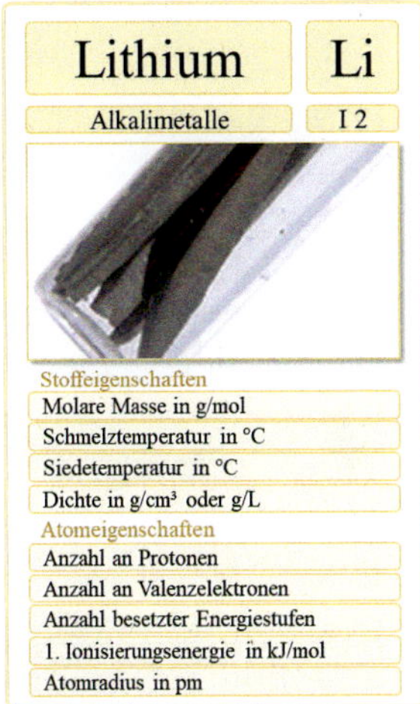

B2 Beispiel einer Quartett-Karte

M4 Das Periodensystem-Quartett: Jetzt geht's ans Spielen!

DURCHFÜHRUNG (SPIELREGELN)

4.1 Die Karten werden gemischt und verteilt. Danach nehmt ihr den jeweiligen Kartenstapel so auf die Hand, dass nur die oberste Karte sichtbar ist.

4.2 Wer rechts von der Kartengeberin bzw. dem Kartengeber sitzt, beginnt. Dazu wird eine der Angaben auf der Karte vorgelesen (z. B. die Schmelztemperatur).

4.3 Danach lesen reihum alle diese Angabe auf ihrer Karte vor. Wer den höchsten Wert hat, erhält die Karten der anderen und steckt sie hinter den eigenen Stapel.

4.4 Wer die Runde für sich entschieden hat, ist als nächstes an der Reihe.

4.5 Gewonnen hat, wer am Ende die meisten oder alle Karten besitzt.

4.6 Falls ihr mit Jokern spielt: Diese stechen jede andere Karte, dürfen aber nur einmal pro Spiel benutzt werden.

AUSWERTUNG NACH DEM SPIEL

Wenn ihr gut seid, merkt ihr vermutlich schnell, dass sich durch das Periodensystem einige Tendenzen ziehen und Elementgruppen oder -perioden in bestimmten Werten besonders gut oder schlecht abschneiden.

a) Diskutiert untereinander über die Tendenzen im Periodensystem: Identifiziert Gruppen oder Perioden von Elementen mit besonders starken und schwachen Werten.

b) Kürt gemeinsam eure drei Lieblingselemente.

c) Versucht folgende Expertenfragen zu lösen:

a) Erläutert den Grund dafür, dass die Atomradien innerhalb einer Periode abnehmen.

b) Erklärt, weshalb die molare Masse mit Kommazahlen angegeben ist.

c) Nennt bei Raumtemperatur flüssige Elemente.

Zum Üben und Weiterdenken

A1 Die folgende Abbildung zeigt die charakteristischen Linienspektren bestimmter Metall-Atomarten sowie das Linienspektrum einer Stoffprobe. Erläutere, welche Elemente in der Stoffprobe enthalten sind.

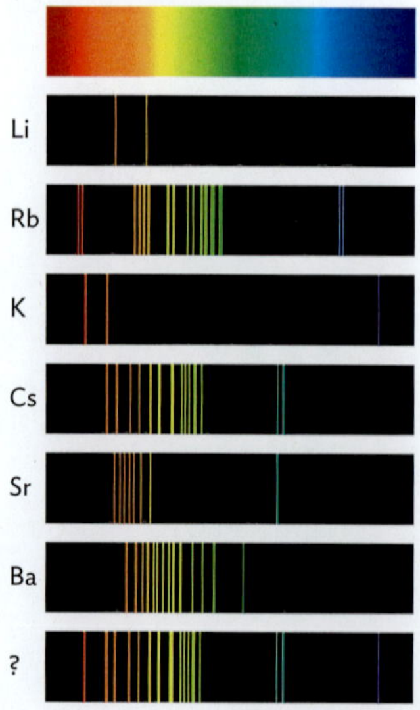

A2 Das gelbe Licht von Straßenlaternen wurde früher sehr häufig durch Natriumdampflampen erzeugt. Erkläre auf Teilchenebene das Zustandekommen des gelben Lichts.

A3 Nachfolgendes Bild zeigt eine Stadt, Land, Fluss-Spieltabelle. Erläutere, inwiefern man die Spalten und Zeilen des Spiels mit dem Aufbauprinzip des Periodensystems vergleichen kann.

Stadt	Land	Fluss	Name	Tier	Beruf	Punkte
Berlin	Belgien	Blies	Bernd	Bär	Bäcker	90
Aachen	Andorra	Alster	Alf	Aal	Architekt	80
Duisburg	Dänemark	Donau	Dieter	Dachs	Dachdecker	120
München	Moldawien		Michel	Maus	Metzger	50

A4 Die meisten Elemente liegen in der Natur auf der Teilchenebene als Ionen mit voll besetzter höchster Energiestufe vor.

a) Formuliere die Elektronenkonfiguration für folgende Teilchen:
- ein ungeladenes Calcium-Atom
- ein stabiles Calcium-Kation
- ein ungeladenes Brom-Atom
- ein stabiles Bromid-Anion.

b) Zeichne die entsprechenden vier Energiestufenmodelle der in a) genannten Teilchen.

A5 Prüfe die folgenden Aussagen über Isotope und formuliere falsche Aussagen in richtige Aussagen um.

a) Isotope sind Atome der gleichen Atomart mit unterschiedlicher Anzahl an Elektronen.

b) Von einer Atomart gibt es stets drei verschiedene Isotope.

c) Im Periodensystem (atomartbezogen) sind meist die Kenndaten des häufigsten natürlich vorkommenden Isotops einer Atomart bzw. eines Elements angegeben.

A6 Neben Isotopen gibt es auch Isobare. Im Folgenden sind zwei Beispiele für „Atompaare" gegeben, die man als Isobare bezeichnet. Leite aus den Informationen eine Definition für den Begriff Isobare her und ordne dem Atom 3 bzw. 4 das passende Atomartensymbol zu.

Beispiel 1: Isobare		Beispiel 2: Isobare	
${}^{14}_{6}C$	${}^{14}_{7}N$	${}^{32}_{15}?$	${}^{32}_{16}?$
Atom 1	Atom 2	Atom 3	Atom 4

A7 Wähle jeweils begründet die Modelldarstellung zum Feinbau der Atome, die am geeignetsten ist, um ...

a) ... die Ladung eines Ions zu erklären.

b) ... die Höhe der Ionisierungsenergien der Elektronen eines Atoms zu erklären.

c) ... Valenzelektronen darzustellen.

d) ... den Begriff Isotop zu veranschaulichen.

M1 Periodensystem-Knobelei

A1 Verwende deine Kenntnisse über den Atombau und das Ordnungsprinzip bzw. die Angaben des PSE (atomartbezogen) zu den häufigsten Isotopen und vervollständige die Tabelle sinnvoll. Eine Vorlage zum Ausfüllen findest du unter QR-/Mediencode 05042-08.

05042-08

	a) zweifach positiv geladenes Beryllium-Ion	b)	c)	d)
Teilchenart		Atom		
Atomartensymbol (mit Ladungszahl)				
Anzahl Protonen				
Anzahl Elektronen		13		10
Anzahl Valenz-elektronen				
Anzahl Neutronen				
Hauptgruppenname			Halogene	Stickstoffgruppe
Elektronen-konfiguration			$1^2\ 2^8$	
Edelgaskonfiguration			ja	

M2 Ionisierungsenergien im Vergleich

Eine der vier Grafiken a) bis d) (**B1**) aus einem englischsprachigen Schulbuch stellt die 1. Ionisierungsenergie (IE) für die ersten 18 Atomarten des PSE (atomartbezogen) dar.

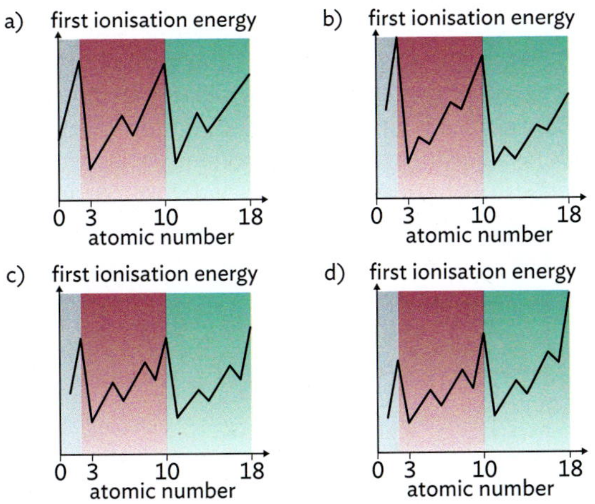

B1 Ausschnitt aus einem englischsprachigen Schulbuch

A1 Wähle anhand der Angaben in der Tabelle **B2** das korrekte Diagramm in **B1** aus.

A2 Beschreibe und erkläre den Kurvenverlauf im richtigen Diagramm.

A3 Wähle ein unzutreffendes Diagramm und beschreibe einen Fehler.

A4 Begründe, dass der in **B1** gezeigte Diagrammtyp für die Darstellung der Inhalte nicht optimal geeignet ist. Nenne einen passenderen Diagrammtyp.

Atomart	IE in eV	Atomart	IE in eV
H	13,6	Ne	21,6
He	24,6	Na	5,1
Li	5,4	Mg	7,6
Be	9,3	Al	6,0
B	8,3	Si	8,1
C	11,3	P	11,0
N	14,5	S	10,4
O	13,6	Cl	13,0
F	17,4	Ar	15,8

B2 Erste Ionisierungsenergie (IE) in eV für die ersten 18 Atomarten des Periodensystems

Alles im Blick: Kapitel 2

Flammenfärbung und Linienspektrum (vgl. S. 24–26)

Bestimmte Metalle und Verbindungen dieser Metalle zeigen charakteristische **Flammenfärbungen** und **Linienspektren**. Die Flammenfärbung beruht auf dem Phänomen, dass Elektronen durch Energiezufuhr angeregt werden und sich kurzzeitig in einem Zustand mit höherer innerer Energie befinden. Beim Zurückfallen in den energetischen Grundzustand wird die Energiedifferenz in Form von Lichtenergie frei. Die freiwerdenden Energiebeträge sind atomartspezifisch und erzeugen daher kennzeichnende Flammenfarben. Betrachtet man die Flammenfärbung mithilfe eines Spektroskops, so werden spezifische Linienmuster erkennbar. Man bezeichnet sie als Linienspektren. Die Anzahl, Lage und Farbe der Linien sind jeweils charakteristisch für eine Metall-Atomart.

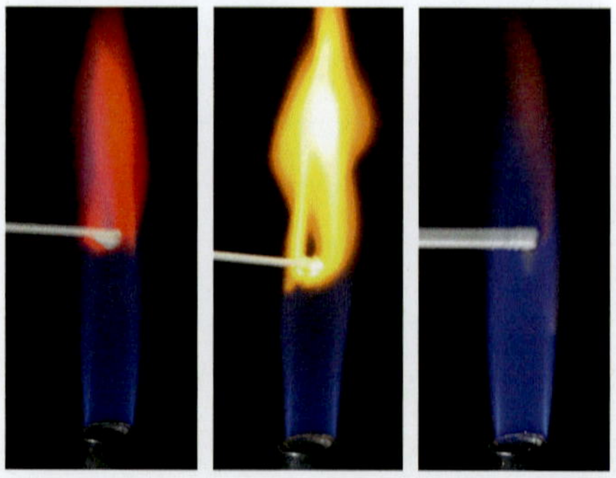

Ionisierung und Energiestufenmodell (vgl. S. 25–28)

Ionisierung ist die Bildung eines Ions durch Abspaltung eines Elektrons von einem Atom. Die dazu erforderliche Energie heißt **Ionisierungsenergie** und wird in der Einheit Elektronenvolt (eV) angegeben. Die Ionisierungsenergien nacheinander abgespaltener Elektronen eines Atoms bzw. Ions nehmen ungleichmäßig zu, da die Anziehungskraft des Kerns auf jedes verbleibende Elektron nach und nach ansteigt. Je nach Atomart kommt es an einer bestimmten Stelle zu einem sprunghaften Anstieg.

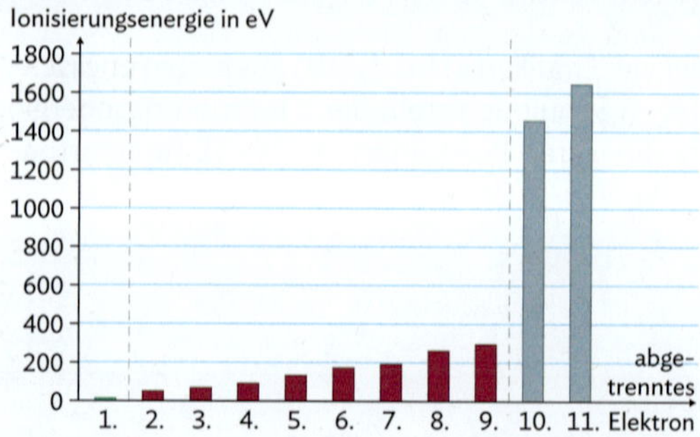

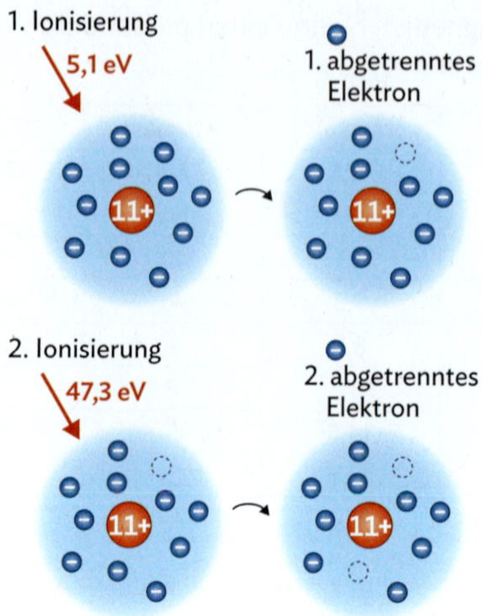

Auf dieser Grundlage wurde das **Energiestufenmodell** entwickelt, bei dem sich die Elektronen der Hülle aufgrund ihres Energiegehalts bestimmten Energiestufen n zuordnen lassen. Elektronen der höchsten Energiestufe bezeichnet man als **Valenzelektronen**.

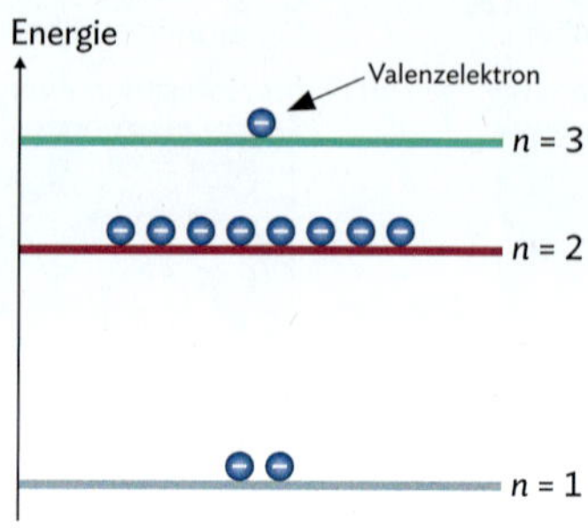

Elektronenkonfiguration (vgl. S. 29)

Die Besetzung der verschiedenen Energiestufen eines Atoms bzw. Ions mit Elektronen bezeichnet man als **Elektronenkonfiguration**. Für ein (ungeladenes) Natrium-Atom mit 11 Elektronen wird sie folgendermaßen formuliert:

$1^2\ 2^8\ 3^1$ (**Energiestufe**, **Anzahl an Elektronen**)

Die Energiestufen können nur eine definierte maximale Anzahl an Elektronen enthalten, welche sich mit der Formel $\mathbf{2 \cdot n^2}$ (n = Energiestufe) ermitteln lässt. Zur Ermittlung der Elektronenkonfiguration eines Atoms werden die Energiestufen n ausgehend von der 1. Energiestufe mit Elektronen aufgefüllt. Wie die Energiestufen besetzt werden, kann man aus dem Periodensystem der Atomarten direkt ablesen (s. u.).

Beispiel: Elektronenkonfiguration eines (ungeladenen) Calcium-Atoms mit 20 Elektronen: $1^2\ 2^8\ 3^8\ 4^2$

Gekürztes Periodensystem und Isotope (vgl. S. 34–35)

Das **Periodensystem der Elemente (atomartbezogen)** umfasst derzeit 118 Elemente. Diese sind nach fortlaufender **Protonen-** bzw. **Ordnungszahl** angeordnet. Im ungeladenen Atom stimmt die Anzahl der Elektronen mit der Anzahl der Protonen überein. Die **Nukleonenzahl** ist die Summe aus Protonen und Neutronen in einem Atom.

Das **gekürzte Periodensystem** enthält nur die Hauptgruppenelemente und ist in einer Art Tabelle aus acht Spalten und sieben Zeilen aufgebaut.

Elemente mit der gleichen Anzahl an Valenzelektronen in den Atomen stehen in den Spalten, den **Hauptgruppen**, untereinander. Sie besitzen ähnliche chemische Eigenschaften.

In den Zeilen, den **Perioden**, findet man Elemente, deren Atome die gleiche Anzahl an besetzten Energiestufen aufweisen.

Isotope sind Atome des gleichen Elements mit unterschiedlicher Neutronenzahl. Die Anzahl natürlicher Isotope ist atomartspezifisch.

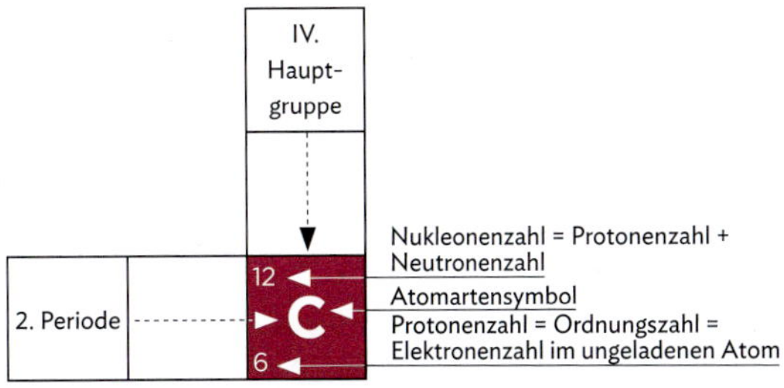

Periode	Hauptgruppen I	II	III	IV	V	VI	VII	VIII
1	1 **H** Wasserstoff 1 2,1							4 **He** Helium 2
2	7 **Li** Lithium 3 1,0	9 **Be** Beryllium 4 1,5	11 **B** Bor 5 2,0	12 **C** Kohlenstoff 6 2,5	14 **N** Stickstoff 7 3,0	16 **O** Sauerstoff 8 3,5	19 **F** Fluor 9 4,0	20 **Ne** Neon 10
3	23 **Na** Natrium 11 0,9	24 **Mg** Magnesium 12 1,2	27 **Al** Aluminium 13 1,5	28 **Si** Silicium 14 1,8	31 **P** Phosphor 15 2,1	32 **S** Schwefel 16 2,5	35 **Cl** Chlor 17 3,0	40 **Ar** Argon 18
4	39 **K** Kalium 19 0,8	40 **Ca** Calcium 20 1,0	69 **Ga** Gallium 31 1,6	74 **Ge** Germanium 32 1,8	75 **As** Arsen 33 2,0	80 **Se** Selen 34 2,4	79 **Br** Brom 35 2,8	84 **Kr** Krypton 36
5	85 **Rb** Rubidium 37 0,8	88 **Sr** Strontium 38 1,0	115 **In** Indium 49 1,7	120 **Sn** Zinn 50 1,8	121 **Sb** Antimon 51 1,9	130 **Te** Tellur 52 1,9	127 **I** Iod 53 2,5	132 **Xe** Xenon 54
6	133 **Cs** Caesium 55 0,7	138 **Ba** Barium 56 0,9	205 **Tl** Thallium 81 1,8	208 **Pb** Blei 82 1,8	209 **Bi** Bismut 83 1,9	[209] **Po*** Polonium 84 2,0	[210] **At*** Astat 85 2,2	[222] **Rn*** Radon 86

Edelgaskonfiguration und Ionenladungszahl (vgl. S. 36–37)

Die höchste Energiestufe eines Edelgas-Atoms (Elemente der VIII. Hauptgruppe) ist voll besetzt mit Elektronen (He: 2, alle anderen: 8). Dieser Zustand ist besonders stabil. Daher sind die Atome der Edelgase sehr reaktionsträge. Andere Elemente liegen in der Natur auf der Teilchenebene meist als Ionen vor, was sich mit der **Edelgasregel** begründen lässt: Atome tendieren dazu, die stabile **Edelgaskonfiguration** (= Elektronenkonfiguration eines Edelgas-Atoms) zu erreichen. Mit ausreichend viel Energiezufuhr werden Elektronen entweder abgegeben (Bildung eines Kations) oder aufgenommen (Bildung eines Anions). Ob und wie viele Elektronen ein Atom abgibt oder aufnimmt, hängt von der Stellung im Periodensystem ab.

Die **Ionenladungszahl** von Atom-Ionen leitet sich von der Zahl an Elektronen ab, die das Ion mehr oder weniger besitzt als das entsprechende ungeladene Atom.

Ziel erreicht?

Überprüfung

Hast du das Ziel dieses Kapitels erreicht? Löse die entsprechenden Aufgaben. Ein Arbeitsblatt findest du unter QR-/Mediencode 05042-09. Bewerte dich mithilfe der Tabelle rechts unten. Die Lösungen zu den Aufgaben stehen auf S. 197.

05042-09

Experimentelle Befunde zu Ionisierungsenergien und Ordnungsprinzipien des PSE (atomartbezogen) mithilfe des Energiestufenmodells erklären

A1 Prüfe die folgenden Aussagen und formuliere Falschaussagen in richtige Aussagen um.

a) Unter Ionisierung versteht man die Abspaltung eines Elektrons aus der Atomhülle, wodurch mindestens ein negativ geladenes Ion entsteht.

b) Die 1. Ionisierungsenergie eines Atoms ist stets kleiner als die 2. Ionisierungsenergie des Atom-Ions.

c) Für die Abspaltung der Valenzelektronen wird am meisten Energie benötigt.

A2 Ordne die Energiestufenmodelle a), b) und c) jeweils einer Hauptgruppe zu und formuliere eine begründete Vermutung über das Atom mit der niedrigsten 1. Ionisierungsenergie.

a)
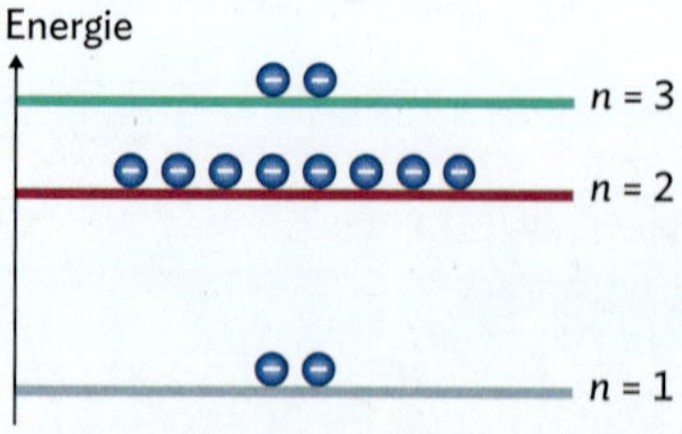

b)
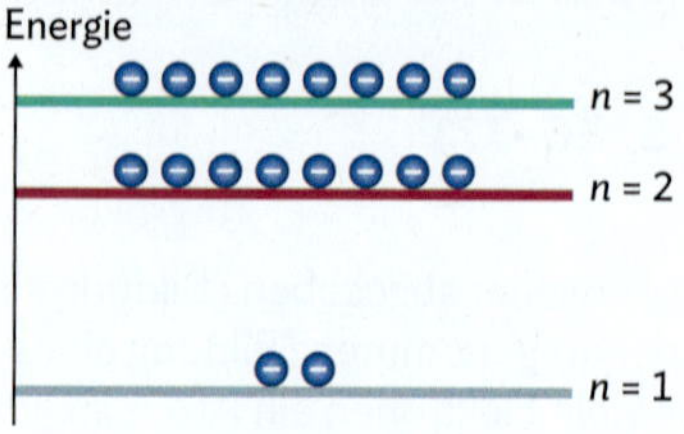

c)
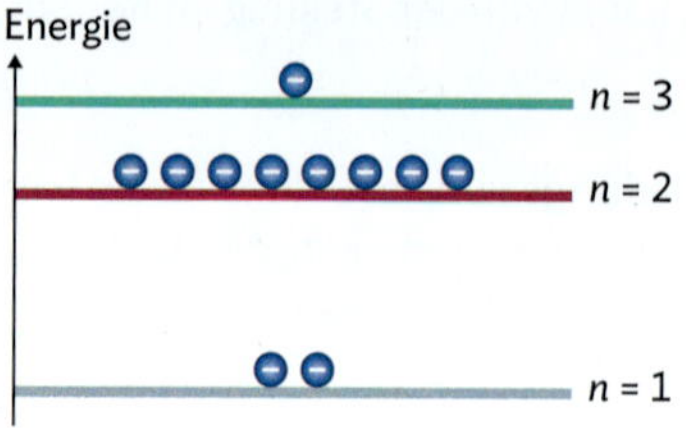

Mithilfe des PSE (atomartbezogen) den Feinbau von Atomen charakterisieren

B1 Vergleiche mithilfe des PSE (atomartbezogen) die folgenden Atompaare: $_1$H und $_3$Li, $_9$F und $_{17}$Cl, $_{19}$K und $_{32}$Ge.
Ordne nachfolgende Aussagen jeweils einem, mehreren oder keinem dieser Atompaare zu.

a) Das eine Atom besitzt drei Elektronen mehr als das andere Atom.

b) Die Atome weisen eine unterschiedliche Anzahl an besetzten Energiestufen auf.

c) Die Ordnungszahl des einen Atoms ist mindestens um vier größer.

d) Die Atome unterscheiden sich in der Anzahl der Protonen um zwei.

e) Die Atome besitzen die gleiche Anzahl an Elektronen.

f) Die Atome besitzen die gleiche Anzahl an Valenzelektronen.

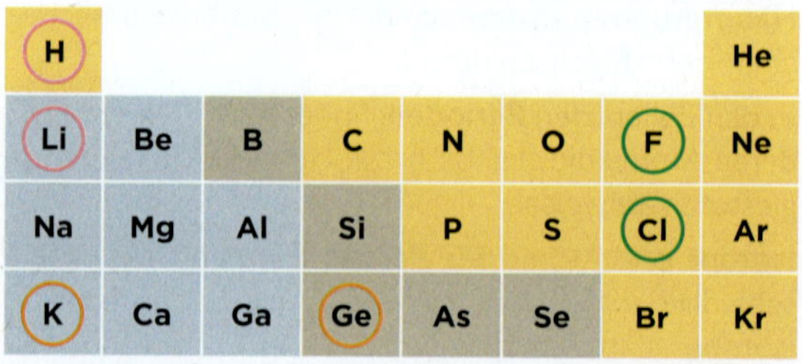

B2 Ergänze alle Lücken in der Tabelle mithilfe der Angaben des Periodensystems (vorne im Buchdeckel) in deinem Heft.

Atomart	Anzahl Protonen	Anzahl Elektronen	Anzahl Neutronen
a)	15		
b) Se			45
c)		6	6
d) H			
e) P			16
f) F			

Mithilfe des PSE (atomartbezogen) die Valenzelektronenzahl und Ladung von Atom-Ionen ermitteln

C1 Die Anzahl der Valenzelektronen eines Teilchens ist mitunter ausschlaggebend für seine Stabilität.

a) Gib die Anzahl an Valenzelektronen für alle nachfolgenden Teilchen an und wähle aus, welche davon die stabile Edelgaskonfiguration aufweisen: Mg^{2+}, Cl^-, Ar, Al^{2+}, K^+, Ca^+.

b) Wandle die „instabilen" Teilchen aus a) durch Änderung der Ladung so um, dass sie als „stabil" einzuordnen sind.

C2 Die Ladungszahl von stabilen Ionen kann mithilfe des PSE (atomartbezogen) ermittelt werden.

a) Ergänze die folgende Tabelle sinnvoll gemäß der Fachmethode „Die Ionenladungszahl bestimmen".

Hauptgruppe	Beispiel für ein Atom	Anzahl der Valenzelektronen eines Atoms	Formel des stabilen Ions
I	Na	eins	Na^+
VI			
VII			
II			

b) Gib für die von dir gewählten Beispiel-Atome und deren stabile Ionen jeweils die Elektronenkonfiguration an.

Modelle zum Atombau vergleichen und beurteilen

D1 Nachfolgende Darstellungen zeigen den Aufbau eines Atoms nach dem Kern-Hülle-Modell (links) und dem Energiestufenmodell (rechts).

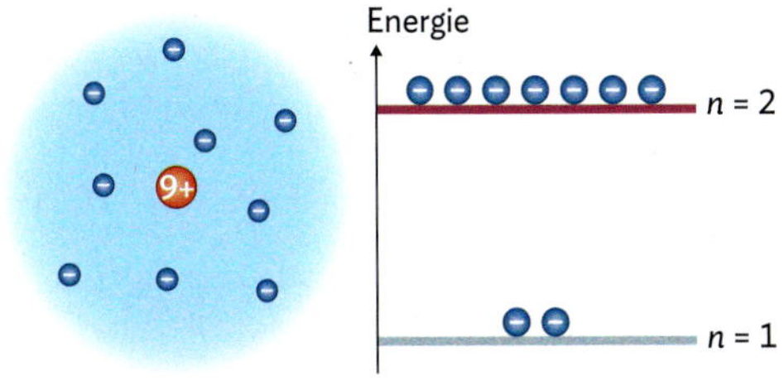

a) Ordne die beiden Modelle begründet einem Element zu.

b) Beurteile, ob die Modelle Aussagen zu folgenden Aspekten treffen, indem du ja oder nein wählst.

Aspekt	Kern-Hülle-Modell	Energiestufenmodell
Vorhandensein von Protonen und Elektronen		
Anzahl der Protonen		
Vorhandensein von Neutronen		
Energiegehalt der Elektronen		
Aufteilung in positiv geladenen Atomkern und negativ geladene Atomhülle		
unterschiedliche Masse der Bausteine der Atome		

Auswertung

Vergleiche deine Antworten mit den Lösungen auf S. 197 und kreuze auf dem Arbeitsblatt an.

	Ich kann ...	ja	nein	lies nach auf Seite
A	experimentelle Befunde zu Ionisierungsenergien und Ordnungsprinzipien des PSE (atomartbezogen) mithilfe des Energiestufenmodells erklären.			26–29
B	mithilfe des PSE (atomartbezogen) den Feinbau von Atomen charakterisieren.			34 f.
C	mithilfe des PSE (atomartbezogen) die Valenzelektronenzahl und Ladung von Atom-Ionen ermitteln.			34, 36, 37
D	Modelle zum Atombau vergleichen und beurteilen.			30 f.

3 Donator-Akzeptor-Konzept – Elektronenübergänge

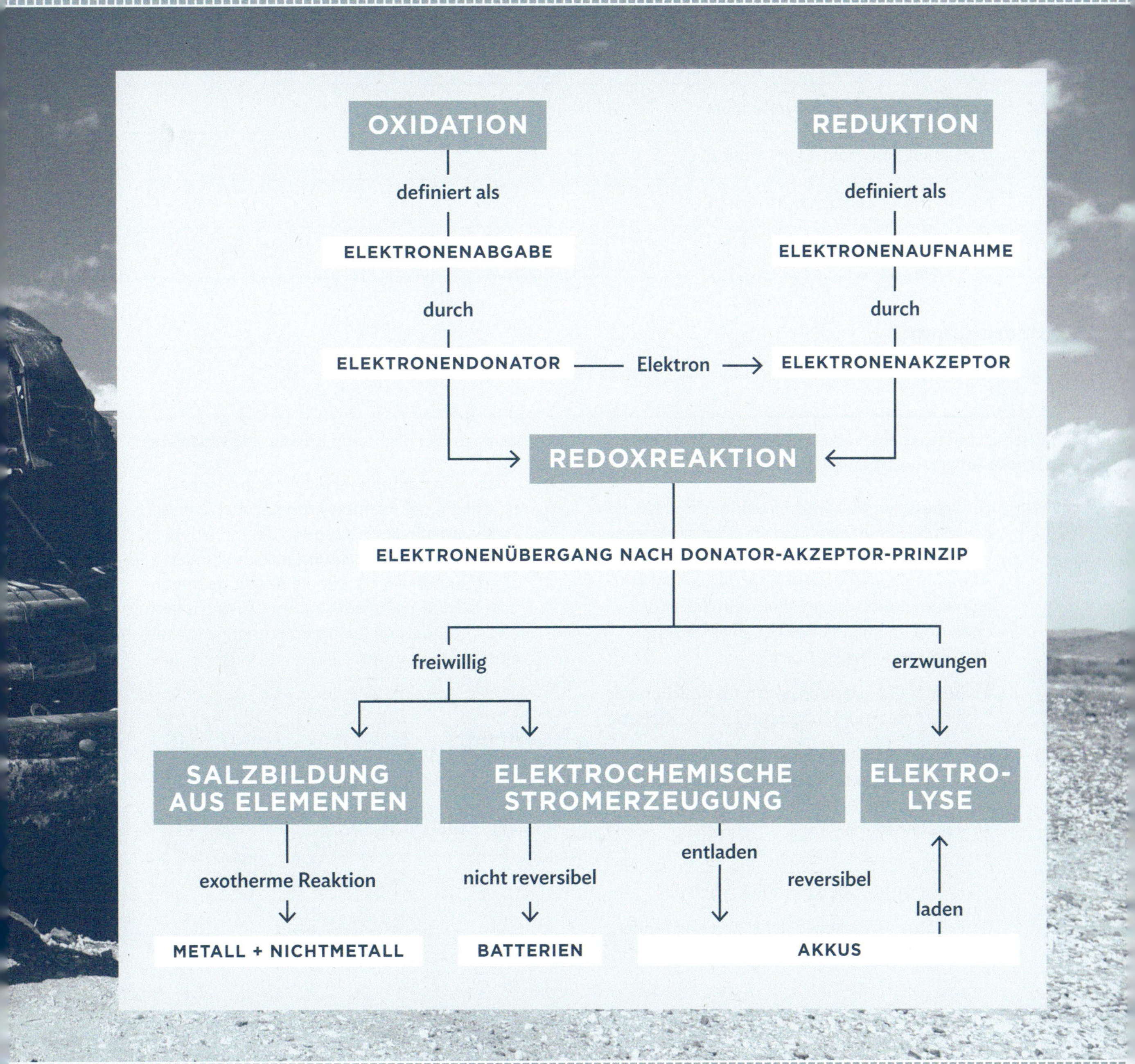
OXIDATION
REDUKTION
definiert als
definiert als
ELEKTRONENABGABE
ELEKTRONENAUFNAHME
durch
durch
ELEKTRONENDONATOR
Elektron
ELEKTRONENAKZEPTOR
REDOXREAKTION
ELEKTRONENÜBERGANG NACH DONATOR-AKZEPTOR-PRINZIP
freiwillig
erzwungen
SALZBILDUNG AUS ELEMENTEN
ELEKTROCHEMISCHE STROMERZEUGUNG
ELEKTRO-LYSE
exotherme Reaktion
nicht reversibel
entladen
reversibel
laden
METALL + NICHTMETALL
BATTERIEN
AKKUS

Startklar?

Selbsteinschätzung

Schätze dich selbst ein: Wie gut sind deine Kenntnisse in den Bereichen A bis E?
Kreuze auf dem Arbeitsblatt unter QR-/Mediencode 05042-10 an!

05042-10

	Ich kann …	prima	ganz gut	es fällt mir schwer
A	chemische Reaktionen erkennen und auf Stoff- und Teilchenebene beschreiben.			
B	exotherme und endotherme Reaktionen vergleichen.			
C	das Energiestufenmodell anwenden.			
D	die Ladung von Atom-Ionen ermitteln.			
E	die elektrische Leitfähigkeit erklären.			

Überprüfung

Liegst du richtig? Bearbeite die folgenden Aufgaben zu jedem Bereich.

Chemische Reaktionen erkennen und auf Stoff- und Teilchenebene beschreiben

A1 Feuerwerkskörpern wird Aluminium zugesetzt. Es dient als Brennstoff und sorgt für sehr helle, weiße Funken. Nach dem Aufleuchten sind die Aluminiumkörnchen von einer weißen Schicht aus Aluminiumoxid umgeben. Größere Körnchen sind im Inneren des Feuerwerkskörpers noch immer silbrig glänzend.

a) Beschreibe die oben genannte Reaktion mit einem Reaktionsschema auf der Stoffebene.

b) Erstelle für Aluminiumoxid die Verhältnisformel und beschreibe die oben genannte Reaktion mit einer Reaktionsgleichung auf Teilchenebene.

c) Erkläre die Kennzeichen einer chemischen Reaktion am oben genannten Beispiel.

d) Erkläre das Vorliegen der silbrig glänzenden Körnchen im Inneren.

Exotherme und endotherme Reaktionen vergleichen

B1 Das Grillen mit dem Holzkohlegrill ist ein Highlight der warmen Monate, auch wenn gelegentlich das Entzünden der Grillkohle nicht gleich gelingt. Ordne das Entzünden und Verbrennen der Holzkohle begründet einem der beiden Energiediagramme zu und erläutere die Veränderung der inneren Energie mithilfe dieses Diagramms.

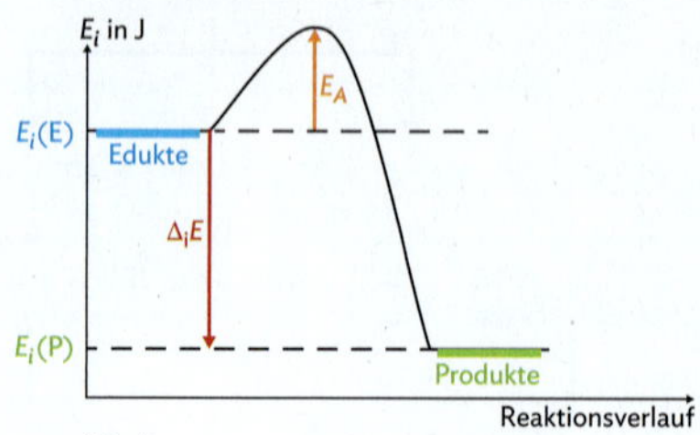

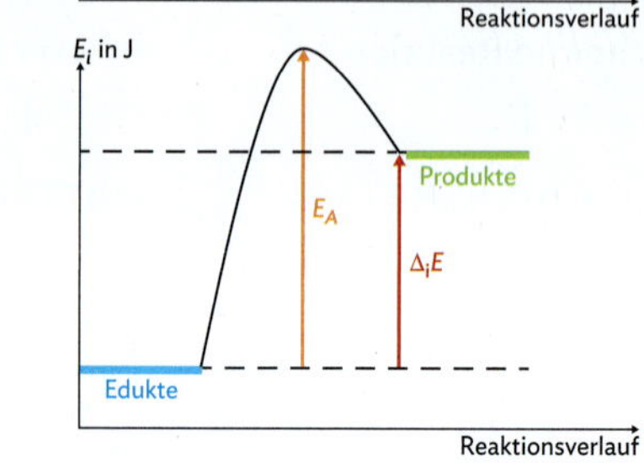

B2 Ordne folgende Reaktionen begründet einem der beiden Energiediagramme zu:

a) die Fotosynthese

b) ein Magnesiumband brennt nach dem Entzünden mit heller Flamme weiter

Das Energiestufenmodell anwenden

C1 Mit Energiestufenmodellen können wichtige Eigenschaften von Atomen dargestellt werden.

a) Unten ist das Energiestufenmodell eines ungeladenen Atoms dargestellt. Beschreibe daran den Aufbau eines Energiestufenmodells und ordne der Abbildung eine Atomart begründet zu.

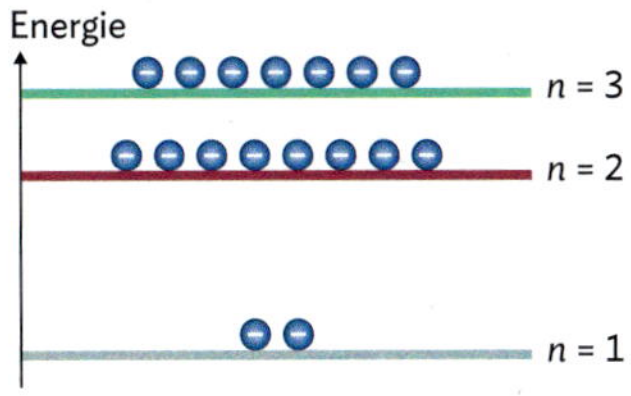

b) Beschreibe einen Aspekt des Atombaus, der sich mit dem Energiestufenmodell besonders gut erklären lässt.

c) Nenne einen Aspekt des Atombaus, der sich mit dem Energiestufenmodell nicht erklären lässt, und erkläre daran eine Schwäche des Modells. Gib ein anderes Atommodell an, mit dem sich dieser Aspekt des Atombaus erklären lässt.

C2 Erstelle die Energiestufenmodelle für ein Aluminium- sowie ein Schwefel-Atom.

Die Ladung von Atom-Ionen ermitteln

D1 Das Periodensystem ist ein wichtiges Werkzeug, um Atome und Ionen zu charakterisieren.

a) Ermittle mithilfe des PSE (atomartbezogen) die mögliche Ladungszahl der Ionen der Hauptgruppen I bis III und V bis VII anhand der dritten Periode und erkläre dein Vorgehen.

I	II	III	IV	V	VI	VII	VIII
Na	Mg	Al	Si	P	S	Cl	Ar
	+2						

b) Erläutere, weshalb die Schrift der Gruppen IV und VIII ausgegraut ist.

c) Erkläre den Sachverhalt, dass es in chemischen Verbindungen nur ein zweifach positiv geladenes Strontium-Ion gibt und nicht ein ein- oder dreifach geladenes.

Die elektrische Leitfähigkeit erklären

E1 „Ein Stoff ist elektrisch leitfähig, wenn er frei bewegliche Teilchen enthält." Nimm Stellung zu dieser Aussage.

E2 Erkläre die elektrische Leitfähigkeit einer Salzlösung mithilfe einer Skizze auf Teilchenebene.

Auswertung

Hast du dich richtig eingeschätzt? Vergleiche deine Antworten mit den Lösungen auf S. 198. Gib dir jeweils die entsprechende Punktzahl und trage sie auf dem Arbeitsblatt ein.

	Ich kann …	prima	ganz gut	mit Hilfe	lies nach auf Seite
A	Chemische Reaktionen erkennen und auf Stoff- und Teilchenebene beschreiben.	9-7	6-4	3-1	12 f.
B	exotherme und endotherme Reaktionen vergleichen.	6	5-4	3	12
C	das Energiestufenmodell anwenden.	7-6	5-4	3-2	28 f., 34 f.
D	die Ladung von Atom-Ionen ermitteln.	11-9	8-6	5-3	36 f.
E	die elektrische Leitfähigkeit erklären.	5	4-3	2	15

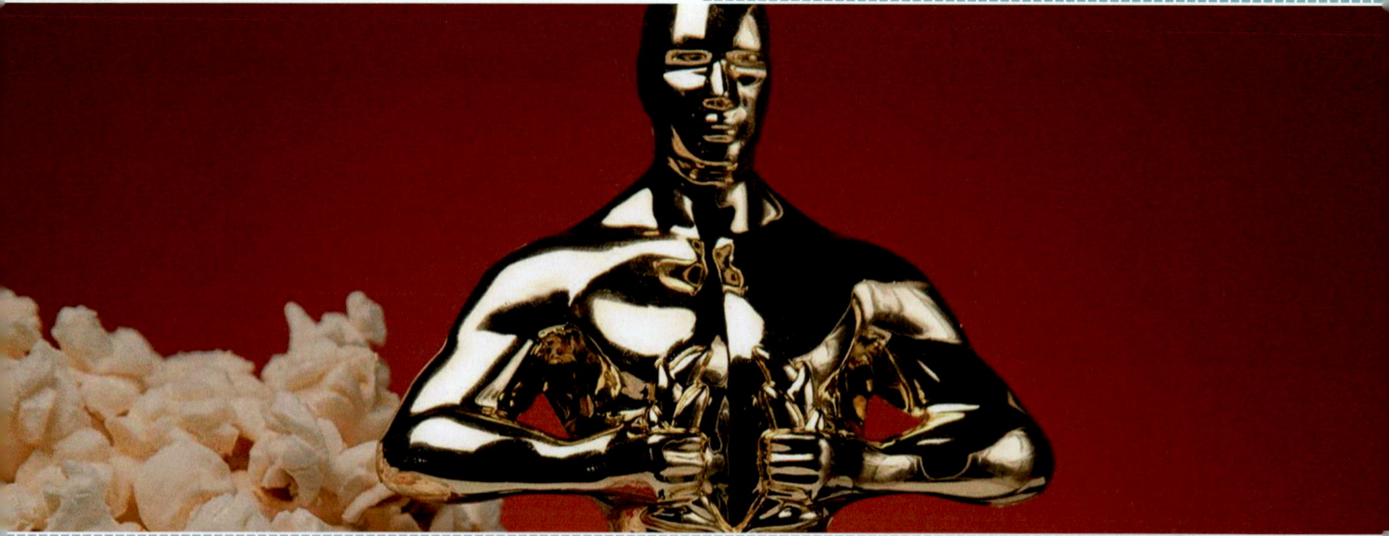

3.1 Elektrolyse und Redoxreaktionen

„And the Oscar goes to …" Jährlich wird die begehrte Goldstatue in über 20 Kategorien verliehen. Sie wiegt etwa 4,3 kg. Beim aktuellen Goldpreis würden allein für die Trophäen Kosten in Millionenhöhe auf die Veranstalter zukommen. Daher besteht der Oscar hauptsächlich aus einer günstigeren Legierung und ist nur mit einer sehr dünnen Goldschicht überzogen. Doch wie werden solche dünnen Metallschichten aufgetragen?

LV1 Elektrolyse einer Kupfer(II)-chloridlösung

PROBLEM

Vergoldete Oscar-Trophäen, verchromte Autofelgen und silbernes Besteck haben eine Gemeinsamkeit: Ihre Oberflächen bestehen jeweils aus einer dünnen Metallschicht. Wie erhält man solche dünnen Metallschichten?

DURCHFÜHRUNG

Zwei Graphitelektroden (Bleistiftminen) werden mit einem durchsichtigen Klebeband so auf einem Objektträger befestigt, dass deren Spitzen etwa einen Zentimeter Abstand voneinander haben. Anschließend wird mit einer Pipette so viel Kupfer(II)-chloridlösung auf den Objektträger gegeben, dass beide Elektroden gleichzeitig in die Flüssigkeit eintauchen. Die Elektroden werden mithilfe von Krokodilklemmen und Kabeln mit einer 9 V-Gleichspannungsquelle verbunden.

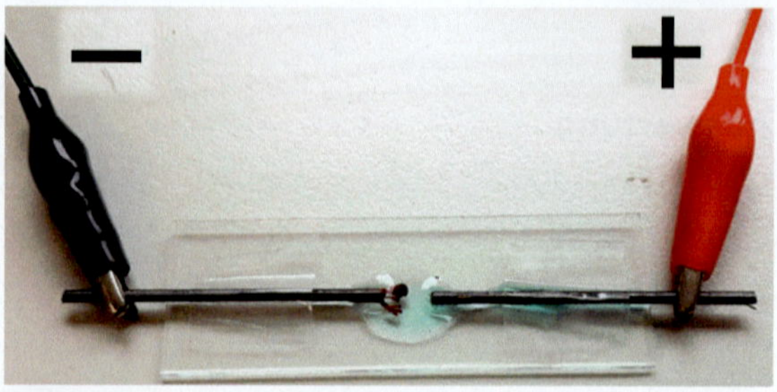

B1 Versuchsaufbau zu **V1**

AUSWERTUNG

a) Notiere die Beobachtungen am Pluspol und am Minuspol.

b) Begründe, welche Produkte sich an den beiden Polen gebildet haben könnten.

ENTSORGUNG G2

M2 Elektrochemische Metallabscheidung

Bei der Elektrolyse scheiden sich Metalle elementar an der Elektrode des Minuspols ab. In der Industrie wird diese elektrochemische Metallabscheidung vielfältig genutzt, z. B. zur Gewinnung von Metallen aus den Erzen oder zum Verzinken oder Verzinnen empfindlicher Werkstücke.

B2 Oscarstatuen mit verschiedenen Metallbeschichtungen

Auch zur Verzierung kann man die Elektrolyse nutzen. Die goldene Oscar-Trophäe besteht hauptsächlich aus Bronze und wird nur mit einer dünnen Goldschicht überzogen. Dazu verwendet man eine spezielle Art der Elektrolyse, bei der die Oscar-Statue selbst statt einer Graphitelektrode als Minuspol in ein Tauchbad mit einer Goldsalzlösung getaucht wird.

AUSWERTUNG

a) Recherchiere Metalle, die mittels Elektrolyse aus ihren Erzen gewonnen werden.

b) Stelle eine Vermutung auf, was mit „Verzinken" und „Verzinnen" gemeint ist.

c) Überlege dir Gründe und Beispiele, warum es nützlich sein kann, Werkstücke mit einer Schutzschicht aus einem unempfindlichen Metall zu versehen.

d) Beschreibe ein Verfahren zum Versilbern von Besteck.

e) Recherchiere Berufe, in denen man sich mit der elektrochemischen Metallabscheidung beschäftigt.

M3 Aluminiumgewinnung

Im Haushalt kommt Aluminium häufig vor, z. B. als Folie, in Form von Joghurtdeckeln oder in Getränkekartons. Welche Möglichkeiten der Aluminiumgewinnung gibt es?

Man unterscheidet Primäraluminium und Sekundäraluminium. Primäraluminium wird aus dem Erz Bauxit gewonnen. Für eine Tonne Primäraluminium fallen eineinhalb Tonnen giftiger Rotschlamm an, der aufwendig deponiert werden muss. Außerdem müssen 12 500 kWh elektrische Arbeit (W) verrichtet werden. Bei Sekundäraluminium handelt es sich um recyceltes Aluminium, für dessen Herstellung nur 5 % der elektrischen Energie benötigt werden. Aluminium kann im Prinzip ohne Qualitätsverlust beliebig oft eingeschmolzen werden. Aber die Vielzahl an Aluminiumlegierungen setzt einen aufwendigen Sortierprozess voraus, wenn Qualitätsverluste vermieden werden sollen. Hinzu kommt, dass Aluminiumabfälle erst gesammelt werden müssen. Dennoch sind die Recyclingquoten relativ hoch.

AUSWERTUNG

a) Nenne jeweils zwei Argumente für und gegen die beiden genannten Herstellungsverfahren.

b) Eine 200 m hohe Windkraftanlage hat eine elektrische Leistung (P) von 3 MW. Berechne die Laufzeit (t) der Anlage in Tagen, die erforderlich ist, um eine Tonne Aluminium durch Elektrolyse zu gewinnen. Nutze folgende Formel: $W=P \cdot t$.

c) Beschreibe drei Verhaltensweisen, durch die man im Haushalt zur Vermeidung der energie- und rohstoffintensiven Aluminiumproduktion beitragen kann.

B3 Verpackungen aus Aluminium

Erzwungene Redoxreaktion

Die Elektrolyse

Viele Metalle sind so reaktiv, dass sie in der Natur nicht oder nur selten elementar vorkommen. Meist liegen sie gebunden in Erzen vor. Dabei handelt es sich um Gesteine, die Metallsalze enthalten. Die Salze können mithilfe einer **Elektrolyse** (*lysis* (griech.) = trennen) in die Elemente zerlegt werden.

Löst man beispielsweise Kupfer(II)-chlorid in Wasser, taucht zwei Graphitelektroden in die Lösung und legt eine elektrische Gleichspannung an, so bildet sich am Minuspol ein rötliches Produkt (**V1**). Am Pluspol kann man Gasbläschen beobachten und einen Geruch ähnlich dem im Schwimmbad wahrnehmen. Durch das Anlegen der Gleichspannung wird ein Elektronenfluss erzeugt, der am Minuspol zu einem Elektronenüberschuss und am Pluspol zu einem Elektronenmangel führt. Kupfer-Kationen wandern aufgrund ihrer positiven Ladung zum Minuspol, während Chlorid-Anionen aufgrund ihrer negativen Ladung zum Pluspol wandern. Am Minuspol nehmen die Kupfer-Kationen Elektronen auf und werden zu ungeladenen Kupfer-Atomen (**B1**). Der Stoff Kupfer wird im Verlauf der Elektrolyse als rötliche Schicht sichtbar. Am Pluspol geben die Chlorid-Anionen Elektronen ab und werden zu ungeladenen Chlor-Atomen, die zweiatomige Chlor-Moleküle bilden. Der Stoff Chlor kann durch seinen charakteristischen Geruch wahrgenommen werden.

Bei der Elektrolyse wird eine Reaktion durch Zufuhr von elektrischer Energie erzwungen.

Info
In der Elektrochemie werden die Elektroden oft als Anode und Kathode bezeichnet. Bei der Elektrolyse wandern die Anionen zur Anode und die Kationen zur Kathode. An der Anode findet immer die Oxidation statt, an der Kathode immer die Reduktion.

Oxidation und Reduktion

Ein Teilchen, das Elektronen aufnimmt, nennt man **Elektronenakzeptor** (*acceptare* (lat.): empfangen). Der Prozess der Elektronenaufnahme wird als **Reduktion** bezeichnet. Die Reduktion von Kupfer-Kationen lässt sich schnell und einfach als Gleichung darstellen. Elektronen werden mit e^- bezeichnet. Da ein Kupfer-Kation zweifach positiv geladen ist, muss es zwei Elektronen aufnehmen, um zum Kupfer-Atom zu reagieren:

Reduktion (Elektronenaufnahme): $Cu^{2+} + 2\,e^- \longrightarrow Cu$

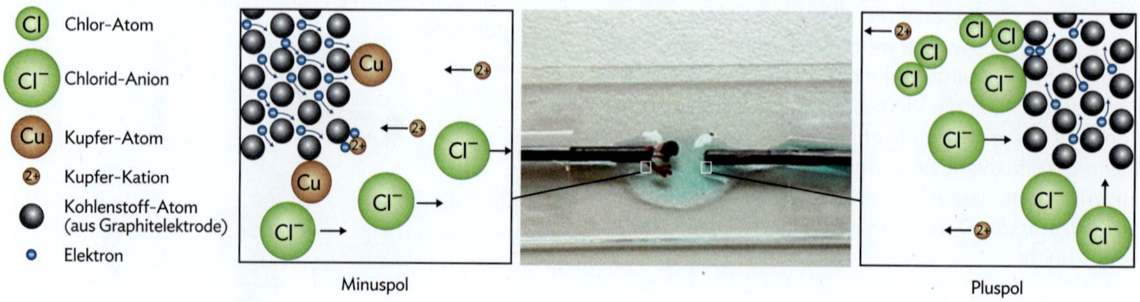

B1 Elektrolyse einer Kupfer(II)-chloridlösung auf Stoffebene und schematische Darstellung auf Teilchenebene (Wasser-Moleküle der Lösung nicht berücksichtigt)

Ein Teilchen, das Elektronen abgibt, nennt man **Elektronendonator** (*donare* (lat.): schenken). Den Prozess der Elektronenabgabe bezeichnet man als **Oxidation** (vgl. Info). Da ein Chlorid-Anion einfach negativ geladen ist, muss es nur ein Elektron abgeben, um zum ungeladenen Chlor-Atom zu reagieren. Jeweils zwei Chlor-Atome verbinden sich zu einem Chlor-Molekül. In der Gleichung fasst man das wie folgt zusammen:

Oxidation (Elektronenabgabe): $2\ Cl^- \longrightarrow Cl_2 + 2\ e^-$

Bei der Oxidation (Elektronenabgabe) gibt ein Elektronendonator eines oder mehrere Elektronen ab, er wird oxidiert. Bei der Reduktion (Elektronenaufnahme) nimmt ein Elektronenakzeptor eines oder mehrere Elektronen auf, er wird reduziert.

Info

Mit folgender Eselsbrücke kann man sich die Bedeutung der Begriffe Oxidation und Reduktion leichter merken:

Oxidation: Abgabe
(je zwei Buchstaben)

Reduktion: Aufnahme
(je drei Buchstaben)

Redoxreaktionen

Oxidation und Reduktion laufen immer zusammen ab. Die Elektronen, die bei der Reduktion aufgenommen werden, werden bei der Oxidation freigegeben. Insgesamt findet eine sogenannte **Redoxreaktion** statt. Da Elektronen von einem Elektronendonator auf einen Elektronenakzeptor übertragen werden, spricht man von einer **Donator-Akzeptor-Reaktion** (vgl. Kasten).

Bei der Elektrolyse reagieren ein Kupfer-Kation und zwei Chlorid-Anionen zu einem Kupfer-Atom und zwei Chlor-Atomen, die ein Chlor-Molekül bilden. Aus den Teilgleichungen der Oxidation und Reduktion lässt sich die Gesamtgleichung der Redoxreaktion erstellen (vgl. **FM** S. 56):

Redoxreaktion: $Cu^{2+} + 2\ Cl^- \longrightarrow Cu + Cl_2$

Bei einer Redoxreaktion laufen Reduktion und Oxidation immer zeitgleich ab. Es handelt sich um eine Donator-Akzeptor-Reaktion, bei der Elektronen vom Donator auf den Akzeptor übertragen werden.

DAS DONATOR-AKZEPTOR-KONZEPT

Bei **Donator-Akzeptor-Reaktionen** ist ein Reaktionspartner der Donator, der andere der Akzeptor.

Die Elektrolyse ist dafür ein gutes Beispiel: Beide Teilreaktionen laufen nur gleichzeitig und miteinander ab. Die von Chlorid-Anionen abgegebenen Elektronen werden direkt von Kupfer-Kationen aufgenommen.

AUFGABEN

A1 Erstelle für die Elektrolyse von Zink(II)-iodidlösung eine beschriftete Skizze für die Vorgänge auf Teilchenebene. Gib die Teilgleichungen und die Gesamtgleichung an.

A2 Erstelle Lernkarten für die fett gedruckten Begriffe dieser Doppelseite. Schreib dazu jeweils einen Begriff auf die eine Seite und eine Erklärung des jeweiligen Begriffs auf die andere Seite einer Karteikarte. Fragt euch mithilfe der Lernkarten gegenseitig ab.

A3 Beurteile den Satz: „Ohne Oxidation findet keine Reduktion statt."

A4 „And the Oscar goes to ..." Jährlich wird die begehrte Goldstatue in über 20 Kategorien verliehen. Sie wiegt etwa 4,3 kg. Beim aktuellen Goldpreis würden allein für die Trophäen Kosten in Millionenhöhe auf die Veranstalter zukommen. Beschreibe, wie die Veranstalter dieses Problem lösen können.

Ökologische Bedeutung der Elektrolyse

Elektrochemische Abscheidung von Metallen

In jedem Jahr kommt es in Deutschland durch Rost zu Schäden in Milliardenhöhe. Das ist ein finanzielles und ein ökologisches Problem, denn Ressourcen werden benötigt, um die schadhaften Produkte zu ersetzen.

Um Werkstücke aus Eisen vor Rost zu schützen, kann man sie mit einer Schutzschicht z. B. aus Zink oder Silber versehen. Dies funktioniert mit einer speziellen Art der Elektrolyse, bei der das Werkstück selbst anstatt einer Graphitelektrode als Minuspol geschaltet wird. Das Werkstück hängt in einem Tauchbad mit einer Metallsalzlösung (**B2**). Bei Anlegen einer elektrischen Gleichspannung wandern die Metall-Kationen aus der Lösung zum Minuspol, werden dort reduziert und lagern sich als Metall-Atome auf der Oberfläche des Werkstücks ab. Mithilfe dieser sogenannten GALVANOtechnik lassen sich Gegenstände zum Schutz oder zur Verzierung z. B. Verzinken, Verzinnen, Verchromen oder Vergolden (**M2**).

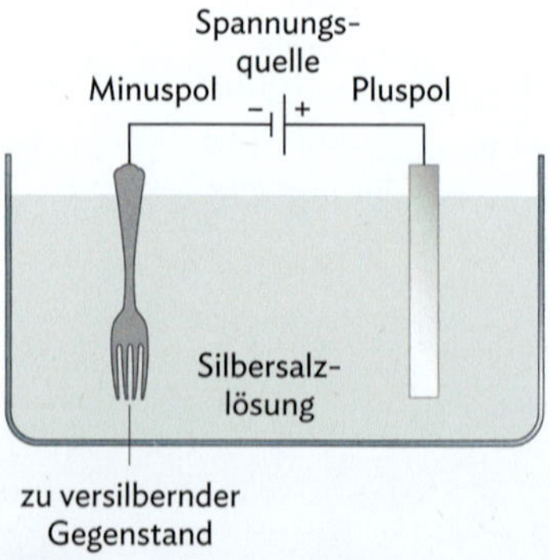

B2 Versilbern einer Gabel

Schwermetalle in industriellen Abwässern

Häufig werden in der GALVANOtechnik giftige und umweltgefährdende Stoffe eingesetzt. Kupfer(II)-Ionen schädigen Mikroorganismen. Für Goldüberzüge wird das Gold mithilfe sehr giftiger Cyanide in Lösung gebracht. Chromsäure, die zum Verchromen verwendet wird, ist ebenfalls giftig und krebserregend. All diese Stoffe müssen nach der Elektrolyse gesammelt und chemisch aufbereitet werden, sodass sie nicht in die Umwelt gelangen.

Mittels Elektrolyse können die giftigen Schwermetalle aus den Abwässern zurückgewonnen werden. In die aufzubereitende Abwasserlösung tauchen zwei Elektroden ein. Legt man eine elektrische Gleichspannung an, wandern die Metall-Kationen aus der Abwasserlösung zum Minuspol und werden dort zu Metall-Atomen reduziert. Die Rückgewinnung von Schwermetallen mittels Elektrolyse wird meist direkt in dem Betrieb durchgeführt, in dem die Lösungen mit Schwermetallsalzen anfallen.

Herstellung von Aluminium

Aluminium ist nach Eisen das wichtigste Gebrauchsmetall, das für viele Alltagsgegenstände verwendet wird. Für die Herstellung einer Tonne Aluminium aus Erzen muss eine Energie von ca. 12 500 Kilowattstunden aufgewendet werden (**M3**). Zum Vergleich: Eine vierköpfige Familie benötigt im Jahr etwa 5 000 Kilowattstunden. Warum ist der Energiebedarf bei der Aluminiumproduktion so hoch?

Ausgangsstoff für die Herstellung von Aluminium ist das Erz Bauxit, das zunächst zu Aluminium(III)-oxid verarbeitet wird. Dabei fällt sogenannter Rotschlamm an. Dieser enthält neben Eisenverbindungen, die für die rote Farbe verantwortlich sind, auch giftige Schwermetalle. Den Rotschlamm aufzubereiten wäre teuer, daher wird er meist auf Deponien gelagert (**B3**). Auf eine Tonne Aluminium kommen eineinhalb Tonnen Rotschlamm.

B3 Luftaufnahme einer Rotschlamm-Deponie

Das Aluminium(III)-oxid wird nun durch Wärmezufuhr zum Schmelzen gebracht. Um die Schmelztemperatur auf 950 °C zu senken, wird Kryolith (Na_3AlF_6) zugesetzt. Bei diesem Schritt entsteht gasförmiges Wasserstofffluorid, das als giftiges Nebenprodukt abgesaugt werden muss.

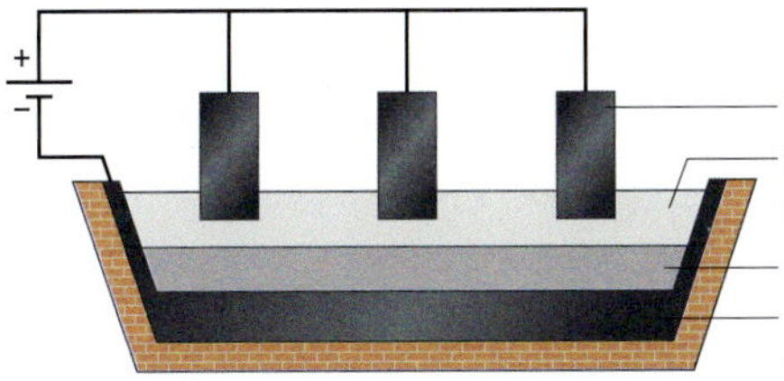

B4 Schmelzflusselektrolyse zur Herstellung von Aluminium

Das flüssige Aluminium(III)-oxid wird nun einer **Schmelzflusselektrolyse** unterzogen (**B4**). Dafür wird über Kohleelektroden eine elektrische Gleichspannung von 5 bis 7 V und Stromstärken von mehreren 100 000 A angelegt. Am Minuspol werden die Aluminium-Kationen zu Aluminium-Atomen reduziert und es entsteht flüssiges Aluminium.

Reduktion (Minuspol): $Al^{3+} + 3\ e^- \longrightarrow Al$

Am Pluspol findet die Oxidation statt. Die Sauerstoff-Ionen reagieren jedoch direkt mit den Kohlenstoff-Atomen der Elektroden. Am Pluspol entsteht Kohlenstoffdioxid.

AUFGABEN

A1 Bei der elektrochemischen Erzeugung von Metallüberzügen wird als Elektrodenmaterial am Pluspol nicht Graphit, sondern das abzuscheidende Metall selbst eingesetzt (z. B. ein Stück Silber bei der Versilberung, **B3**). Stelle eine Vermutung zur Begründung auf.

A2 Konservendosen bestehen meist aus einfachem Stahlblech. Eine Chemikantin (vgl. S. 220) soll sie mithilfe einer Zinn(II)-sulfatlösung verzinnen, um sie vor Korrosion zu schützen. Erläutere anhand einer Skizze ein dafür geeignetes Verfahren.

A3 Bei der Schmelzflusselektrolyse von Aluminium(III)-oxid entsteht am Pluspol Sauerstoff, der sofort mit dem Kohlenstoff der Elektroden reagiert und zu Kohlenstoffdioxid verbrennt. Formuliere die Reaktionsgleichung für die Verbrennung von Kohlenstoff und begründe, dass die Verwendung von Kohleelektroden bei der Aluminiumherstellung problematisch für die Umwelt ist (Hilfen unter QR-/Mediencode 05042-20)

05042-20

A4 Die Werbeagentur A wirbt für die Herstellung von Getränkedosen aus Primäraluminium (vgl. **M3** S. 51). Diese seien „sauberer" als solche aus Sekundäraluminium. Werbeagentur B wirbt mit der Umweltfreundlichkeit von recycelten Dosen aus Sekundäraluminium. In den Werbeunterlagen ist jeweils ein Diagramm zu finden.

a) Ordne die Diagramme in **B5** den Werbeagenturen begründet zu.

b) Vergleiche die Datentabellen zu den Diagrammen unter QR-/Mediencode 05042-57.

05042-57

c) Erstelle selbst aus einer der beiden Datentabellen ein Säulendiagramm mit den Standardeinstellungen des Programms. Beschreibe, wie anhand der in **B5** gewählten Diagrammdarstellungen die Meinung der Leserinnen und Leser jeweils beeinflusst werden kann.

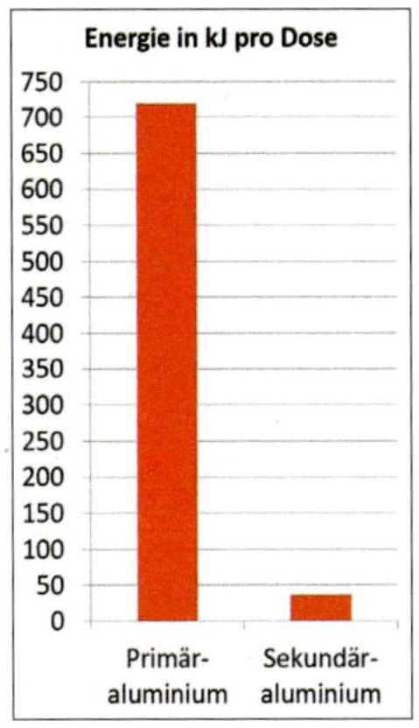

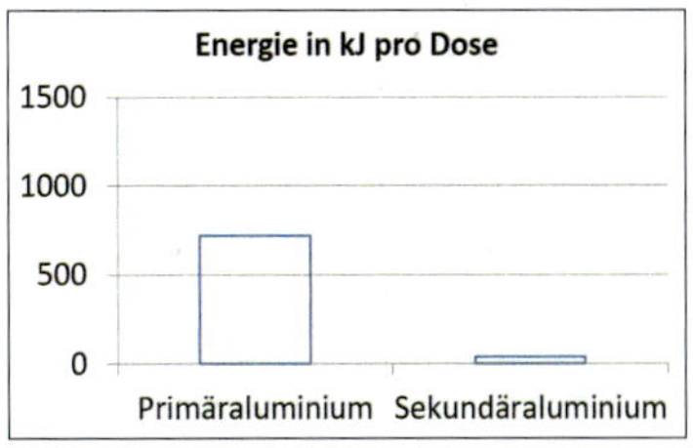

B5 Diagramme zweier Werbeagenturen zum Energiebedarf bei der Herstellung einer Aluminiumdose aus Primäraluminium im Vergleich zu einer Aluminiumdose aus Sekundäraluminium.

FACHBEGRIFFE

die Elektrolyse, die erzwungene Redoxreaktion, der Elektronenakzeptor, der Elektronendonator, die Reduktion, die Oxidation, die Redoxreaktion, die Donator-Akzeptor-Reaktion, die Schmelzflusselektrolyse

Redoxteil- und -gesamtgleichungen aufstellen

Bei einer Redoxreaktion werden die Elektronen für die Reduktionsreaktion von der Oxidationsreaktion „geliefert". Um den Elektronenaustausch besser nachvollziehen zu können, formuliert man für die Oxidation und die Reduktion zunächst Teilgleichungen. Diese werden dann zu einer Gesamtgleichung für die Redoxreaktion ergänzt, in der die Atom- und Elektronenbilanz ausgeglichen sein muss.

Natrium und Chlor lassen sich in einer Schmelzflusselektrolyse aus Natriumchlorid herstellen. Stelle die Teilgleichungen zur Oxidation und zur Reduktion auf und entwickle die Gesamtgleichung für die Redoxreaktion.

So geht's

1. Ermittle die Edukt-Teilchen, die Elektronen abgeben, und formuliere die Teilgleichung für die **Oxidation**. Bei einer Elektrolyse gibt ein Nichtmetall-Anion so viele Elektronen ab, dass ein ungeladenes Atom entsteht. (vgl. Info)
2. Ermittle die Edukt-Teilchen, die Elektronen aufnehmen, und formuliere die Teilgleichung für die **Reduktion**. Bei einer Elektrolyse nimmt ein Metall-Kation so viele Elektronen auf, dass ein ungeladenes Metall-Atom entsteht.
3. **Gleiche** die Elektronenbilanz **aus**, indem du die Teilgleichungen mit möglichst kleinen Zahlen multiplizierst, sodass genauso viele Elektronen abgegeben wie aufgenommen werden.
4. Addiere die beiden Teilgleichungen. Wenn du alles richtig gemacht hast, stehen rechts und links des Reaktionspfeils gleich viele Elektronen, die du jetzt wegstreichen musst.
5. Gib zum Schluss die Gesamtgleichung der **Redoxreaktion** an. Auf der Teilchenebene werden die reagierenden Ionen angegeben. Auf der Stoffebene wird die Verhältnisformel des Salzes angegeben und die jeweiligen Aggregatzustände der Stoffe werden ergänzt.

Info

Berücksichtige, dass einige Nichtmetalle zweiatomige Moleküle bilden („HOFBrINCl-Regel"). Ein Chlorid-Anion gibt ein Elektron ab und wird zu einem Chlor-Atom oxidiert. Zwei Chlor-Atome bilden jeweils ein Chlor-Molekül. Insgesamt müssen in der Teilgleichung für die Oxidation somit zwei Chlorid-Anionen und zwei Elektronen berücksichtigt werden, die zu einem Chlor-Molekül reagieren.

Beispiel: Elektrolyse von Natriumchlorid	
1	Oxidation (Elektronenabgabe), aufpassen bei zweiatomigen Molekülen: $2\,Cl^- \longrightarrow Cl_2 + 2\,e^-$
2	Reduktion (Elektronenaufnahme): $Na^+ + e^- \longrightarrow Na$
3	Ausgleichen der Zahl der ausgetauschten Elektronen durch Multiplizieren der Teilgleichungen: $2\,Cl^- \longrightarrow Cl_2 + 2\,e^-$; $Na^+ + e^- \longrightarrow Na \quad \| \cdot 2$; $2\,Cl^- \longrightarrow Cl_2 + 2\,e^-$; $2\,Na^+ + 2\,e^- \longrightarrow 2\,Na$
4	Addieren der Teilgleichungen und Subtrahieren der Elektronen auf beiden Seiten: $2\,Cl^- + 2\,Na^+ + \cancel{2\,e^-} \longrightarrow Cl_2 + 2\,Na + \cancel{2\,e^-}$
5	Gesamtgleichung der Redoxreaktion auf Teilchenebene: $2\,Cl^- + 2\,Na^+ \longrightarrow Cl_2 + 2\,Na$ auf Stoffebene: $2\,NaCl\,(l) \longrightarrow Cl_2\,(g) + 2\,Na\,(l)$

B2 Schritt 1 bis 5 zum Aufstellen der Gesamtgleichung

AUFGABEN

A1 Stelle die Teilgleichungen und die Gesamtgleichung für die Elektrolyse von Blei(II)-sulfid auf.

A2 Lithium wird mittels Schmelzflusselektrolyse aus Lithiumchlorid hergestellt. Beschreibe das Verfahren auf Teilchenebene mit den entsprechenden Redoxgleichungen.

Metalle in Mobiltelefonen

Handys sind aus unserer Lebenswelt nicht mehr wegzudenken. Wir nutzen sie nicht nur zum Telefonieren, sondern z. B. auch zum Musikhören oder zur Kommunikation in sozialen Netzwerken. Zum Bau von Handys werden viele verschiedene und zum Teil wertvolle Metalle benötigt. Welche Metalle sind das und was passiert mit ihnen, wenn das Handy entsorgt werden muss?

B1 Handys im Einsatz

In einem Mobiltelefon sind neben unterschiedlichen Kunststoffen und Keramiken rund 30 verschiedene Metalle verbaut. Dazu gehören u. a. Kupfer, Eisen, Aluminium, Lithium, Silber, Gold sowie geringe Mengen Palladium und Platin. Auch die seltenen Metalle Kobalt, Gallium, Indium, Niob und Wolfram sowie die Seltenerdmetalle Neodym und Cer sind in einem Handy verbaut.

Abbau der Metalle

Die in Handys verbauten Metalle werden weltweit immer knapper. Wolframerze werden seit Mitte des 20. Jahrhunderts in Österreich abgebaut. Für die dort arbeitenden Menschen gelten die Sicherheits- und Arbeitsschutzregeln der Europäischen Union. Gesundheitsrisiken werden durch hohe Sicherheitsstandards reduziert und es werden vergleichsweise hohe Löhne gezahlt. Das macht den Abbau sehr teuer.
Viele Handyhersteller beziehen ihre Metalle daher aus Ländern, in denen keine strengen Schutzregelungen gelten. Die Menschen dort müssen unter gefährlichen und gesundheitsschädlichen Bedingungen arbeiten. Oft kommt es zu schweren Unfällen. Durch das Einatmen giftiger Metalldämpfe leiden viele Menschen an Lungenerkrankungen. Oft sind darunter auch Kinder.

Recycling

Die Verbraucher in Deutschland kaufen sich im Schnitt alle zwei Jahre ein neues Handy. In jedem Handy stecken ca. 30 g verschiedener Metalle. In den über 80 Millionen alter Handys, die allein in Deutschland ungenutzt in Schubladen liegen, stecken also große Mengen wertvoller Rohstoffe. Wenn man die Handys korrekt entsorgt, können die Rohstoffe zurückgewonnen werden.
Bei den meisten Verfahren werden die Handys nach Entfernung des Akkus geschreddert und eingeschmolzen. Aus der Schmelze werden die einzelnen Metalle in komplizierten, zeitaufwendigen Verfahren zurückgewonnen und gereinigt. Kupfer lässt sich beispielsweise mithilfe einer Elektrolyse in der sogenannten Kupferraffination aufreinigen. Dazu wir das verunreinigte Kupfer als Pluspol und dünne Bleche aus hochreinem Kupfer als Minuspol geschaltet. Am Pluspol werden die Kupfer-Atome oxidiert und gehen in Lösung. Die Verunreinigungen sinken als Feststoff zu Boden oder gehen ebenfalls in Lösung. Am Minuspol werden die Kupfer-Ionen aus der Lösung reduziert und lagern sich als hochreines Kupfer auf der Elektrode ab. Auch die „Verunreinigungen" bei der Kupferraffination können weiter aufbereitet und daraus wertvolle Metalle wie Gold, Silber und Platin gewonnen werden.

AUFGABEN

A1 Führe eine Internetrecherche zu einigen der erwähnten Metalle und deren Abbaubedingungen durch. Stelle die Informationen anschaulich auf einem Plakat oder in einer Präsentation dar.

A2 Recherchiere Möglichkeiten, alte Handys weiterzuverwenden oder zu recyceln. Beschreibe, wie du mit deinem Handy umgehen möchtest, wenn es nicht mehr funktioniert.

3.2 Die Salzbildung

Natrium und Chlor – würde man diese beiden Stoffe essen bzw. einatmen, würden selbst geringe Mengen zu schwersten Verletzungen führen. Lässt man sie hingegen miteinander reagieren, so entsteht ein Stoff, von dem wir jährlich 250 Millionen Tonnen abbauen – Kochsalz! Das „weiße Gold“ verfeinert als Gewürz unsere Speisen und ist für unseren Körper sogar lebenswichtig. Was passiert bei der Reaktion?

LV1 Die Herstellung von Kochsalz

PROBLEM

Lässt sich Kochsalz aus den Elementen herstellen?

DURCHFÜHRUNG

In einem gelochten Reagenzglas wird ein entrindetes, erbsengroßes, in Pentan gereinigtes Stück Natrium mit dem Brenner geschmolzen. Mithilfe einer Kanüle wird Chlorgas auf das geschmolzene Natrium langsam aufgedüst (**B1**, Anleitung zur Herstellung von Chlor unter QR-/Mediencode 05042-11).

05042-11

AUSWERTUNG

a) Notiere ausführlich die Beobachtungen bei der Reaktion und beschreibe Unterschiede in den Stoffeigenschaften der Edukte und des Produkts. Recherchiere dazu auch die jeweiligen Gefahrstoffkennzeichnungen.

b) Stelle die Reaktionsgleichung der Reaktion auf.

c) Begründe, ob es sich um eine exotherme oder um eine endotherme Reaktion handelt.

d) Skizziert in Partnerarbeit ein vollständig beschriftetes Energiediagramm der Reaktion.

e) Plant in der Kleingruppe einfache Experimente, mit deren Hilfe ihr nachweisen könnt, dass als Produkt der Reaktion tatsächlich Chlorid- und Natrium-Ionen entstanden sind (Hilfen unter QR-/Mediencode 05042-12).

05042-12

ENTSORGUNG

G2

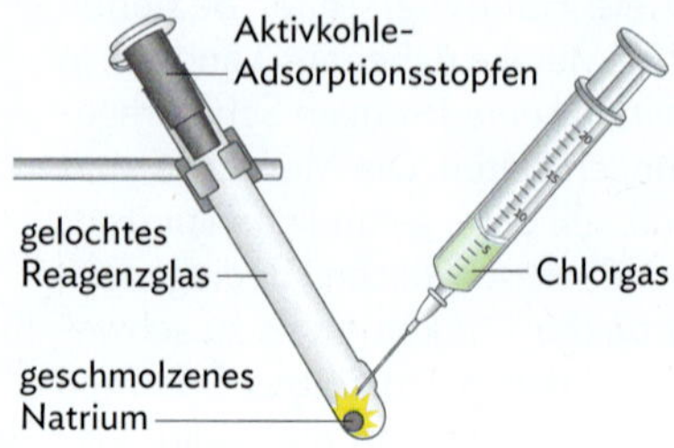

B1 Natriumchloridsynthese: Spritzenvariante

M2 Die Salzbildung auf der Teilchenebene

Das Metall Natrium ist aus Metall-Atomen aufgebaut, das Nichtmetall Chlor besteht aus zweiatomigen Molekülen. Bei der chemischen Reaktion von Natrium und Chlor entsteht das Salz Natriumchlorid, das aus Kationen und Anionen aufgebaut ist. Wie entstehen diese Ionen aus Metall-Atomen und Molekülen?

B2 zeigt die Teilschritte zur Bildung von Natriumchlorid aus den Elementen auf Teilchenebene (Animation unter QR-/Mediencode 05042-13).

05042-13

AUSWERTUNG

a) Beschreibe die Vorgänge bei den Teilschritten 1 bis 6 (**B2**) in eigenen Worten.

b) Erstelle die Energiestufenmodelle eines Natrium-Atoms und eines Natrium-Kations und vergleiche sie.

c) Erstelle die Energiestufenmodelle eines Chlor-Atoms und eines Chlorid-Anions und vergleiche sie.

d) Erkläre anhand der Energiestufenmodelle die Entstehung der Natrium-Kationen und Chlorid-Anionen (Hilfen unter QR-/Mediencode 05042-14).

05042-14

e) Ordne die Begriffe Elektronendonator bzw. Elektronenakzeptor begründet dem Natrium-Atom bzw. dem Chlor-Atom zu.

f) Stelle die Teilgleichungen und die Gesamtgleichung zu der Salzbildung auf (vgl. **FM** S. 56).

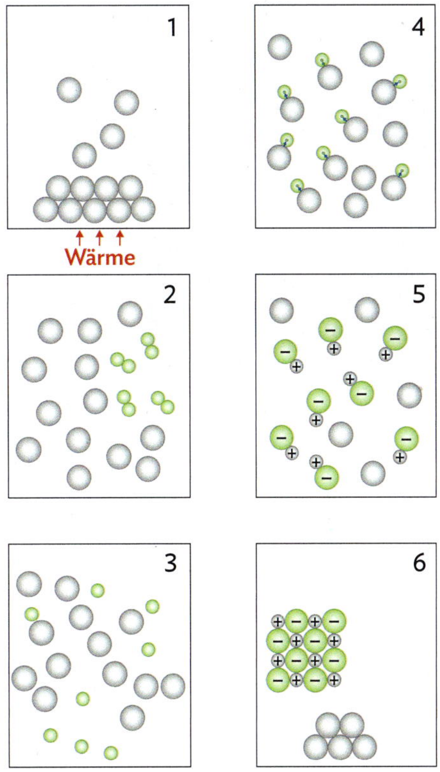

B2 Darstellungen zur Synthese von Natriumchlorid auf Teilchenebene (Natrium-Atome bzw. -Ionen sind in grau und Chlor-Atome bzw. Chlorid-Anionen in grün dargestellt.)

M3 Die Reaktion von Aluminium mit Brom

Die Elemente der VII. Hauptgruppe werden auch als Halogene bzw. Salzbildner bezeichnet. Das Element Brom zählt, wie Chlor oder Iod, zu den Halogenen und sollte daher ähnliche chemische Eigenschaften aufweisen. Ist Brom ebenfalls zur Salzbildung z. B. mit einem Metall aus der III. Hauptgruppe, wie Aluminium, geeignet?

B3 Aluminum und gasförmiges Brom

Das Video unter QR-/Mediencode 05042-15 zeigt hierzu einen Versuch.

05042-15

AUSWERTUNG

a) Beschreibe die Versuchsbeobachtungen.

b) Vergleiche die Heftigkeit dieser Reaktion mit der Reaktion aus **LV1**.

c) Stelle die Teilgleichungen und die Gesamtgleichung für die Reaktion von Aluminium und Brom auf.

d) Recherchiere Sicherheitsmaßnahmen, die beim Umgang mit dem Stoff Brom angewendet werden müssen.

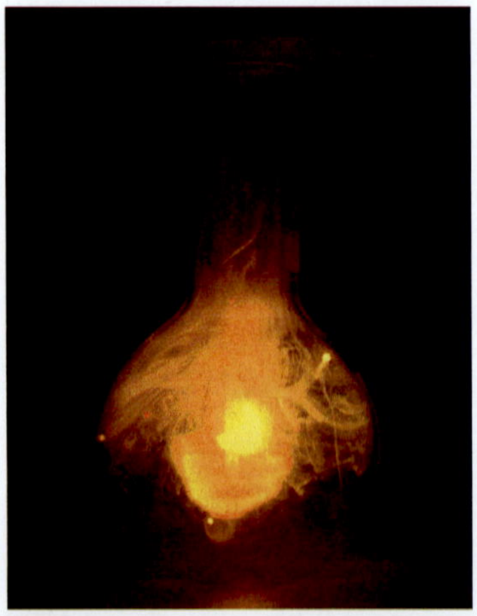

B1 Natriumchloridsynthese: Eine exotherme Reaktion mit enormer Licht- und Hitzeentwicklung

Die Bildung von Ionen aus den Atomen

Salzbildungsreaktionen verlaufen meist heftig

Natrium ist ein hochreaktives Metall. Es reagiert intensiv mit Wasser und bildet dabei entzündliche Gase. Chlor ist ein extrem reaktives Nichtmetall. Schnell bleicht es viele Farbstoffe aus. Bringt man Chlor und geschmolzenes Natrium in Kontakt, so findet eine Reaktion statt, bei der sehr viel Energie in Form von Licht und Wärme frei wird (**LV1**). Das Produkt, ein weißer Feststoff, ist hingegen völlig harmlos: Es handelt sich um Natriumchlorid (Kochsalz). Die Eigenschaften der Edukte und des Produkts unterscheiden sich deutlich. Nur beim Produkt verläuft die Nachweisreaktion für Chlorid-Anionen mit Silber(I)-nitratlösung positiv. Das Produkt zeigt die typische orangefarbene Flammenfärbung von Natriumsalzen. Aus Natrium und Chlor – zwei elementaren Stoffen – wurde Natriumchlorid, welches aus Natrium-Kationen und Chlorid-Anionen besteht. Wie werden aus den Atomen bei der **Salzbildung** Ionen?

Energiestufenmodelle veranschaulichen die Ionisierung

Das Natrium-Atom wird ionisiert, indem durch Energiezufuhr das Elektron in der 3. Energiestufe aus dem Natrium-Atom entfernt wird (**B2**). Das entstehende Natrium-Kation besitzt dann die Edelgaskonfiguration des Neon-Atoms mit zwei vollständig besetzten Energiestufen.

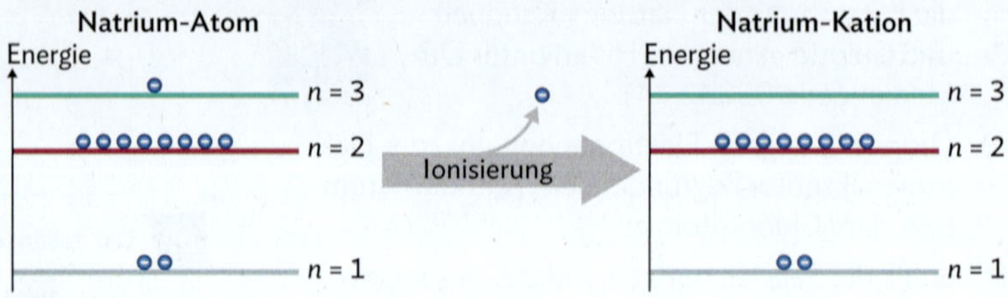

B2 Elektronenabgabe beim Natrium-Atom

Das Chlor-Atom wird bei der Salzbildungsreaktion zum Chlorid-Anion, indem es ein zusätzliches Elektron aufnimmt (**B3**). Dabei handelt es sich um das Elektron, das aus dem Natrium-Atom entfernt wurde. Das Chlorid-Anion besitzt die Edelgaskonfiguration des Argon-Atoms.

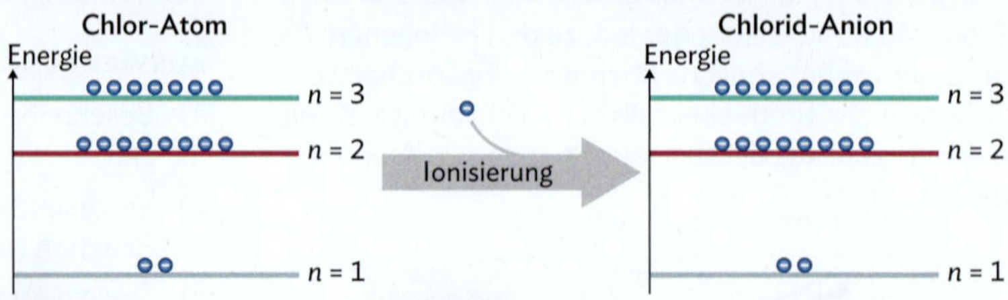

B3 Elektronenaufnahme beim Chlor-Atom

Metall-Atome der Hauptgruppenelemente geben bei der Salzbildung so viele Elektronen ab, bis die Elektronenkonfiguration des Edelgas-Atoms der vorhergehenden Periode erreicht ist. Nichtmetall-Atome nehmen so viele Elektronen auf, bis die Elektronenkonfiguration des Edelgas-Atoms der gleichen Periode erreicht ist.

Die Salzbildung - eine Redoxreaktion

Bei der Bildung von Natriumchlorid aus den Elementen gibt jedes Natrium-Atom ein Elektron ab und wirkt somit als Elektronendonator. Die Natrium-Atome werden zu Natrium-Kationen oxidiert.

Oxidation (Elektronenabgabe): $Na \longrightarrow Na^+ + e^-$

Die Chlor-Moleküle werden durch die hohen Temperaturen zunächst in Chlor-Atome gespalten. Anschließend nimmt jedes Chlor-Atom ein Elektron auf und wirkt als Elektronenakzeptor. Für die Reduktion eines Chlor-Moleküls werden zwei Elektronen benötigt.

Reduktion (Elektronenaufnahme): $Cl_2 + 2\,e^- \longrightarrow 2\,Cl^-$

Insgesamt findet folgende Redoxreaktion statt:

Redoxreaktion: $2\,Na + Cl_2 \longrightarrow 2\,Na^+ + 2\,Cl^-$

$$2\,Na\,(l) + Cl_2\,(g) \longrightarrow 2\,NaCl\,(s)$$

Da die Salzbildung exotherm verläuft, spricht man von einer **freiwillig ablaufenden Redoxreaktion**.

> Die Salzbildung ist eine exotherme Redoxreaktion, bei der Atome zu Ionen werden.

Die Oxidation der Natrium-Atome kann nur stattfinden, da die Chlor-Atome je ein Elektron aufnehmen. Chlor dient somit als **Oxidationsmittel** für Natrium. Die Chlor-Atome selbst werden reduziert. Natrium dient als **Reduktionsmittel** für Chlor. Die Natrium-Atome selbst werden oxidiert.

Aluminium reagiert mit Brom

Ein weiteres Beispiel für eine Salzbildung ist die Reaktion von Aluminium mit Brom (**M3**, **B4**). Das Metall Aluminium steht in der III. Hauptgruppe des Periodensystems. Ein Aluminium-Atom muss somit zum Erreichen einer Edelgaskonfiguration drei Elektronen abgeben und wird zum Aluminium-Kation oxidiert. Das Nichtmetall Brom steht in der VII. Hauptgruppe. Ein Brom-Atom benötigt somit ein weiteres Elektron zur Edelgaskonfiguration und wird zum Bromid-Anion reduziert. Insgesamt reagiert Aluminium mit Brom in einer stark exothermen Redoxreaktion zu dem Salz Aluminium(III)-bromid:

Redoxreaktion: $2\,Al + 3\,Br_2 \longrightarrow 2\,Al^{3+} + 6\,Br^-$

$$2\,Al\,(s) + 3\,Br_2\,(l) \longrightarrow 2\,AlBr_3\,(s)$$

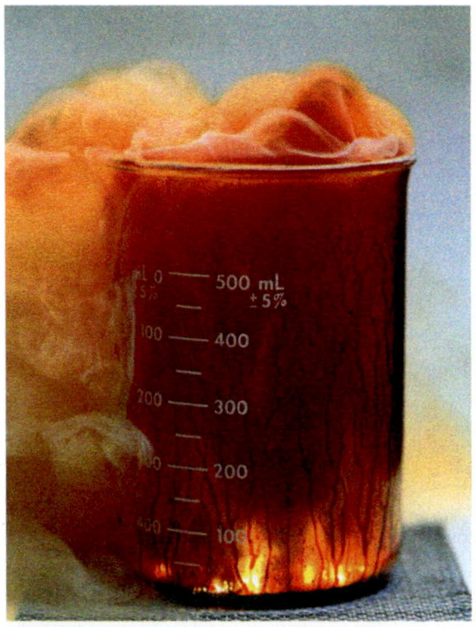

B4 Aluminium reagiert heftig mit Brom

AUFGABEN

A1 Erkläre die Bildung von Lithium-Kationen und Fluorid-Anionen unter Verwendung von Energiestufenmodellen. Erkläre an diesem Beispiel das Donator-Akzeptor-Konzept.

A2 Stelle die Teil- und Gesamtgleichungen für die Bildung von Kaliumfluorid (KF) und Magnesiumiodid (MgI_2) auf (vgl. **FM** S. 56).

A3 Calcium verbrennt in Sauerstoff zu Calciumoxid. Erläutere, dass es sich um eine Redoxreaktion handelt.

A4 Erläutere, inwiefern Sätze wie „In Lebensmittel XY ist viel Natrium enthalten." zu unpräzise sind.

FACHBEGRIFFE

die Salzbildung, die freiwillig ablaufende Redoxreaktion, das Oxidationsmittel, das Reduktionsmittel

3.3 Die Salzbildung als exotherme Reaktion

Im Jahr 2018 kam es im Thüringer Föritz in einer Lagerhalle einer Metallrecyclingfirma zu einem Magnesiumbrand. Die Feuerwehr stand vor dem Problem, wie man so ein Feuer unter Kontrolle bringt. Beim Löschen mit Wasser entsteht ein explosives Gas. Auch Kohlenstoffdioxid eignet sich hier nicht als Löschmittel, da selbst dieses das Feuer anfacht. Weshalb reagiert Magnesium so heftig?

V1 Verbrennung von Magnesium

PROBLEM

Die Magnesiumfackel brennt so hell, dass sie sich zur Beleuchtung unter Wasser oder Signalgebung über sehr weite Strecken eignet. Gefährlich werden diese Fackeln aufgrund der hohen Temperaturen und Blendgefahren beim illegalen Einsatz als „Bengalische Feuer" bei Großveranstaltungen. Was bleibt nach der Verbrennung eigentlich vom Brennstoff übrig?

DURCHFÜHRUNG

Halte ein etwa drei Zentimeter langes Stück Magnesiumband mithilfe einer Tiegelzange bis zur Entzündung in die rauschende Brennerflamme. Lege es direkt danach in die Abdampfschale.

Sicherheitshinweis: Bei diesem Versuch musst du unbedingt deine Augen schützen. Beachte die Anweisungen deiner Lehrkraft. Schaue auf keinen Fall ungeschützt direkt in die Flamme!

AUSWERTUNG

a) Beschreibe die Beobachtungen bei dem Versuch.

b) Vergleiche die Stoffeigenschaften des Ausgangsstoffs Magnesium und des Produkts, z. B. hinsichtlich des Aussehens und der Verformbarkeit.

c) Ordne die Edukte und Produkte der Reaktion verschiedenen Stoffklassen (Metalle, Nichtmetalle, molekulare Verbindungen, Salze) zu.

d) Erstelle die Teil- und Gesamtgleichungen dieser Redoxreaktion.

e) Wende das Donator-Akzeptor-Konzept auf diese Reaktion an.

f) Begründe, dass es sich um eine exotherme Reaktion handelt und zeichne ein beschriftetes Energiediagramm für diese Reaktion.

ENTSORGUNG R

M2 Triebkraft der Salzbildung

Alle bisher betrachteten Salzbildungsreaktionen, bei denen Elektronen übertragen werden, finden unter Energiefreisetzung in Form von Wärme und Licht statt. Woher stammt diese Energie?

Die Forscher FRITZ HABER und MAX BORN erforschten 1916 unabhängig voneinander, dass die Reaktionsenergie $\Delta_i E$ nicht vom Reaktionsweg abhängig ist. Sie kann daher auch aus den Energien der Teilprozesse bestimmt werden. Nützlich ist das beispielsweise, wenn einzelne Energiebeträge, wie z. B. die Gitterenergie, experimentell nur schwer ermittelbar sind. Aus den anderen Energiebeträgen kann die Gitterenergie dann berechnet werden. Grafisch veranschaulicht wird das über den BORN-HABER-Kreisprozess (**B1**).

AUSWERTUNG

a) Die folgenden Darstellungen zur Synthese von Natriumchlorid auf Teilchenebene (**B2** A bis F) sind durcheinandergeraten. Bringe die Teilschritte in die richtige Reihenfolge und ordne sie den Formelgleichungen des BORN-HABER-Kreisprozesses (**B1**) begründet zu. (Hilfen unter QR-/Mediencode 05042-16).

05042-16

b) Beschreibe die ablaufenden Prozesse ausgehend von festem Natrium und gasförmigem Chlor in Worten. Verwende dazu auch folgende Schlagworte: *Reduktion, Oxidation, Sublimation, Bindungstrennung.*

c) Die Gitterenergie ist die Energie, die bei der Bildung eines Ionengitters freigesetzt wird. Ordne mithilfe des BORN-HABER-Kreisprozesses zu, welcher Pfeil in **B1** die Gitterenergie symbolisiert.

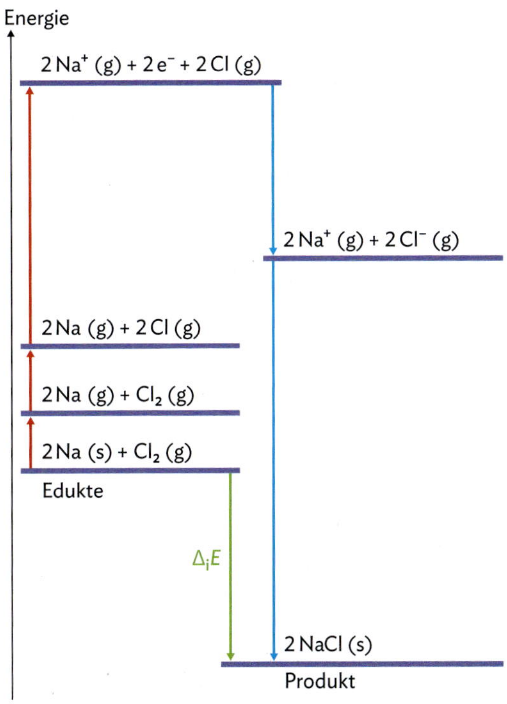

B1 Der BORN-HABER-Kreisprozess im Überblick

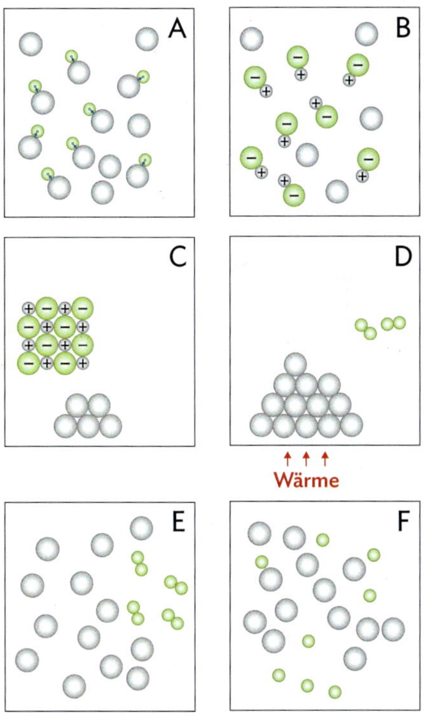

B2 Darstellungen zur Synthese von Natriumchlorid auf Teilchenebene

Energiebilanz der Salzbildung

Salze bilden sich unter großer Energiefreisetzung

Bei den meisten Salzbildungsreaktionen handelt es sich um stark exotherme Reaktionen. Bei der Verbrennung von Magnesium werden beispielsweise -602 kJ/mol an Energie freigesetzt.

Oxidation: $Mg \longrightarrow Mg^{2+} + 2\,e^- \mid \cdot 2$

Reduktion: $O_2 + 4\,e^- \longrightarrow 2\,O^{2-}$

Gesamtgleichung: $2\,Mg + O_2 \longrightarrow 2\,Mg^{2+} + 2\,O^{2-}$

$$2\,Mg\,(s) + O_2\,(g) \longrightarrow 2\,MgO\,(s)$$

Die Reaktion von Natrium mit Chlor zu Natriumchlorid liefert -411 kJ/mol. Aus den Teil- und Gesamtgleichungen ist die große Energiefreisetzung aber noch nicht ersichtlich. Die Forscher MAX BORN und FRITZ HABER zerlegten die Teilreaktionen daher noch weiter.

Der BORN-HABER-Kreisprozess

Die enorme Energiefreisetzung verwundert zunächst, wenn man die Teilprozesse der Bildung von Natriumchlorid und deren Energiebeteiligung betrachtet (**B1**):

Natrium-Atome müssen aus dem Feststoffverband sublimiert werden.

$Na\,(s) \longrightarrow Na\,(g)$ $\quad \Delta_{sub}E_m(Na) = 107$ kJ/mol

Auch die Ionisierung der Natrium-Atome, also das Entfernen eines Elektrons von je einem Natrium-Atom, benötigt Energie. (Das Elektron liegt nicht frei vor, sondern wird sofort von einem Chlor-Atom aufgenommen.)

$Na \longrightarrow Na^+ + e^-$ $\quad \Delta_I E_m(Na) = 496$ kJ/mol

Chlor liegt bereits gasförmig vor. Jedoch muss die Bindung zwischen den Chlor-Atomen getrennt werden (Dissoziation). Der angegebene Energiebetrag bezieht sich auf ein Mol Chlor-Atome.

$Cl_2 \longrightarrow 2\,Cl$ $\quad \Delta_{diss}E_m(Cl) = 122$ kJ/mol

Lediglich die Aufnahme jeweils eines Elektrons durch die Chlor-Atome ist ein exothermer Prozess, der die restlichen, endothermen Teilschritte aber bei weitem nicht ausgleichen kann.

$Cl + e^- \longrightarrow Cl^-$ $\quad \Delta_{EA}E_m(Cl) = -349$ kJ/mol

Addiert man alle bisherigen Teilprozesse, so erhält man einen Energiebetrag von +376 kJ/mol. Wie oben beschrieben werden tatsächlich aber -411 kJ/mol bei der Reaktion frei.

Es fehlt offensichtlich noch ein weiterer Teilprozess, der etwa -787 kJ/mol beiträgt. Dieser Energiebetrag wird frei, wenn sich aus den einzelnen Ionen ein stabiles Ionengitter bildet, in dem sich die Ionen gegenseitig anziehen. Man bezeichnet diese freiwerdende Energie als **Gitterenergie**.

$Na^+\,(g) + Cl^-\,(g) \longrightarrow NaCl\,(s)$ $\quad \Delta_G E_m(NaCl) = -787$ kJ/mol

Die Energie, die frei wird, wenn sich Anionen und Kationen zu einem regelmäßigen Ionengitter anordnen, nennt man Gitterenergie. Im Gitter ziehen sich die Ionen gegenseitig an.

Abkürzung	Bezeichnung
$\Delta_{sub}E$	Sublimationsenergie
$\Delta_I E$	Ionisierungsenergie
$\Delta_{diss}E$	Dissoziationsenergie
$\Delta_{EA}E$	Elektronenaffinität (= bei der Elektronenaufnahme freiwerdende Energie)
$\Delta_G E$	Gitterenergie
$\Delta_r E$	Reaktionsenergie

Hinweis: Der Index m gibt an, dass sich die Energie auf ein Mol bezieht, z. B. ist $\Delta_{sub}E_m(Na)$ die Sublimationsenergie für ein Mol Natrium-Atome.

B1 Abkürzungen zu den Energien der Teilprozesse bei der Salzbildung

Info

Die Gitterenergie ist experimentell nur schwer oder überhaupt nicht zu ermitteln. Sie wird daher indirekt über die Energiebeiträge der Teilprozesse der Salzbildung bestimmt.

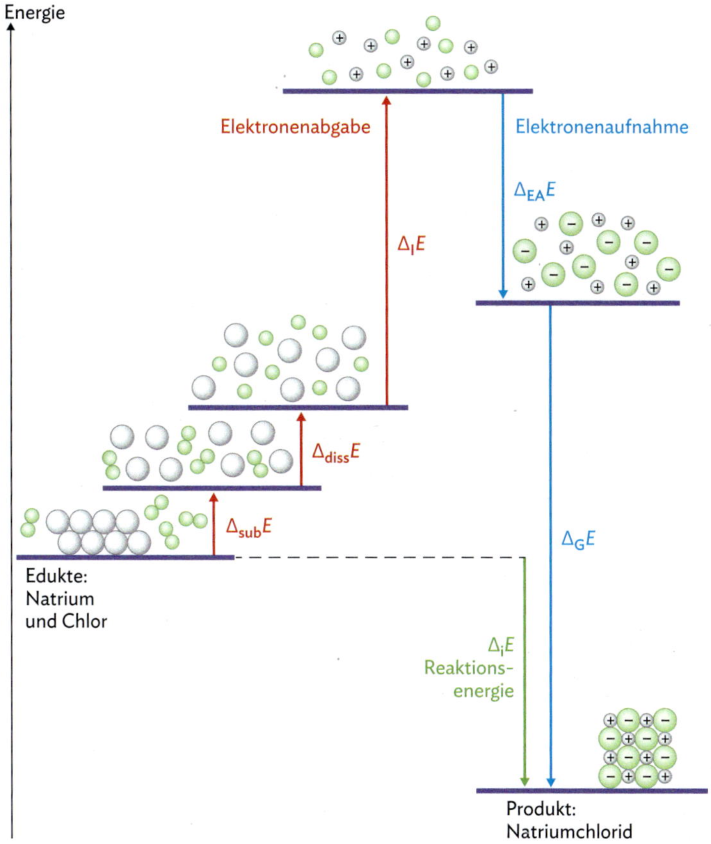

B2 BORN-HABER-Kreisprozess der Natriumchloridherstellung

AUFGABEN

A1 Erstelle die Teilgleichungen und die Gesamtgleichung für die Bildung von Calciumfluorid. Beachte das Verhältnis der Atome. Berechne dann die Gitterenergie von Calciumfluorid mithilfe der Gleichungen und der folgenden Angaben:
- Sublimation von Calcium-Atomen: 107 kJ/mol
- Herauslösen von Elektronen aus den Calcium-Atomen: 1731 kJ/mol
- Bindungstrennung zwischen den Fluor-Atomen: 139 kJ/mol
- Elektronenaufnahme der Fluor-Atome: -328 kJ/mol
- Bildung von Calciumfluorid liefert insgesamt -1220 kJ/mol

A2 Zeichne ein beschriftetes Energieschema des BORN-HABER-Kreisprozesses für die Reaktion von Magnesium mit Sauerstoff. Erkläre die Vorgänge auf Teilchenebene unter Verwendung von Fachsprache. Gehe dabei auf das Donator-Akzeptor-Konzept ein.

A3 Erkläre mithilfe des BORN-HABER-Kreisprozesses und den durchgeführten Versuchen, dass Metalle in der Natur als Salze und salzartige Mineralien vorkommen. Begründe den hohen Energieaufwand bei der Metallgewinnung (vgl. Info, Hilfen unter QR-/Mediencode 05042-17).

05042-17

Info
Beinahe alle Metalle kommen in der Natur überwiegend als Salze oder salzartige Mineralien vor. Ihre Gewinnung aus Erzen (Metalloxide oder -sulfide) ist fast immer extrem energie- und kostenaufwendig.

FACHBEGRIFFE

der BORN-HABER-Kreisprozess, die Gitterenergie

3.4 Elektrochemische Stromerzeugung

Elektrische Energie wird häufig dort benötigt, wo keine Steckdose vorhanden ist. In Mobiltelefonen, Taschenlampen und Autos kommen daher Batterien und Akkus zum Einsatz. Wie funktionieren diese und welche Rolle spielen dabei Redoxreaktionen?

PV1 Die Redoxreihe der Metall-Atome und -Ionen

PROBLEM

Gold und Silber werden als „Edelmetalle" bezeichnet, weil sie korrosionsbeständig sind. Eisen rostet an der Luft und ist daher weniger edel. Worin unterscheiden sich edle und unedle Metalle in chemischer Hinsicht?

DURCHFÜHRUNG

1.1 Schmirgle einen Eisennagel und ein Kupferblech mit Sandpapier. Stelle den Eisennagel mehrere Minuten in eine Kupfer(II)-sulfatlösung und das Kupferblech in eine Eisen(II)-sulfatlösung.

1.2 In einer Redoxreihe werden Metalle von edel bis unedel angeordnet. Taucht man ein unedles Metall in die Salzlösung eines edleren Metalls, scheidet sich das edlere Metall auf dem unedleren ab.
Plane eine Versuchsserie zum Aufstellen einer Redoxreihe und führe die Versuche nach Rücksprache mit der Lehrkraft durch. Dir stehen ein Eisennagel, ein Kupfer-, ein Silber- und ein Zinkblech sowie Eisen(II)-sulfat-, Kupfer(II)-sulfat-, Silber(I)-nitrat- und Zink(II)-sulfatlösungen zur Verfügung.

AUSWERTUNG

a) Beschreibe die Beobachtungen in **V1.1**.

b) Stelle die beiden Teilgleichungen für die Redoxreaktion auf, die in **V1.1** am Eisennagel stattfindet.

c) Ordne den Metallen in **V1.1** begründet die Begriffe edel und unedel zu.

d) Übertrage untenstehende Tabelle in dein Heft und fasse deine Beobachtungen aus **V1.2** darin zusammen.

e) Leite aus der Tabelle die Redoxreihe der untersuchten Metalle ab.

	Metall			
Lösung	**Silber**	**Kupfer**	**Eisen**	**Zink**
Silber(I)-nitrat				
Kupfer(II)-sulfat				
Eisen(II)-sulfat				
Zink(II)-sulfat				

ENTSORGUNG G2

V2 DANIELL-Element

PROBLEM

Batterien dienen dazu, elektrische Geräte wie Fernbedienungen, Taschenlampen und Handys zu betreiben. Wie kann man eine einfache Batterie bauen, die genügend Energie für den Betrieb eines kleinen Elektromotors liefert?

DURCHFÜHRUNG

2.1 Schleife eine Kupfer- und eine Zinkelektrode vorsichtig mit Sandpapier ab. Nimm zwei 50-mL-Bechergläser. Fülle 40 mL Kupfer(II)-sulfatlösung (c = 1 mol/L) in das erste Becherglas und stecke die Kupferelektrode hinein. Fülle 40 mL Zink(II)-sulfatlösung (c = 1 mol/L) in das zweite Becherglas und stecke die Zinkelektrode hinein. Verbinde die Elektroden mithilfe von Krokodilklemmen und Kabeln mit einem Spannungsmessgerät (Messbereich 2 V oder größer). Miss die Spannung.

2.2 Tränke einen Streifen Filterpapier (Länge ca. 10 cm) mit gesättigter Kaliumchloridlösung und tauche ihn mit jedem Ende in eine der beiden Salzlösungen. Miss die Spannung erneut und ermittle die Polarität der Stromquelle.

2.3 Ersetze das Spannungsmessgerät durch einen kleinen Elektromotor. Beobachte zehn Minuten lang.

AUSWERTUNG

a) Vergleiche die Beobachtungen bei den Versuchen **V2.1** und **V2.2** und begründe den Unterschied.

b) Erkläre die am Spannungsmessgerät festgestellte Polarität der Stromquelle bei **V2.2**.

c) Beschreibe die Beobachtungen bei **V2.3**.

d) Plane mithilfe der Redoxreihe (**V1**) eine Batterie nach Vorbild des DANIELL-Elements, die jedoch eine höhere Spannung liefert. Überprüfe deine Batterie nach Rücksprache mit der Lehrkraft.

ENTSORGUNG G2

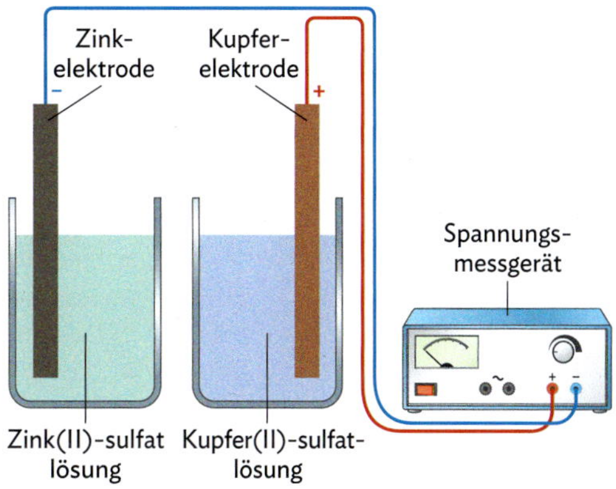

B1 Versuchsaufbau zu **V2.1**

V3 Der Zink-Iod-Akku

PROBLEM

In Batterien laufen Redoxreaktionen ab, bei denen chemische in elektrische Energie umgewandelt wird. Lässt sich dieser Vorgang auch umkehren?

DURCHFÜHRUNG

3.1 Fülle Zink(II)-iodidlösung in eine zweigeteilte Petrischale. Der Flüssigkeitsstand muss etwas höher als die Trennwand sein. Befestige zwei Bleistiftminen (Graphitelektroden) mit Klebeband so am Rand der Schale, dass jede in eine andere Hälfte der Petrischale eintaucht. Verbinde sie mithilfe von Krokodilklemmen und Kabeln mit einer 9-V-Batterie. Beobachte zehn Minuten lang.

3.2 Schließe nach der Durchführung von **V3.1** anstelle der Batterie ein Spannungsmessgerät oder einen kleinen Elektromotor an.

AUSWERTUNG

a) Beschreibe die Beobachtungen am Plus- und am Minuspol bei **V3.1**. Leite daraus ab, welche Produkte gebildet werden.

b) Stelle zu **V3.1** die Teilgleichungen für die Oxidation und die Reduktion sowie die Gesamtgleichung auf.

c) Deute die Beobachtungen bei **V3.2** unter Zuhilfenahme geeigneter Teilgleichungen.

ENTSORGUNG G2

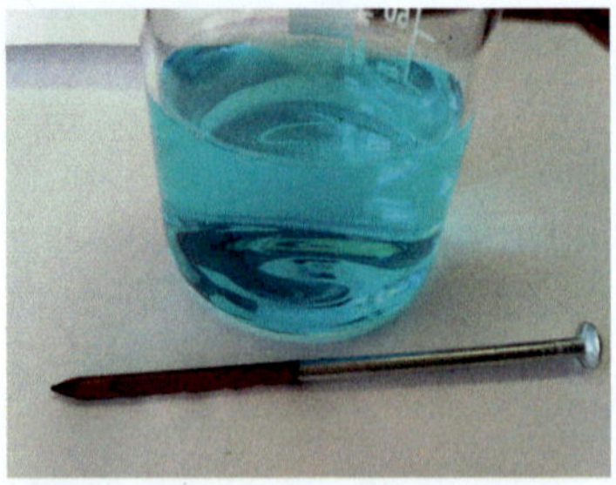

B1 Eisennagel nach dem Eintauchen in eine Kupfer(II)-sulfatlösung

Das Reaktionsverhalten von Metallen

Redoxreaktionen von Metallen in Salzlösungen

Damit ein Auto läuft oder eine Taschenlampe brennt, müssen der Plus- und der Minuspol der verwendeten Batterien richtig angeschlossen werden. Der Minuspol liefert Elektronen, die über einen Verbraucher, z. B. eine Lampe, zum Pluspol fließen. Um eine funktionierende Batterie zu bauen, muss man wissen, welche Metalle sich dafür eignen – denn Metalle unterscheiden sich in ihrer Tendenz, Elektronen abzugeben bzw. aufzunehmen.

Taucht man einen Eisennagel in eine Kupfer(II)-sulfatlösung, so ist das eingetauchte Stück nach nur kurzer Zeit von einer rötlichen Schicht überzogen (**B1**). Taucht man hingegen ein Kupferblech in eine Eisen(II)-sulfatlösung, so stellt man keine Veränderung fest (**V1.1**).

Auf dem Eisennagel hat sich eine dünne Schicht aus elementarem Kupfer abgelagert. Zwischen den Eisen-Atomen des Nagels und den Kupfer-Kationen der Kupfer(II)-sulfatlösung hat eine Redoxreaktion stattgefunden. Die Elektronen stammen von den Eisen-Atomen, die als Elektronendonatoren wirken und durch die Abgabe von je zwei Elektronen zu Eisen-Kationen oxidiert werden. Die Kupfer-Kationen wirken hierbei als Elektronenakzeptoren und werden durch Aufnahme von je zwei Elektronen zu Kupfer-Atomen reduziert (**B2**).

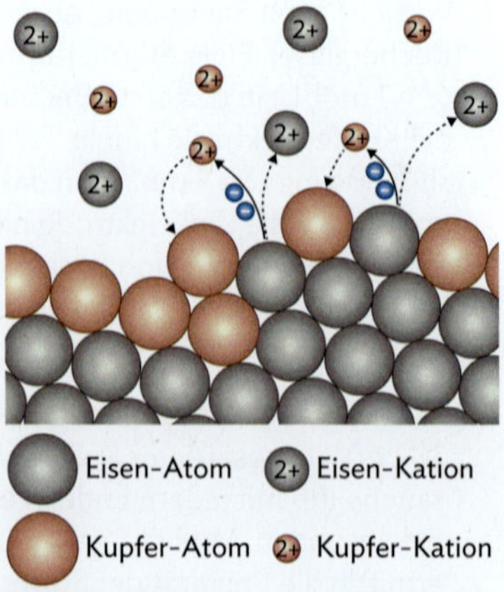

B2 Elektronenübergang zwischen den Eisen-Atomen des Nagels und den Kupfer-Kationen der Metallsalzlösung (Wasser-Moleküle der Lösung nicht berücksichtigt)

Oxidation (Elektronenabgabe): $Fe \longrightarrow Fe^{2+} + 2\,e^-$

Reduktion (Elektronenaufnahme): $Cu^{2+} + 2\,e^- \longrightarrow Cu$

Redoxreaktion: $Fe + Cu^{2+} \longrightarrow Fe^{2+} + Cu$

Eisen ist im Vergleich zu Kupfer ein unedleres Metall. Eisen-Atome weisen daher eine größere Tendenz als Kupfer-Atome auf, ihre Valenzelektronen abzugeben und somit oxidiert zu werden. Gleichzeitig weisen Kupfer-Ionen gegenüber Eisen-Ionen eine größere Tendenz auf, Elektronen aufzunehmen und somit reduziert zu werden.

Info
Die Sulfat-Anionen der Kupfer(II)-sulfatlösung sind hier nicht an der Redoxreaktion beteiligt und werden daher sowohl in den Teilgleichungen als auch der Gesamtgleichung nicht aufgeführt.

Reaktivität verschiedener Metalle

Taucht man einen Silberstreifen in eine Silbersalzlösung, einen Kupferstreifen in eine Kupfersalzlösung und einen Eisennagel in eine Eisensalzlösung, so beobachtet man keine Reaktion. Werden dagegen ein Kupferstreifen, ein Eisennagel und ein Zinkstreifen je in eine Silbersalzlösung getaucht, so scheidet sich auf der Oberfläche der Metalle jeweils fein verteiltes, schwarzes Silber ab (**V1.2**). Silber ist folglich edler als Kupfer, Eisen und Zink. Die Kupfer-, Eisen- und Zink-Atome geben Elektronen ab und werden zu Kationen oxidiert. Die Silber-Kationen nehmen Elektronen auf und werden zu Silber-Atomen reduziert.

Aus weiteren Versuchen geht hervor (**V1.2**):

Kupfer scheidet sich aus einer Kupfersalzlösung auf einem Eisen- und Zinkblech ab. Eisen scheidet sich aus einer Eisensalzlösung auf einem Zinkblech ab. Zink ist somit das unedelste Metall der Versuchsreihe (**V2**, **B3**).

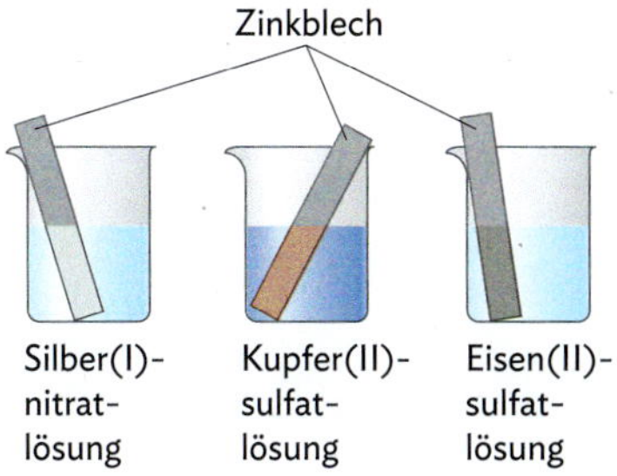

B3 Eisen, Kupfer und Silber scheiden sich auf dem unedleren Zink ab

> Metalle reagieren nur mit Metallsalzlösungen, wenn das eingetauchte Metall unedler ist als das Metall, dessen Ionen die Metallsalzlösung enthält.

Redoxreihe der Metall-Atome und -Ionen

In der **Redoxreihe** sind Metall-Atome bzw. -Ionen nach ihrer Tendenz angeordnet, Elektronen abzugeben bzw. aufzunehmen. Je unedler ein Metall ist, desto höher ist die Tendenz der Atome, als Elektronendonator zu wirken und somit oxidiert zu werden. Die Tendenz von Metall-Kationen, als Elektronenakzeptor zu wirken und somit reduziert zu werden, steigt dagegen, je edler ein Metall ist.

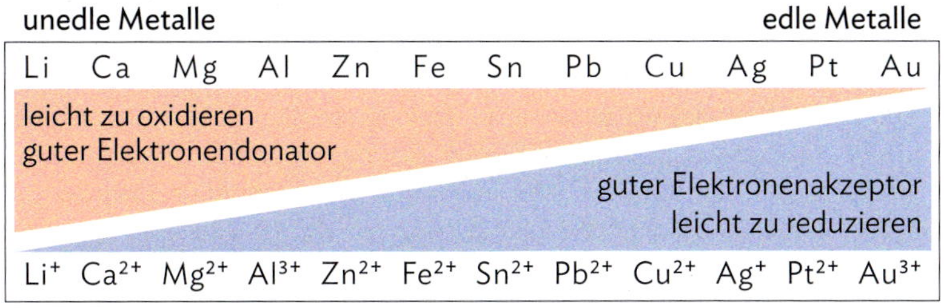

> Je unedler ein Metall ist, desto leichter lassen sich seine Atome oxidieren. Je edler ein Metall ist, desto leichter lassen sich seine Kationen reduzieren.

AUFGABEN

A1 Begründe, weshalb es sinnvoll ist, bei Redoxreaktionen eingesetzte Metallelektroden vor Versuchsbeginn abzuschmirgeln.

A2 Entscheide jeweils, ob eine Redoxreaktion stattfinden kann. Falls dies möglich ist, stelle die Teilgleichungen sowie die Gesamtgleichung auf.
a) Ein Aluminiumblech wird in eine Kupfer(II)-chloridlösung gegeben.
b) Ein Bleiblech wird in eine Magnesiumchloridlösung gegeben.

A3 Gibt man statt eines Nagels pulverförmiges Eisen in Kupfer(II)-sulfatlösung, so tritt eine deutlich messbare Temperaturerhöhung auf.
a) Formuliere die Teilgleichungen und die Gesamtgleichung.
b) Erkläre die Temperaturerhöhung.

A4 Silberbesteck läuft mit der Zeit an, da sich an dessen Oberfläche Silbersulfid bildet. Ein alter Haushaltstipp besagt, dass sich das Besteck reinigen lässt, indem es in Alufolie eingewickelt und dann in eine Kochsalzlösung gelegt wird. Erkläre, was beim Reinigungsprozess chemisch gesehen passiert (Hilfen unter QR-/Mediencode 05042-18).

05042-18

B4 Batterien

Info
Die in Stoffen gespeicherte innere Energie wird auch als chemische Energie bezeichnet.

Einfache Batterien

Aufbau des DANIELL-Elements

Schließt man einen Verbraucher an eine **Batterie**, läuft eine Redoxreaktion freiwillig ab. Dabei wird chemische Energie in elektrische Energie umgewandelt und nutzbar gemacht (vgl. Info). Wie kann man eine Batterie bauen, in der die Elektronen freiwillig in einem elektrischen Stromkreis fließen?

Ein einfaches Beispiel hierfür ist das **DANIELL-Element** (**V2**). In diesem laufen die beiden Teilreaktionen einer Redoxreaktion räumlich getrennt voneinander ab. Das DANIELL-Element besteht aus einer Zinkhalbzelle mit einer Zinkelektrode und einer Zink(II)-sulfatlösung sowie einer Kupferhalbzelle mit einer Kupferelektrode und einer Kupfer(II)-sulfatlösung (**B5**). Die elektrisch leitfähigen Salzlösungen bezeichnet man als **Elektrolytlösungen**. Die beiden Elektroden sind über Kabel an einen Verbraucher, z. B. einen Ventilator, angeschlossen. Damit ein geschlossener Stromkreis vorliegt, müssen die Halbzellen zudem über eine **Salzbrücke** verbunden werden.

Funktionsweise des DANIELL-Elements

Die Funktionsweise des DANIELL-Elements beruht auf der unterschiedlich starken Tendenz der Metall-Atome, Elektronen abzugeben. Das Metall Zink ist unedler als das Metall Kupfer. Bei der Redoxreaktion im DANIELL-Element geben die Zink-Atome daher Elektronen ab und werden zu Zink(II)-Kationen oxidiert, die in Lösung gehen. An der Zinkelektrode entsteht ein Elektronenüberschuss, sie wird damit zum Minuspol.

Die abgegebenen Elektronen wandern über den Verbraucher zum Pluspol, den die Kupferelektrode darstellt. Dort nehmen die Kupfer(II)-Kationen aus der Lösung Elektronen auf und werden zu Kupfer-Atomen reduziert, die sich auf der Oberfläche der Elektrode ablagern. Die Masse der Kupferelektrode nimmt somit zu, während sich die Zinkelektrode langsam auflöst.

Oxidation (Elektronenabgabe): $Zn \longrightarrow Zn^{2+} + 2\,e^-$

Reduktion (Elektronenaufnahme): $Cu^{2+} + 2\,e^- \longrightarrow Cu$

Redoxreaktion: $Zn + Cu^{2+} \longrightarrow Zn^{2+} + Cu$

In der Zinkhalbzelle nimmt die Anzahl der Zink-Kationen zu, während in der Kupferhalbzelle die Anzahl der Kupfer-Kationen abnimmt. Der positive Ladungsüberschuss in der Zinkhalbzelle gegenüber der Kupferhalbzelle wird ausgeglichen, indem Sulfat-Anionen über eine Salzbrücke von der Kupferhalbzelle in die Zinkhalbzelle wandern. Dadurch ist der Stromkreis geschlossen.

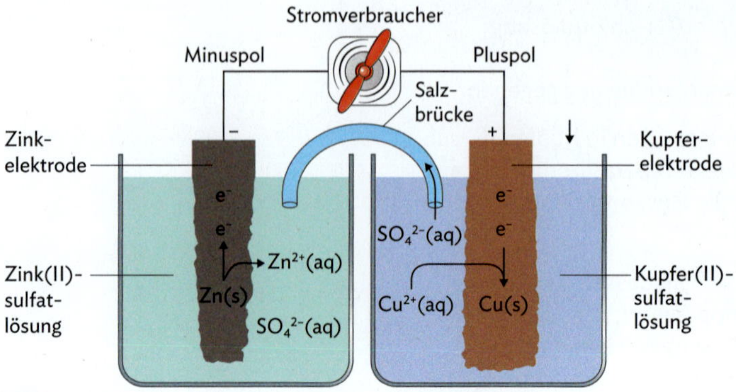

B5 Schematische Darstellung eines DANIELL-Elements

Ein DANIELL-Element besteht aus einer Zink- und einer Kupferhalbzelle, die über eine Salzbrücke miteinander verbunden sind.
Die Zink-Atome der Zinkelektrode geben Elektronen ab. Die Zinkelektrode bildet somit den Minuspol. Die Kupfer-Atome der Kupferelektrode nehmen Elektronen auf. Die Kupferelektrode bildet den Pluspol.

Die Aluminium-Luft-Batterie

Neben Metallen lassen sich auch Gase wie Sauerstoff aus der Luft als Reaktionspartner in einer einfachen Batterie einsetzen. Eine Möglichkeit stellt die Aluminium-Luft-Batterie dar. Sie besteht aus einem Aluminiumbecher, in dem sich vielporiger Kohlenstoff (Aktivkohle) und eine Kohleelektrode befinden (**B6**). Die Aktivkohle ermöglicht einen ungehinderten Sauerstoffzutritt. Sie ist durch ein Stück Küchenpapier vom Aluminiumbecher getrennt. Aktivkohle und Küchenpapier sind mit einer gesättigten Natriumchloridlösung getränkt, die als Elektrolytlösung dient.

Der Aluminiumbecher bildet den Minuspol. Die Aluminium-Atome geben jeweils drei Elektronen ab und werden zu Aluminium(III)-Kationen oxidiert. Die Elektronen fließen über den Verbraucher und die Kohleelektrode zur Aktivkohle, an der Sauerstoff-Atome je zwei Elektronen aufnehmen und zu Sauerstoff-Anionen reduziert werden.

Oxidation (Elektronenabgabe): $Al \longrightarrow Al^{3+} + 3\ e^-$

Reduktion (Elektronenaufnahme): $O_2 + 4\ e^- \longrightarrow 2\ O^{2-}$

Redoxreaktion: $4\ Al + 3\ O_2 \longrightarrow 4\ Al^{3+} + 6\ O^{2-}$

In Batterien laufen Redoxreaktionen freiwillig ab, wobei chemische Energie in elektrische Energie umgewandelt wird.

Die in der Aluminium-Luft-Batterie gespeicherte Energie würde ausreichen, um Elektroautos anzutreiben. Sie kann allerdings nur einmal verwendet werden.

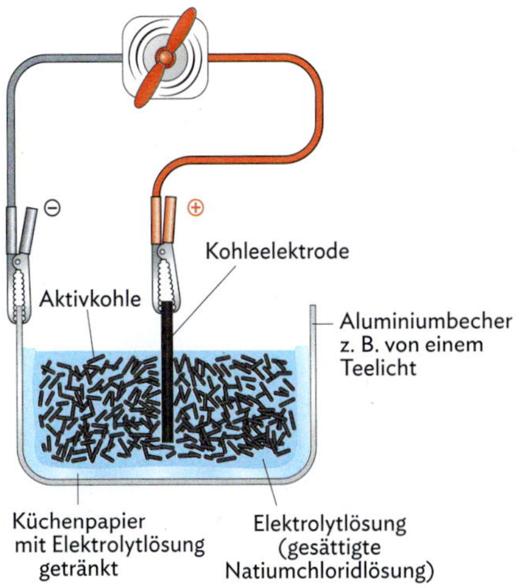

B6 Aluminium-Luft-Batterie

AUFGABEN

A1 Erstelle eine beschriftete Skizze einer Batterie mit einer Eisenelektrode in Eisen(II)-sulfatlösung und einer Silberelektrode in Silber(I)-nitratlösung. Stelle die Teilgleichungen und die Gesamtgleichung auf.

A2 Beschreibe und begründe, wie sich die Farbintensität der blauen Kupfersulfatlösung mit zunehmender Einsatzdauer des DANIELL-Elements ändert (Hilfen unter QR-/Mediencode 05042-19).

05042-19

A3 Beurteile die Aussage „Die Batterie ist leer“.

A4 Erfinde nach dem Vorbild der Aluminium-Luft-Batterie weitere Batterien aus Alltagsgegenständen. Baue deine Erfindungen nach Rücksprache mit der Lehrkraft und prüfe die Spannung. (Hilfen unter QR-/Mediencode 05042-58)

05042-58

A5 Recherchiere die Vor- und Nachteile derzeitiger Aluminium-Luft-Batterien zum Einsatz in Elektroautos.

A6 In Herzschrittmachern werden Lithium-Iod-Batterien eingesetzt. Stelle die Teilgleichungen für die ablaufende Reaktion auf. Recherchiere, warum sich diese Batterien für Herzschrittmacher eignen.

A7 Akkumulatoren sind wiederaufladbare Energiespeicher. Stelle eine Vermutung über die Reaktionen auf, die in einem Zink-Iod-Akku beim Entladen und beim Laden ablaufen.

Umkehrbare Redoxreaktionen

B7 Elektrolyse einer Zink(II)-iodidlösung: am Minuspol (links) scheidet sich elementares Zink ab, am Pluspol (rechts) bilden sich Schlieren aus elementarem Iod

In Batterien laufen Redoxreaktionen freiwillig ab. Dabei wird chemische in elektrische Energie umgewandelt. Ist eines der Edukte verbraucht, muss die Batterie entsorgt werden. Akkumulatoren (Akkus) sind wiederaufladbare Energiespeicher. Können die Reaktionen also umgekehrt werden?

Bei einer Elektrolyse läuft eine erzwungene Redoxreaktionen ab. Dabei wird elektrische Energie in chemische Energie umgewandelt. Gibt man beispielsweise Zink(II)-iodidlösung in eine Petrischale mit zwei Graphitelektroden und legt eine Gleichspannung an, kann man am Minuspol die Bildung eines grauen Feststoffs beobachten, während sich die Lösung in der Nähe des Pluspols gelb färbt (**V3.1**, **B7**). Am Minuspol werden die Zink-Kationen reduziert, es bildet sich elementares Zink. Am Pluspol werden die Iodid-Anionen oxidiert, es bildet sich elementares Iod:

Reduktion (Minuspol): $Zn^{2+} + 2\,e^- \longrightarrow Zn$

Oxidation (Pluspol): $2I^- \longrightarrow I_2 + 2\,e^-$

Redoxreaktion: $Zn^{2+} + 2\,I^- \longrightarrow Zn + I_2$

Lässt sich die chemische Energie, die in den Produkten gespeichert ist, nun wieder zurück in elektrische Energie umwandeln? Um das zu prüfen, tauscht man nach erfolgter Elektrolyse die äußere Gleichspannungsquelle durch einen Elektromotor (**V3.2**). Dieser setzt sich spontan in Bewegung. Die chemische Energie wird also tatsächlich in elektrische Energie zurück gewandelt. Die Reaktion ist **reversibel** (umkehrbar). An der Elektrode mit dem Zinküberzug geben die Zink-Atome nun Elektronen ab, die Elektrode wird dadurch zum Minuspol. Die Zink-Atome werden zu Zink(II)-Kationen oxidiert. Die von Iod umgebene Elektrode ist der Pluspol, an dem die Iod-Atome Elektronen aufnehmen und zu Iodid-Anionen reduziert werden (**B8**).

Oxidation (Minuspol): $Zn \longrightarrow Zn^{2+} + 2\,e^-$

Reduktion (Pluspol): $I_2 + 2\,e^- \longrightarrow 2\,I^-$

Redoxreaktion: $Zn + I_2 \longrightarrow Zn^{2+} + 2\,I^-$

Insgesamt liegt ein Zink-Iod-Akku vor. Die Elektrolyse beschreibt als erzwungene Redoxreaktion den Ladevorgang, die Rückreaktion als freiwillig ablaufende Redoxreaktion den Entladevorgang, der die elektrische Energie liefert.

	Oxidation	Reduktion
Elektrolyse (Laden des Akkus)	Pluspol	Minuspol
Strom-erzeugung (Entladen des Akkus)	Minuspol	Pluspol

B8 Polung eines Akkus beim Laden und Entladen

Umkehrbare chemische Reaktionen bezeichnet man als reversibel. Die Rückreaktion kann oft durch Änderungen der Reaktionsbedingungen herbeigeführt werden.

AUFGABEN

A1 Begründe, weshalb der Zink-Iod-Akku nur einen Teil der zum Laden aufgewandten Energie zurückliefert.

A2 *„Beim Aufladen des Handys wird Strom im Akku gespeichert, der beim Entladen wieder freigesetzt wird."* Beurteile diese Aussage mithilfe deiner Kenntnisse zum Zink-Iod-Akku.

A3 Beurteile die Aussage *„Der Akku ist geladen."*

FACHBEGRIFFE

die Redoxreihe, die Batterie, das DANIELL-Element, die Elektrolytlösung, die Salzbrücke, reversibel

Elektromobilität

„Auch heute werden wieder sehr hohe Feinstaubwerte erwartet. Die Stadt Stuttgart bittet die Bevölkerung, auf das Fahrrad oder öffentliche Verkehrsmittel umzusteigen und Kaminöfen nicht unnötig anzufeuern."

B1 Parken und zugleich den Akku des Elektroautos laden – immer mehr Städte und Gemeinden bieten solche Sonderparkplätze an.

Zu solchen Radiomeldungen kommt es nicht nur in Stuttgart immer häufiger. Zudem tragen die stets knapper werdenden Ressourcen an fossilen Brennstoffen zum dringenden Bedarf an Alternativen für den Verbrennungsmotor bei. Eine mögliche Option stellen Elektroautos dar. Jedoch sind Elektrofahrzeuge keine neue Erfindung. Im Jahre 1881 präsentierte der französische Erfinder, Elektroingenieur und Chemiker GUSTAVE TROUVÉ das erste Elektroauto für den Straßenverkehr. Es handelte sich hierbei um ein dreirädriges Fahrzeug, das er „Trouvé Tricycle" nannte. In der Entwicklungsgeschichte des Automobils wurden zunächst sogar mehr Autos elektrisch angetrieben als durch einen Verbrennungsmotor. Im 20. Jahrhundert rückten Elektrofahrzeuge jedoch in den Hintergrund. Einen Aufschwung erlebte das Elektroauto dank des *California Air Resources Board* – der Emissionsschutzbehörde von Kalifornien ab 1990. Sie forderte die schrittweise Erhöhung des Anteils an Autos ohne Schadstoffausstoß. Dies zwang die Hersteller zur Entwicklung zahlreicher Modelle. Sie stecken dabei viel Arbeit und Geld in die Entwicklung und Produktion von Elektroautos. Die größte Herausforderung ist der Energiespeicher. Hierfür werden meist Lithium-Ionen-Akkumulatoren verwendet. Diese sind aktuell noch vergleichsweise teuer und müssen in ihrer Lebensdauer optimiert werden, um mit Verbrennungsmotoren mithalten zu können. Vorteile eines Elektromotors sind, dass es keinen Schadstoffausstoß und kaum Fahrgeräusche gibt. Außerdem werden etwa 90 % der eingespeisten Energie in Bewegungsenergie umgesetzt, während es beim Verbrennungsmotor nur rund 40 % sind und ein weitaus größerer Teil der Energie als thermische Energie ungenutzt bleibt. Deutliche Nachteile für den Kunden sind heute noch der Zeitaufwand beim Aufladen des Akkus, wenige Ladestationen und hohe Anschaffungskosten. Hybrid-Antriebe, also die Kombination von Akku und Verbrennungsmotor, sind eine Alternative zu reiner Elektromobilität. Die Luftverschmutzung vieler Ballungszentren in China ist sehr groß. Deshalb soll dort der Anteil an Elektrofahrzeugen deutlich erhöht werden.

AUFGABE

A1 „Elektroautos sind nur so sauber wie der Strom, mit dem sie betrieben werden." Bewerte diese Aussage und fertige eine Liste mit Vor- und Nachteilen von Elektroautos an. Recherchiere notwendige Informationen.

A2 Entwickle mit deinem Wissen über Elektrochemie einen Akku, mit dem man theoretisch ein einfaches Elektrofahrzeug, wie das „Trouvé Tricycle", versorgen könnte. Zeichne eine beschriftete Skizze deines Akkus.

Pyrotechnik und Metallgewinnung

V1 Wunderkerzen

PROBLEM

Sie dürfen auf keiner Silvesterparty fehlen: Wunderkerzen (**B1**). Aber wie entsteht ihr „zauberhafter" Funkenregen?

B1 Brennende Wunderkerze

DURCHFÜHRUNG

Verwende bei der Herstellung der Wunderkerzen durchgehend (Einweg)Schutzhandschuhe! Gib 0,2 g kaltlösliche Stärke, 0,1 g Aluminiumstaub, 0,85 g Strontiumnitrat und 0,6 g Eisenpulver in ein 100-mL-Becherglas. Schwenke das Becherglas solange, bis alle Stoffe gut durchmischt sind. Tropfe nun 6 Tropfen lauwarmes Wasser mit einer Pipette hinzu. Rühre die Masse mit einem Spatel solange, bis sie als zäher Klumpen am Spatel hängen bleibt. Ziehe mit der Hand den Klumpen vom Spatel ab und knete ihn kurz durch. Rolle die Masse mit der flachen Hand zu einer ca. drei cm langen, dünnen Wulst. Drücke die obere Hälfte eines dünnen Stahlstabes (z. B. Stahldraht, ca. 30 cm lang und 0,8 mm im Durchmesser) in die Masse. Rolle die Masse nun weiter, sodass sie die obere Hälfte des Stabes umgibt. Die Wunderkerze muss nun mind. einen Tag im Abzug trocknen. Stecke die getrocknete Wunderkerze in einen Eimer mit Sand und entzünde sie vorsichtig im Abzug oder im Freien.

Versuchsdurchführung nach Michael Scheid (Didaktik der Chemie, LMU München) et al.

AUSWERTUNG

a) Strontiumnitrat ($Sr(NO_3)_2$ (s)) wird der Mischung zugesetzt, damit Aluminium und Eisen zu ihren jeweiligen Oxiden verbrennen. Bei der Reaktion der Metalle zu den Oxiden (Aluminiumoxid und Eisen(III)-oxid) handelt es sich um eine exotherme Reaktion, d. h. es wird Energie frei. Dabei werden die Nitrat-Ionen (NO_3^-) u. a. zu Nitrit-Ionen (NO_2^-) reduziert. Die Strontium-Ionen bleiben unverändert.

Stelle mithilfe der Erklärung die Reaktionsgleichung auf (Hilfen unter QR-/Mediencode 05042-21).

05042-21

b) Gib begründet an, ob es sich um eine Redoxreaktion handelt und ob die Eisen- und Aluminium-Atome Elektronendonatoren oder Elektronenakzeptoren sind.

c) Erkläre das Zustandekommen der Funken bei der Wunderkerze.

d) Erkläre die Funktion der Stärke in dem Versuch.

e) Wunderkerzen erfreuen sich zwar auch an besonderen Anlässen wie Geburtstagen oder Hochzeiten großer Beliebtheit, am häufigsten werden sie jedoch an Silvester verwendet. Sie gehören wie Raketen und Böller zum Feuerwerk (**B2**).
- Recherchiere den Umsatz mit Feuerwerk in Deutschland zum letzten Jahreswechsel.
- Bewerte den Feuerwerkseinsatz in der Silvesternacht im Hinblick auf die Werte Ökonomie und Umweltschutz.

f) Wunderkerzen enthalten meist Bariumnitrat statt Strontiumnitrat. Recherchiere die Gefahrstoffangaben für beide Stoffe und begründe einen Vorteil von Strontiumnitrat für den Versuch.

B2 Feuerwerk an Silvester

M2 Die DOWNS-Zelle: Herstellung von Natrium

Das Element Natrium kommt aufgrund seiner Reaktivität in der Natur nicht elementar, sondern nur in Verbindungen vor. Die bekannteste ist das Kochsalz Natriumchlorid.

Bei reinem Natrium handelt es sich um ein silbernes glänzendes Metall, das sehr weich ist und eine geringe Dichte hat (**B3**). Es wird auch als Katalysator, Kühlmittel, Reduktionsmittel und bei der Lichterzeugung (Natriumdampflampen) verwendet.

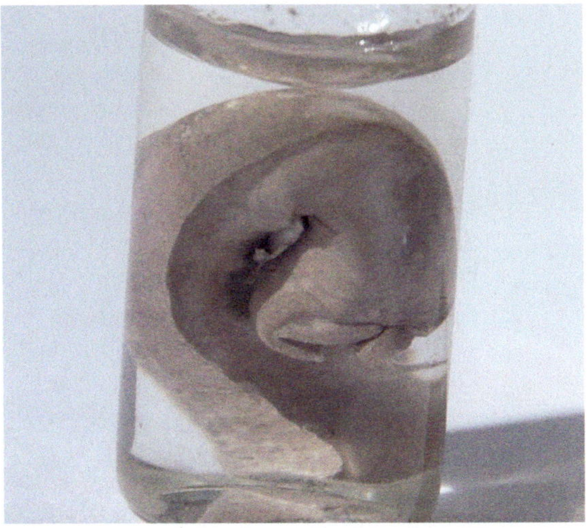

B3 Elementares Natrium

Als unedles Metall wird es, wie andere Alkali- und Erdalkalimetalle sowie Aluminium, durch Elektrolyse gewonnen. Da hierbei eine Salzschmelze als Ausgangsstoff dient, handelt es sich, wie bei Aluminium, um eine Schmelzflusselektrolyse (vgl. S. 55). Die Elektrolyse von Natriumchlorid findet in einer speziellen Apparatur statt, der sogenannten DOWNS-Zelle (**B4**).

Die Natriumchlorid-Schmelze wird durch Strom in ihre Elemente zerlegt. Der Minuspol ist aus Eisen und ringförmig. Er ist durch ein Eisennetz von dem Pluspol aus Kohle abgetrennt, welcher sich innerhalb der ringförmigen Eisenelektrode befindet. Durch die Trennung von Minus- und Pluspol wird die Vermischung der entstehenden Produkte Chlor und Natrium verhindert. So können diese nicht sofort wieder miteinander reagieren. Das am Pluspol entstehende Chlor ist gasförmig. Es steigt auf und wird aufgefangen. Auch das am Minuspol entstehende Natrium hat eine geringere Dichte als die Salzschmelze. Es schwimmt auf der Schmelze und wird durch ein Überlaufrohr abtransportiert.

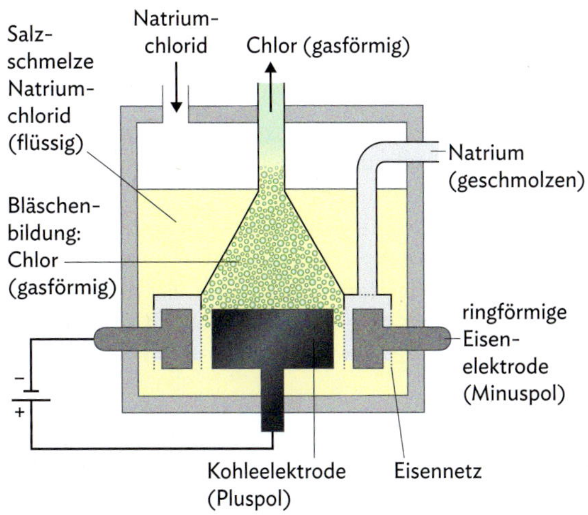

B4 DOWNS-Zelle

AUSWERTUNG

a) Ein Klassenkamerad hält eine Präsentation über das Metall Natrium. Als repräsentatives Bild zu Natrium zeigt er Kochsalzkristalle. Erkläre ihm, inwiefern das Bild falsch gewählt ist.

b) Begründe die räumliche Trennung von Minus- und Pluspol in der DOWNS-Zelle.

c) Recherchiere die Herkunft des Begriffs „DOWNS-Zelle".

d) Bei der Elektrolyse von Natriumchlorid wird nicht das reine Natriumchlorid geschmolzen, sondern zusätzlich Calciumchlorid hinzugefügt. Erkläre den Grund.

Tipp: siehe Schmelzflusselektrolyse (vgl. S. 54 f.) Aluminium oder recherchiere im Internet.

e) Aluminium und Natrium werden beide mithilfe einer Schmelzflusselektrolyse hergestellt.

- Erstelle für die Herstellung von Natrium die Teilgleichung und die Gesamtgleichung. Veranschauliche dann anhand der Redoxgleichung den Begriff „Donator-Akzeptor-Konzept".
- Für die Herstellung einer Tonne Natrium werden ca. 10 000 Kilowattstunden elektrische Energie benötigt. Vergleiche die Schmelzflusselektrolyse von Aluminium mit der von Natrium in mindestens fünf Aspekten (vgl. S. 54 f.).

Zum Üben und Weiterdenken

A1 Vervollständige den folgenden Lückentext:

Bei einer Elektrolyse handelt es sich um eine __________reaktion. Mithilfe von elektrischem Strom wird dabei eine Verbindung __________. Bei der Elektrolyse einer Kupfer(II)-chloridlösung wandern die Chlorid-Ionen zum __________pol und werden dort __________. Die Kupfer-Ionen wandern zum __________pol und werden dort __________. Bei der Elektrolyse einer Kupfer(II)-chloridlösung erhält man __________ und __________ als Produkte.

A2 Lässt man elektrischen Strom durch eine Kupfer(II)-bromidlösung fließen, bilden sich an den Graphitstäben das Metall Kupfer und das Nichtmetall Brom. Erstelle zu der Detailaufnahme des Versuchs in der Abbildung Zeichnungen auf der Teilchenebene und lege eine Legende für die dargestellten Teilchen an.

A3 Lithium und Chlor sollen mithilfe einer Elektrolyse aus Lithiumchlorid hergestellt werden.

a) Skizziere und erläutere einen geeigneten Versuchsaufbau. Beachte dabei, dass Lithium ein Metall ist, das heftig mit Wasser reagiert.

b) Formuliere geeignete Sicherheitshinweise für die Versuchsdurchführung.

c) Stelle die Teilgleichungen für die Oxidation und Reduktion sowie die Gesamtgleichung auf.

A4 Bei Kims Hausaufgaben haben sich einige Fehler eingeschlichen. Verbessere die nachfolgenden Teilgleichungen und erkläre in einem Satz, welcher Fehler gemacht wurde.

$Ca \rightarrow Ca^{+} + e^{-}$

$Br + 1\,e^{-} \rightarrow Br^{-}$

$Na - 1\,e^{-} \rightarrow Na^{+}$

$N_2 \rightarrow 2\,N_3^{-} + 6\,e^{-}$

$O_2 + 2\,e^{-} \rightarrow O_2^{-}$

A5 Nur recht wenige Metalle, darunter Silber und Gold, kommen in der Natur in größeren Mengen gediegen, das heißt als elementarer Reinstoff, vor. Meistens liegen die Metalle in Form von salzartigen Erzen vor, z. B. Magnesium in Magnesiumoxid. Diese entstanden über Millionen von Jahren, als durch Cyanobakterien gebildeter molekularer Sauerstoff mit der Erdkruste reagierte.

a) Erstelle die Teilgleichungen und die Gesamtgleichung zur Bildung von Magnesiumoxid aus den Elementen. Ordne die folgenden Fachbegriffe den Gleichungen zu: Oxidation, Reduktion, Elektronenakzeptor und Elektronendonator.

b) Skizziere die Reaktionen auch in Form von Energiestufenschemata und erläutere daran die Entstehung der Ionen.

c) Formuliere eine begründete Hypothese, weshalb man Metalle oft nur in Form von Oxiden und nicht gediegen findet.

A6 Das Salz Calciumchlorid wird sehr vielseitig eingesetzt, z. B. als Streusalz, in der Lebensmittelindustrie und als Trocknungsmittel. Bei der Bildung von Calciumchlorid aus den Elementen wird Energie frei. Die einzelnen Energiebeträge sind nachfolgend aufgeführt (vgl. S. 64 **B1**):

- $\Delta_I E_m(Ca)$ = +590 kJ/mol
- $\Delta_I E_m(Ca^{+})$ = +1145 kJ/mol
- $\Delta_{diss} E_m(Cl_2)$ = +242 kJ/mol
- $\Delta_{sub} E_m(Ca)$ = +178 kJ/mol
- $\Delta_{EA} E_m(Cl)$ = - 349 kJ/mol
- $\Delta_G E_m(CaCl_2)$ = - 2258 kJ/mol

a) Erstelle den BORN-HABER-Kreisprozess mithilfe der angegeben Energiewerte. Ergänze bei den einzelnen Stufen im Kreisprozess auch die Skizzen auf Teilchenebene.

b) Berechne die freiwerdende Energie bei der Reaktion der Elemente zu Calciumchlorid.

Hinweis: Der Wert $\Delta_{EA} E_m(Cl)$ bezieht sich auf ein Mol Chlor-Atome, es müssen aber ein Mol Chlor-Moleküle für die Rechnung berücksichtigt werden.

A7 Taucht man ein Kupferblech in Silber(I)-nitratlösung, so scheidet sich auf dem Kupfer metallisches Silber ab. Taucht man hingegen einen Silberstreifen in Kupfer(II)-sulfatlösung, so findet keine Reaktion statt.

a) Formuliere die Reaktionsgleichung für die Versilberung und begründe anhand der Redoxreihe der Metalle (vgl. S. 69), weshalb die umgekehrte Reaktion nicht stattfindet.

b) Spiegel werden häufig hergestellt, indem eine Glasplatte in eine Lösung getaucht wird, die Silber-Ionen enthält. Die Glasoberfläche reagiert aber nicht mit Silber-Ionen. Die Lösung muss also einen weiteren Stoff enthalten. Erkläre, warum sich Kupfer dafür nicht eignet, und nenne zwei Eigenschaften, die der Stoff haben muss.

A8 Alex behauptet: „Wenn ich eine Wunde mit Iodlösung desinfiziere, brennt sie stark. Das chlorierte Wasser im Schwimmbad brennt nur, wenn man es direkt in die Augen bekommt. Iod muss also eine stärkere Oxidationswirkung als Chlor aufweisen."

Fabi ergänzt: „Ich weiß nur, dass es gelb wird, wenn eine Iodidlösung oxidiert wird."

a) Formuliere eine Fragestellung, die sich aus dem Dialog ergibt. Notiere die Hypothese von Alex.

b) Beschreibe anhand einer Skizze einen geeigneten Versuch, mit dem die Hypothese überprüft werden kann. Zur Verfügung stehen Reagenzgläser, Natriumiodid, Natriumchlorid sowie Lösungen von Iod und Chlor in Wasser.

c) Führe den Versuch nach Rücksprache mit der Lehrkraft durch. Prüfe die aufgestellte Hypothese auf ihre Richtigkeit und stelle die Reaktionsgleichung für die stattfindende Reaktion auf.

d) Führt man weitere Experimente mit Halogenen und Halogeniden durch, so ergibt sich folgende Tabelle (+ bedeutet Reaktion, - bedeutet keine Reaktion). Stelle eine Redoxreihe der Halogene auf (vgl. Redoxreihe der Metalle S. 69).

	Chlor	Brom	Iod
Chlorid	-	-	-
Bromid	+	-	-
Iodid	+	+	-

A9 Im Jahr 1800 stellte der italienische Physiker ALESSANDRO VOLTA der Öffentlichkeit in London die nach ihm benannte VOLTAsäule vor, einen Vorläufer der heutigen Batterien. Eine einfach nachzubauende, leicht abgewandelte Version, mit der sogar ein kleiner Elektromotor betrieben werden kann, ist in der folgenden Abbildung dargestellt:

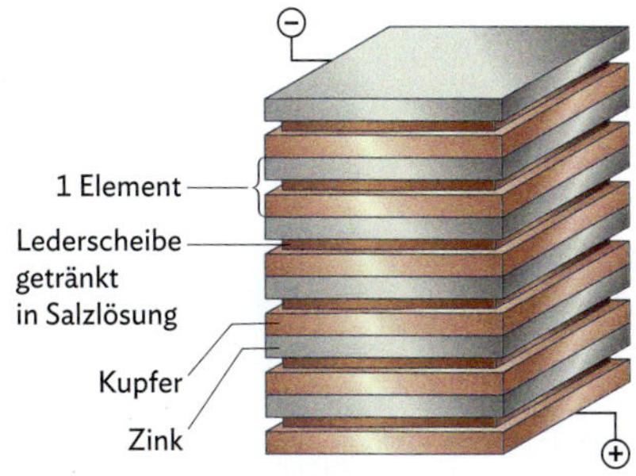

a) Beschreibe die einzelnen Bestandteile und den Aufbau der VOLTAsäule.

b) Begründe, weshalb die Lederscheiben mit einer Salzlösung getränkt werden müssen.

c) Vergleiche den Aufbau der VOLTAsäule mit dem Aufbau des DANIELL-Elements und notiere Gemeinsamkeiten und Unterschiede.

A10 Bei einem Zink-Brom-Akku liegt an einer der beiden Elektroden im geladenen Zustand Zink vor, an der anderen Elektrode Brom. Als Elektrolytlösung dient Zink(II)-bromidlösung.

a) Formuliere jeweils die Teilgleichungen und die Gesamtgleichung für die Vorgänge an den Elektroden beim Laden und Entladen.

b) Die Energiedichte eines Zink-Brom-Akkus beträgt etwa 270 kJ/kg, die von einem Liter Benzin etwa 40 MJ/kg. Bewerte den Einsatz von Zink-Brom-Akkus als Energieträger in Autos im Vergleich zu Benzin. Gehe dabei auch auf mögliche Sicherheitsrisiken ein.

A11 Erstelle Lernkarten für die folgenden Begriffe: Reduktionsmittel, Halbzelle, Redoxreaktion, Oxidation, Batterie, Elektrolyse, edles Metall, Donator-Akzeptor-Konzept, Akkumulator.

Schreibe dazu jeweils einen Begriff auf die eine Seite und eine Erklärung des jeweiligen Begriffs auf die andere Seite einer Karteikarte. Fragt euch mithilfe der Lernkarten gegenseitig ab.

M1 Das Thermitverfahren

Die Schienen im Bahnnetz werden aus Einzelteilen zusammengensetzt, die anschließend verschweißt werden. Die Schweißnähte verursachen das charakteristisch klackernde Geräusch der Züge. Sie müssen möglichst stabil und langlebig sein, aber auch mit den auf der Baustelle vorhandenen Mitteln schnell angefertigt werden können.

Eine Möglichkeit zum Verschweißen der Einzelteile ist das Thermitverfahren, welches direkt vor Ort durchgeführt wird.

B1 Verschweißen von Bahngleisen

Dabei wird eine Mischung aus Aluminium und Eisenoxid (Verhältnis 3,2 : 1) durch eine Zündschnur zur Reaktion gebracht.

Die Stoffe reagieren zu Eisen und Aluminiumoxid, wobei das Eisen durch die enorme Temperaturentwicklung der Reaktion flüssig wird (Schmelztemperatur von Eisen: 1538 °C). Dadurch kann das Eisen die Lücke zwischen den Schienen füllen und die beiden Teile verbinden.

In QR-/Mediencode 05042-23 findest du ein Video, dass verschieden Versuche zum Thermitverfahren zeigt.

05042-23

A1 Sieh dir das Video unter QR-/Mediencode 05042-23 an. Vergleiche den ersten im Video gezeigten Versuchsaufbau mit folgender Skizze und entscheide begründet, welcher Aufbau sicherer ist.

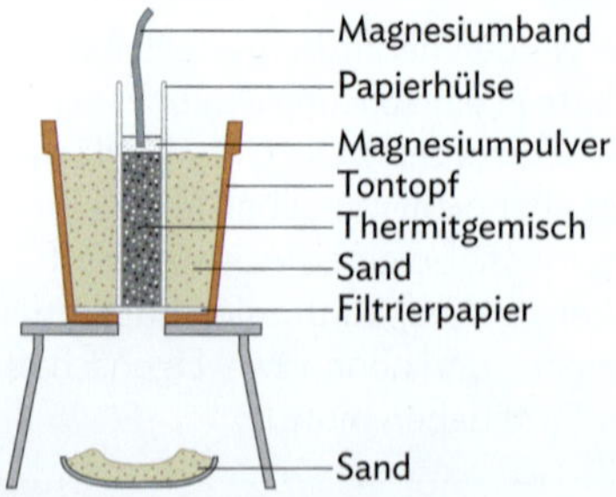

B2 Thermitverfahren Laboraufbau

A2 Erstelle ein vollständiges und sicheres Versuchsprotokoll zum Thermitverfahren, mit Fragestellung, Hypothese, Durchführung, Beobachtung und Auswertung bzw. Erklärung.

A3 Formuliere eine Reaktionsgleichung für den gesamten Prozess.

A4 Bei dem Prozess werden aus Metallen Salze und umgekehrt. Vervollständige die beiden Teilgleichungen, bei denen zum einen elementares Aluminium zu Aluminium-Ionen, zum anderen Eisen(III)-ionen zu Eisen reagieren.

A5 Stelle die Oxidation des Aluminium-Atoms zum Aluminium-Ion in einem Energiestufenschema dar.

A6 Damit das entstehende Eisen bei der Reaktion flüssig werden kann, muss enorm viel Energie frei werden. Zeichne ein Energiediagramm, das die Reaktion beschreibt.

A7 Nach dem gleichen Verfahren lassen sich mit Aluminium auch andere Metalle, wie Kupfer und Nickel, aus den jeweiligen Metalloxiden herstellen. Begründe, warum sich dieses Verfahren nicht für die Herstellung von Magnesium eignet.

PV2 Egg Race: Zitronenbatterie

Wie kann man mithilfe von Früchten chemische Energie in elektrische Energie umwandeln? Eine Möglichkeit stellt die Zitronenbatterie dar (**B3**).

B3 Zitronenbatterie

Reicht die Energie aus, um eine Leuchtdiode oder sogar einen kleinen Elektromotor zu betreiben?

Diese Frage sollt ihr mit einem Gruppenwettbewerb („Egg race") klären. Es gewinnt die Gruppe, die innerhalb einer Schulstunde die leistungsfähigste Batterie baut.

Materialien pro Gruppe (nicht alle werden benötigt): 3 Zitronen, Haushaltszucker, 12 Messkabel mit Krokodilklemmen, Strom- und Spannungsmessgerät, rote LED, kleiner Elektromotor (Solarmotor) mit Drehscheibe, 6 Aluminium-, 6 Zink- und 6 Kupferbleche (je ca. 1 cm breit, 10 cm lang), Schmiergelpapier, 5 Bechergläser (50 mL), Messer.

Vorsicht: Die Zitronen dürfen nach dem Versuch keinesfalls verzehrt werden!

Hinweise:

1. Die „Elektrolytflüssigkeit" ist z. T. als Zellflüssigkeit in den Zellen der Zitrone eingeschlossen.
2. Rote Leuchtdioden benötigen eine Betriebsspannung von mindestens etwa 1,8 V.
3. Es lohnt sich, mit der Serien- oder Parallelschaltung der Batterien zu experimentieren.

A1 Protokolliere die Versuche und fertige eine beschriftete Skizze der finalen Anordnung an.

A2 Stelle die Teilgleichungen für die Oxidation und die Reduktion sowie die Gesamtgleichung auf. *Hinweis:* An der edleren Elektrode reagieren sog. Oxonium-Ionen (H_3O^+), die in der sauren Lösung enthalten sind, durch Elektronenaufnahme zu Wasserstoff. Zudem entsteht an dieser Elektrode Wasser.

M3 Babyschuhe mit edlem Kupferüberzug

Erinnerungsstücke wie Schuhe, Kleidung, Blumen oder Schultaschen können mit einem edlen Metallüberzug versehen werden (**B4**). Dabei wird zunächst ein elektrisch leitfähiger Lack auf den nicht leitfähigen Gegenstand aufgetragen und im Anschluss wird dieser beispielsweise mit Gold, Silber oder Chrom überzogen. Auch Beschichtungen aus Legierungen wie Messing oder Bronze sind möglich.

B4 Die ersten Babyschuhe wurden als Andenken mit Kupfer überzogen.

A1 Begründe, dass der Schuh nur dann mit einer Metallschicht überzogen werden kann, wenn er zuvor mit einem elektrisch leitfähigen Lack beschichtet wurde.

A2 Skizziere einen beschrifteten Versuchsaufbau für das Überziehen eines Schuhs mit Kupfer. Der Schuh wurde bereits mit einem elektrisch leitfähigen Lack überzogen.

A3 Erkläre das Verfahren mithilfe deiner Skizze und verwende Fachbegriffe. Stelle eine Teilgleichung von der Reaktion am Minuspol auf und gib an, ob es sich dabei um die Oxidation oder die Reduktion der ablaufenden Redoxreaktion handelt.

A4 Überlege dir weitere Bereiche, in denen GALVANOtechnik angewendet wird.

Alles im Blick: Kapitel 3

Elektrolyse und Redoxreaktionen (S. 52-56)

Die **Elektrolyse** ist eine Möglichkeit, eine chemische Verbindung zu zerlegen. Sie wird durchgeführt, indem man Elektroden in eine elektrisch leitfähige Salzlösung oder Salzschmelze taucht und eine Gleichspannung anlegt. Dabei findet eine Elektronenübertragung statt. Am Minuspol nehmen die Metall-Kationen Elektronen auf und werden zu Metall-Atomen. Die Elektronenaufnahme nennt man **Reduktion**. Am Pluspol geben die Nichtmetall-Anionen Elektronen ab und werden zu Nichtmetall-Atomen. Die Elektronenabgabe nennt man **Oxidation**.

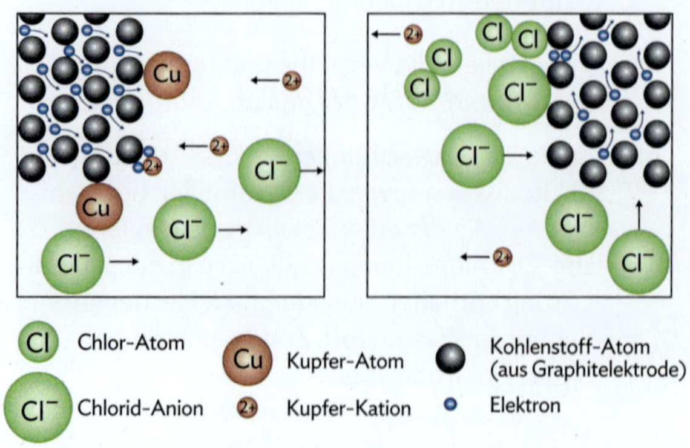

Reduktion und Oxidation laufen immer gemeinsam in einer **Redoxreaktion** ab. Dabei handelt es sich um eine **Donator-Akzeptor-Reaktion**: Ein **Elektronendonator** (Reduktionsmittel) gibt Elektronen ab und wird oxidiert. Ein **Elektronenakzeptor** (Oxidationsmittel) nimmt Elektronen auf und wird reduziert.

Bei der Elektrolyse findet eine durch elektrischen Strom **erzwungene** Redoxreaktion statt.

Reduktion und Oxidation können als **Teilgleichungen** der Redoxreaktion ausgedrückt und zu einer **Gesamtgleichung** zusammengefasst werden.

Beispiel:

Reduktion: $Cu^{2+} + 2\ e^- \longrightarrow Cu$

Oxidation: $2\ Cl^- \longrightarrow Cl_2 + 2\ e^-$

Redoxreaktion: $Cu^{2+} + 2\ Cl^- \longrightarrow Cu + Cl_2$

Gesamtgleichung auf Stoffebene:

$$CuCl_2\ (aq) \longrightarrow Cu\ (s) + Cl_2\ (g)$$

Wichtige industrielle Anwendungen der Elektrolyse sind die Herstellung von Metallen aus den Erzen sowie das Überziehen von Werkstücken mit einer Metallschicht als Korrosionsschutz oder zur Verzierung.

Für die Herstellung von Aluminium verwendet man eine **Schmelzflusselektrolyse**. Dabei wird ein Aluminiumsalz geschmolzen und die Salzschmelze elektrolysiert. Dafür werden sehr große Mengen Energie benötigt und es fallen schädliche Stoffe an.

Um Metallüberzüge herzustellen, wird das Werkstück üblicherweise als Minuspol in einer Salzlösung verwendet, die das aufzubringende Metall als Metallsalz enthält. Auch bei diesem Prozess kann es zu schädlichen Abfallprodukten kommen. Diese können teilweise mittels Elektrolyse wiedergewonnen werden.

Die Salzbildung (S. 60-61)

Bei der **Salzbildung** werden Atome zu Ionen. Dadurch erreichen sie eine Edelgaskonfiguration. Atome werden ionisiert, indem Valenzelektronen aufgenommen oder abgegeben werden. Die Ionisierung lässt sich gut mit Energiestufenmodellen zeigen.

Bei der Salzbildung läuft eine Redoxreaktion **freiwillig** ab. Metall-Atome geben Elektronen ab, die direkt von Nichtmetall-Atomen aufgenommen werden.

Oxidation: $Na \longrightarrow Na^+ + e^-$

Reduktion: $Cl_2 + 2\ e^- \longrightarrow 2\ Cl^-$

Redoxreaktion: $2\ Na + Cl_2 \longrightarrow 2\ Na^+ + 2\ Cl^-$

$$2\ Na\ (l) + Cl_2\ (g) \longrightarrow 2\ NaCl\ (s)$$

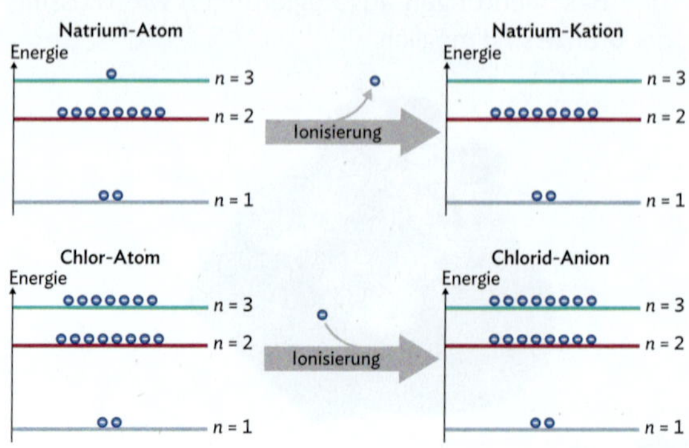

Salzbildung als exotherme Reaktion (S. 64-65)

Viele Salzbildungsreaktionen sind stark exotherm. Die energetischen Beteiligungen der Teilprozesse während der Salzbildung können im **BORN-HABER-Kreisprozess** dargestellt werden.

Die Sublimation von Atomen aus dem Feststoffverband ($\Delta_{sub}E$), die Bindungstrennung der Nichtmetall-Moleküle ($\Delta_{diss}E$) und die Ionisierung der Metall-Atome ($\Delta_{I}E$) benötigen Energie. Bei der Elektronenaufnahme der Nichtmetall-Atome ($\Delta_{EA}E$) und der Bildung eines stabilen Ionengitters aus Anionen und Kationen ($\Delta_{G}E$) wird Energie frei. Dieser letzte Energiebetrag wird als **Gitterenergie** bezeichnet. Er ist in vielen Salzbildungsreaktionen sehr groß im Vergleich zu den Energiebeträgen der anderen Teilprozesse. Dadurch ist der Gesamtprozess exotherm. Die Gitterenergie ist die Triebkraft der Salzbildung.

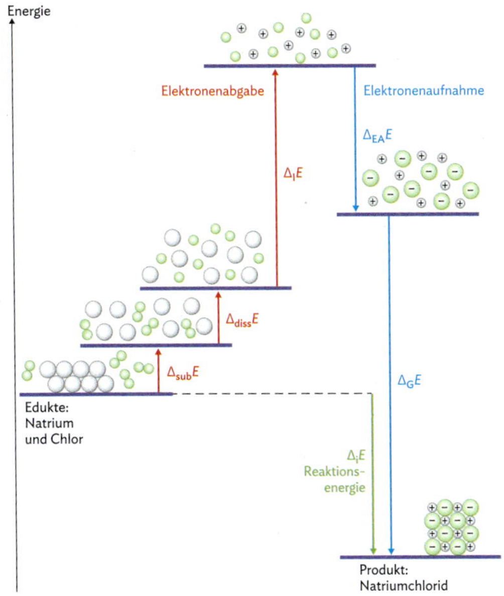

Elektrochemische Stromerzeugung (S. 68-72)

In der **Redoxreihe** sind die Metalle nach der Tendenz ihrer Atome angeordnet, Elektronen abzugeben. Je unedler ein Metall ist, desto leichter lassen sich seine Atome oxidieren. Je edler ein Metall ist, desto leichter lassen sich seine Kationen reduzieren.

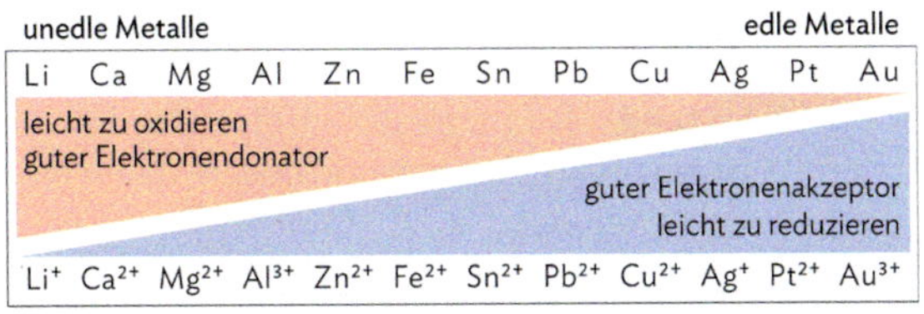

Das unterschiedliche Reaktionsverhalten der Metalle kann zur **elektrochemischen Stromerzeugung** genutzt werden. In einer **Batterie** wird chemische Energie in elektrische Energie umgewandelt. Dabei läuft eine Redoxreaktion freiwillig ab.

Ein Beispiel für eine einfache Batterie ist das **DANIELL-Element**. Es besteht aus einer Zink- und einer Kupferhalbzelle, die durch eine Salzbrücke verbunden sind. Die Zinkhalbzelle enthält eine Zinksalzlösung und eine Zinkelektrode. Die Kupferhalbzelle enthält eine Kupfersalzlösung und eine Kupferelektrode. Die Elektroden sind über einen elektrischen Leiter mit einem Verbraucher verbunden.

Oxidation und Reduktion finden räumlich getrennt jeweils in einer Halbzelle statt. Der Elektronenübergang vom Elektronendonator zum Elektronenakzeptor erfolgt über den elektrischen Leiter. Die Elektronen fließen von der Zinkelektrode (Minuspol) über den Verbraucher zur Kupferelektrode (Pluspol).

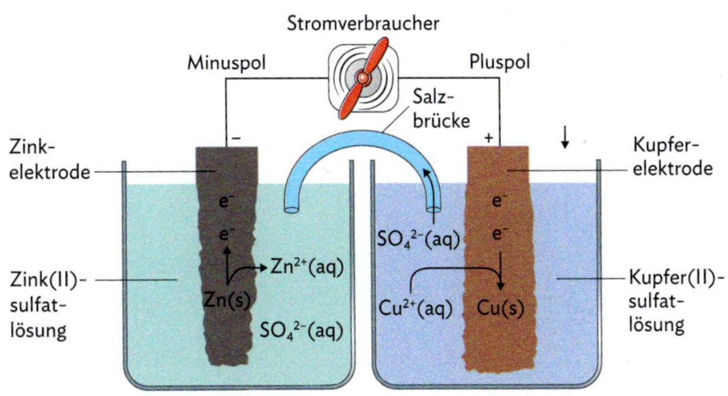

Akkumulatoren (**Akkus**) sind wiederaufladbare Energiespeicher. Beim Laden läuft eine erzwungene Redoxreaktion ab, beim Entladen läuft eine Redoxreaktion freiwillig ab. Ein Beispiel ist der Zink-Iod-Akku. Beim Laden wird Zink(II)-iodid elektrolysiert, beim Entladen reagieren Zink und Iod zu Zink(II)-iodid.

Ziel erreicht?

Überprüfung

Hast du das Ziel dieses Kapitels erreicht? Löse die entsprechenden Aufgaben. Ein Arbeitsblatt findest du unter QR-/Mediencode 05042-24. Bewerte dich mithilfe der Tabelle rechts unten. Die Lösungen zu den Aufgaben stehen auf S. 199.

05042-24

Die Vorgänge bei der Elektrolyse von Salzlösungen und Salzschmelzen erläutern

A1 Aus einer Eisen(III)-chloridlösung kann man mithilfe einer Elektrolyse Eisen und Chlor herstellen. Formuliere beide Teilgleichungen für die Reaktionen an den Elektroden und die Gesamtgleichung.

A2 Magnesium und Chlor werden großtechnisch aus Magnesiumchlorid mithilfe einer Schmelzflusselektrolyse in speziellen Elektrolysezellen hergestellt.

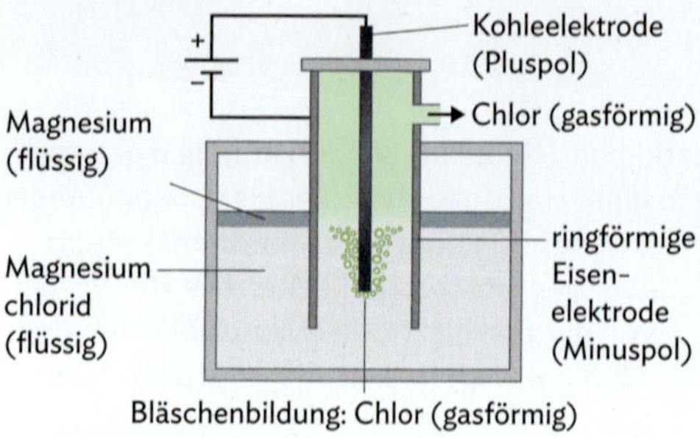

a) Beschreibe das Funktionsprinzip der dargestellten Elektrolysezelle.

b) Stelle die Reaktionsgleichung für die beiden Teilreaktionen an den Elektroden sowie die Gesamtgleichung auf.

c) Erläutere die Vorgänge in der Salzschmelze auf Teilchenebene mithilfe einer Skizze.

Die Ionenbildung als Elektronenübergang beschreiben

B1 Erstelle die Teilgleichungen und die Gesamtgleichung zur Bildung von Blei(II)-oxid aus den Elementen und ordne anhand der Teilgleichungen die Begriffe Elektronenakzeptor, Elektronendonator, Oxidation und Reduktion zu.

B2 Erläutere anhand der Gleichungen den Sachverhalt, dass Oxidation und Reduktion nur miteinander ablaufen können.

Die Prozesse bei der Salzbildung erklären

C1 Bei der Salzbildung aus Magnesium mit Chlor laufen verschiedene Teilprozesse ab von denen die meisten Prozesse Energie benötigen. Trotzdem reagiert Magnesium mit Chlor sehr heftig.

a) Erstelle die Teilgleichungen und die Gesamtgleichung für diese Salzbildung.

b) Skizziere die Energiestufenschemata der beiden Teilreaktionen und erkläre damit die Ionenbildung.

c) Beschreibe die Vorgänge auf Teilchenebene mithilfe der nachfolgenden Skizze des BORN-HABER-Kreisprozesses (S. 83 oben).

d) Begründe, dass die Reaktion exotherm abläuft.

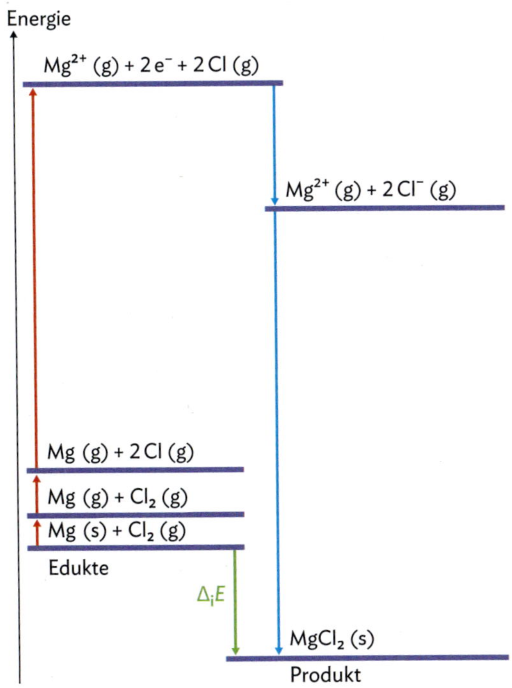

Das Reaktionsverhalten von Metallen in Metallsalzlösungen beschreiben

D1 Beschreibe einen Versuch, mit dem du feststellen kannst, ob Zinn edler ist als Kupfer. Dafür stehen dir ein Zinnblech, ein Kupferblech, eine Zinn(II)-chloridlösung und eine Kupfer(II)-chloridlösung zur Verfügung.

D2 Taucht man ein Kupferblech in eine Gold(III)-chloridlösung, so scheidet sich auf dem Kupferblech elementares Gold ab. Formuliere die Teilgleichungen für die Oxidation und Reduktion sowie die Gesamtgleichung.

Die Reversibilität von Redoxreaktionen ableiten

E1 Eie elektrische Leistung eines DANIELL-Elements reicht normalerweise aus, um einen kleinen Elektromotor mit Propeller zu betreiben.

a) Fertige eine möglichst einfache, beschriftete Skizze des Versuchs an. Kennzeichne die Bewegungsrichtungen der Ladungsträger (Elektronen und Ionen) während des Betriebs mit Pfeilen.

b) Formuliere die Teilgleichungen für die beiden Redoxreaktionen an den Elektroden.

c) Umkehrung des Versuchs: Stelle dir vor, dass der Propeller durch ein größeres Windrad ersetzt wird und der Elektromotor durch einen Gleichstromgenerator. Wenn der Wind bläst, soll der Generator eine elektrische Gegenspannung erzeugen (Minuspol an der Zinkelektrode, Pluspol an der Kupferelektrode), die größer als die Spannung des DANIELL-Elements ist. Beschreibe die Vorgänge, die jetzt an den Elektroden auftreten, auf Teilchenebene.

E2 Vergleiche die Vorgänge, die bei einer Elektrolyse ablaufen, mit denen, die bei der elektrochemischen Stromerzeugung ablaufen. Nenne Gemeinsamkeiten und Unterschiede und verwende chemische Fachbegriffe.

Auswertung

Vergleiche deine Antworten mit den Lösungen auf S. 199 und kreuze auf dem Arbeitsblatt an.

	Ich kann ...	ja	nein	lies nach auf Seite
A	die Vorgänge bei der Elektrolyse von Salzlösungen und Salzschmelzen erläutern .			52 f., 54 f
B	die Ionenbildung als Elektronenübergang beschreiben.			60
C	die Prozesse bei der Salzbildung erklären.			64 f.
D	das Reaktionsverhaltens von Metallen in Metallsalzlösungen beschreiben.			68 f.
E	die Reversibilität von Redoxreaktionen ableiten.			72

4 Molekulare Verbindungen

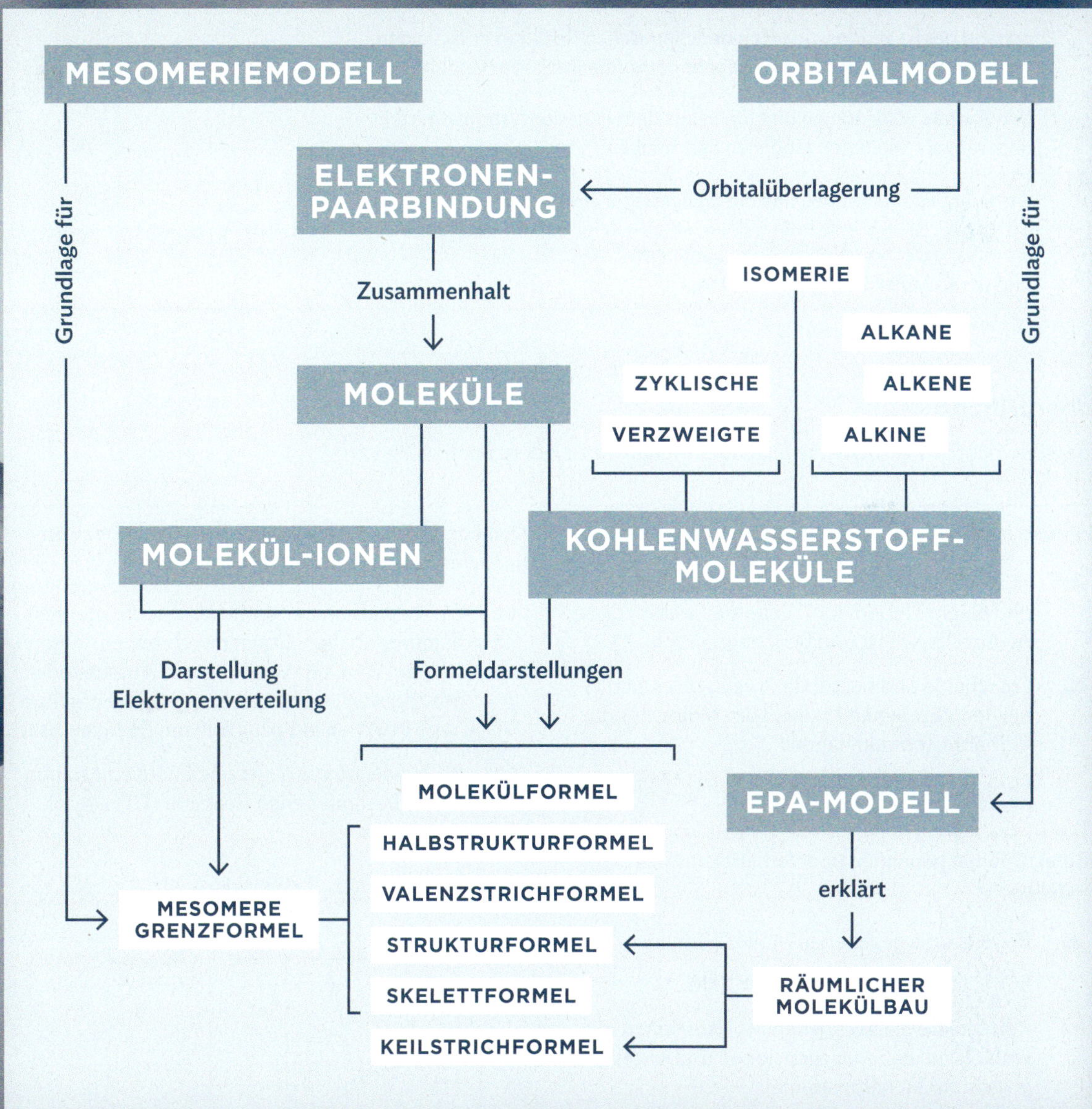
MESOMERIEMODELL
ORBITALMODELL
ELEKTRONEN-PAARBINDUNG
Orbitalüberlagerung
Grundlage für
Grundlage für
Zusammenhalt
ISOMERIE
ALKANE
ALKENE
ALKINE
ZYKLISCHE
VERZWEIGTE
MOLEKÜLE
MOLEKÜL-IONEN
KOHLENWASSERSTOFF-MOLEKÜLE
Darstellung Elektronenverteilung
Formeldarstellungen
MOLEKÜLFORMEL
HALBSTRUKTURFORMEL
VALENZSTRICHFORMEL
STRUKTURFORMEL
SKELETTFORMEL
KEILSTRICHFORMEL
MESOMERE GRENZFORMEL
EPA-MODELL
erklärt
RÄUMLICHER MOLEKÜLBAU

Startklar?

Selbsteinschätzung

Schätze dich selbst ein: Wie gut sind deine Kenntnisse in den Bereichen A bis F
Kreuze auf dem Arbeitsblatt unter QR-/Mediencode 05042-25 an.

05042-25

	Ich kann ...	prima	ganz gut	es fällt mir schwer
A	Verhältnisformeln von Molekülformeln abgrenzen.			
B	Molekül-Ionen benennen und Verhältnisformeln erstellen.			
C	anhand des Reaktionsverlaufs einer chemischen Reaktion entscheiden, ob es sich um eine exotherme oder endotherme Reaktion handelt.			
D	den Aufbau von Atomen und Ionen aus dem Periodensystem ermitteln und mit verschiedenen Modellen beschreiben.			
E	das Energiestufenmodell und die Edelgasregel anwenden.			
F	die Alkane der homologen Reihe benennen und deren Molekülformeln erstellen.			

Überprüfung

Liegst du richtig? Bearbeite die folgenden Aufgaben zu jedem Bereich.

Verhältnisformeln von Molekülformeln abgrenzen

A1 „Kaliumfluorid besteht aus einem Kalium-Ion und einem Fluorid-Ion“. Erläutere, warum diese Aussage falsch ist und berichtige sie.

A2 Entscheide und begründe jeweils, ob es sich bei den gegebenen Formeln um Molekül- oder Verhältnisformeln handelt.

H_2O_2, K_2O, PCl_3, Fe_2O_3, KNO_3, NH_4Cl, $LiCl$

Molekül-Ionen benennen und Verhältnisformeln erstellen

B1 Benenne die gegebenen Molekül-Ionen.

SO_4^{2-}, NO_3^-, NO_2^-, NH_4^+, CO_3^{2-}, HCO_3^-

B2 Kombiniere die gegebenen Molekül-Ionen mit einfach geladenen Gegen-Ionen und erstelle jeweils die Verhältnisformel.

Den Energieumsatz bei chemischen Reaktionen anhand des Reaktionsverlaufes klassifizieren

C1 Ein Magnesiumband wird kurz in die Brennerflamme gehalten. Danach verbrennt es unter starker Wärmeentwicklung und Aussenden eines grellweißen Lichtes. Beurteile die beschriebene Reaktion in Bezug auf den Energieumsatz.

C2 Begründe, ob das gegebene Energiediagramm zu der beschriebenen Reaktion (**C1**) gehört.

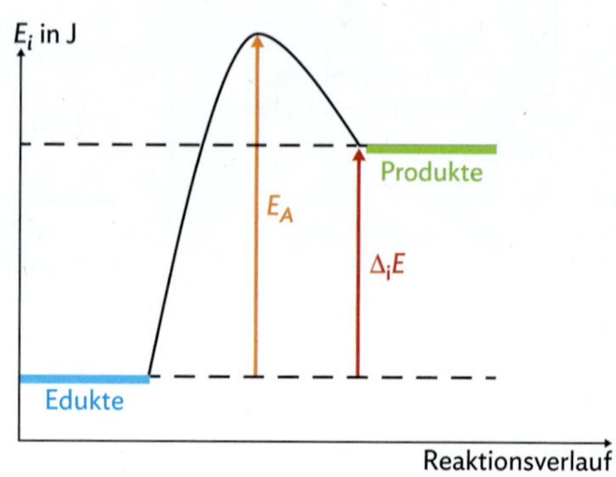

Den Aufbau von Atomen und Ionen aus dem Periodensystem ermitteln und mit verschiedenen Modellen beschreiben

D1 Bestimme mithilfe des Periodensystems (vorne im Buchdeckel) die Anzahl der Protonen, Neutronen und Elektronen sowie der Valenzelektronen eines Aluminium-Atoms und eines Aluminium-Ions (Al^{3+}).

D2 Zeichne den Aufbau der Teilchen aus **D1** gemäß dem Kern-Hülle-Modell und dem Energiestufenmodell.

D3 Welches der beiden Modelle (vgl. **D2**) lässt Aussagen über folgende Punkte zu:

a) Anzahl der Valenzelektronen

b) Energiegehalt der Elektronen

c) Masse der Teilchen

Das Energiestufenmodell und die Edelgasregel anwenden

E1 Skizziere die Energiestufendiagramme eines Sauerstoff-Atoms und eines Oxid-Ions (O^{2-}).

E2 Erkläre mithilfe der beiden Energiestufendiagramme (vgl. **E1**) die Edelgasregel.

Die Alkane der homologen Reihe benennen und deren Molekülformeln erstellen

F1 Alkane sind Kohlenwasserstoffe, die in einer homologen Reihe angeordnet werden können.

a) Erstelle die Molekülformeln der ersten drei Vertreter dieser Reihe und benenne sie.

b) Erkläre mit ihrer Hilfe den Begriff homologe Reihe.

F2 Im Chemielabor befinden sich die folgenden Chemikalienflaschen. Benenne die darin enthaltenen Alkane.

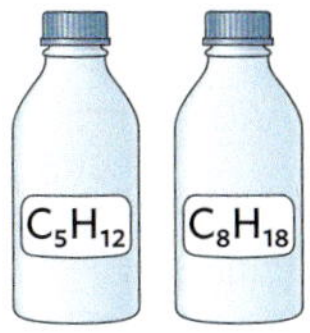

F3 Die folgende Abbildung zeigt zwei Alkan-Moleküle, deren Atome gemäß dem DALTONschen Atommodell dargestellt sind.

a) Erstelle die Molekülformeln der dargestellten Alkan-Moleküle.

b) Benenne die beiden Moleküle.

Auswertung

Hast du dich richtig eingeschätzt? Vergleiche deine Antworten mit den Lösungen auf S. 200.
Gib dir jeweils die entsprechende Punktzahl und trage sie auf dem Arbeitsblatt ein.

	Ich kann ...	prima	ganz gut	mit Hilfe	lies nach auf Seite
A	Verhältnisformeln von Molekülformeln abgrenzen.	7-6	5-4	3-2	13, 15
B	Molekül-Ionen benennen und Verhältnisformeln erstellen.	12-10	9-7	6-4	15, 214
C	anhand des Reaktionsverlaufs einer chemischen Reaktion entscheiden, ob es sich um eine exotherme oder endotherme Reaktion handelt.	4	3	2	12
D	den Aufbau von Atomen und Ionen aus dem Periodensystem ermitteln und mit verschiedenen Modellen beschreiben.	11-9	8-7	6-4	14, 28-31, 34 f.
E	das Energiestufenmodell und die Edelgasregel anwenden.	6	5-4	3-2	28 f., 36
F	die Alkane der homologen Reihe benennen und deren Molekülformeln erstellen.	13-11	10-8	7-5	13

4.1 Das Orbitalmodell und die Elektronenpaarbindung

Viele Metalle besitzen hohe Schmelztemperaturen. Damit sich zwei Eisenbleche zusammenfügen lassen, benötigt man ein Schweißgerät, das entsprechend hohe Temperaturen erzeugen kann. Hochtemperaturschweißen mit der LANGMUIR-Fackel funktioniert unter Spaltung von Wasserstoff-Molekülen in Wasserstoff-Atome. Was aber hält die Wasserstoff-Atome in den Wasserstoff-Molekülen zusammen?

M1 Hochtemperaturschweißen mit der LANGMUIR-Fackel

Der schematische Aufbau einer LANGMUIR-Fackel ist in Abbildung **B1** dargestellt. An den Elektroden ist eine Hochspannung angelegt, die zur Ausbildung eines elektrischen Lichtbogens führt. Das untere Ende der Elektroden wird von gasförmigem Wasserstoff umspült.

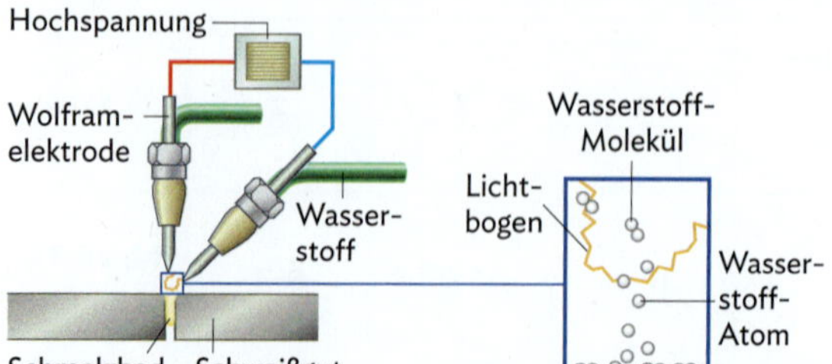

B1 Schematische Darstellung einer LANGMUIR-Fackel (links) und Modellierung eines Ausschnitts auf Teilchenebene (rechts)

AUSWERTUNG

a) Beschreibe die Wasserstoff-Teilchen, die man im Bereich der Wasserstoffgaszufuhr, im Bereich des Lichtbogens und am Schweißgut findet. Stelle diese in Formelschreibweise dar.

b) Leite aus deiner Überlegung Formelgleichungen ab, die die entsprechenden Vorgänge im elektrischen Lichtbogen und an der Metalloberfläche darstellen.

c) Ordne den Vorgängen die Begriffe endotherm und exotherm zu und entwickle ein vereinfachtes Energieschema, das alle vorkommenden Wasserstoff-Teilchen berücksichtigt.

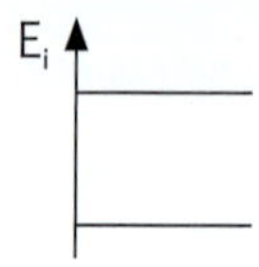

M2 Die Bildung eines Wasserstoff-Moleküls im Orbitalmodell

Elementarer Wasserstoff besteht aus zweiatomigen Molekülen. Wie entstehen diese Moleküle und warum sind sie so stabil?

Nach dem Kern-Hülle-Modell befindet sich das Elektron eines Wasserstoff-Atoms in der Atomhülle. Die Atomhülle ist jedoch kein abgegrenzter Raum, sondern wird durch den Aufenthalt des Elektrons festgelegt. Das Elektron bewegt sich ständig mit einer sehr hohen Geschwindigkeit um den Atomkern. Legt man sehr viele Momentaufnahmen des Elektrons zu verschiedenen Zeitpunkten übereinander, so erhält man einen Aufenthaltsbereich, über den die negative Ladung des Elektrons verteilt ist (**B2**). Im sogenannten Orbitalmodell werden die Bereiche, in denen sich Elektronen mit einer Wahrscheinlichkeit von 99 Prozent aufhalten, betrachtet. Diese Aufenthaltsbereiche nennt man Elektronenwolken oder Orbitale.

Bewegen sich zwei Wasserstoff-Atome aufeinander zu (**B3**, I.), so treten zwischen den Orbitalen der Wasserstoff-Atome elektrostatische Wechselwirkungen auf. Zum einen ergeben sich Abstoßungskräfte zwischen den negativ geladenen Elektronenwolken.

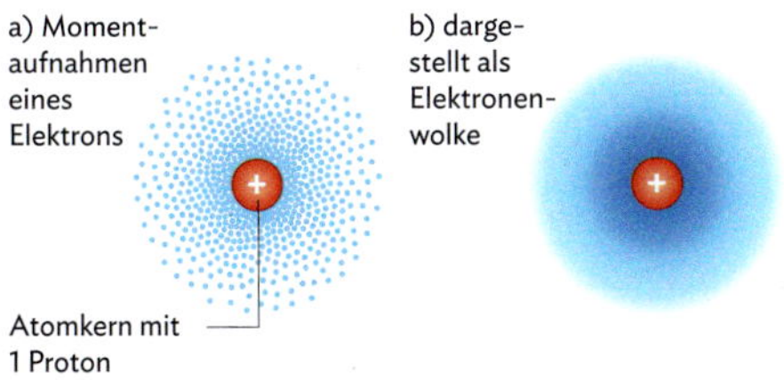

B2 Aufenthaltsraum eines Elektrons im Wasserstoff-Atom

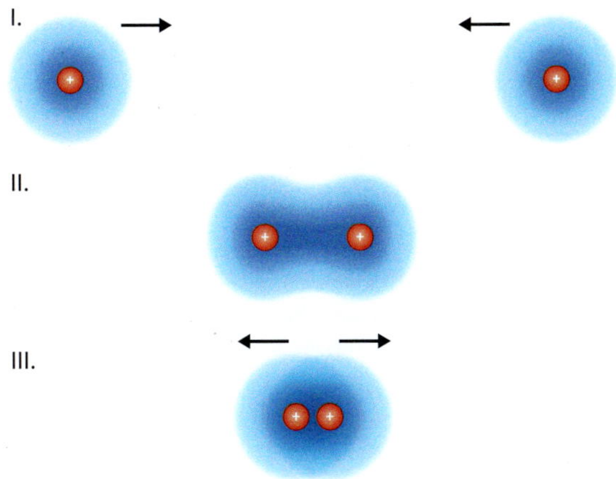

B3 Modellvorstellung zur Bildung eines Wasserstoff-Moleküls aus zwei Wasserstoff-Atomen

Zum anderen treten Anziehungskräfte zwischen dem positiv geladenen Atomkern und der Elektronenwolke des anderen Wasserstoff-Atoms auf. Dies führt bei einer weiteren Annäherung zu einer Überlappung der Orbitale und zur Bildung eines gemeinsamen Orbitals als Aufenthaltsbereich der beiden Elektronen (**B3**, II.). Die Elektronen sind nun mit größter Wahrscheinlichkeit zwischen den positiv geladenen Atomkernen anzutreffen. Dies verstärkt die elektrostatischen Anziehungskräfte. Bei der Bildung des Wasserstoff-Moleküls wird Energie freigesetzt.

Würde der Abstand zwischen den Atomkernen noch weiter verkleinert (**B3**, III.), so käme es zu starken Abstoßungskräften zwischen den beiden gleichnamig geladenen Atomkernen.

AUSWERTUNG

a) In **B4** ist der Energiegehalt zweier Wasserstoff-Atome in Abhängigkeit des Abstandes ihrer Atomkerne dargestellt. Ordne den markierten Abständen der Atomkerne (A, B, C) in **B4** jeweils begründet eine der Darstellungen (I., II., III.) aus **B3** zu.

b) Beschreibe den Energieverlauf bei der Bildung des Wasserstoff-Moleküls in **B4** mit eigenen Worten.

c) Erkläre den Begriff Bindungsenergie anhand von **B4** und begründe die Stabilität des Wasserstoff-Moleküls aus energetischer Sicht.

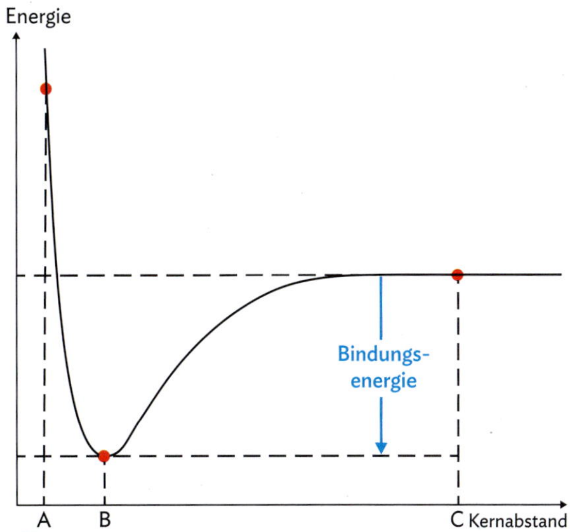

B4 Energiegehalt zweier Wasserstoff-Atome in Abhängigkeit vom Abstand der Atomkerne

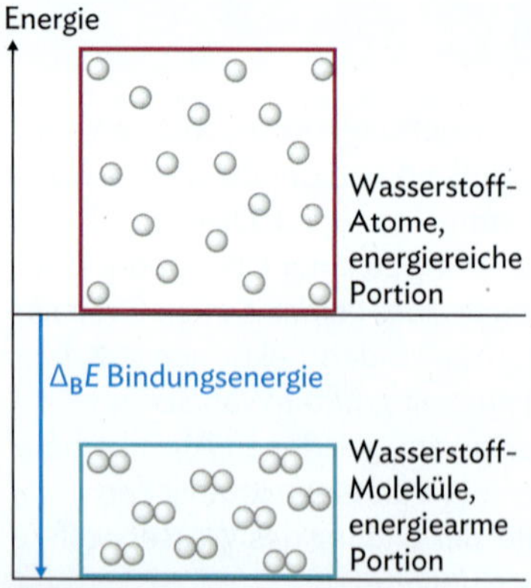

B1 Energiebilanzschema zur Darstellung der Energie von Wasserstoff-Atomen und Wasserstoff-Molekülen

Das Wasserstoff-Molekül

Das Funktionsprinzip der LANGMUIR-Fackel

Bei der LANGMUIR-Fackel wird molekularer Wasserstoff in einem endothermen Vorgang an einem elektrischen Lichtbogen in atomaren Wasserstoff gespalten. Der hohe Energiebetrag, der für die Trennung der Atome notwendig ist, wird in Form von elektrischer Energie zur Verfügung gestellt. An der Metalloberfläche vereinigen sich die Wasserstoff-Atome wieder in einem exothermen Vorgang zu Wasserstoff-Molekülen. Hierbei wird die **Bindungsenergie** als Energie in Form von Wärme freigesetzt (**B1**, **M2**). Diese ist so hoch, dass Temperaturen von über 4000 °C entstehen.
Die beschriebenen Vorgänge können in ihrer zeitlichen Abfolge folgendermaßen dargestellt werden:

H_2 (g)	→	2 H (g)	→	H_2 (g)
molekularer Wasserstoff	endothermer Vorgang	atomarer Wasserstoff	exothermer Vorgang	molekularer Wasserstoff

Zur Erklärung der Molekülbildung aus den Atomen und der dabei freiwerdenden Bindungsenergie stoßen das Kern-Hülle-Modell und das Energiestufenmodell an ihre Grenzen. Das **Orbitalmodell** liefert ein Verständnis für die Bildung von Molekülen.

Das Wasserstoff-Atom im Orbitalmodell betrachtet

Das Wasserstoff-Atom besteht aus einem Proton im Atomkern und einem Elektron in der Atomhülle. Würde man den Aufenthaltsort des Elektrons simulieren und hiervon Momentaufnahmen machen, könnten diese Einzelbilder übereinandergelegt werden. Es ergäbe sich ein Bild, das den Aufenthaltsbereich des Elektrons zeigt (**B2**). Diesen Raum, in dem sich das Elektron mit 99 %-iger Wahrscheinlichkeit aufhält, bezeichnet man als **Atomorbital**.

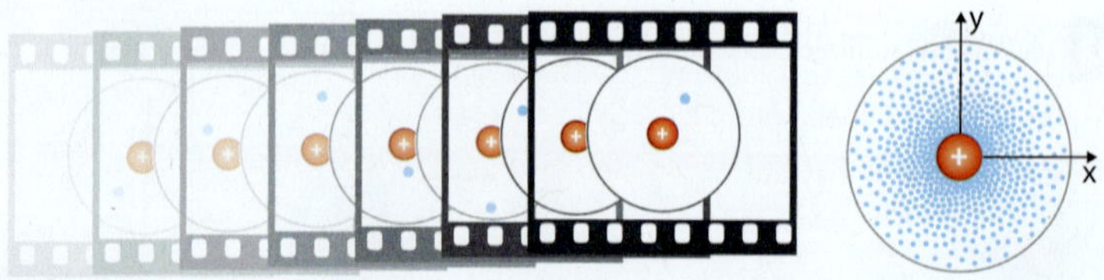

B2 Überlagerung von Momentaufnahmen eines Wasserstoff-Atoms. Die graue Linie umschließt den Raum, in dem sich das Elektron mit 99 %-iger Wahrscheinlichkeit aufhält.

Die Dichte der Punktierung in **B2** ist als Elektronendichte folglich ein Maß für die Antreffwahrscheinlichkeit des Elektrons. Das Elektron ist auch außerhalb des markierten Bereichs anzutreffen, allerdings nur mit einer sehr geringen Wahrscheinlichkeit. Das Orbital beschreibt also einen prinzipiell unbegrenzten Raum. Es lässt sich daher vereinfacht als **Elektronenwolke** verstehen. Jedes Orbital kann maximal zwei Elektronen enthalten.

Die Orbitale lassen sich bildlich als Elektronenwolken darstellen. Sie geben den Raum an, in dem sich die Elektronen mit 99 %-iger Wahrscheinlichkeit aufhalten.

Die Elektronenpaarbindung im Wasserstoff-Molekül

Wird die Änderung der potenziellen Energie bei der Annäherung getrennter Wasserstoff-Atome gemessen, so ergibt sich ein Energieverlauf, wie er in **B3** dargestellt ist. Nähern sich zwei Wasserstoff-Atome einander an, so treten zwischen den Protonen und Elektronen Wechselwirkungen auf (**B3**, **1**). Das Proton eines Wasserstoff-Atoms A übt eine elektrostatische Anziehung auf das Elektron des Wasserstoff-Atoms B aus und umgekehrt. Bei der Annäherung wird Energie freigesetzt. Die Wahrscheinlichkeit, die Elektronen zwischen den Atomkernen anzutreffen, nimmt zu (**B3**, **2**). Verringert sich der Kern-Kern-Abstand noch mehr, verschmelzen die Atomorbitale der beiden Wasserstoff-Atome zu einem gemeinsamen Aufenthaltsbereich der beiden Elektronen, einem **Molekülorbital** (**B3**, **3**). Gleichzeitig treten bei weiterer Annäherung auch Abstoßungskräfte zwischen den positiv geladenen Atomkernen und den negativ geladenen Elektronenwolken auf. Bei einem bestimmten Kernabstand, der der **Bindungslänge** entspricht, erreicht das Wasserstoff-Molekül ein Energieminimum. Die freigesetzte Energie wird als **Bindungsenergie** bezeichnet.

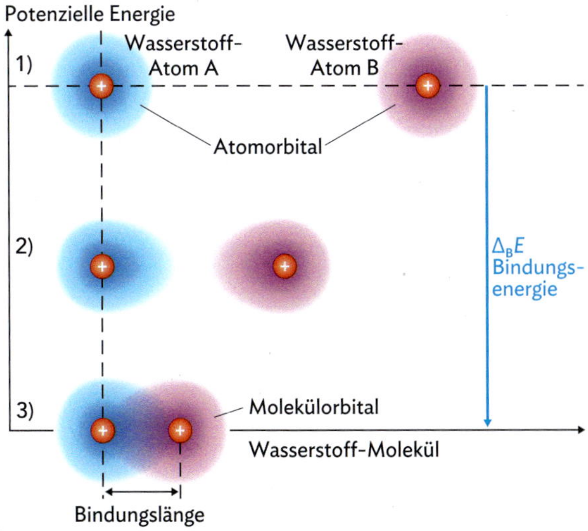

B3 Potenzielle Energie einer Wasserstoffportion in Abhängigkeit vom Kernabstand

Es stellt sich ein Kräftegleichgewicht (**B4**) zwischen Anziehungs- und Abstoßungskräften ein. Die gerichteten, elektrostatischen Anziehungskräfte zwischen den beiden Elektronen und den Atomkernen führen zur Ausbildung einer **Elektronenpaarbindung**, die beiden Elektronen bilden zusammen ein **bindendes Elektronenpaar**. Da sich das bindende Elektronenpaar im Bereich beider Atomkerne mit einer bestimmten Wahrscheinlichkeit aufhält, erreicht jedes Wasserstoff-Atom durch sein eigenes Elektron und das Elektron des Bindungspartners die Edelgaskonfiguration.

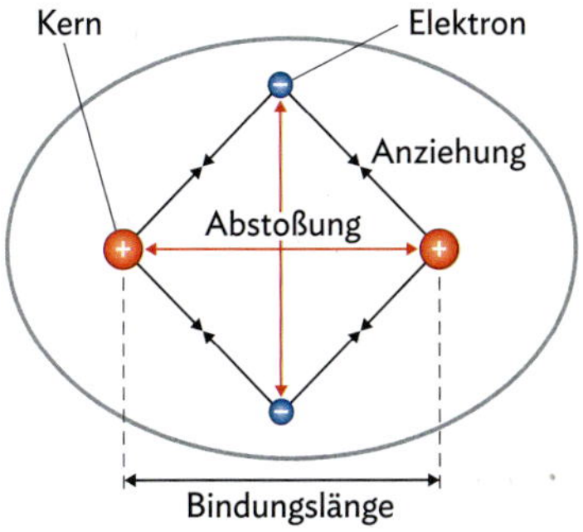

B4 Kräftegleichgewicht im stabilen Wasserstoff-Molekül

Die Elektronenpaarbindung kommt nach dem Orbitalmodell dadurch zustande, dass zwei einfach (= mit je einem Elektron) besetzte Atomorbitale zu einem doppelt (= mit zwei Elektronen) besetzten Molekülorbital verschmelzen. Durch die größere Aufenthaltswahrscheinlichkeit der Bindungselektronen zwischen den Atomkernen kommt es zu elektrostatischen Anziehungskräften, welche die Atome in Molekülen aneinanderbinden.
Es wird Bindungsenergie freigesetzt.

AUFGABEN

A1 Erkläre das Prinzip der LANGMUIR-Fackel unter Einbeziehung einer energetischen Betrachtung (Energieformen, exothermer und endothermer Vorgang).

A2 Erläutere den Begriff Elektronenpaarbindung.

A3 In einem Hochschullehrbuch für Chemie heißt es: „Die Elektronen wirken wie eine Art ‚Kitt'." Beurteile diese Aussage.

A4 Finde Gemeinsamkeiten und Unterschiede zwischen einem Atom- und einem Molekülorbital.

Bindungsverhältnisse in Molekülen

Das Molekülorbital-Schema des Wasserstoff-Moleküls

Der Bindungszustand in Molekülen kann mit dem Orbitalmodell auch in Form eines Molekülorbital-Schemas dargestellt werden. Hierbei wird berücksichtigt, dass die Atomorbitale der beiden Wasserstoff-Atome unterschiedlich miteinander kombiniert werden können (**B5** vgl. Info):

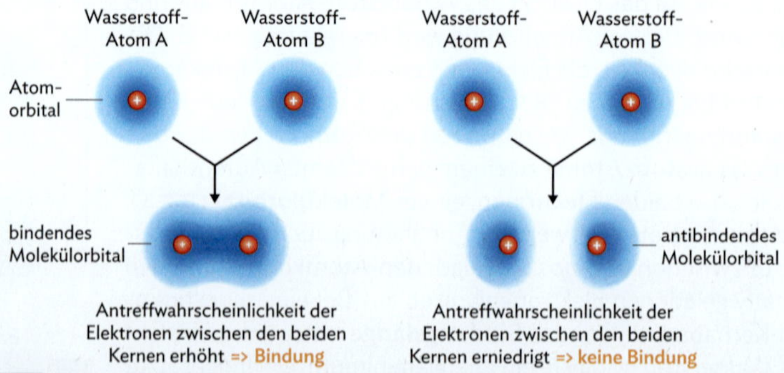

B5 Verschiedene Kombinationsmöglichkeiten der Atomorbitale zweier Wasserstoff-Atome

Unter Berücksichtigung der unterschiedlichen Energien des **bindenden** und **antibindenden Molekülorbitals** erhält man ein Molekülorbital-Schema (**B6**):

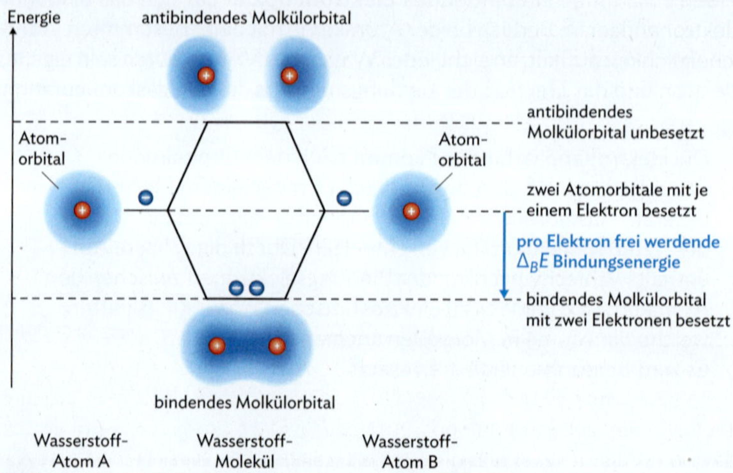

B6 Molekülorbital-Schema des Wasserstoff-Moleküls

Dem Molekülorbital-Schema ist zu entnehmen, dass das energetisch niedrigere bindende Molekülorbital mit zwei Elektronen voll besetzt ist. Die freiwerdende Bindungsenergie entspricht der Differenz zur Energie der Atomorbitale. Das energetisch höher liegende antibindende Molekülorbital enthält keine Elektronen.

Eine Elektronenpaarbindung kommt zustande, indem energetisch niedrig liegende, bindende Molekülorbitale mit Elektronen besetzt werden.

Info

Ein Elektron kann nicht nur als Teilchen, sondern auch als Welle betrachtet werden (Welle-Teilchen-Dualismus). Dieser Wellencharakter der Elektronen kann in Experimenten sichtbar gemacht werden.

Treffen zwei Wellen aufeinander, so können sie sich verstärken oder auslöschen. Bildlich kann man sich das am Beispiel von Wasserwellen verdeutlichen. Treffen zwei Wellenberge genau aufeinander, addieren sie sich auf und die Welle wird verstärkt:

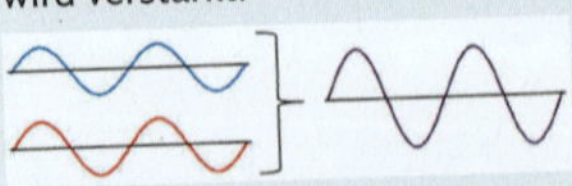

Trifft ein Wellenberg genau auf ein Wellental, löschen sich die Wellen gegenseitig aus:

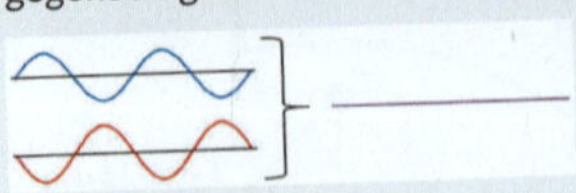

Dies gilt auch für Elektronen. Das Atomorbital eines Elektrons kann mit dem Atomorbital eines zweiten Elektrons bindend („verstärkend“) oder antibindend („auslöschend“) wechselwirken. Aus zwei Atomorbitalen entstehen somit immer ein bindendes und ein antibindendes Molekülorbital.

Elektronenformel und Valenzstrichformel

Für die Bindungseigenschaften von Atomen sind die Valenzelektronen bestimmend. Atome und Moleküle stellt man daher vereinfacht mit **Elektronen- und Valenzstrichformeln** dar: Das Atomartensymbol steht bei dieser Schreibweise stellvertretend für den Atomrumpf, also für den Atomkern und die Elektronen der niedrigen Energiestufen. Ein Valenzelektron wird in der Elektronenformel als Punkt und ein Valenzelektronenpaar in der Valenzstrichformel als Strich dargestellt. Ein Wasserstoff-Atom besitzt ein Valenzelektron, das in der Elektronenformel durch einen Punkt dargestellt wird. In der Valenzstrichformel des Wasserstoff-Moleküls wird zwischen den Wasserstoff-Atomen ein Strich gezeichnet, der das bindende Elektronenpaar repräsentiert:

$$H\cdot + \cdot H \longrightarrow H-H$$

Bei Atomen mit mehr als einem Valenzelektron werden in der Valenzstrichschreibweise bis zu vier Elektronen der Reihe nach um das Atomartensymbol gezeichnet. Ist die Anzahl größer als vier, so werden die weiteren Elektronen paarweise gruppiert. Elektronenpaare werden schließlich durch einen Strich symbolisiert (**B7**), wenn je zwei Punkte auf der gleichen Seite des Atomartensymbols stehen.

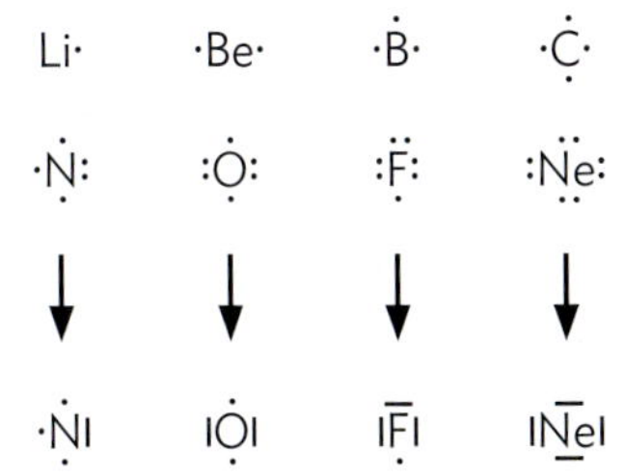

B7 Valenzstrichschreibweise der Atome der Elemente der 2. Periode

Weitere Moleküle aus einer Atomart

Auch die Halogene (VII. Hauptgruppe) kommen im elementaren Zustand als zweiatomige Moleküle vor. Alle Halogen-Atome besitzen sieben Valenzelektronen. Somit fehlt z. B. dem Fluor-Atom ein Elektron, um die Edelgaskonfiguration des Neon-Atoms zu erreichen. Durch die Bildung eines bindenden Elektronenpaares können jedem Fluor-Atom formal acht Valenzelektronen zugerechnet werden (**B8**). Die Bindung wird als **Einfachbindung** bezeichnet. Neben dem bindenden Elektronenpaar besitzt jedes Fluor-Atom noch drei weitere Elektronenpaare, die durch Striche um das Atomartensymbol dargestellt sind. Diese Elektronenpaare sind an der chemischen Bindung nicht beteiligt und werden als **nicht-bindende** oder **freie Elektronenpaare** bezeichnet.

B8 Bindende und nicht-bindende Elektronenpaare des Fluor-Moleküls. Die Kreise markieren formal die acht Valenzelektronen.

Das Sauerstoff-Atom besitzt sechs Valenzelektronen. Zum Erreichen der Edelgaskonfiguration des Neon-Atoms muss ein Sauerstoff-Atom zwei Elektronenpaarbindungen eingehen. Das bedeutet, dass im Sauerstoff-Molekül zwischen den Sauerstoff-Atomen zwei bindende Elektronenpaare, die eine **Doppelbindung** ergeben, vorliegen. Ein Stickstoff-Atom besitzt fünf Valenzelektronen und benötigt drei Elektronen, um ebenfalls die Edelgaskonfiguration des Neon-Atoms zu erreichen. Daher sind Stickstoff-Moleküle aus zwei Stickstoff-Atomen aufgebaut, die über eine **Dreifachbindung** miteinander verbunden sind (**B9**).

Bindungsart	Atom	Molekül	Energie
Einfachbindung	F·	F–F	159
Doppelbindung	O	O=O	498
Dreifachbindung	N·	N≡N	945

B9 Bindungsenergien in kJ/mol, die zur Spaltung der Moleküle nötig sind

AUFGABEN

A1 Das Edelgas Helium besteht aus Atomen und nicht aus Molekülen. Zeichne das Molekülorbital-Schema für ein hypothetisches Helium-Molekül (He_2) und leite daraus eine Erklärung für diesen Sachverhalt ab.

A2 Gib die Valenzstrichschreibweise für die Atome der Elemente der 3. Periode an.

Moleküle aus ungleichen Atomarten

Mit Einfachbindungen zum Edelgaszustand

Elektronenpaarbindungen treten auch bei Molekülen aus verschiedenen Atomarten auf. Bei Molekülen der Wasserstoffhalogenide sind die Atome mit einer Einfachbindung verbunden. Das Wasserstofffluorid-Molekül HF besteht aus einem Wasserstoff-Atom mit einem Valenzelektron und einem Fluor-Atom, das sieben Valenzelektronen besitzt. Durch das bindende Elektronenpaar erreicht das Wasserstoff-Atom die Edelgaskonfiguration des Helium-Atoms und das Fluor-Atom die Edelgaskonfiguration des Neon-Atoms (**B10**).

B10 Valenzstrichformel eines Wasserstoffhalogenid-Moleküls

Mit Mehrfachbindungen zum Edelgaszustand

Im Kohlenstoffdioxid-Molekül CO_2 liegt zwischen dem Kohlenstoff-Atom und den beiden benachbarten Sauerstoff-Atomen jeweils eine Doppelbindung vor. Bei jedem bindenden Elektronenpaar stammt ein Elektron von einem Sauerstoff-Atom und ein Elektron vom Kohlenstoff-Atom (**B11**). Auf diese Weise erhalten alle an der Bindung beteiligten Atome die Edelgaskonfiguration des Neon-Atoms.

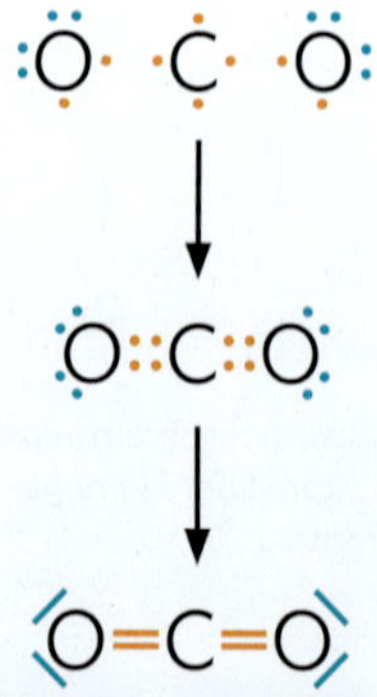

B11 Ableitung der Valenzstrichformel eines Kohlenstoffdioxid-Moleküls ausgehend von den Elektronenformeln eines Kohlenstoff- und Sauerstoff-Atoms

Die Triebkraft der Molekülbildung

Allgemein können die zur Edelgaskonfiguration fehlenden Elektronen eines Atoms durch Ausbildung von bindenden Elektronenpaaren zu einem oder mehreren anderen Atomen erhalten werden (**B12**). Dabei entspricht die Anzahl der bindenden Elektronenpaare, die von einem Atom ausgehen, der Anzahl fehlender Elektronen bis zum Edelgaszustand (vgl. **FM** S. 95). Die Zahl entspricht der **Bindigkeit** des Atoms im Molekül. Die Triebkraft der Molekülbildung aus den Atomen ist aber nicht das Erreichen der Edelgaskonfiguration, sondern die freiwerdende Bindungsenergie.

In einem Molekül erreicht jedes Atom durch seine Valenzelektronen und die zusätzlichen Elektronen der Bindungspartner die Edelgaskonfiguration des in der Periode folgenden Edelgases.

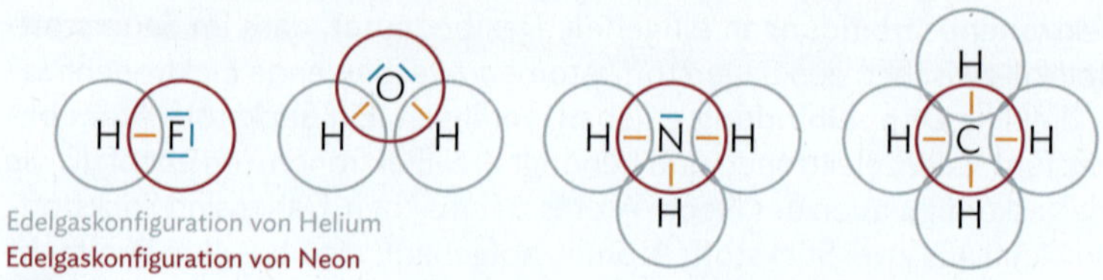

B12 Valenzstrichformel und Edelgasregel. Elektronenpaare, die jeweils einem Atom zugerechnet werden können, sind jeweils eingekreist.

FACHBEGRIFFE

die Bindungsenergie, das Orbitalmodell, das Atomorbital, die Elektronenwolke, die Elektronenpaarbindung, die Bindungslänge, das Elektronenpaar (bindend und nichtbindend), das Molekülorbital (bindende und antibindende), die Elektronenformel, die Valenzstrichformel, die Einfachbindung, die Doppelbindung, die Dreifachbindung, die Bindigkeit

AUFGABEN

A1 Rechts sind die DALTONschen Atommodelle für PCl_3 und OF_2 abgebildet. Entwickle ausgehend von den Modellen Valenzstrichformeln.

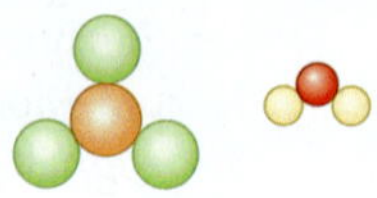

A2 Die Valenzstrichformeln rechts sind fehlerhaft. Finde die Fehler und berichtige diese.

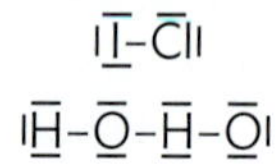

Valenzstrichformeln erstellen

Eine Molekülformel gibt nur an, welche und wie viele Atome einer Atomart in einem Molekül gebunden sind. Mit der Valenzstrichformel werden die Anordnung der Atome und ihre Bindungen in einem Molekül verdeutlicht.

Erstelle die Valenzstrichformeln für H_2O und NH_3.

So geht's

1. Berechne die Gesamtzahl der **vorhandenen Valenzelektronen-Paare (VE-Paare)** im Molekül. Addiere dafür die Anzahl der VE (≙ Hauptgruppennummer) aller einzelnen Atome des Moleküls und teile die Summe durch den Faktor zwei.
2. Ermittle die Anzahl der **benötigten VE-Paare**, die notwendig sind, damit die isoliert betrachteten Atome den Edelgaszustand mit 8 bzw. bei Wasserstoff 2 VE erfüllen.
3. Bestimme die Zahl der **bindenden Elektronenpaare (BEP)** als Differenz zwischen der Zahl der benötigten und den vorhandenen VE-Paaren.
4. Berechne die Zahl der **nicht-bindenden Elektronenpaare (NEP)** als Differenz aus der Zahl der vorhandenen VE-Paare und der Zahl der BEP.
5. Schreibe das Atomartensymbol des Atoms, das die größte Anzahl an Bindungen eingehen kann in das Zentrum des Moleküls (Zentralatom). Ordne die restlichen Atome rings um das Zentralatom an (links, rechts, oben oder unten). Da Wasserstoff-Atome immer einbindig sind, stehen sie stets am Rand des Moleküls.
6. Verbinde alle direkten Bindungspartner im Molekül durch Striche. Die Anzahl der möglichen **Striche** zwischen Atomen entspricht der Zahl der **BEP**. Verteile danach die **NEP** in Form von **Strichen** so auf die einzelnen Atome, dass jedes Atom den Edelgaszustand erreicht. Zeichne zur Überprüfung der Edelgasregel um jedes Atomartensymbol einen Kreis, der alle an diesem Atom befindlichen bindenden und nicht-bindenden Elektronenpaare einschließt und zähle die Elektronen ab.

	Beispiel 1: Wasser-Molekül H_2O	Beispiel 2: Ammoniak-Molekül NH_3
1	H: 1 VE, O: 6 VE $2 \cdot 1\,e^- + 6\,e^- = 8\,e^-$ ⟶ 4 vorhand. VE-Paare	N: 5 VE, H: 1 VE $5\,e^- + 3 \cdot 1\,e^- = 8\,e^-$ ⟶ 4 vorhand. VE-Paare
2	2 H O $2 \cdot 2\,e^- + 8\,e^- = 12\,e^-$ ⟶ 6 benötigte VE-Paare	N 3 H $8\,e^- + 3 \cdot 2\,e^- = 14\,e^-$ ⟶ 7 benötigte VE-Paare
3	$(6 - 4)\,e^-$-Paare = 2 BEP	$(7 - 4)\,e^-$-Paare = 3 BEP
4	$(4 - 2)\,e^-$-Paare = 2 NEP	$(4 - 3)\,e^-$-Paare = 1 NEP
5	H O H	H N H H
6	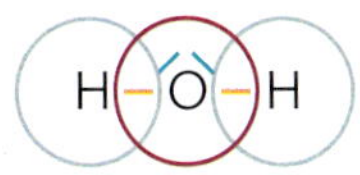	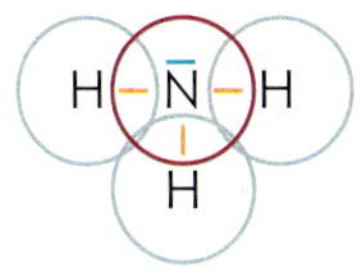 Edelgaskonfiguration eines Helium-Atoms bzw. Neon-Atoms

B1 Schritt 1 bis 6 zur Valenzstrichformel

Info

Sobald du etwas Übung im Aufstellen von Valenzstrichformeln hast, kannst du auch auf die Berechnung der BEP und NEP verzichten und mithilfe der Valenzstrichformeln der einzelnen Atome versuchen, die Moleküle richtig „zusammen zu puzzeln". Die Anzahl der einzelnen Punkte (freien Elektronen) am Atomartensymbol verrät dir, wie viele Elektronenpaarbindungen ein Atom typischerweise ausbildet:

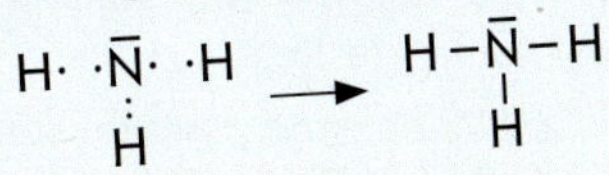

AUFGABEN

A1 In die folgenden Valenzstrichformeln haben sich Fehler eingeschlichen. Finde diese und beschreibe den jeweiligen Fehler. Erstellte die richtige Valenzstrichformel. Die Atomabfolge darf verändert werden.

⟨N=N⟩, ⟨S=C̄l-C̄l|, ⟨N-F̄=O⟩

A2 Erstelle für die folgenden Moleküle jeweils die Valenzstrichformel: CBr_4, OF_2, HCN, HOCl, N_2H_2

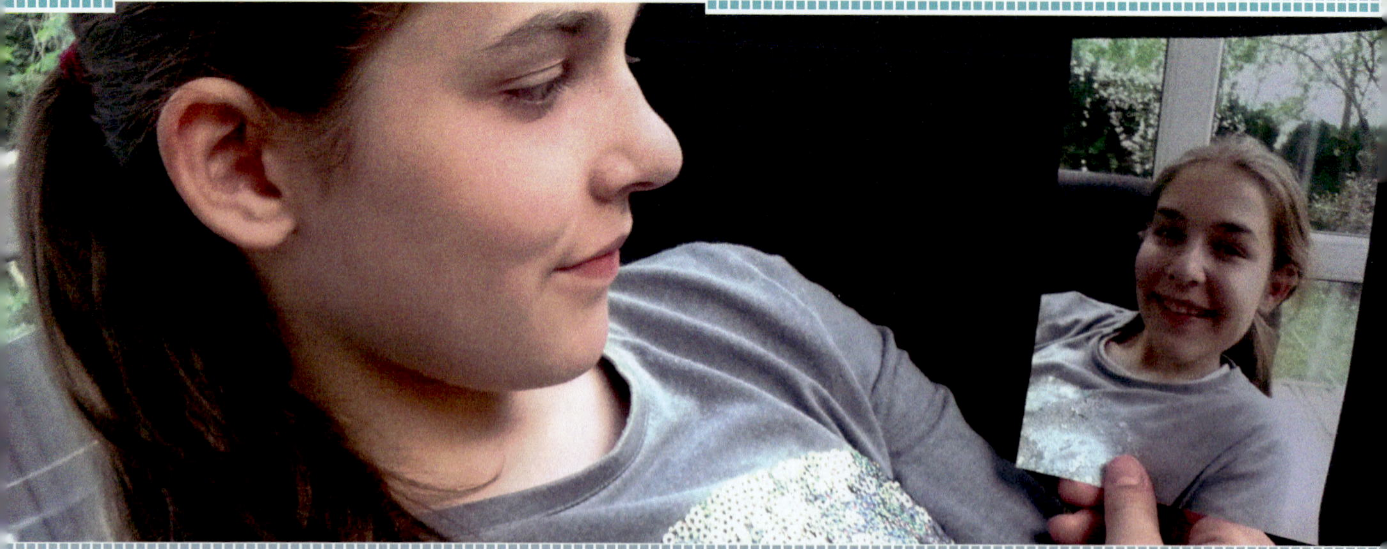

4.2 Der räumliche Bau von Molekülen

Ein Foto von dir ist schön, bildet dich aber nur zweidimensional ab. Eine Skulptur ist besser, denn sie zeigt dich in deinen drei Dimensionen und enthält damit mehr Informationen über dein Aussehen. Bei Molekülen ist es ähnlich: Die Valenzstrichformel stellt den Molekülbau zweidimensional dar. Ein Molekül ist aber dreidimensional. Wie lässt sich die Molekülgestalt ermitteln und darstellen?

PM1 Das Knetmodell

Was ändert sich, wenn man Moleküle nicht mehr nur auf dem Papier, sondern im Raum betrachtet? Zu diesem Zweck muss man geeignete Modelle entwerfen:

DURCHFÜHRUNG

1.1 Bereite Holzstäbchen (stehen modellhaft für bindende Elektronenpaare) und farbige Knetkugeln vor. Die Knetkugeln sollen die Atome folgender Moleküle darstellen: HCl, CO_2, CH_2O und CF_4. Einigt euch im Klassenverband, welche Farbe ihr für welche Atomart festlegt.

1.2 Formuliere die Valenzstrichformeln der Moleküle HCl, CO_2, CH_2O und CF_4 und bestimme dazu auch die Anzahl der bindenden und nicht-bindenden Elektronenpaare (vgl. **FM** S. 95).

1.3 Verbinde die verschiedenen Knetkugeln mit der zuvor bestimmten Anzahl an Holzstäbchen. Nutze dabei die Valenzstrichformel als Vorlage für die Verknüpfung der Atome.

1.4 Ordne die Holzstäbchen (bzw. Einfach- und Mehrfachbindungen) so an, dass sie den größtmöglichen Abstand zueinander einnehmen. Berücksichtige, dass die Kugeln im Raum angeordnet werden können und behandle Einfach- und Mehrfachbindungen gleich.

AUSWERTUNG

a) Vergleicht eure gebauten Modelle und diskutiert, ob sie die vorgegebenen Anforderungen erfüllen.

b) Vergleiche für jedes Modell die Valenzstrichformel mit dem Knetmodell.

c) Überlege dir eine Begründung, warum die Holzstäbchen den größtmöglichen Abstand zueinander aufweisen sollen.

d) Baue mit einem Molekülbaukasten die Moleküle nach und kontrolliere deine Lösungen.

PM2 Moleküle digital dreidimensional darstellen

Welche Rolle spielen die nicht-bindenden Elektronenpaare bei der räumlichen Anordnung der Atome eines Moleküls? Um solche und ähnliche Fragestellungen zu bearbeiten, nutzen Wissenschaftler Computeranimationen, die Moleküle räumlich darstellen. Ein kostenfreies Programm, das auch nicht-bindende Elektronen zeigt, findest du unter QR-/Mediencode 05042-26.

05042-26

DURCHFÜHRUNG

2.1 Formuliere die Valenzstrichformeln der Moleküle CH_4, NH_3 und H_2O. Ermittle auch die Anzahl der bindenden und nicht-bindenden Elektronenpaare, die vom Zentralatom (C, N und O) ausgehen.

2.2 Sieh dir die Computersimulationen der drei Moleküle im Kugel-Stab-Modell an (QR-/Mediencode 05042-26). In der Simulation werden auch die nicht-bindenden Elektronenpaare dargestellt.

2.3 Vergleiche die Computersimulationen mit deinen Valenzstrichformeln. Beschreibe Gemeinsamkeiten und Unterschiede zwischen den verschiedenen Darstellungsformen.

2.4 Den Winkel zwischen den Bindungen eines Kohlenstoff-Atoms zu zwei benachbarten Wasserstoff-Atomen nennt man Bindungswinkel H–C–H (**B1**). Ermittle mithilfe der Computersimulation die jeweiligen Bindungswinkel und notiere diese in der folgenden Schreibweise: ∢ HCH, ∢ HNH und ∢ HOH.

AUSWERTUNG

a) Beschreibe die räumliche Anordnung der Elektronenpaare um die Zentralatome bei den animierten Molekülen.

b) Bestimme mithilfe des Programms die Molekülgeometrie und zeichne die räumliche Anordnung der Atome in Form der Valenzstrichformel.

c) Formuliere einen Zusammenhang zwischen der Anzahl der nicht-bindenden Elektronenpaare am Zentralatom und den Bindungswinkeln.

d) Entwickle eine begründete Hypothese zur Abweichung der Bindungswinkel.

e) Stelle die Moleküle CH_4, NH_3 und H_2O jeweils mit der Keilstrichformel und mit der Strukturformel dar (vgl. **FM**, unten).

f) Vergleiche die Darstellung in der Valenzstrich-, Keilstrich- und Strukturformel.

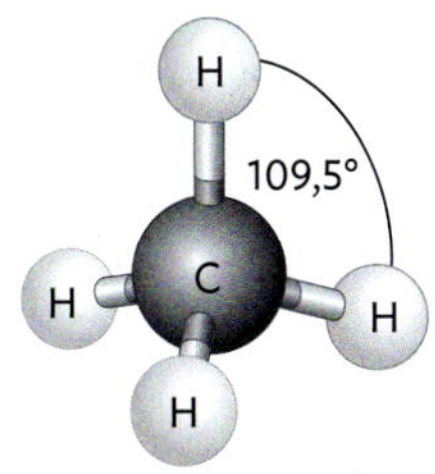

B1 Kugel-Stab-Modell des Methan-Moleküls CH_4 mit eingezeichnetem Bindungswinkel ∢ HCH

FM Keilstrichformeln und Strukturformeln zeichnen

Chemiker können dreidimensionale Moleküle auf ein zweidimensionales Blatt Papier zeichnen. Dazu verwenden sie Keilstrich- oder Strukturformeln.

So geht's

Leite zunächst die Valenzstrichformel für das Molekül her (vgl. **FM** S. 95).

Stelle für die **Keilstrichformel** die bindenden Elektronenpaare der Atome, die in der Papierebene liegen, durch Striche zwischen den Atomartensymbolen dar (**B2** mittig). Zeichne die Bindung, die hinter der Zeichenebene liegt, als gestrichelte Linie (---) und die Bindung, die aus der Papierebene ragt, als einen Keil nach vorne (◀).

Beachte beim Erstellen der **Strukturformel** ebenfalls die Bindungswinkel zwischen den Atomen, aber stelle alle Bindungen als einfache Striche dar (**B2** rechts).

Stelle gegebenenfalls nicht-bindende Elektronenpaare wie in der Valenzstrichformel als einfache Striche am Atomartensymbol dar.

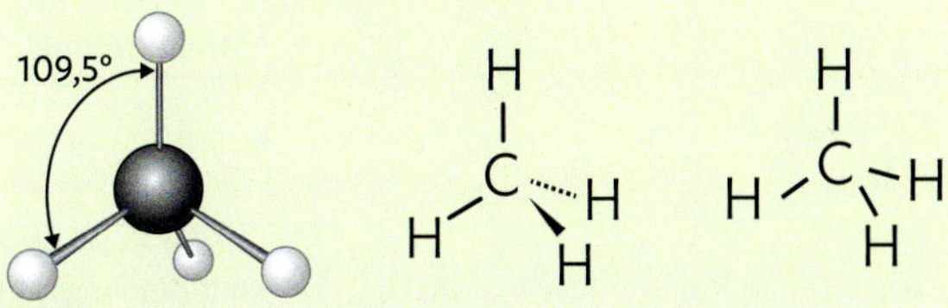

B2 Herleitung der Keilstrichformel und der Strukturformel für das Methan-Molekül: Zwei Bindungen befinden sich in der Papierebene. Eine Bindung kommt aus dieser Ebene heraus und eine Bindung geht hinter die Ebene.

Der räumliche Bau von Molekülen

Das Elektronenpaarabstoßungsmodell (EPA-Modell)

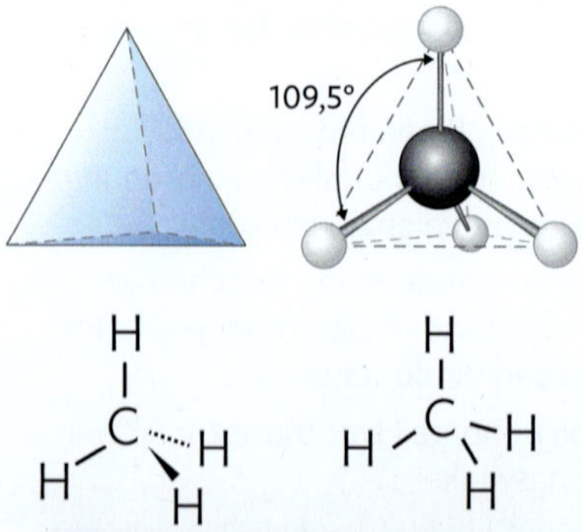

B1 Geometrischer Körper eines Tetraeders und Tetraederstruktur des Methan-Moleküls im Kugel-Stab-Modell sowie in der Keilstrich- und Strukturformel

Im Methan-Molekül (CH_4) liegen vier bindende Elektronenpaare vor (**B1**). Diese Elektronenpaare haben den größtmöglichen Abstand zueinander, da sie sich aufgrund ihrer negativen Ladungen gegenseitig abstoßen. Das **Elektronenpaarabstoßungsmodell (EPA-Modell)** basiert auf dieser Annahme.

> Nach dem EPA-Modell haben alle Elektronenpaare am Zentralatom den größtmöglichen Abstand zueinander.

Dadurch bilden die vier Wasserstoff-Atome des Methan-Moleküls die Ecken eines sogenannten **Tetraeders**, welches aus vier gleichseitigen Dreiecken besteht und in dessen Zentrum das Kohlenstoff-Atom ist. Der H–C–H-**Bindungswinkel**, d. h. der Winkel zwischen zwei Bindungen, beträgt jeweils 109,5° (**B1**, **B2**). Er wird auch als **Tetraederwinkel** bezeichnet. Der räumliche Bau von Molekülen kann mithilfe der **Keilstrichformel** oder der **Strukturformel** dargestellt werden (vgl. **FM** S. 97 und **FM** S. 111).

Mehrfachbindungen im EPA-Modell

Beim Formaldehyd-Molekül (CH_2O) ist das zentrale Kohlenstoff-Atom über eine Doppelbindung mit dem Sauerstoff-Atom und jeweils über eine Einfachbindung mit den beiden Wasserstoff-Atomen verbunden (**PM1**). Doppelbindungen haben nur einen geringfügig größeren Platzbedarf als Einfachbindungen und werden formal wie Einfachbindungen behandelt. Diese „drei" Bindungen ordnen sich zueinander im größtmöglichen Abstand an und bilden die Form eines gleichseitigen Dreiecks mit einem H–C–O-Bindungswinkel von 120°. Man spricht von einer **trigonal planaren** Struktur (**B2**).

> Im EPA-Modell werden Mehrfachbindungen formal wie Einfachbindungen behandelt.

Im Kohlenstoffdioxid-Molekül verbinden zwei Doppelbindungen das zentrale Kohlenstoff-Atom mit den zwei Sauerstoff-Atomen (**PM1**). Bei einem maximalen Abstand der Doppelbindungen liegt ein O–C–O-Bindungswinkel von 180° und somit ein **linearer** Bau vor (**B2**).

Beispielmolekül	Methan	Methanal	Kohlenstoffdioxid
Strukturformel	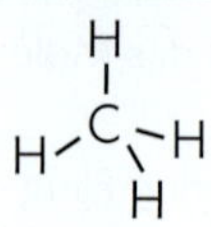	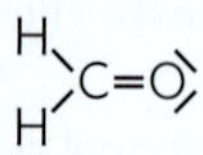	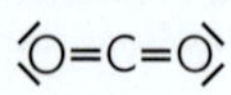
Kugel-Stab-Modell mit Bindungswinkel	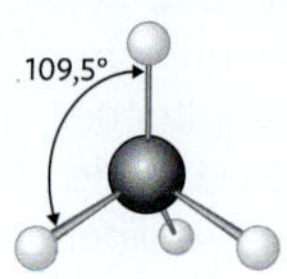	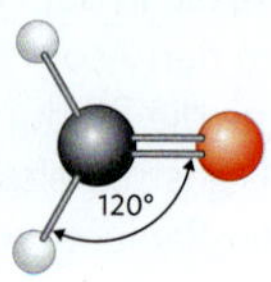	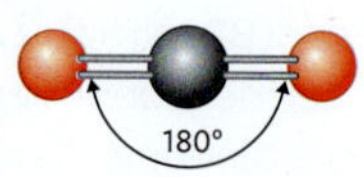
Strukturbezeichnung	tetraedrisch	trigonal planar	linear

B2 Räumlicher Bau von Molekülen ohne freie Elektronenpaare am Zentralatom

Raumbedarf der nicht-bindenden Elektronenpaare

Das Stickstoff-Atom im Ammoniak-Molekül NH_3 ist über drei bindende Elektronenpaare mit je einem Wasserstoff-Atom verbunden und besitzt ein nicht-bindendes Elektronenpaar. Bei vier Elektronenpaaren würde man eine Tetraederstruktur mit einem H-N-H-Bindungswinkel von 109,5° erwarten. Der tatsächliche Bindungswinkel von 107° ist allerdings kleiner. Das freie Elektronenpaar kann einen größeren Raum einnehmen als die bindenden Elektronenpaare. Die bindenden Elektronenpaare rücken näher zusammen und die Struktur ist **trigonal pyramidal** (**B3**). Das freie Elektronenpaar nimmt mehr Platz ein, da es hauptsächlich der Anziehung eines einzigen Kerns unterliegt.

Im EPA-Modell haben nicht-bindende Elektronenpaare einen größeren Raumbedarf als bindende Elektronenpaare.

Das Wasser-Molekül H_2O hat am zentralen Sauerstoff-Atom zwei bindende und zwei nicht-bindende Elektronenpaare. Es ist **gewinkelt** (**B3**). Durch den größeren Platzbedarf der nicht-bindenden Elektronenpaare liegt hier mit 104,5° ein kleinerer Bindungswinkel als beim NH_3-Molekül mit nur einem nicht-bindenden Elektronenpaar vor.

AUFGABEN

A1 Beschreibe den räumlichen Bau des Wasserstofffluorid-Moleküls (HF).

A2 Leite den räumlichen Bau folgender Moleküle ab: HCN, HOCl, PF_3, H_2CO_3. Gib die richtigen Strukturbezeichnungen für die Moleküle an.

A3 Zeichne die Keilstrichformel der Moleküle aus **A2**. Begründe, dass für manche Moleküle keine Keilstrichformel notwendig ist.

A4 Ordne die Moleküle aus **A2** nach ansteigenden Bindungswinkeln.

A5 Entscheide begründet, ob Kohlenstoffdisulfid (CS_2) oder Tetrafluormethan (CF_4) den größeren Bindungswinkel aufweist.

Ammoniak	Wasser	Wasserstoffchlorid	Beispielmolekül
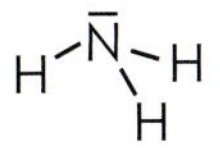	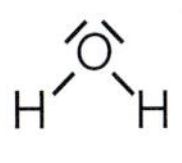	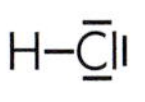	Strukturformel
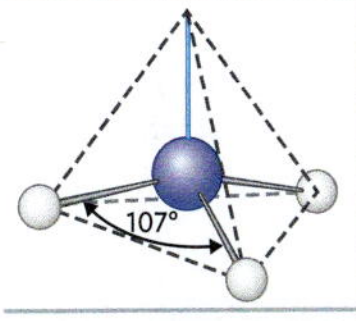	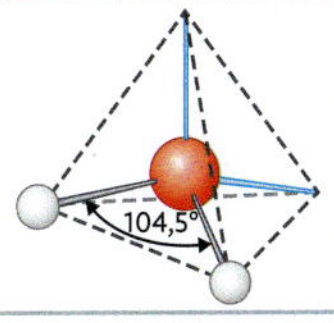	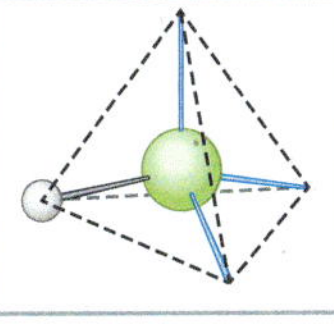	Kugel-Stab-Modell mit Bindungswinkel
trigonal pyramidal	gewinkelt	linear	Strukturbezeichnung

B3 Räumlicher Bau von Molekülen mit freien Elektronenpaaren am Zentralatom

FACHBEGRIFFE

das Elektronenpaarabstoßungsmodell (EPA-Modell), das Tetraeder, der Bindungswinkel, der Tetraederwinkel, die Keilstrichformel, die Strukturformel, trigonal planar, linear, trigonal pyramidal, gewinkelt

Moleküle am Computer darstellen

Modelldarstellungen mit Molekülbaukästen stoßen schnell an ihre Grenzen, wenn z. B. sehr große oder komplexe Moleküle dargestellt werden sollen. Spezielle Computerprogramme können hier weiterhelfen. Die dienen neben der Veranschaulichung auch Recherchezwecken.
Die wichtigsten Grundfunktionen der verschiedenen Programme sind im Wesentlichen identisch. Eine Liste mit Programmen findest du unter QR-/Mediencode 05042-27.

05042-27

Erstelle die chemische Struktur eines Wasser-Moleküls mithilfe eines Programms.

So geht's

1. Wähle in der Symbolleiste das Atomartensymbol für ein zentrales Atom des Moleküls aus. Zeichne das Atomartensymbol, indem du mit der Maus in das Zeichenfeld klickst.
2. Wähle Einfach- bzw. Mehrfachbindungen in der Symbolleiste aus. Zeichne jeweils die entsprechende Bindungen, indem du sie mit gedrückter linker Maustaste vom Atomartensymbol aus in eine beliebige Raumrichtung ziehst.
3. Ergänze weitere Atomartensymbole für die an den Bindungen beteiligten Atome. Wähle dazu die Symbole aus der Symbolleiste aus und platziere sie mit einem Mausklick an der korrekten Stelle.

   Hinweis: Einige Programme zeichnen automatisch C für ein Kohlenstoff-Atom oder H für ein Wasserstoff-Atom an die Bindungen. Diese Atomarten können einfach durch das richtige Atomartensymbol ersetzt werden.
4. Führe eine Bereinigung der gezeichneten Struktur durch, indem du die entsprechende Schaltfläche („clean structure") auswählst. Bindungslängen und Bindungswinkel werden vereinheitlicht. Hierbei ist zu beachten, dass in der zweidimensionalen Darstellung Bindungswinkel und die Verhältnisse der Bindungslängen höchstens angedeutet, nicht aber korrekt wiedergegeben werden können.
5. Lass dir aus dem zweidimensionalen ein dreidimensionales Molekülmodell erstellen, indem du die entsprechende Schaltfläche in der Symbolleiste anwählst.
6. Passe die Größe der Modelldarstellung an. Je nach Programm funktioniert das mit dem Mausrad oder nach Aktivierung einer entsprechenden Schaltfläche (z. B. „Resize") durch Bewegen der Maus mit gedrückter linker Maustaste.

Info

In vielen Programmen sind fertig gezeichnete Molekülmodelle gängiger Stoffe gespeichert. Mittels Eingabe in ein Suchfeld können diese abgerufen werden.

	Schaltfläche in der Symbolleiste	Darstellung im Zeichenfeld
1.	O	O
2.	/	——O——
3.	H	H——O——H
4.		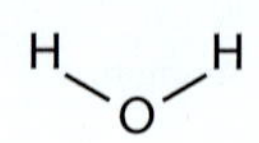
5.	2D to 3D	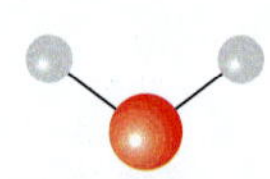

B1 Schritte zum Zeichnen des digitalen Modells eines Wasser-Moleküls (Abweichungen je nach Programm möglich)

Informationen aus Moleküldarstellungen herauslesen

Moleküle lassen sich in den meisten Programmen dreidimensional in verschiedenen Modelltypen darstellen.

Untersuche die Struktur eines Wasser-Moleküls mithilfe eines digitalen Programms.

So geht's

1. Drehe das Molekülmodell durch Bewegen der Maus mit gedrückter linker Maustaste, bis wichtige Details des Moleküls zu sehen sind. Je nach Programm musst du dazu zunächst die entsprechende Schaltfläche aktivieren (z. B. „3D Rotate").
2. Variiere die Modelldarstellung des Moleküls. Probiere dazu die entsprechenden Schaltflächen bzw. Menüeinträge des Programms aus. **B2** zeigt einige Beispiele für Darstellungsweisen.

Zweidimensionale Modelle		Dreidimensionale Modelle		
H_2O		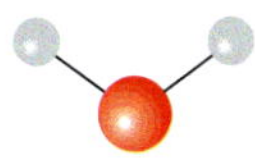	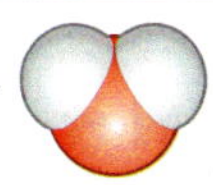	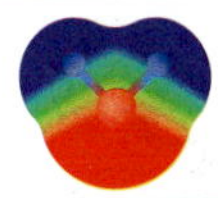
Die **Molekülformel** (bzw. Summenformel) gibt die Art und Anzahl der Atome an, die in einem Molekül gebunden sind. Sie sagt nichts über die Struktur eines Moleküls aus.	Die **Valenzstrichformel** zeigt die Bindungsverhältnisse in einem Molekül. Nicht-bindende Elektronenpaare werden in den meisten Programmen nicht dargestellt.	Im **Kugel-Stab-Modell** (*„Ball and Stick"*) werden Atome als Kugeln und Bindungen als Stäbe dargestellt. Die Größen der Kugeln deuten die Verhältnisse der Atomradien zueinander an. Es lassen sich keine genauen Aussagen über räumliche Gestalt treffen. Die Bindungswinkel sind korrekt dargestellt.	Das **Kalottenmodell** (*„Spacefill"* / *„VAN DER WAALS Spheres"*) gibt einen Eindruck von der Raumerfüllung einer Molekülstruktur. Die Bindungswinkel sind korrekt dargestellt.	Im **Modell** mit der **ladungscodierten Elektronendichteoberfläche** (*„MEP": map of electrostatic potential*) zeigen die unterschiedlichen Farben die Ladungsverteilung auf der Moleküloberfläche an. Dabei kann die Bedeutung der Farben je nach Programm verschieden sein.

B2 Verschiedene Modelldarstellungen eines Wasser-Moleküls

AUFGABEN

A1 Zeichne mithilfe eines „digitalen Molekülbaukastens" jeweils ein Methan-, Kohlenstoffdioxid- und Ammoniak-Molekül.

A2 Erstelle mithilfe eines Molekülbaukastens die Modelle der Moleküle aus **A1** und vergleiche beide Methoden der Darstellung von Molekülen bezüglich ihrer Vor- und Nachteile.

A3 Einige Programme ermöglichen es, auch Salze darzustellen. Janne hat mithilfe eines Programms ein Modell von Natriumchlorid erstellt (**B3**). Benenne die Fehler in der Abbildung von Janne und begründe deine Antwort.

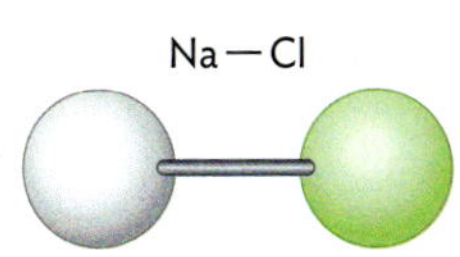

B3 Fehlerhafte Modelldarstellung von Natriumchlorid

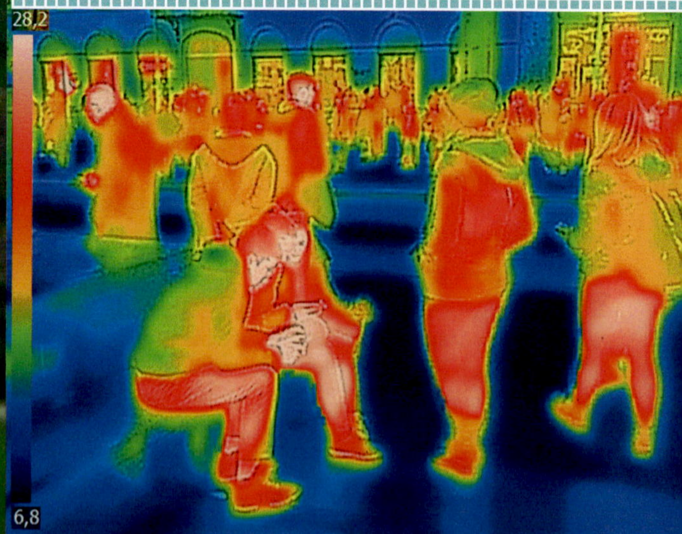

4.3 Molekül-Ionen und Mesomerie

Mit einer Wärmebildkamera kann die Temperaturverteilung z. B. an Gebäuden oder bei Menschen analysiert werden. Bereiche mit hoher Temperatur werden meist in rot und mit niedriger Temperatur in blau angezeigt. Mithilfe von entsprechender Software können am Computer auch vergleichbare „Wärmebilder" erstellt werden, die die Verteilung der Elektronendichte von Teilchen zeigen. Welche Rückschlüsse können aus der Elektronendichteverteilung eines Molekül-Ions gezogen werden?

M1 Modelldarstellung von Molekülen und Molekül-Ionen

Moleküle und Molekül-Ionen können mit Valenzstrichformeln dargestellt werden. Können die Valenzstrichformeln aus der ladungscodierten Elektronendichteoberfläche abgeleitet werden?

In **B1** sind die ladungscodierten Elektronendichteoberflächen eines Ammoniak-Moleküls und eines Ammonium-Kations dargestellt. Die unterschiedlichen Farben zeigen jeweils die Ladungsverteilung auf der Moleküloberfläche an.

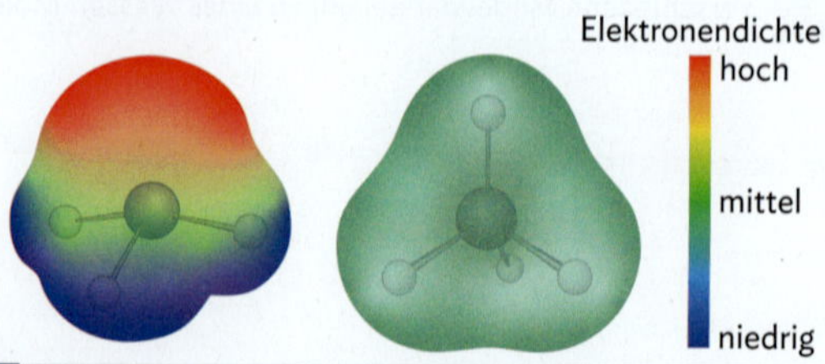

B1 Ladungscodierte Elektronendichteoberflächen eines Ammoniak-Moleküls (links) und eines Ammonium-Kations (rechts)

AUSWERTUNG

a) Stelle die Valenzstrichformel eines Ammoniak-Moleküls auf und vergleiche diese mit der Darstellung der ladungscodierten Elektronendichteoberfläche in **B1**. Stelle Zusammenhänge her.

b) In **B2** ist die Valenzstrichformel eines Ammonium-Kations (NH_4^+) dargestellt. Vergleiche die ladungscodierte Elektronendichteoberfläche sowie die Valenzstrichformel des Ammonium-Kations mit den entsprechenden Darstellungen des Ammoniak-Moleküls und leite daraus eine Erklärung für die einfache positive Gesamtladung des Ammonium-Kations ab.

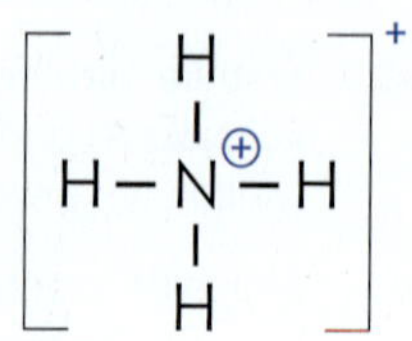

B2 Ammonium-Kation

M2 Formalladungen in Valenzstrichformeln

Beim Aufstellen von Valenzstrichformeln muss stets darauf geachtet werden, dass die beteiligten Atome durch die Ausbildung von Elektronenpaarbindungen die Edelgaskonfiguration erreichen (vgl. **FM** S. 95). In manchen Fällen kann es vorkommen, dass sich dabei eine Differenz zwischen der Anzahl an positiven Kernladungen eines Atoms und den in der Valenzstrichformel formal (zeichnerisch) zugeteilten Elektronen ergibt. Diese Differenz nennt man Formalladung. Solche Formalladungen treten häufig bei Molekül-Ionen auf. Die Summe der Formalladungen ergibt die Gesamtladung eines Molekül-Ions.

FM Formalladungen bestimmen

Stelle die Valenzstrichformel eines Ammonium-Kations (NH_4^+) mit Formal- und Gesamtladung auf.

So geht's

1. Stelle die Valenzstrichformel auf (vgl. **FM** S. 95). Bei Molekül-Kationen muss man die Gesamtzahl der Valenzelektronen um die Gesamtladungszahl des Molekül-Ions erniedrigen, bei Molekül-Anionen erhöhen.
2. Leite aus der Valenzstrichformel die Anzahl an Valenzelektronen ab, die jedem Atom zugeordnet werden kann. Die bindenden Elektronenpaare werden zu gleichen Teilen den Bindungspartnern zugeordnet.
3. Bestimme die Formalladung:
   Formalladung = Valenzelektronenanzahl des Atoms − Valenzelektronenanzahl des Atoms im Molekül-Ion

   Ist das Ergebnis positiv, erhält das Atom eine positive Formalladung. Ist das Ergebnis negativ, erhält das Atom eine entsprechende negative Formalladung.
4. Ergänze die Formalladung(en) des(r) Atoms(e) in der Valenzstrichformel über dem(n) Atomartensymbol(en) als Plus- bzw. Minuszeichen in einem Kreis. Zeichne eine Klammer um die gesamte Valenzstrichformel und gib die Gesamtladung außerhalb der rechten Klammer an.

(Die Gesamtladung kannst du aus der Molekülformel ablesen oder durch Addition der Formalladungen aller Atome erhalten.) Sowohl bei der Formalladung als auch der Gesamtladung kannst du die Ziffer 1 weglassen.

1. 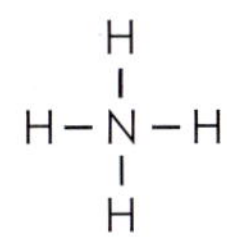
Stickstoff-Atom: 5 VE
Wasserstoff-Atom: 1 VE
Gesamtladungszahl +1
$1 \cdot 5 + 4 \cdot 1 - 1 = 8$
→ 4 vorhand. VE-Paare
→ 4 BEP, 0 NEP

2. 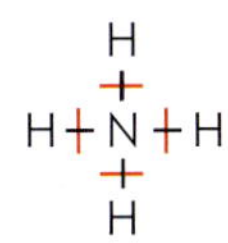
Stickstoff-Atom (gebunden):
4 Bindungselektronen
Wasserstoff-Atom (gebunden):
jeweils 1 Bindungselektron

3. 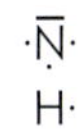
Stickstoff-Atom:
5 Valenzelektronen
Wasserstoff-Atom:
1 Valenzelektron
5 − 4 = 1 Formalladung: ⊕
1 − 1 = 0 keine Formalladung

4. 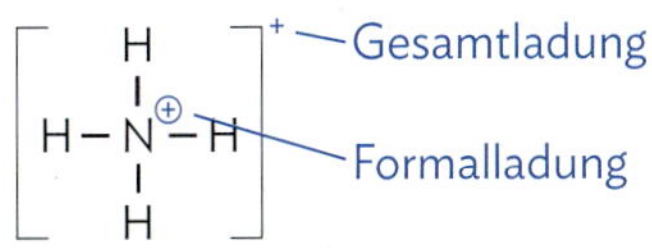

B3 Schritt 1 bis 4 am Beispiel des Ammonium-Kations

AUSWERTUNG

a) Ermittle die Valenzstrichformel für ein Hydroxid-Ion (OH^-) und begründe, dass das Molekül-Ion eine einfache negative Gesamtladung besitzt.

b) Vergleiche die Darstellung der ladungscodierten Elektronendichteoberfläche eines Nitrat-Anions mit der Valenzstrichformel (**B4**). Diskutiert im Team, ob die Valenzstrichformel die Verteilung der Valenzelektronen gut widerspiegelt.

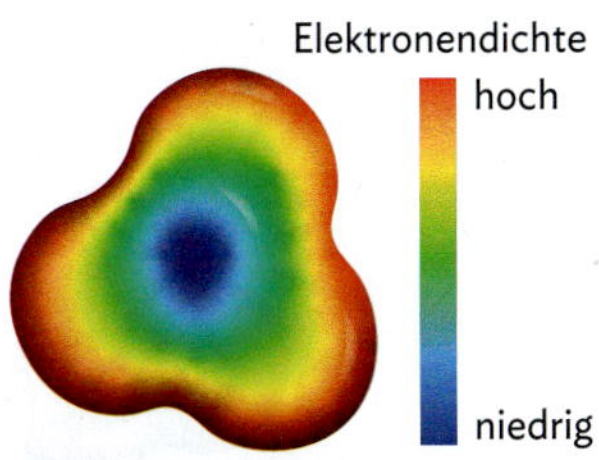

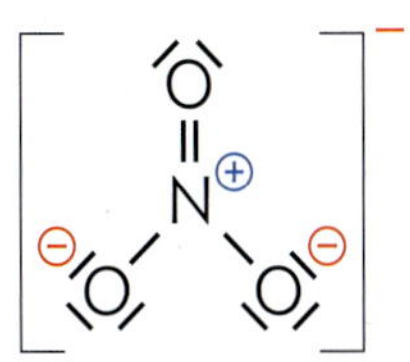

B4 Ladungscodierte Elektronendichteoberfläche (links) und Valenzstrichformel (rechts) eines Nitrat-Ions

Formalladung und Mesomerie-Modell

Ermittlung der Gesamtladung eines Molekül-Ions

Warum ist das Ammoniak-Molekül ungeladen und das Ammonium-Kation geladen? Der Grund liegt beim Stickstoff-Atom. Das Ammoniak-Molekül hat keine Gesamtladung, da das Stickstoff-Atom keine **Formalladung** trägt (vgl. **FM** S. 103). Die einfache positive Gesamtladung im Ammonium-Kation resultiert aus der einfach positiven Formalladung des Stickstoff-Atoms, da diesem ein Valenzelektron fehlt (**B1**).

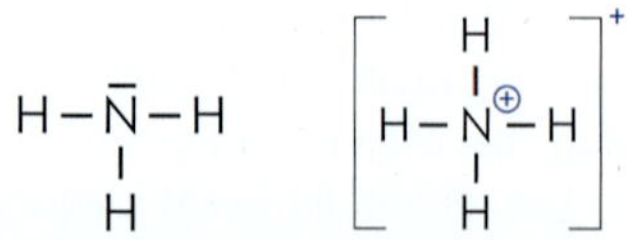

B1 Valenzstrichformel eines Ammoniak-Moleküls und eines Ammonium-Kations

Die Formalladung eines Atoms in einem Molekül bzw. Molekül-Ion ergibt sich aus der Differenz der Valenzelektronen des ungebundenen (ungeladenen) Atoms und des gebundenen Atoms. Die Summe aller Formalladungen innerhalb eines Moleküls bzw. Molekül-Ions ergibt dessen Gesamtladung.

Info
Beim Basketball werden Heatmaps verwendet, um zu analysieren, in welchen Bereichen des Spielfeldes sich ein Spieler oft und in welchen weniger oft aufhält. In den roten Bereichen sind die Aufenthaltswahrscheinlichkeiten für den Spieler besonders hoch.

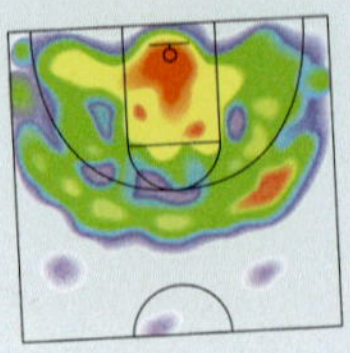

Elektronendichte in Molekülen und Molekül-Ionen

Die Elektronendichte in Molekülen bzw. Molekül-Ionen kann man mit Modellierungssoftware als sogenannte **Elektronendichteoberflächen** darstellen. Sie sehen ähnlich aus, wie Wärmebildaufnahmen oder Heatmaps (vgl. Info). Aus der Färbung lässt sich die Elektronendichte an den jeweiligen Positionen im Molekül bzw. Molkül-Ion ableiten.

In einem Ammoniak-Molekül ist die Elektronendichte durch das nicht-bindende Elektronenpaar am Stickstoff-Atom erhöht. Im Ammonium-Kation ist sie am formal einfach positiv geladenen Stickstoff-Atom erniedrigt, da kein nicht-bindendes Elektronenpaar vorhanden ist. Dies erkennt man bereits anhand der Valenzstrichformeln (**B1**). Bilder der ladungscodierten Elektronendichteoberfläche bestätigen dies (**B2**).

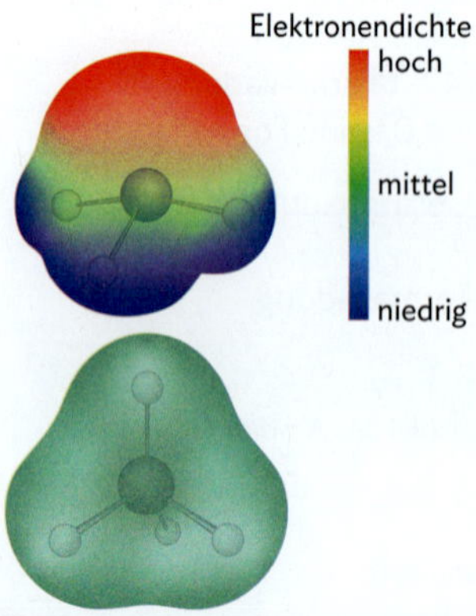

B2 Ladungscodierte Elektronendichteoberfläche eines Ammoniak-Moleküls und eines Ammonium-Kations

Nicht immer spiegelt eine Valenzstrichformel mit den Formalladungen die tatsächliche Elektronenverteilung wider. Für ein Nitrat-Ion können drei Valenzstrichformeln aufgestellt werden (**B3**). Die negativen Formalladungen sind jeweils an unterschiedlichen Sauerstoff-Atomen lokalisiert. Man spricht von **Mesomerie**. Die tatsächliche Elektronendichteverteilung (**B3** links) kann durch Valenzstrichformeln nur näherungsweise abgebildet werden. Deshalb werden diese Valenzstrichformeln als mesomere **Grenzformeln** bezeichnet (vgl. **FM** S. 105). Grenzformeln werden durch den Mesomeriepfeil ↔ verbunden.

Kann die tatsächliche Elektronenverteilung nicht durch eine einzige Valenzstrichformel, sondern nur mithilfe mehrerer Grenzformeln annähernd dargestellt werden, spricht man von Mesomerie.

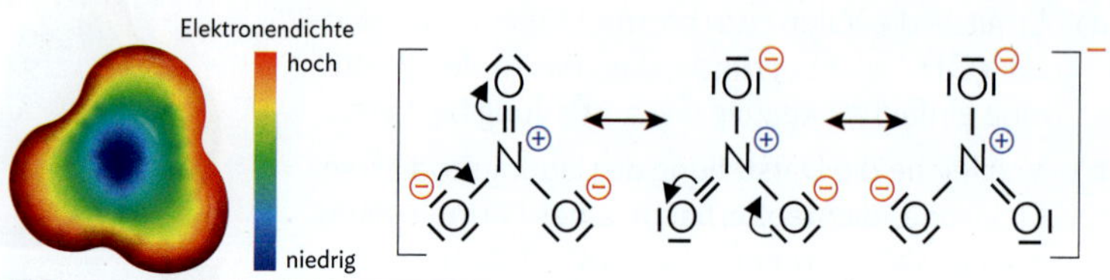

B3 Ladungscodierte Elektronendichteoberfläche und mesomere Grenzformeln des Nitrat-Ions

FM Mesomere Grenzformeln aufstellen

Wenn für ein Molekül oder Molekül-Ion verschiedene Valenzstrichformeln aufgestellt werden können, liegt das Phänomen der Mesomerie vor. Die tatsächliche Elektronenverteilung wird auch durch die Grenzformeln nur näherungsweise wiedergegeben, da sich die Elektronen zwischen den Atomen hin- und herbewegen können.

So geht's

1. Ermittle die Zahl der BEP und der NEP und stelle die Valenzstrichformel auf (vgl. **FM** S. 95 und **FM** S. 103). Beachte dabei die Regeln des EPA-Modells (vgl. S. 98).
2. Bestimme die Formalladung für jedes Atom und kontrolliere, ob die Summe aller Formalladungen der Gesamtladung des Moleküls bzw. Molekül-Ions entspricht. Ergänze die Formalladung(en) und die Gesamtladung in der Valenzstrichformel.
3. Stelle weitere Grenzformeln auf, indem du nicht-bindende Elektronenpaare bzw. bindende Elektronenpaare einer Doppelbindung „klappen" lässt. Beachte dabei folgende Regeln:
   - Die räumliche Ausrichtung der Atome bleibt unverändert.
   - Das „Klappen" geschieht immer nur in eine Richtung.
   - Die Edelgaskonfiguration muss immer erhalten bleiben und die Gesamtladung des Moleküls bzw. Molekül-Ions darf sich nicht ändern.
4. Bestimme für jede Grenzformel erneut die Formalladung(en).
5. Wiederhole die Schritte 3 und 4 so oft es geht, um alle Grenzformeln zu ermitteln.
6. Verbinde die Grenzformeln jeweils durch einen Mesomeriepfeil ↔ miteinander. Schließe alle Grenzformeln gemeinsam mit einer eckigen Klammer ein und ergänze die Gesamtladung außerhalb der rechten Klammer.

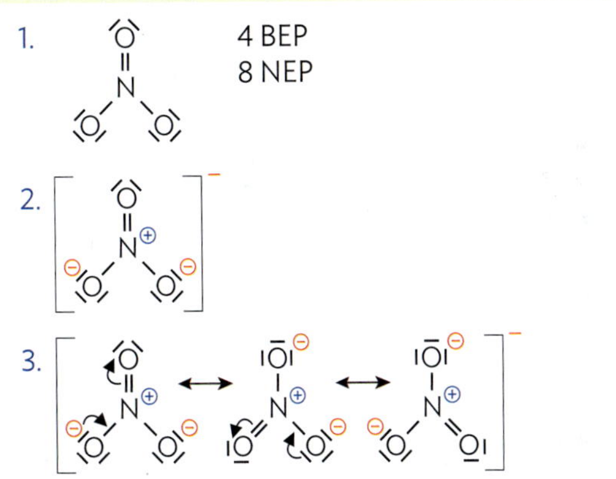

B4 Schritte zum Ermitteln von Grenzformeln

AUFGABEN

A1 Ermittle die Valenzstrichformel für ein Kohlenstoffmonooxid-Molekül und leite daraus ab, dass es trotz auftretender Formalladungen keine Gesamtladung trägt.

A2 Skizziere mit Buntstiften ein Bild, das der ladungscodierten Elektronendichteoberfläche eines Hydroxid-Ions (OH^-) entspricht.

A3 Jonas hat im Internet eine Abbildung (**B5**) der ladungscodierten Elektronendichteoberfläche des Ozon-Moleküls gefunden. Ermittle sämtliche mesomeren Grenzformeln für ein Ozon-Molekül und leite daraus ab, ob das Bild **B5** die Elektronenverteilung in einem Ozon-Molekül gut wiedergibt. Erstelle gegebenenfalls eine korrigierte Skizze der Elektronendichteoberfläche des Ozon-Moleküls.

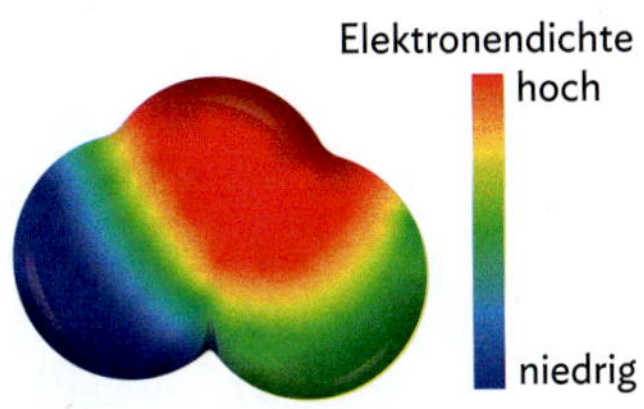

B5 Ladungscodierte Elektronendichteoberfläche eines Ozon-Moleküls?

FACHBEGRIFFE

die Formalladung, die Elektronendichteoberfläche, die Mesomerie, die Grenzformel

4.4 Verzweigte und zyklische Alkan-Moleküle

Stell dir vor, dass du nur zwei Sorten Bausteine im Modellbaukasten hast: Die eine Sorte hat vier Steckmöglichkeiten in alle Raumrichtungen, die andere nur eine. Daraus sollst du die verschiedensten Gebilde zusammenbauen, sodass kein Steckplatz mehr frei bleibt. Erhöht man die Anzahl der Bausteine, wachsen die Kombinationsmöglichkeiten. Lässt sich mithilfe dieses „Steckmodells" der Bau von Kohlenwasserstoff-Molekülen erklären?

PM1 Molekülbaukasten: Bauen von Kugel-Stab-Modellen

Für ein Molekül des Kohlenwasserstoffs Hexan wird die Molekülformel mit C_6H_{14} angegeben.

Entnimm dem Molekülbaukasten die laut Molekülformel benötigten Kugeln für die Kohlenstoff- und Wasserstoff-Atome sowie 19 Stäbchen, die die Elektronenpaarbindungen symbolisieren.

Baue nun das Kugel-Stab-Modell eines Hexan-Moleküls. Berücksichtige dabei das Elektronenpaarabstoßungsmodell (EPA).

B1 Molekülbaukasten mit Kugeln (= Atome) und Stäbchen (= Elektronenpaarbindungen)

AUSWERTUNG

a) Zeichne die Valenzstrichformel des von dir gebauten Modells des Hexan-Moleküls (Hilfen QR-/Mediencode 05042-51).

05042-51

b) Baue zwei andere Kugel-Stab-Modelle, die ebenfalls die Molekülformel C_6H_{14} erfüllen. Stelle die Valenzstrichformeln der von dir gebauten Molekülmodelle auf.

c) Vergleiche die Molekülmodelle mit denen deiner Mitschüler/-innen. Ermittelt die Zahl unterschiedlicher Molekülmodelle.

Zeichne die Valenzstrichformeln der weiteren Molekülmodelle.

d) Vergleiche am Beispiel Hexan die Aussagekraft einer Molekülformel mit der einer Valenzstrichformel.

M2 Die Siedetemperatur als Kenneigenschaft am Beispiel der Alkane

Kohlenwasserstoffe sind wie alle Stoffe durch Kenneigenschaften gekennzeichnet.

Nr.	Kalotten-Modell	Siedetemperatur in °C
1	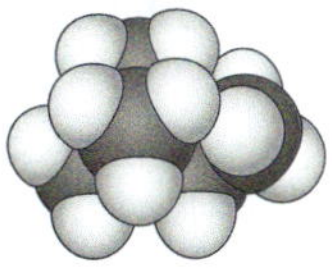 2,2-Dimethylbutan	50
2	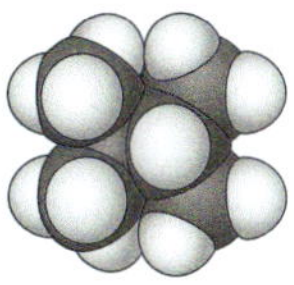	58
3	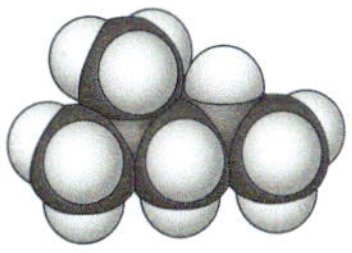	60
4	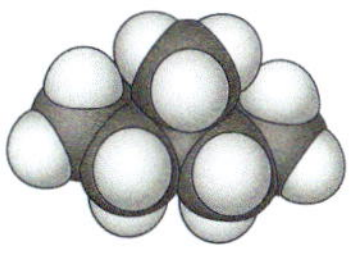	63
5	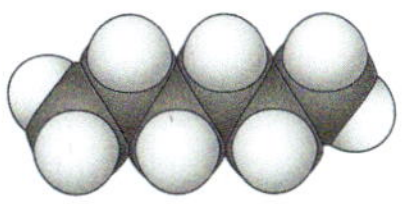 *n*-Hexan	69

B2 Siedetemperaturen bei Normaldruck in °C

Kenneigenschaften wie die in **B2** angegebenen Siedetemperaturen sind charakteristische Eigenschaften, anhand derer ein Stoff eindeutig identifiziert werden kann.

AUSWERTUNG

a) Stelle eine begründete Hypothese auf, ob es sich bei den fünf abgebildeten Molekülen um Moleküle unterschiedlicher Stoffe handelt.

b) Beschreibe allgemeine Unterschiede zwischen den in **PM1** verwendeten Kugel-Stab-Modellen und den hier abgebildeten sogenannten Kalotten-Modellen.

c) Alle abgebildeten Moleküle können durch die Molekülformel C_6H_{14} beschrieben werden.
Ordne die Abbildungen 1 bis 5 den von dir in **PM1** gezeichneten Valenzstrichformeln zu.

d) Die Benennung von Kohlenwasserstoffen erfolgt systematisch gemäß der Struktur ihrer Moleküle. In **B2** sind nur die Kohlenwasserstoff-Moleküle Nr. 1 (2,2-Dimethlybutan) und Nr. 5 (*n*-Hexan) benannt. Ordne die folgenden Namen den Molekülen Nr. 2 bis 4 begründet zu: 2,3-Dimethylbutan, 2-Methylpentan, 3-Methylpentan.

e) Ein Cyclohexan-Molekül hat die Molekülformel C_6H_{12} und besitzt nur Einfachbindungen. Baue mithilfe der Bestandteile des Molekülbaukastens ein Modell des ringförmigen Cyclohexan-Moleküls und zeichne die Valenzstrichformel des von dir gebauten Molekülmodelles in dein Heft.

f) Gib den Unterschied zwischen dem Cyclohexan-Molekül und den in **PM1** erarbeiten Molekülen an.

g) Recherchiere im Internet die Gefahrstoffkennzeichen für die Stoffe *n*-Hexan, 2,2-Dimethylbutan sowie Cyclohexan.

PM3 Moleküldarstellung am Computer

Die Molekülformel C_4H_{10} steht u. a. für das *n*-Butan-Molekül.

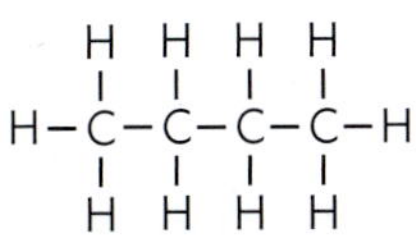

B3 Valenzstrichformel des *n*-Butan-Moleküls

AUSWERTUNG

a) Wandle die abgebildete Valenzstrichformel in die Keilstrichformel um (Hilfen QR-/Mediencode 05042-28).

05042-28

b) Zeichne die Valenzstrichformel eines weiteren Moleküls mit der Molekülformel C_4H_{10} in dein Heft.

c) Erstelle beide Valenzstrichformeln am Computer (**FM** S. 100 f.) und wandle diese in 3D-Formeln um.

Alkane

Struktur der Alkan-Moleküle

Die **Alkane** gehören zu den **Kohlenwasserstoffen**. Die Kohlenwasserstoffe sind eine Gruppe chemischer Verbindungen, deren Moleküle nur Kohlenstoff- und Wasserstoff-Atome enthalten (vgl. S. 13). Alkane bestehen aus Molekülen, deren Kohlenstoff-Atome stets über Einfachbindungen mit vier Bindungspartnern verbunden sind (**B1**).

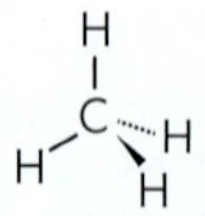

B1 Keilstrichformel des Methan-Moleküls – des einfachsten Alkan-Moleküls

Alkane sind Kohlenwasserstoffe. In Alkan-Molekülen liegen zwischen den Kohlenstoff-Atomen nur Einfachbindungen vor.

Die homologe Reihe der Alkane

Betrachtet man die Reihung von unverzweigten kettenförmigen Alkan-Molekülen (**B2**), so kann man feststellen, dass sie eine **homologe Reihe** bilden. Solche Alkan-Moleküle haben die allgemeine Molekülformel C_nH_{2n+2}. Da die in den Molekülen enthaltenen Kohlenstoff-Atome in unverzweigten Ketten angeordnet sind, spricht man von den ***n*-Alkanen**.

Name des Alkans	Molekülformel (C_nH_{2n+2})
Methan	CH_4
Ethan	C_2H_6
Propan	C_3H_8
n-Butan	C_4H_{10}
n-Pentan	C_5H_{12}
n-Hexan	C_6H_{14}
n-Heptan	C_7H_{16}
n-Octan	C_8H_{18}
n-Nonan	C_9H_{20}
n-Decan	$C_{10}H_{22}$

B2 Molekülformeln der homologen Reihe der Alkane

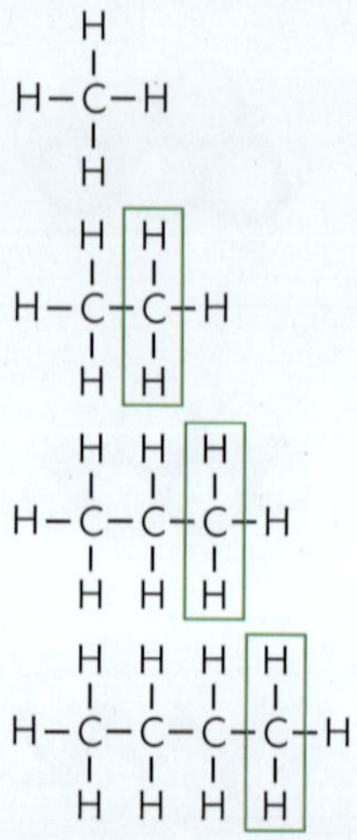

B3 Valenzstrichformeln von Vertretern der homologen Reihe der Alkane: Die Moleküle unterscheiden sich jeweils durch eine CH_2-Gruppe.

Isomere Verbindungen

Bei den Kohlenwasserstoffen können die in den Molekülen enthaltenen Kohlenstoff-Atome nicht nur in unverzweigten Ketten angeordnet sein (vgl. **PM1**). Ab vier Kohlenstoff-Atomen in einem Molekül ergibt sich die Möglichkeit einer verzweigten Kette (**B4**). Somit gibt es verschiedene Moleküle, die zwar die gleiche Molekülformel, aber unterschiedliche Molekülstrukturen aufweisen, sogenannte **Isomere**.

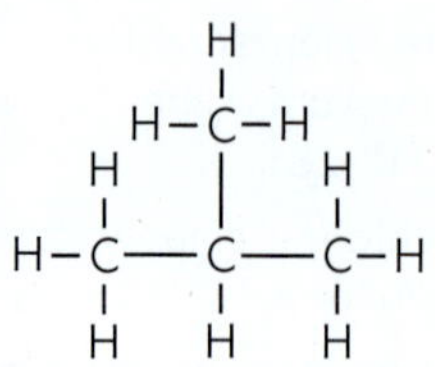

B4 Das 2-Methylpropan-Molekül – ein Butan-Isomer

Moleküle mit gleicher Molekülformel, deren Atome unterschiedlich miteinander verknüpft oder räumlich verschieden angeordnet sind, nennt man Isomere.

Die Isomere unterscheiden sich in einigen Kenneigenschaften voneinander, z. B. den Siedetemperaturen. Es handelt sich also um unterschiedliche Verbindungen, die jedoch dieselbe Molekülformel besitzen.

Die Moleküle der beiden Butan-Isomere (**B3**, **B4**) bzw. der drei Pentan-Isomere (**B5**) unterscheiden sich in der Verknüpfung der Kohlenstoff-Atome voneinander. Es liegt **Konstitutionsisomerie** vor. Während beim *n*-Butan-Molekül alle vier Kohlenstoff-Atome maximal zwei benachbarte Kohlenstoff-Atome haben, besitzt im 2-Methylpropan-Molekül das mittlere Kohlenstoff-Atom drei benachbarte Kohlenstoff-Atome (**B4**).

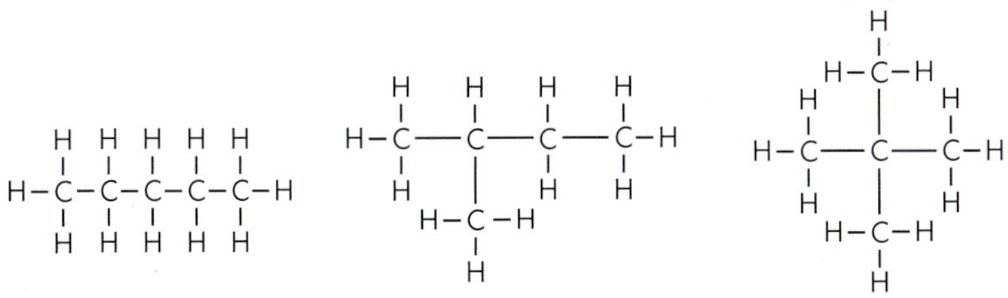

B5 Valenzstrichformeln der Pentan-Isomere: das unverzweigte *n*-Pentan-Molekül (links) und die verzweigten Moleküle von 2-Methylbutan (mittig) bzw. 2,2-Dimethylpropan (rechts)

Konstitutionsisomerie bezeichnet das Auftreten mehrerer Verbindungen mit gleicher Molekülformel, aber unterschiedlicher Verknüpfung der Atome im Molekül.

Anzahl Kohlenstoff-Atome	Anzahl der Konstitutionsisomere
4	2
5	3
6	5
7	9
8	18

B6 Anzahl möglicher Konstitutionsisomere bei Alkanen

Zum Erstellen von Konstitutionsisomeren müssen Bindungen gelöst und neu geknüpft werden. Mit wachsender Anzahl an Kohlenstoff-Atomen treten immer mehr Konstitutionsisomere auf (**B6**), die sogenannten ***i*-Alkane**.

Zyklische Alkane

Kohlenwasserstoffe können auch aus ringförmigen Molekülen bestehen. Zu diesen Kohlenwasserstoffen gehört die Stoffklasse der **Cycloalkane**. Zur Benennung wird der Name des *n*-Alkan-Moleküls mit gleicher Anzahl an Kohlenstoff-Atomen um die Vorsilbe *Cyclo-* ergänzt.

Ein Vergleich (**B7**) zeigt, dass sich die Moleküle der zyklischen Alkane von denen der kettenförmigen Alkane durch das Fehlen von zwei Wasserstoff-Atomen unterscheiden. Die Moleküle der Cycloalkane erfüllen die allgemeine Molekülformel C_nH_{2n}.

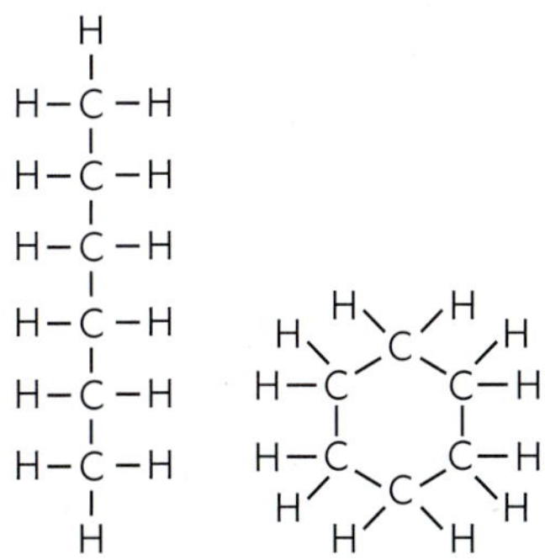

B7 Valenzstrichformeln der Moleküle von *n*-Hexan (links) und Cyclohexan (rechts)

Neben *n*-Alkanen mit unverzweigten Molekülen gibt es auch Alkane mit verzweigten kettenförmigen Molekülen und Cycloalkane mit ringförmigen Molekülen.

AUFGABEN

A1 Beschreibe den Molekülbau der drei Pentan-Isomere.

A2 Erstelle die Molekül- und Valenzstrichformeln von *n*-Alkanen und Cycloalkanen, deren Moleküle 8 bzw. 12 Kohlenstoff-Atome enthalten und deren Moleküle 20 bzw. 38 Wasserstoff-Atome enthalten.

A3 Baue mithilfe des Molekülbaukastens die Modelle aller isomeren Heptan-Moleküle und zeichne deren Valenzstrichformeln.

Nomenklatur und Formeldarstellung

Nomenklatur der Alkan-Moleküle

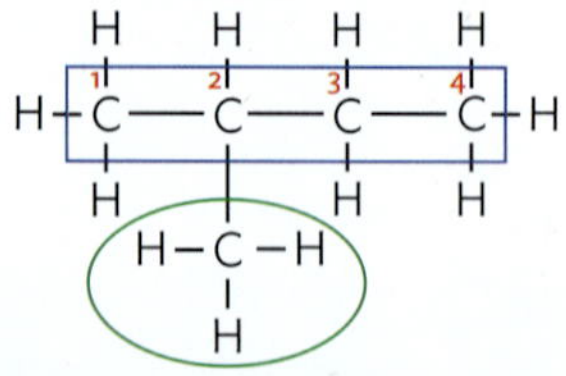

B8 Benennung des Moleküls von 2-Methylbutan

Verbindungen, die jeweils aus unterschiedlichen, zueinander isomeren Molekülen bestehen, weisen voneinander verschiedene Kenneigenschaften auf. Die Benennung solcher Verbindungen erfolgt anhand der jeweiligen Molekülstruktur (vgl. **FM** S. 112).

Dazu muss der Stammname des Moleküls ermittelt werden. Dieser ergibt sich aus der längsten, nicht verzweigten Kette aus Kohlenstoff-Atomen innerhalb des Moleküls. Im Beispiel (**B8**) leitet er sich aufgrund der vier aufeinanderfolgenden, nummerierten Kohlenstoff-Atome vom Butan-Molekül ab. Die Seitenketten werden auch als **Alkyl-Reste** bezeichnet (vgl. **Info**). Ihre Benennung erfolgt nach der Anzahl der Kohlenstoff-Atome, wobei ihr Name auf die Silbe -yl endet. Der Methyl-Rest leitet sich vom Methan-Molekül ab. Die Position des Alkyl-Rests wird ermittelt, indem die Kohlenstoff-Atome der längsten Kette so nummeriert werden, dass die Kohlenstoff-Atome mit einer Seitenkette möglichst kleine Zahlen bekommen. Im Beispiel (**B8**) wird deshalb von links nach rechts nummeriert. Die Position ist damit zwei. In der Regel wird der Molekülname auch zur Bezeichnung von Verbindungen auf der Stoffebene verwendet.

Info

Entfernt man von einem Alkan-Molekül ein Wasserstoff-Atom, so erhält man einen Alkyl-Rest (C_nH_{2n+1}). Die Bezeichnungen der verschiedenen Alkyl-Reste sind von dem entsprechenden Alkanen abgeleitet, wobei die Endung -an durch -yl ersetzt wird, z. B. Methyl-Rest ($-CH_3$).

Formelschreibweisen für die Alkan-Moleküle

Dreidimensionale Kugel-Stab-Modelle (**PM1**) ermöglichen die Darstellung der Bindungen zwischen den Atomen mit den entsprechenden Bindungswinkeln. Dadurch kann man die räumliche Anordnung der Atome in einem Molekül sichtbar machen. Das geht auch über Formelschreibweisen. Welche unterschiedlichen Formelschreibweisen gibt es und welche Informationen enthalten sie (vgl. **FM** S. 111)?

Eine Molekülformel gibt lediglich an, wie viele Kohlenstoff- und Wasserstoff-Atome im Molekül vorhanden sind. Eine zweidimensionale Darstellung vom Bau des Moleküls ist durch die Valenzstrichformel möglich. Bei dieser Schreibweise werden die nicht-bindenden Elektronenpaare und die Verknüpfung zwischen allen Atomen angegeben, jedoch ohne Berücksichtigung der Bindungswinkel. Die geeignete Formeldarstellung zur Verdeutlichung der Raumanordnung ist die Strukturformel, bei der die Bindungswinkel im Molekül angedeutet werden. Die Halbstrukturformel ist eine vereinfachte Valenzstrichformelschreibweise, bei der nur noch die Bindungen zwischen den Kohlenstoff-Atomen dargestellt werden (**B9**). Dadurch zeigt diese Schreibweise die Verknüpfung von Atomgruppen.

$$H_3C{-}CH_2{-}CH_2{-}CH_2{-}CH_3$$

oder

$$H_3C{-}(CH_2)_3{-}CH_3$$

B9 Halbstrukturformel des Moleküls von *n*-Pentan

Durch die Keilstrichformel wird auch die räumliche, dreidimensionale Anordnung der Atome dargestellt. Eine vereinfachte Schnellschreibweise ist die **Skelettformel** (vgl. **FM** S. 111). Bei dieser Schreibweise wird nur die räumliche Anordnung der Bindungen zwischen den Kohlenstoff-Atomen gezeigt.

FACHBEGRIFFE

der Kohlenwasserstoff, das Alkan, das *n*-Alkan, das *i*-Alkan, das Cycloalkan, Isomere, die Konstitutionsisomerie, der Alkyl-Rest, die Skelettformel

AUFGABEN

A1 Benenne alle Konstitutionsisomere von Heptan (vgl. **FM** S. 112).

A2 Stelle die Moleküle der ersten zehn Vertreter der homologen Reihe der Alkane und aller Pentan-Isomere in der Halbstrukturformel dar.

Kohlenwasserstoff-Moleküle mit verschiedenen Formeln darstellen

Verschiedene Formeln und Modelle helfen, die dreidimensionale Struktur eines Moleküls zu verdeutlichen. Beim Kalottenmodell (**B1a**) werden z. B. die einzelnen Atome durch verschiedenfarbige Kugelausschnitte, sog. Kalotten, dargestellt. Dabei entsprechen Bindungswinkel, Bindungslängen und die Relationen der Atomgrößen den tatsächlichen Verhältnissen.

Wähle jeweils die Formeldarstellung, die am geeignetsten ist, um ...

So geht's

1. ... exakt anzugeben, aus wie vielen Atomen jeder einzelnen Atomart das Molekül aufgebaut ist.

   Molekülformel: *Gib die Atomartensymbole aller im Molekül vorhandenen Atomarten an. Drücke die Anzahl der jeweiligen Atome einer Atomart durch den tiefgestellten Index aus* (**B1b**).

2. ... die Verknüpfung zwischen allen Atomen und die nicht-bindenden Elektronenpaare darzustellen, evtl. sogar mit Bindungswinkeln.

   Valenzstrichformel: *Gib die Atomartensymbole aller im Molekül vorhandenen Atomarten an und verbinde diese durch Striche, die die bindenden Elektronenpaare symbolisieren* (**B1c**, oben). *Ergänze ggf. auch die nicht-bindenden Elektronenpaare mit Strichen an den Atomartensymbolen.*

   Strukturformel: *Zeichne eine Valenzstrichformel, wobei du die Bindungswinkel zwischen den Atomen beachten musst* (**B1c**, unten).

3. ... vereinfacht und platzsparend nur die Bindungen zwischen den Kohlenstoff-Atomen anzugeben.

   Halbstrukturformel: *Fasse das Atomartensymbol je eines Kohlenstoff-Atoms mit den Atomartensymbolen der daran gebundenen anderen Atome gruppenweise zusammen. Verwende dabei für jede Atomart den korrekten Index. Verbinde die Gruppen durch Striche* (**B1d**).

4. ... auf der zweidimensionalen Zeichenebene die räumliche, dreidimensionale Anordnung der Atome im Molekül darzustellen.

   Keilstrichformel: *Gib die Atomartensymbole aller im Molekül vorhandenen Atomarten an und verbinde jeweils die Atome in einer Ebene durch Striche. Stelle alle Bindungen, die vor der Zeichenebene liegen, als Keile* (◀) *und alle Bindungen, die dahinter liegen, als Strichlinien* (---) *dar* (**B1e**).

5. ... durch eine vereinfachte Schnellschreibweise nur die Anordnung der Bindungen zwischen den Kohlenstoff-Atomen anzugeben.

   Skelettformel: *Stelle nur die Bindungen zwischen den Kohlenstoff-Atomen durch Striche dar und lasse dabei die Atomartensymbole für Kohlenstoff- und Wasserstoff-Atome im Molekül weg. Berücksichtige dabei möglichst die Bindungswinkel zwischen den Kohlenstoff-Atomen* (**B1f**).

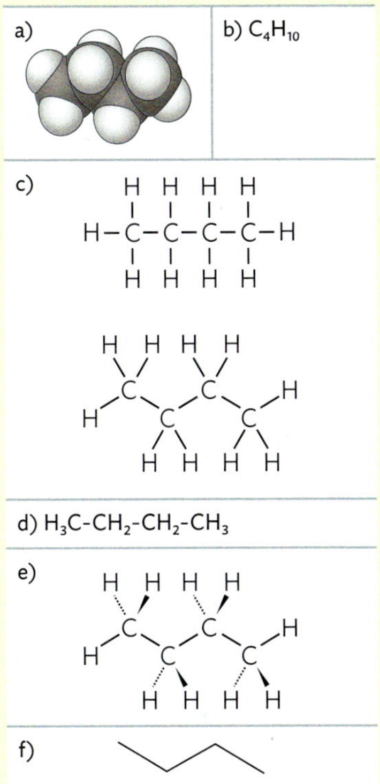

B1 Verschiedene Formeldarstellungen eines *n*-Butan-Moleküls:
a) als Kalottenmodell,
b) Molekülformel,
c) Valenzstrichformel (oben) und Strukturformel (unten),
d) Halbstrukturformel,
e) Keilstrichformel und
f) Skelettformel

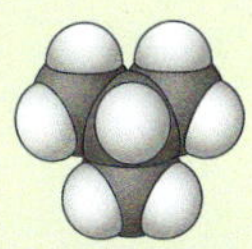

B2 Kalottenmodell eines 2-Methylpropan-Moleküls

AUFGABEN

A1 Zeichne das Molekül aus **B2** mit einem Computerprogramm (vgl. **FM** S. 100) und lasse es als Struktur- und als Skelettformel darstellen.

Alkan-Moleküle benennen

Bis heute sind weit über 25 Millionen verschiedene chemische Substanzen untersucht und beschrieben worden. Jede von ihnen benötigt einen unverwechselbaren Namen. Sinnvollerweise ist dieser so beschaffen, dass er präzise Rückschlüsse auf die chemische Struktur der Moleküle ermöglicht. Dafür wurde ein Regelwerk verfasst, das man als die Nomenklatur-Regeln der Chemie bezeichnet.

Bereits im Jahr 1919 wurde in Paris eine Organisation gegründet, deren Aufgabe noch heute darin besteht, die Kommunikation unter Chemikern durch eine Vereinheitlichung der chemischen Sprache zu erleichtern. Bei der Benennung der Kohlenwasserstoffe und deren Isomere werden diese Regeln der IUPAC (**I**nternational **U**nion of **P**ure and **A**pplied **C**hemistry) angewandt.

Führe nacheinander folgende Schritte zur Benennung eines Kohlenwasserstoff-Moleküls aus:

So geht's

1. Ermittle den **Stammnamen** des Moleküls. Der Stammname richtet sich nach der längsten, nicht verzweigten Kette des Moleküls aus Kohlenstoff-Atomen.

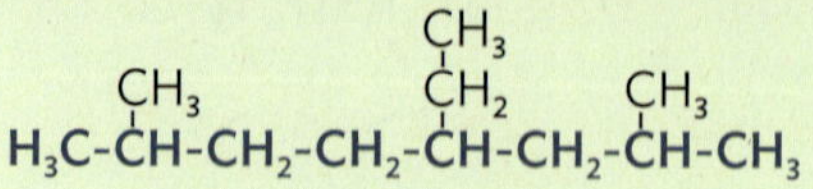

4-Ethyl-2,7-dimethyl**octan**

2. Benenne die **Seitenketten** nach der Anzahl der Kohlenstoff-Atome. Die Bezeichnung entspricht der des Alkan-Moleküls mit der gleichen Anzahl an Kohlenstoff-Atomen, die Endung ist jedoch -yl statt -an. Beispielsweise leiten sich der Methyl-Rest von dem Meth*an*-Molekül und der Ethyl-Rest von dem Eth*an*-Molekül ab. Allgemein werden sie als **Alkyl-Reste** bezeichnet.

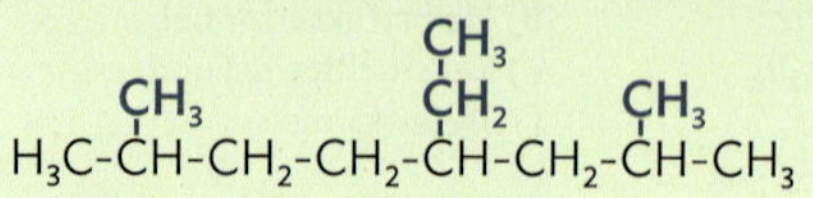

4-**Ethyl**-2,7-di**methyl**octan

Info

Die längste Kette aus Kohlenstoff-Atomen muss nicht zwingend waagerecht angeordnet sein.

Name des Alkyl-Restes	Halbstrukturformel des Alkyl-Restes
Methyl-	$-CH_3$
Ethyl-	$-CH_2-CH_3$
Propyl-	$-CH_2-CH_2-CH_3$
Butyl-	$-CH_2-CH_2-CH_2-CH_3$

B1 Benennung von Alkyl-Resten

3. Kommen verschiedene Alkyl-Reste in einem Molekül vor, so ordne diese **alphabetisch**. Schreibe bei einem derart zusammengesetzten Namen einer Verbindung nur den ersten Buchstaben groß.

   4-Ethyl-2,7-dimethyloctan

   nicht 2,7-Dimethyl-4-ethyloctan!

4. **Nummeriere** die Kohlenstoff-Atome der längsten Kette aus Kohlenstoff-Atomen durch. Beginne am richtigen Ende der längsten Kette, d. h. so, dass die Kohlenstoff-Atome, die eine Seitenkette tragen, möglichst kleine Zahlen bekommen.

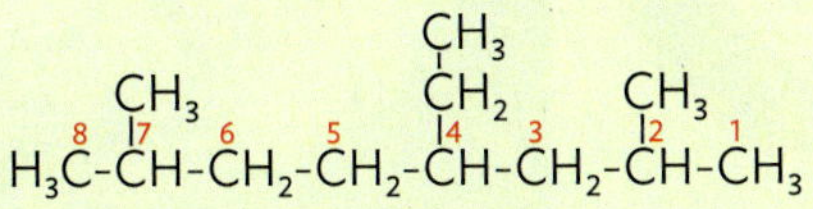

5. Bezeichne die Lage der Seitenketten durch die **Nummern** der Kohlenstoff-Atome, an denen die Alkyl-Reste sitzen.

   4-Ethyl-**2,7**-dimethyloctan

6. Ist ein Alkyl-Rest mehrfach vorhanden, gib deren Anzahl durch die **Zahlwörter** di-, tri-, tetra-, penta-, hexa- usw. an.

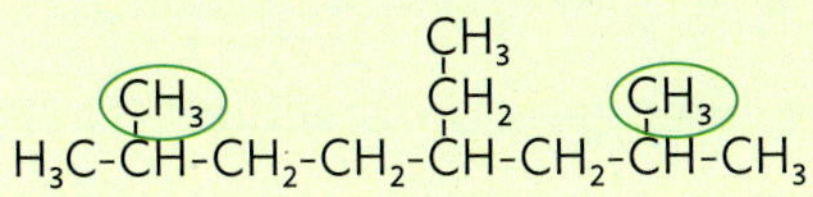

   4-Ethyl-2,7-**di**methyloctan

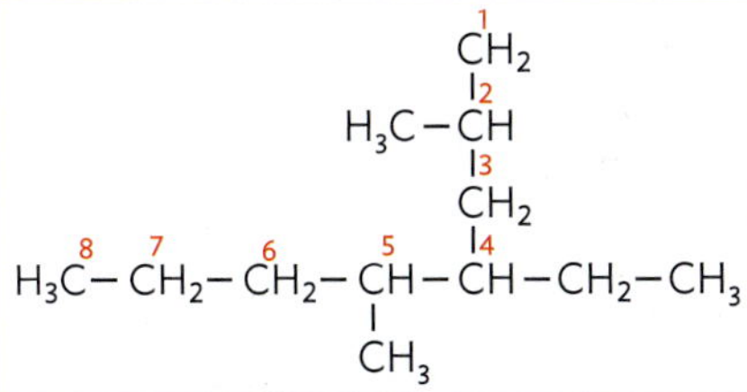

B2 Die längste Kette aus Kohlenstoff-Atomen ist nicht unbedingt waagerecht in der Zeichenebene angeordnet.

AUFGABEN

A1 Benenne folgende Kohlenwasserstoff-Moleküle nach den IUPAC-Regeln:

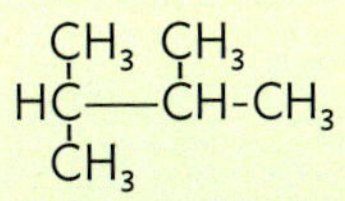

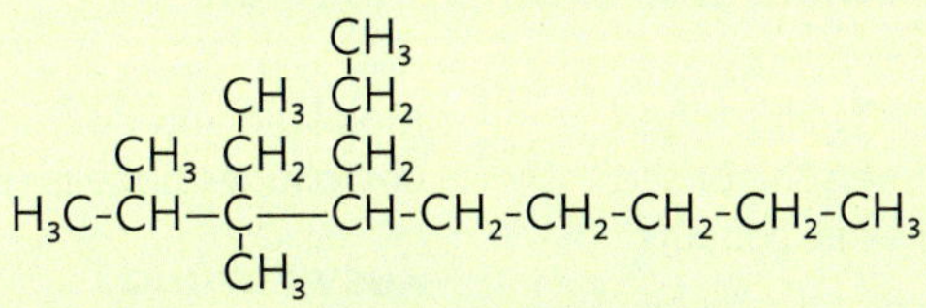

A2 a) Zeichne die Halbstrukturformel von 2-Ethyl-2-methylbutan.

b) Überprüfe, ob der Name den IUPAC-Regeln entspricht. Gib gegebenenfalls den richtigen Namen an.

c) Benenne das in **B2** abgebildete Molekül nach den IUPAC-Regeln.

A3 Zeichne die Halbstrukturformeln folgender Kohlenwasserstoff-Moleküle:

a) 2,3-Dimethylpentan

b) 2,2-Dimethylpentan

c) 4-Ethyl-3,3-dimethylhexan

A4 Im Internet findest du eine Halbstrukturformel (**B3**), die mit einem Namen versehen ist. Nimm dazu kritisch Stellung.

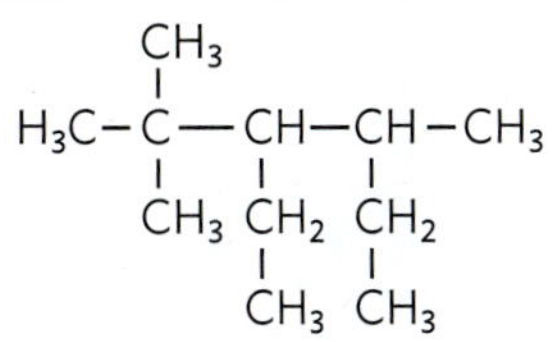

B3 Halbstrukturformel eines 2,2-Dimethyl-3,4-diethylpentan-Moleküls?

4.5 Einfache Alken- und Alkin-Moleküle

Ethan, Ethen, Ethin – drei Stoffe mit ähnlichen Namen, aber ganz unterschiedlichem Vorkommen und Verwendungszweck: Während Ethan, das ein Bestandteil von Erdgas ist, vor allem zu Heiz- und Verbrennungszwecken verwendet wird, bewirkt Ethen als Pflanzenhormon z. B. das Reifen von Früchten. Ethin kommt von Natur aus nicht auf der Erde vor, wird jedoch häufig in der Technik zum Schweißen und Schneiden von Metallen verwendet.

M1 Vergleich von Ethan-, Ethen- und Ethin-Molekülen

Die drei Kohlenwasserstoffe Ethan (C_2H_6), Ethen (C_2H_4) und Ethin (C_2H_2) haben unterschiedliche Molekülformeln. Wie sind die Moleküle gebaut?

Entnimm dem Molekülbaukasten die laut Molekülformeln benötigten Kugeln für die Kohlenstoff- und Wasserstoff-Atome sowie die benötigte Anzahl an Stäbchen, die die jeweiligen Elektronenpaarbindungen symbolisieren. Baue nun die angegebenen Moleküle unter Berücksichtigung des Elektronenpaarabstoßungsmodells (EPA).

B1 Kugeln und Stäbchen eines Molekülbaukastens

AUSWERTUNG

a) Nenne das Kohlenwasserstoff-Molekül, das die Vierbindigkeit des Kohlenstoff-Atoms ausschließlich mit Einfachbindungen erfüllt und zeichne von diesem die Strukturformel.

b) Stelle anhand deiner Modelle die Valenzstrichformeln der anderen Moleküle auf.

c) Beschreibe, wie auch bei den Molekülen der weiteren Kohlenwasserstoffe die Vierbindigkeit der Kohlenstoff-Atome erreicht werden kann.

d) Vergleiche die Molekülmodelle von Ethan, Ethen und Ethin hinsichtlich der Drehbarkeit der einzelnen Atomgruppen um die Bindung zwischen den Kohlenstoff-Atomen sowie hinsichtlich der Bindungswinkel.

M2 Kohlenwasserstoff-Moleküle mit drei Kohlenstoff-Atomen

Für die Moleküle verschiedener Kohlenwasserstoffe werden die Molekülformeln C_3H_8, C_3H_6 und C_3H_4 angegeben. Worin unterscheidet sich die Struktur der Moleküle?

Baue mit dem Molekülbaukasten kettenförmige Modelle der drei Moleküle unter Berücksichtigung des EPA-Modells.

AUSWERTUNG

a) Zeichne anhand deiner Modelle die Valenzstrichformeln der Kohlenwasserstoff-Moleküle. Benenne die Moleküle analog zu den anderen Kohlenwasserstoff-Molekülen in **M1**.

b) Vergleiche die Modelle der drei Kohlenwasserstoff-Moleküle hinsichtlich der Drehbarkeit einzelner Atomgruppen um die Bindung zwischen den Kohlenstoff-Atomen sowie hinsichtlich der Bindungswinkel.

PLV3 Nachweis von Mehrfachbindungen

PROBLEM

Viele Kohlenwasserstoffe sind bei Raumtemperatur klare, farblose Flüssigkeiten. Wie können Kohlenwasserstoffe mit Einfachbindungen in den Molekülen von Kohlenwasserstoffen mit Mehrfachbindungen in den Molekülen experimentell unterschieden werden?

DURCHFÜHRUNG

Im Abzug wird je ein Erlenmeyerkolben (mit Schliff) mit 5 mL Hex-1-en bzw. Heptan befüllt. Anschließend versetzt man beide Erlenmeyerkolben mit 2 mL Bromwasser (Nitril-Einmalhandschuhe tragen). Die Kolben werden mit je einem Schliffstopfen verschlossen und kräftig geschüttelt.

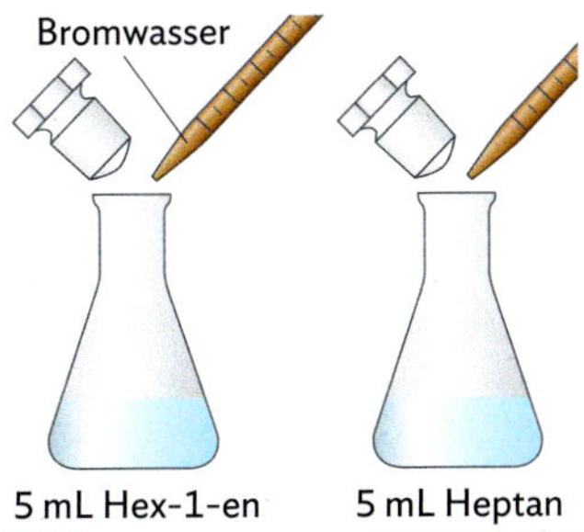

B2 Experimenteller Aufbau **LV3**

AUSWERTUNG

a) Beobachte die Vorgänge in den beiden Erlenmeyerkolben und halte deine Beobachtungen fest.

b) Führt man den Versuch mit Hexan durch, so erhält man die gleiche Beobachtung wie bei Heptan. Stelle eine begründete Vermutung auf, welche Beobachtung man bei der Durchführung mit Hept-1-en machen würde.
(*Hinweis:* Die Halbstrukturformel von Hex-1-en lautet $H_2C{=}CH{-}(CH_2)_3{-}CH_3$.)

c) Plane einen in der Durchführung angepassten Versuch, der auch zur Unterscheidung von Ethen und Ethan geeignet ist. Recherchiere dazu zunächst die Siedetemperaturen der Stoffe.

d) Recherchiere die Gefahrstoffkennzeichnung aller Stoffe, die in dem Versuch verwendet werden. Begründe, dass dieser Versuch nur von der Lehrkraft durchgeführt werden darf.

ENTSORGUNG G1, G2

M4 Molekülmodelle von Penten-Isomeren

Für ein *n*-Penten-Molekül wird die Molekülformel C_5H_{10} angegeben. Wie viele unterschiedliche *n*-Penten-Moleküle gibt es?

Baue das Modell eines *n*-Penten-Moleküls. Berücksichtige dabei das EPA-Modell.

AUSWERTUNG

a) Zeichne unter Zuhilfenahme deines Modells die passende Halbstrukturformel des *n*-Penten-Moleküls in dein Heft.

b) Baue zwei andere Kugel-Stab-Modelle unverzweigter Moleküle, die zur Molekülformel C_5H_{10} passen. Zeichne die zu deinen Molekülmodellen passenden Halbstrukturformeln ebenfalls in dein Heft.

c) Vergleiche deine Molekülmodelle mit denen deiner Sitznachbarn/-nachbarinnen. Diskutiert, wie viele verschiedene *n*-Pentene es gibt und zeichnet deren Halbstrukturformeln.

d) Baue ein verzweigtes Penten-Molekül und zeichne dessen Halbstrukturformel in dein Heft.

Alkene und Alkine

Die Vertreter Ethen und Ethin

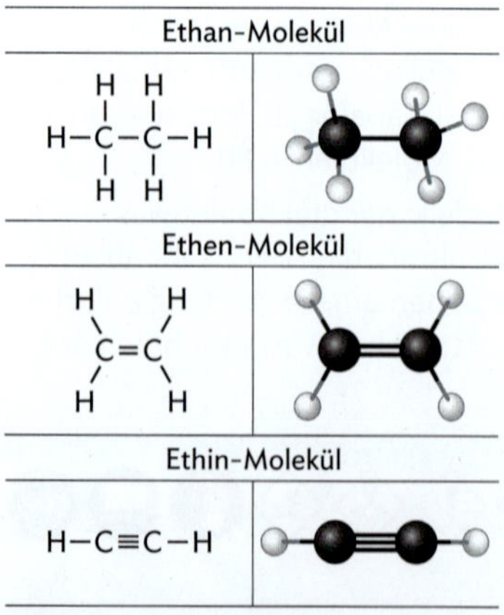

B1 Vergleich von Ethan-, Ethen- und Ethin-Molekülen

Obwohl die Namen der Stoffe Ethan, Ethen und Ethin sehr ähnlich klingen, werden diese Gase unterschiedlich verwendet. Ethan dient als Heizgas, Ethen wird zur Reifung von Früchten eingesetzt und Ethin als Schweißgas. Die unterschiedlichen Eigenschaften dieser Gase sind auf einen unterschiedlichen Molekülbau zurückzuführen (**Struktur-Eigenschafts-Konzept**, vgl. S. 122 f. sowie S. 223).

Alle drei Gase gehören zu den Kohlenwasserstoffen, da ihre Moleküle jeweils nur aus Kohlenstoff- und Wasserstoff-Atomen bestehen. Im Unterschied zu den Ethan-Molekülen liegt bei Ethen- und Ethin-Molekülen zwischen den zwei Kohlenstoff-Atomen jeweils eine Mehrfachbindung vor (**M1**, **B1**). Die stabile Edelgaskonfiguration erreichen die beiden Kohlenstoff-Atome dadurch, dass sie untereinander mehrere Elektronenpaarbindungen eingehen.

Ethen und Ethin sind die einfachsten Vertreter zweier Stoffklassen: der **Alkene** und **Alkine**. Alken-Moleküle enthalten jeweils eine Doppelbindung zwischen zwei Kohlenstoff-Atomen, Alkin-Moleküle sogar eine Dreifachbindung. Gibt man Bromwasser zu Alkenen oder Alkinen, entfärbt sich dieses (**PLV3**). Auf diese Weise lassen sich Mehrfachbindungen in den Molekülen eines Stoffes nachweisen.

Alkene und Alkine sind Kohlenwasserstoffe. Alken-Moleküle haben eine Doppelbindung und Alkin-Moleküle eine Dreifachbindung zwischen zwei Kohlenstoff-Atomen.

Die homologe Reihe der Alkene und Alkine

Wie bereits bei den Alkanen können auch für Alkene und Alkine homologe Reihen aufgestellt werden. Für jedes zusätzliche Kohlenstoff-Atom sind im Molekül auch zwei Wasserstoff-Atome mehr enthalten (**B2**, **B3**). Formal betrachtet unterscheiden sich die Alkene bzw. Alkine innerhalb ihrer Reihen durch die Anzahl an CH_2-Gruppen. Alken-Moleküle erfüllen die allgemeine Molekülformel C_nH_{2n}. Die allgemeine Molekülformel der Alkin-Moleküle lautet C_nH_{2n-2}.

Name	Halbstrukturformel	Molekülformel
Ethen	$H_2C{=}CH_2$	C_2H_4
Propen	$H_2C{=}CH{-}CH_3$	C_3H_6
n-But-1-en	$H_2C{=}CH{-}CH_2{-}CH_3$	C_4H_8
n-Pent-1-en	$H_2C{=}CH{-}(CH_2)_2{-}CH_3$	C_5H_{10}
n-Hex-1-en	$H_2C{=}CH{-}(CH_2)_3{-}CH_3$	C_6H_{12}
n-Hept-1-en	$H_2C{=}CH{-}(CH_2)_4{-}CH_3$	C_7H_{14}
n-Oct-1-en	$H_2C{=}CH{-}(CH_2)_5{-}CH_3$	C_8H_{16}
n-Non-1-en	$H_2C{=}CH{-}(CH_2)_6{-}CH_3$	C_9H_{18}
n-Dec-1-en	$H_2C{=}CH{-}(CH_2)_7{-}CH_3$	$C_{10}H_{20}$

B2 Homologe Reihe der Alkene

Name	Halbstrukturformel	Molekülformel
Ethin	$HC{\equiv}CH$	C_2H_2
Propin	$HC{\equiv}C{-}CH_3$	C_3H_4
But-1-in	$HC{\equiv}C{-}CH_2{-}CH_3$	C_4H_6
n-Pent-1-in	$HC{\equiv}C{-}(CH_2)_2{-}CH_3$	C_5H_8
n-Hex-1-in	$HC{\equiv}C{-}(CH_2)_3{-}CH_3$	C_6H_{10}
n-Hept-1-in	$HC{\equiv}C{-}(CH_2)_4{-}CH_3$	C_7H_{12}
n-Oct-1-in	$HC{\equiv}C{-}(CH_2)_5{-}CH_3$	C_8H_{14}
n-Non-1-in	$HC{\equiv}C{-}(CH_2)_6{-}CH_3$	C_9H_{16}
n-Dec-1-in	$HC{\equiv}C{-}(CH_2)_7{-}CH_3$	$C_{10}H_{18}$

B3 Homologe Reihe der Alkine

Struktur der Alken- und Alkin-Moleküle

Analog zu den Alkan-Molekülen können auch bei den Alken- und Alkin-Molekülen die vorhandenen Kohlenstoff-Atome ketten- oder auch ringförmig angeordnet sein. Bei der kettenförmigen Anordnung ergeben sich wiederum zwei Möglichkeiten: entweder eine unverzweigte (**B5**) oder eine verzweigte (**B4**) Kette.

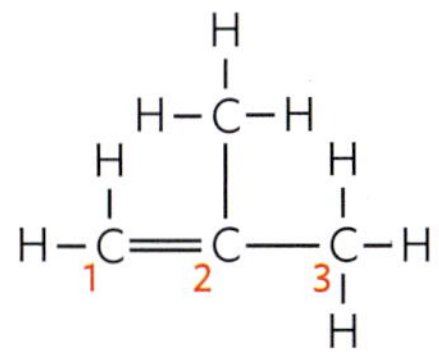

B4 Valenzstrichformel des Moleküls von 2-Methylprop-1-en

Benennung der Alken- und Alkin-Moleküle

Die Namen aller Alken-Moleküle enden auf die Silbe -en, die der Alkin-Moleküle auf -in. Analog zu den Alkan-Molekülen erfolgt die Benennung nach den Regeln der IUPAC (vgl. **FM** S. 120).

Wie bei den Alkanen ergibt sich der Stammname eines Moleküls mit verzweigten Kohlenstoff-Atom-Ketten aus der längsten Hauptkette, die die Mehrfachbindung enthält. Im Beispiel **B4** besteht die längste Kohlenstoff-Atom-Kette mit der Doppelbindung aus drei Kohlenstoff-Atomen, der Stammname enthält also die Silbe prop-.

Bei Molekülen mit vier und mehr Kohlenstoff-Atomen muss man bei der Benennung auch die Lage der Mehrfachbindung im Molekül berücksichtigen. Dazu wird die Nummerierung der Kohlenstoff-Atome so gewählt, dass die Ziffer für die Lage der Mehrfachbindung möglichst klein ist (**B5**).

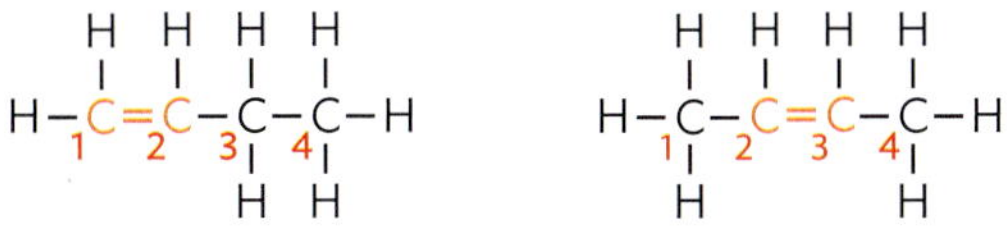

B5 Valenzstrichformeln der unverzweigten Buten-Moleküle *n*-But-1-en (links) und *n*-But-2-en (rechts)

AUFGABEN

A1 Leite die Molekülformeln aller kettenförmigen Kohlenwasserstoff-Moleküle ab, die a) je vier Kohlenstoff-Atome enthalten und b) je zwölf Wasserstoff-Atome enthalten.

A2 Zeichne die Valenzstrichformeln von je einem unverzweigten, kettenförmigen Molekül mit der Molekülformel a) C_5H_{10} und b) C_7H_{12} und benenne die Moleküle nach IUPAC.

A3 Erkläre am Beispiel des Propens und Propins, dass hier auf die Angabe der Lage der Mehrfachbindung im Namen verzichtet werden kann. Beschreibe einen Versuch, mit dem Propen und Propin experimentell von Propan unterschieden werden können.

A4 Wähle begründet eine geeignete Darstellungsform für die Moleküle aus **B5** aus, welche die räumliche Anordnung der Atome im Molekül wiedergibt.

A5 Stelle eine Hypothese auf, ob es von But-2-en unterschiedliche Isomere gibt. Baue geeignete Molekülmodelle mit dem Modellbaukasten und überprüfe deine Hypothese.

A6 Leite aus dem Namen die Valenzstrichformel für das Propadien-Molekül ab. Begründe, ob es sich bei dieser Verbindung um ein Alken bzw. ein Alkin handelt.

Isomere Verbindungen

Konstitutionsisomere der Alken- und Alkin-Moleküle

In Alken- bzw. Alkin-Molekülen mit gleicher Molekülformel kann die Doppel- bzw. Dreifachbindung unterschiedlich positioniert sein (**B5** auf S. 117). Zudem können ab Molekülen mit vier bzw. fünf Kohlenstoff-Atomen die Atome in unverzweigten oder verzweigten Ketten angeordnet sein (**B4** auf S. 117). In beiden Fällen spricht man von Konstitutionsisomerie, da sich die Moleküle in ihrer Konstitution, also der Verknüpfung der Atome in den Molekülen, unterscheiden (vgl. S. 109).

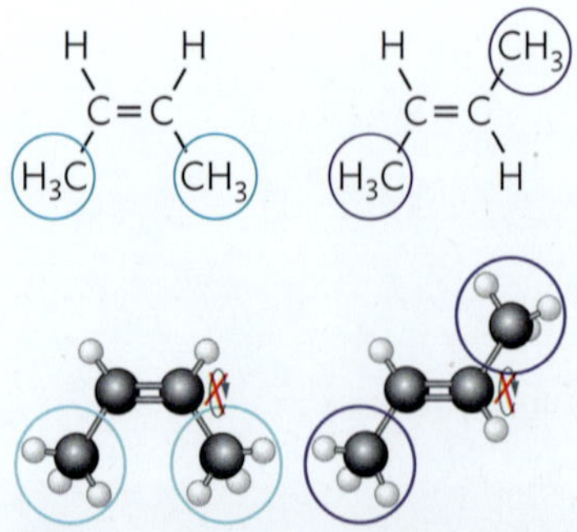

B6 Halbstrukturformeln und Kugel-Stab-Modelle der Moleküle der beiden Isomere von *n*-But-2-en:
Z-Anordnung (links) und *E*-Anordnung (rechts)

E/Z-Isomerie bei Alken-Molekülen

Um eine Einfachbindung zwischen zwei Kohlenstoff-Atomen herrscht eine freie Drehbarkeit. Sobald jedoch eine Mehrfachbindung vorliegt, besteht um diese Bindungsachse keine freie Drehbarkeit mehr. Bei *n*-But-2-en können die beiden CH_3-Gruppen dann entweder auf derselben Seite oder auf unterschiedlichen Seiten der Doppelbindung stehen (**B6**). Man spricht von (*Z*)-But-2-en und (*E*)-But-2-en bzw. der ***E/Z*-Isomerie** (vgl. **FM** S. 121). Stehen identische oder vergleichbare Atome bzw. Atomgruppen auf

- ... der gleichen Seite der Doppelbindung, heißt die Anordnung *Z* (**Z**usammen).
- ... unterschiedlichen Seiten der Doppelbindung, heißt die Anordnung ***E*** (**E**ntgegengesetzt).

E/Z-Isomerie bezeichnet die unterschiedliche räumliche Anordnung von Atomen in einem Molekül, die auf der fehlenden Drehbarkeit um eine Doppelbindung zwischen zwei Kohlenstoff-Atomen beruht.

E/Z-Isomere unterscheiden sich in einigen Kenneigenschaften, z. B. den Schmelz- und Siedetemperaturen. Während die Schmelztemperatur von (*E*)-But-2-en bei −105,5 °C liegt, schmilzt (*Z*)-But-2-en bereits bei −138,9 °C. Es handelt sich also um zwei unterschiedliche Verbindungen, die jedoch dieselbe Molekülformel und dieselbe Konstitution, d. h. dieselbe Verknüpfung der Atome in den Molekülen, besitzen.

Info

Als Konfigurationsisomerie wird die Isomerie bezeichnet, die auf der unterschiedlichen räumlichen Anordnung von Atomen in einem Molekül aufgrund nicht drehbarer Bindungen zwischen Kohlenstoff-Atomen beruht. Ein bekanntes Beispiel hierfür ist die *E/Z*-Isomerie.

AUFGABEN

A1 Notiere und benenne vier Isomere mit der gemeinsamen Molekülformel C_5H_{10}.

A2 Erkläre an einem geeigneten Beispiel aus **A1**, was man unter *E/Z*-Isomerie versteht.

A3 Entscheide begründet, welche Anordnung (*E/Z*) bei dem Molekül in **B7** vorliegt.

A4 Begründe, ob bei *n*-Alkinen, wie z. B. But-2-in, *E/Z*-Isomerie auftreten kann.

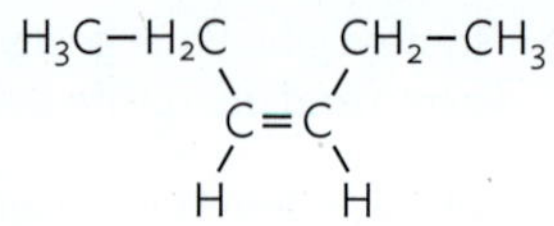

B7 *E*- oder *Z*-Isomer?

FACHBEGRIFFE

das Alken, das Alkin, die *E/Z*-Isomerie

Polyethen – ein Kunststoff

Bei Polyethen handelt es sich um einen sehr häufig verwendeten Kunststoff. Folien, Rohre und Plastikverpackungen wie Tüten, Flaschen und Kanister bestehen aus diesem Kohlenwasserstoff, auch unter dem Namen Polyethylen bekannt. Man erkennt den Kunststoff am Kurzzeichen PE auf einem Produkt. Durch diese Kennzeichnung kann der Werkstoff sortenrein recycelt werden. Wie wird Polyethen hergestellt?

B1 Polyethenfolie wird vielfältig eingesetzt.

Das Edukt für die Herstellung von Polyethen ist das Alken Ethen (C_2H_4). Unter Verwendung eines Katalysators oder bei hohem Druck werden Doppelbindungen in Einfachbindungen überführt und es entstehen Moleküle mit sehr langen Ketten aus Kohlenstoff-Atomen.
Obwohl auch das Produkt die Endung „-en“ trägt, enthalten die Polyethen-Moleküle keine Doppelbindungen. Die Vorsilbe Poly- bedeutet „viele“. Eine Reaktion, bei der aus vielen identischen kleinen Grundbausteinen sehr große Moleküle erzeugt werden, nennt man **Polymerisation**. Neben Polyethen (PE) werden auch andere Kunststoffe, wie **Polypropen** (PP) und **Plexiglas** (PMMA) in Polymerisationsreaktionen gebildet.

Technische Herstellung

PE wird durch Polymerisation von gasförmigem Ethen hergestellt. Im Hochdruckverfahren erhält man Weich-Polyethen (auch PE-LD von engl. *low densitiy* = geringe Dichte), im Niederdruckverfahren Hart-Polyethen (auch PE-HD von engl. *high densitiy* = hohe Dichte). Bei beiden Verfahren entsteht PE zunächst als zähe Flüssigkeit. Wenn im Niederdruckverfahren bestimmte Katalysatoren eingesetzt werden, bildet sich Polyethen in Form fester Körner. Dieses Granulat kann dann geschmolzen und in beliebige Formen für die verschiedensten Gebrauchsgegenstände gebracht werden.

Wirtschaftliche Bedeutung

PE ist weltweit der am häufigsten produzierte und verwendete Kunststoff. Hart-PE ist sehr beständig gegen Lösemittel und zudem abriebfest. Daher wird es zur Herstellung von Rohren, Schläuchen und Flaschen für Reinigungs- und Haushaltsmittel verwendet. Aus Weich-PE werden nicht nur Tragetaschen, Müllsäcke oder Milchkartonbeschichtungen hergestellt, es eignet sich auch zur Verwendung als Folien oder als Verpackungsmaterial für Lebensmittel.

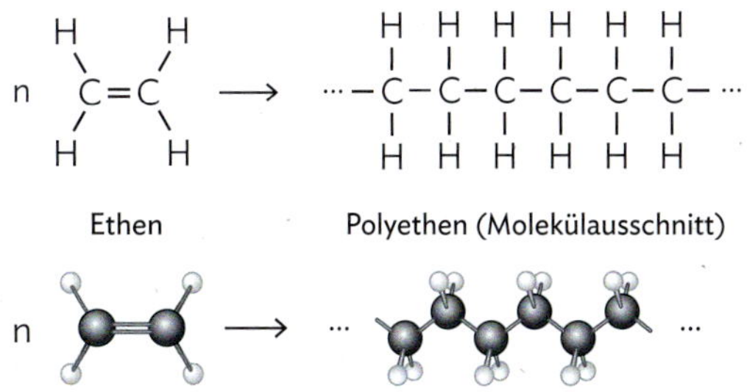

B2 Polymerisation von Ethen zu Polyethen (n bedeutet viele)

B3 Kennzeichnung von PE

AUFGABEN

A1 Recherchiere, welche Produkte aus PP hergestellt werden und warum. Sammle deine Ergebnisse in einer Tabelle.

A2 Das Polymerisationsprodukt von Propen ist Polypropen PP. Entwickle die Reaktionsgleichung in Strukturformelschreibweise analog zur Polymerisation von Ethen (**B2**, obere Zeile).

Kohlenwasserstoff-Moleküle mit Mehrfachbindungen benennen

Die von der IUPAC erarbeiteten Nomenklatur-Regeln sind auf beliebig kompliziert gebaute Kohlenwasserstoff-Moleküle anwendbar. Sind mindestens zwei Kohlenstoff-Atome eines Moleküls entweder durch eine Doppelbindung oder durch eine Dreifachbindung verbunden, ist es wichtig, dass die Art und die Position vorhandener Mehrfachbindungen klar zum Ausdruck gebracht wird.

So geht's

1. Ermittle den **Stammnamen** der Verbindung (vgl. **FM** S. 112). Der Stammname der Verbindung richtet sich nach der längsten, nicht verzweigten Kette aus Kohlenstoff-Atomen, die eine Mehrfachbindung enthält.

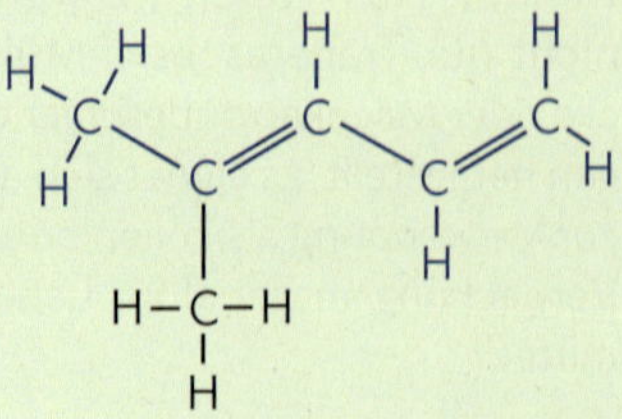

4-Methyl**pent**a-1,3-dien

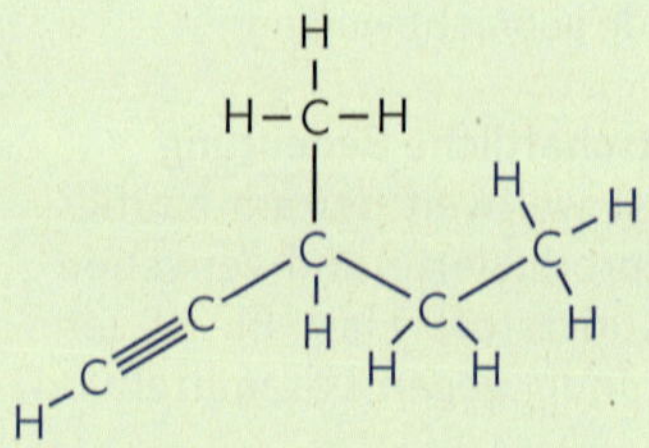

3-Methyl**pent**-1-in

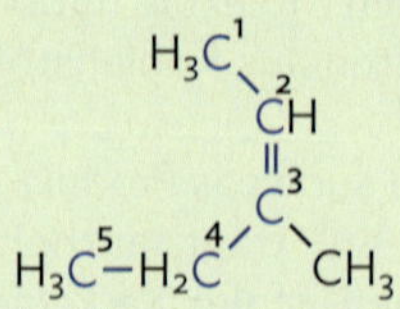

B1 Die längste Kette aus Kohlenstoff-Atomen mit einer Mehrfachbindung ist nicht unbedingt waagerecht in der Zeichenebene angeordnet.

2. Ersetze die Endung -an des Stammnamens bei dem Vorkommen mindestens einer **Doppel**bindung durch die Endung **-en** und bei mindestens einer **Dreifach**bindung durch die Endung **-in**.

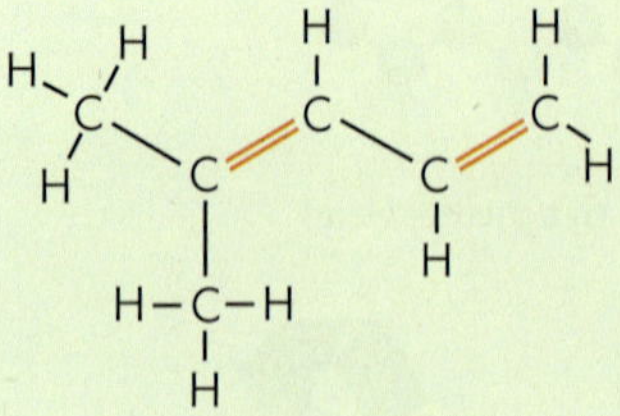

4-Methylpenta-1,3-di**en**

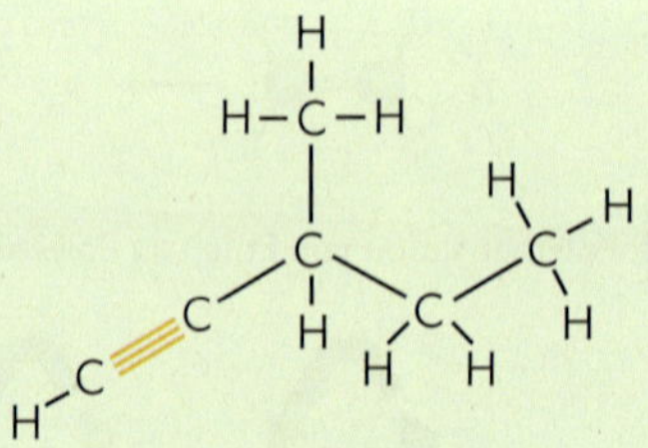

3-Methylpent-1-**in**

3. Schreibe die **Positionsnummer** der Mehrfachbindung vor die Endung. Gib diese durch eine möglichst kleine Zahl an.

- Die Anzahl gleicher Mehrfachbindungen wird durch das entsprechende griechische **Zahlwort** (di-, tri-, tetra-, penta-, hexa-, usw.) angegeben. Vom Stammnamen entfällt nur noch der Buchstabe -n und nicht mehr die Endung -an (z. B. pent**a**, statt pent).
- Kommen beide Typen der Mehrfachbindung vor (**B2**), so erhält die Doppelbindung eine niedrigere Positionsnummer als die Dreifachbindung im Namen: „-en vor -in!"

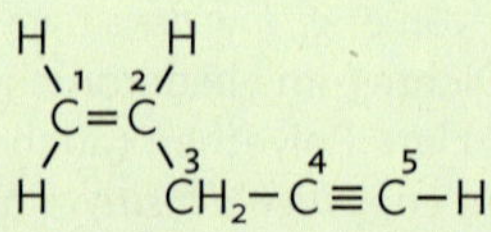

B2 Unterschiedliche Mehrfachbindungen im Pent-1-en-4-in-Molekül

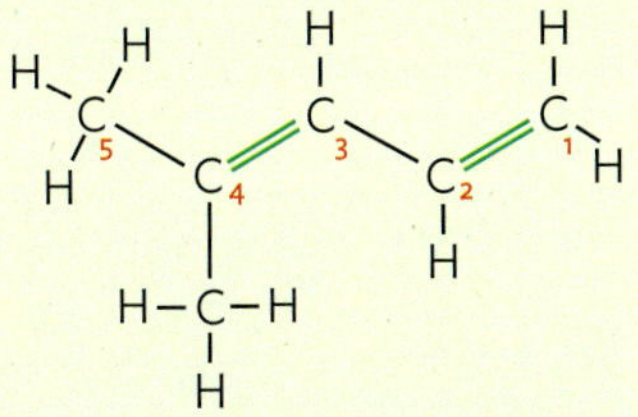

4-Methylpenta-**1,3**-**di**en

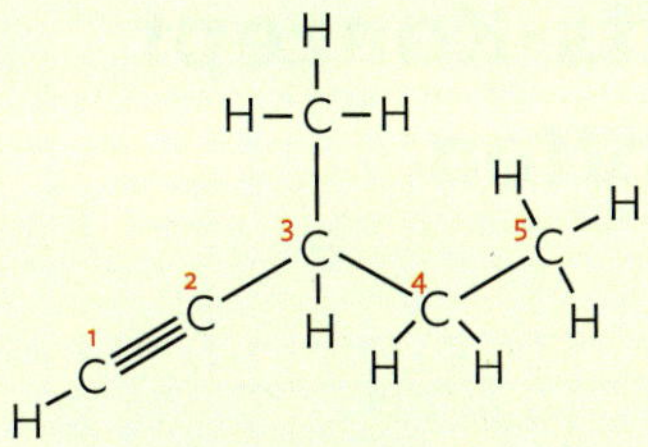

Methylpent-**1**-in

4. Benenne die **Seitenketten** analog zu den IUPAC-Regeln der Alkan-Moleküle (vgl. **FM**, S. 112).

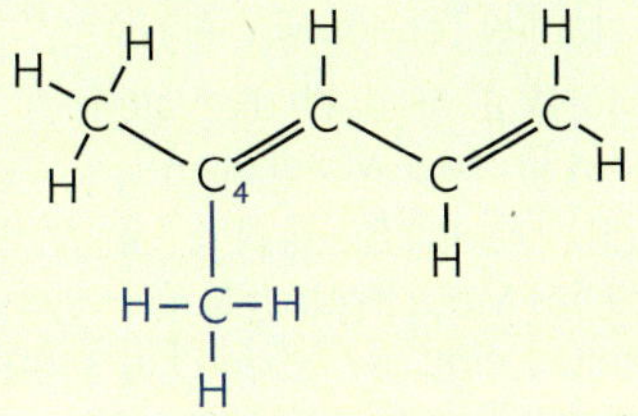

4-Methylpenta-1,3-dien

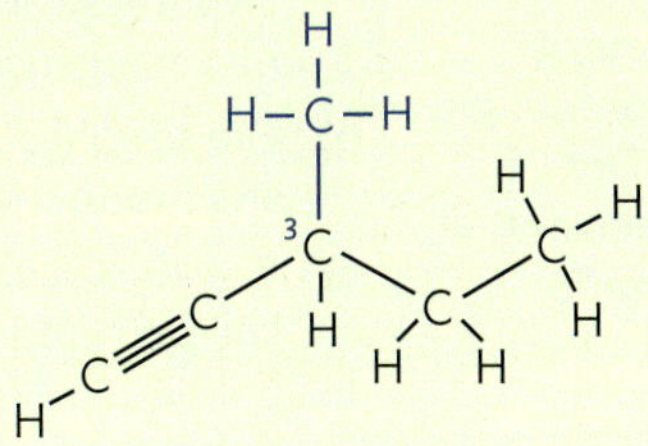

3-Methylpent-1-in

5. *Wichtig:* Beachte bei Doppelbindungen die Anordnung der Atome bzw. Atomgruppen an den Kohlenstoff-Atomen der Doppelbindung: Setze vor den Molekülnamen ein (*Z*)–, wenn zwei identische oder vergleichbare Atome bzw. Atomgruppen auf der gleichen Seite (= zusammen) der Doppelbindung stehen. Stehen sie auf unterschiedlichen Seiten (= entgegengesetzt) setze vor den Molekülnamen ein (*E*)–.

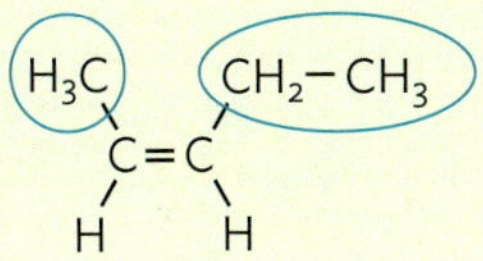

(*Z*)-Pent-2-en

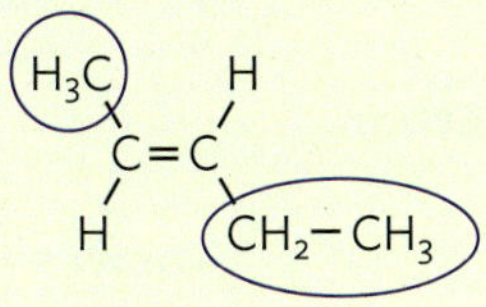

(*E*)-Pent-2-en

AUFGABEN

A1 Benenne nach den IUPAC-Regeln die ersten drei in **B3** abgebildeten Moleküle.

A2 Gib die Halbstrukturformeln für die Moleküle folgender Verbindungen an: 2-Methylbut-1-en, 4-Ethyl-3,3-dimethyloct-1-en-6-in, 2,3-Dimethylhexa-1,3-dien und Hepta-1,3,5-triin.

A3 Benenne die *E*/*Z*-Isomerie des Moleküls bei d) in **B3**.

A4 Von der Chemielehrkraft wird die folgende Aufgabe gestellt: Gib die Strukturformelschreibweise für ein Molekül von 1-Ethyl-5-methyl-hex-2-en an!
Nimm dazu kritisch Stellung (Hilfen QR-/Mediencode 05042-29).

05042-29

a) $H_2C{=}CH{-}CH_3$

b) $HC{\equiv}C{-}CH_3$

c) 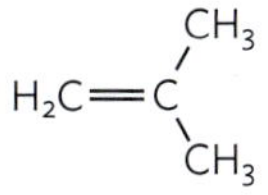

d) 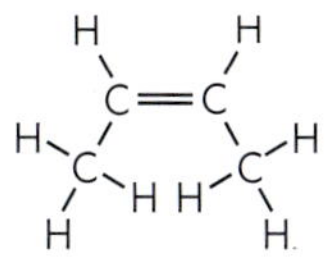

B3 Beispiele für Alken- und Alkin-Moleküle

Struktur-Eigenschafts-Konzept bei Kohlenwasserstoffen

M1 Konformationsisomere

Molekülteile, die durch eine Einfachbindung zwischen zwei Kohlenstoff-Atomen miteinander verbunden sind, können unabhängig voneinander um die gemeinsame Achse gedreht werden. Dadurch ergeben sich für die Wasserstoff-Atome im Molekül unterschiedliche räumliche Anordnungen. Die **Isomerie**, die auf der unterschiedlichen räumlichen Anordnung von Atomen in einem Molekül aufgrund von Drehungen um Einfachbindungen zwischen Kohlenstoff-Atomen beruht, wird als **Konformationsisomerie** bezeichnet.

B1 Modelle des Ethan-Moleküls: Unterschiedliche Konformationsisomere durch Drehung um die Einfachbindung zwischen den Kohlenstoff-Atomen

AUSWERTUNG

a) Beschreibe Gemeinsamkeiten und Unterschiede der beiden dargestellten Ethan-Konformationsisomere. Stelle mithilfe des EPA-Modells eine Hypothese auf, welche der beiden Konformationen energetisch stabiler (energieärmer) ist.

b) Gib sowohl die Molekül- als auch die Valenzstrichformel für das Propan-Molekül an.

c) Bau ein Kugel-Stab-Modell für das Propan-Molekül. Drehe nun die im Modell durch Kugeln symbolisierten Atome um eine der beiden Einfachbindungen zwischen den Kohlenstoff-Atomen. Beschreibe deine Beobachtungen.

d) Gib die Keilstrichformeln von zwei Konformationsisomeren des Propan-Moleküls an (vgl. **FM** S. 97).

V2 Reifung von Bananen durch Ethen

PROBLEM

„Bananen nicht neben Äpfeln lagern" lautet ein Haushaltstrick. Das Gas Ethen beschleunigt die Reifung von Früchten und Gemüse. Wird es auch von Obst und Gemüse selbst abgegeben?

DURCHFÜHRUNG

Gib in drei gasdicht verschließbare, transparente Beutel jeweils eine unreife, grüne Banane. Fülle zusätzlich in den ersten der drei Beutel 40 mL Ethen und gib in den zweiten Beutel einen reifen Apfel. Lagere eine vierte unreife Banane und einen zweiten Apfel offen und weit voneinander getrennt (**B2**).

Hinweis: Blase alle Beutel auf, da die Früchte Sauerstoff zum Reifen benötigen.

AUSWERTUNG

a) Beobachte über mehrere Tage und protokolliere deine Beobachtungen z. B. durch ein Fototagebuch.

b) Begründe deine Beobachtungen.

c) Plane einen Versuch, der zeigt, dass auch reife Bananen Ethen abgeben.

d) Recherchiere nach weiteren Obst- und Gemüsesorten, die Ethen als Reifungsgas abgeben. Erkläre die biologische Bedeutung dieses Vorgangs.

B2 Versuchsaufbau zu **V2**, der Apfel bei Versuchsansatz 4 ist nicht zu sehen

ENTSORGUNG -

M3 Bindungslängen und -winkel bei den Molekülen von Ethan, Ethen und Ethin

Die Eigenschaften eines Stoffes werden hauptsächlich von der Art der Teilchen beeinflusst, aber auch von deren Anordnung. Kohlenwasserstoff-Moleküle sind nur aus Kohlenstoff- und Wasserstoff-Atomen aufgebaut. Aufgrund der Wechselwirkung der Teilchen untereinander bestimmt der räumliche Bau der Moleküle die Eigenschaften der Stoffe.

Methan-Moleküle besitzen eine tetraedrische Struktur:

- Der H-C-H-**Bindungswinkel**, d. h. der Winkel von zwei Bindungen zwischen Kohlenstoff-Atom und Wasserstoff-Atom, beträgt jeweils 109,5° (**B3**).
- Jede Bindung zwischen einem Kohlenstoff- und einem Wasserstoff-Atom hat eine Länge von 109 pm, also $1{,}09 \cdot 10^{-10}$ m (**B3**).

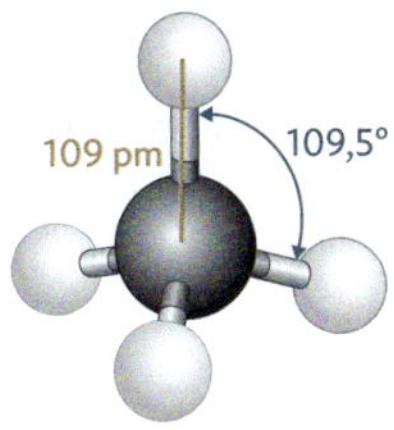

B3 Kugel-Stab-Modell des Methan-Moleküls

Um solche Werte zu ermitteln, nutzen Wissenschaftler Computeranimationen, die Moleküle räumlich darstellen. Ein kostenfreies Programm findest du unter QR-/Mediencode 05042-30.

AUSWERTUNG

a) Zeichne mithilfe des Programms die Strukturformel des Ethan-Moleküls (vgl. **FM** S. 100).

b) Lasse dir dein gezeichnetes Molekül nun als 3D-Animation anzeigen. Wähle dazu im Menü unter „Modell" den Modelltyp „Ball and Stick" bzw. „Ball und Stock" (Kugel-Stab-Modell).

c) Ermittle alle Bindungslängen im Molekül und notiere die Werte. Wähle dazu im Menü unter „Jmol" die Funktion „Distance" bzw. „Entfernung". Klicke in der 3D-Animation nacheinander mit der Maus auf je zwei Kugeln, um den jeweiligen Atomabstand zu messen. Lösche die Messungen anschließend mit der Funktion „clean" bzw. „Sauber" im Menü „Jmol".

d) Vermesse alle Bindungswinkel im Ethan-Molekül und notiere die Werte. Verwende dazu die Funktion „Angle" bzw. „Winkel" im Menü „Jmol". Erstelle einen Screenshot (z. B. mit der Taste *Druck* oder der Tastenkombination *Windows+Shift+s*.)

e) Wiederhole nun die Messungen für die Moleküle von Ethen und Ethin. Lege für alle drei Moleküle einen tabellarischen Vergleich an.

f) Bearbeite die Aufgaben im Arbeitsblatt unter QR-/Mediencode 05042-31.

M4 Bindungsenergien bei Einfach-, Doppel- und Dreifachbindungen

Bei ladungscodierten Elektronendichteoberflächen (elektrostatischen Potenzialkarten) handelt es sich um sehr nützliche dreidimensionale Darstellungen von Molekülen. Diese Karten machen durch verschiedene Farben (z. B. rot = Elektronenüberschuss; blau = Elektronenmangel) unterschiedlich geladene Bereiche eines Moleküls sichtbar.

Wissenschaftler nutzen Computeranimationen, um die Ladungsverteilungen in Molekülen sichtbar zu machen. Ein kostenfreies Programm findest du unter QR-/Mediencode 05042-30.

Bindung	Energie in kJ/mol	Länge in pm
H-H	436	74
C-C	348	154
C=C	614	134
C≡C	839	120
C-H	413	108

B4 Bindungsenergien und Bindungslängen

AUSWERTUNG

a) Recherchiere den Begriff „Bindungsenergie" (vgl. Kapitel 4.1).

b) Die Größe der Bindungsenergie hängt von verschiedenen Faktoren, wie der Bindungslänge und der Anzahl an Elektronenpaarbindungen, ab. Fasse für die genannten Faktoren die Abhängigkeit der Bindungsenergie jeweils in einem Je-desto-Satz zusammen.

c) In einem Online-Nachschlagewerk steht: „Die Dreifachbindung entspricht drei Einfachbindungen". Beurteile diese Aussage.

d) Zeichne mithilfe des Programms die Strukturformeln der Moleküle von Ethan, Ethen und Ethin. Erstelle ausgehend von den 3D-Animationen im Menü unter „Jmol" durch die Funktion „MEP surface opaque" bzw. „MEP-Oberfläche undurchsichtig" jeweils die Darstellung der ladungscodierten Elektronendichteoberfläche. Beschreibe und vergleiche die drei Animationen.

Zum Üben und Weiterdenken

A1 Ordne den folgenden Molekülen begründet Bindungsenergien und Bindungslängen zu.

Bindungsenergien: -567 kJ/mol; -366 kJ/mol; -298 kJ/mol; -431 kJ/mol;

Bindungslängen: 160 pm; 92 pm; 141 pm; 128 pm

Molekülformel	Bindungsenergie in kJ/mol	Bindungslänge in pm
HF		
HCl		
HBr		
HI		

A2 Die Abbildung zeigt die Elektronendichteverteilung eines Brom-Moleküls.

Formuliere mit der folgenden Wortliste einen Sachtext zur Entstehung einer Elektronenpaarbindung im Brom-Molekül:
erhöht, Elektronenwolken, gemeinsam, Atomorbitale, bindenden, Bindungselektronenpaar, Molekülorbital, Atomkerne, einfach besetzte, verschmelzen

A3 Für Verbindungen mit der Molekülformel C_8H_{18} gibt es verschiedene Konstitutionsisomere.

a) Definiere den Begriff Konstitutionsisomerie.

b) Zeichne die Strukturformel des Konstitutionsisomers mit der kürzesten Hauptkette und gleichzeitig den meisten Methylgruppen in den Seitenketten.

c) Gib den systematischen Namen dieser Verbindung an.

A4 Die Molekülformel von Hexen ist C_6H_{12}. Hinter dieser verbergen sich mehrere unverzweigte Isomere des Hexens. Gib jeweils die Halbstrukturformel an und benenne die Kohlenwasserstoff-Moleküle.

A5 Erstelle in einem Computerprogramm die Valenzstrichformel zu folgenden Moleküldarstellungen. Überprüfe dein Ergebnis mithilfe des Programms. *Hinweis:* Bei Kalotten-Modellen sind ggf. nicht alle Atome des Moleküls zu sehen.

1)

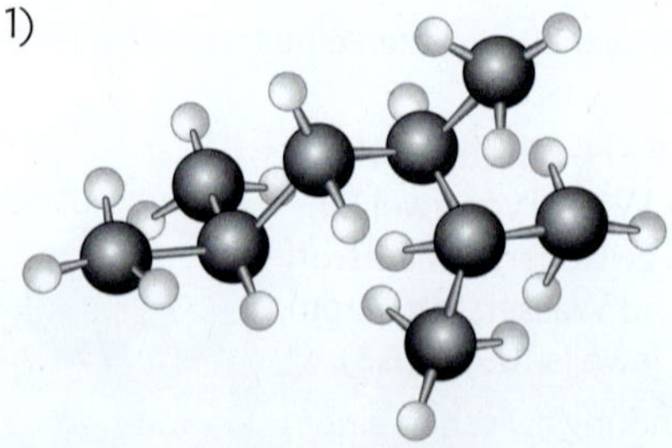

2)

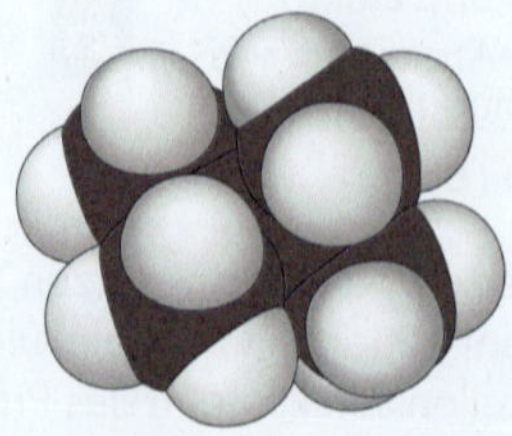

A6 Zeichne die Strukturformeln folgender Alkane:

- 1,2-Dimethylpropan
- 2-Ethyl-3-methylpentan
- 2-Methyl-2-propylbutan.

Diese Verbindungen wurden falsch benannt. Erkenne den jeweiligen Fehler und benenne sie richtig. Nutze anschließend ein Strukturformelprogramm und kontrolliere deine Benennung.

A7 Die folgenden Verbindungen sind Isomere von verschiedenen *n*-Alkanen:

- 2,2,4-Trimethylpentan
- 3,4-Diethyl-2-methylheptan
- 2,2-Dimethylpropan

a) Stelle die Halbstrukturformeln dieser Verbindungen auf.

b) Ordne den einzelnen Verbindungen jeweils das zugehörige isomere *n*-Alkan zu.

A8 Eine Übungsaufgabe im Fach Chemie lautet: Zeichne möglichst viele Halbstrukturformeln zur Molekülformel C_5H_{12}.

Im Heft deiner Sitznachbarin bzw. deines Sitznachbarn findest du folgenden Eintrag:

1) $H_3C-CH_2-CH_2-CH_2-CH_3$

2) 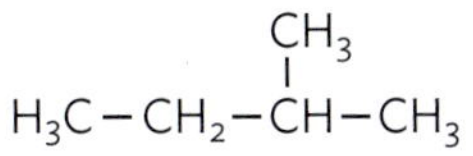

5) 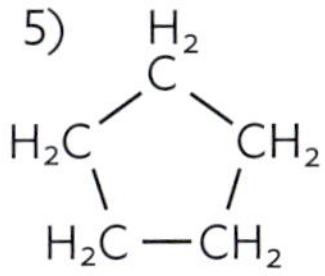

3) 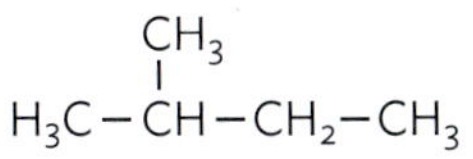

6) 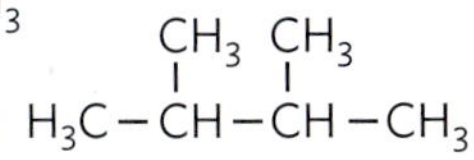

4) 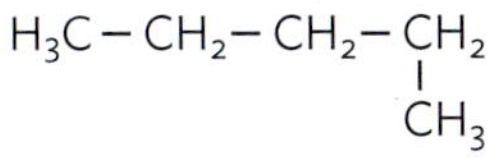

a) Erkläre, wie viele der Halbstrukturformeln tatsächlich passen und begründe, weshalb einige Antworten falsch sind.

b) Entscheide, ob es noch weitere Möglichkeiten gibt. Wenn ja, gib den Namen des Moleküls nach IUPAC an.

A9 Benenne die beiden Verbindungen a) und b). Wende dazu die IUPAC-Regeln an.

a) 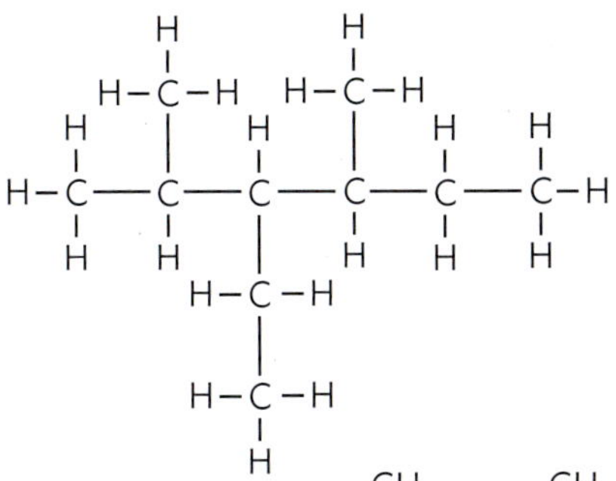

b) 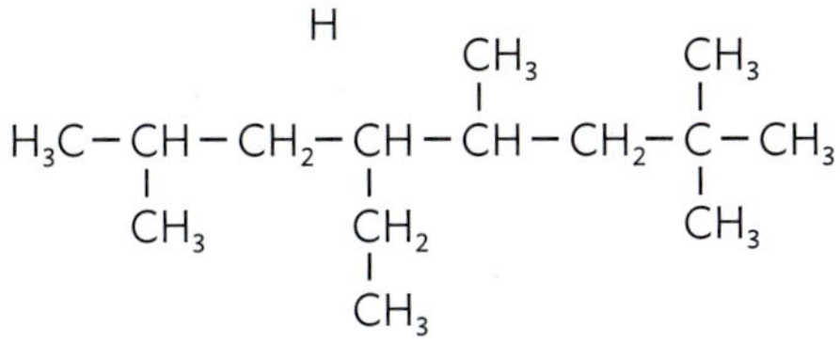

A10 Ein Kohlenwasserstoff aus unverzweigten Molekülen heißt Hexapentacontan. In einem Hexapentacontan-Molekül sind 56 Kohlenstoff-Atome. Stelle die zugehörige Molekülformel auf.

A11 Die chemische Analyse eines Alkans hat folgende Befunde ergeben:

- Das Molekül enthält 12 Kohlenstoff-Atome.
- Die längste Kette ist 6 Kohlenstoff-Atome lang.
- Man erkennt 5 Alkyl-Reste, tatsächlich sind es jedoch nur zwei verschiedene.
- Am dritten Kohlenstoff-Atom gibt es sogar mehrere Reste, wovon ein Rest zwei Kohlenstoff-Atome enthält.
- Dies ist jedoch die einzige Mehrfachverzweigung im gesamten Molekül.

Leite die Strukturformel ab und benenne das hier beschriebene Alkan nach den IUPAC-Regeln.

A12 Als *E*/*Z*-Isomerie wird in der Chemie eine spezielle Form der Konfigurationsisomerie bezeichnet.

a) Recherchiere die Bedeutung des Begriffes Konfigurationsisomerie.

b) Erkläre unter Verwendung geeigneter Formeldarstellungen den Begriff der *E*/*Z*-Isomerie am Beispiel des Pent-2-ens.

c) Leite aus dem Namen die Stoffklasse ab, zu der dieser Kohlenwasserstoff gehört.

d) Gib die Molekülformel des Kohlenwasserstoffs an.

A13 Von einem Kohlenwasserstoff sind folgende Daten bekannt:

- Aggregatzustand: gasförmig
- Molekülmasse: 42 u
- Bromwasser-Probe: positiv
- Bindungswinkel: 109,5 ° und 120 °

a) Zeichne eine mögliche Strukturformel für diesen Kohlenwasserstoff. Markiere alle Atome, die in einer Ebene liegen, mit einem Stern. Achte auf eine saubere, übersichtliche Darstellung unter Berücksichtigung der räumlichen Gegebenheiten.

b) Benenne diesen Kohlenwasserstoff systematisch.

M1 Modellversuch mit Luftballons

Es ist nicht immer einfach, sich die räumliche Ausdehnung von Molekülen vorzustellen. Modelle können dabei helfen, Fragen zu beantworten, wie z. B.: Welche Rolle spielen nicht-bindende Elektronenpaare bei der räumlichen Anordnung der Atome eines Moleküls?

A1 Zeichne die Strukturformeln der Moleküle CH_4, NH_3 und H_2O und bestimme die Anzahl der bindenden und nicht-bindenden Elektronenpaare am Zentralatom (C, N bzw. O).

A2 Stelle die bindenden und nicht-bindenden Elektronenpaare am Zentralatom durch verschiedenfarbige Ballons dar. Kleine rote Luftballons symbolisieren die bindenden Elektronenpaare und größere blaue Luftballons die nicht-bindenden Elektronenpaare. Halte diese Ballons am Knoten fest. Deine Finger symbolisieren das Zentralatom (C, N bzw. O) des Moleküls.

a) Ordne mit deiner freien Hand die Luftballons so um deine Finger an, dass sie den größtmöglichen Abstand zueinander haben (**B1**).

b) Beschreibe die räumliche Anordnung der Elektronenpaare um die Zentralatome bei den von dir erstellten Modellen.

A3 Der Bindungswinkel beträgt 109,5° bei CH_4, 107° bei NH_3 und 104,5° bei H_2O. Begründe die abnehmenden Bindungswinkel in diesen Molekülen mithilfe des Luftballonmodells.

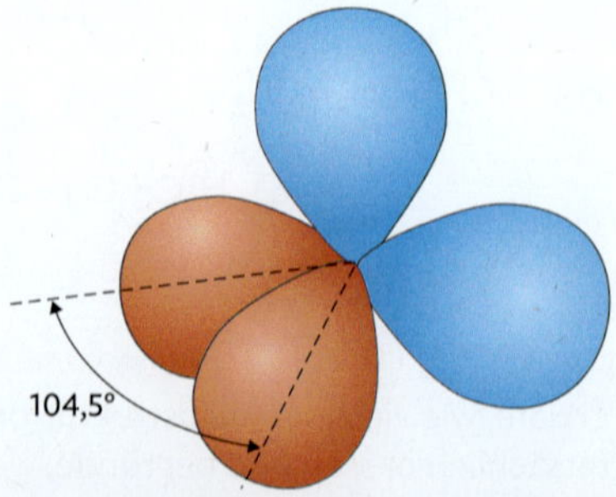

B1 Beispiel der Anordnung der bindenden und nicht-bindenden Elektronenpaare am zentralen Atom im Luftballonmodell

M2 Bindungsenergien

Im Jahr 1924 entwickelte IRVING LANGMUIR ein Schweißverfahren, bei dem Wasserstoff-Moleküle in einem endothermen Vorgang in Wasserstoff-Atome gespalten werden. Der dafür nötige Energiebetrag wird in Form von elektrischer Energie bereitgestellt. An der Metalloberfläche des Werkstücks vereinigen sich die Wasserstoff-Atome wieder zu Wasserstoff-Molekülen. Hierbei wird die Bindungsenergie als Wärmeenergie freigesetzt (vgl. S. 88).

A1 Beurteile unter Zuhilfenahme der folgenden Tabelle, ob man die LANGMUIR-Fackel statt mit Wasserstoff auch mit anderen Gasen hätte betreiben können.

A2 Leite aus der Tabelle ab, wovon die Bindungsenergie abhängt. Formuliere einen „Je ..., desto ...“-Satz, der die Abhängigkeit beschreibt.

A3 Überprüfe durch Vergleich der Bindungsenergien von Fluor- und Chlor-Molekülen die Gültigkeit des Merksatzes.

Molekülformel	Valenzstrichformel	Bindungsenergie in kJ/mol	Temperatur in °C, bei der 1 % der Moleküle atomar vorliegt	Bindungslänge in pm
H_2	H–H	436	1627	74
F_2	$\vert\overline{\underline{F}}-\overline{\underline{F}}\vert$	159	440	142
O_2	O=O	498	1727	121
N_2	$\vert N\equiv N\vert$	945	2677	109
Cl_2	$\vert\overline{\underline{Cl}}-\overline{\underline{Cl}}\vert$	242	777	199
Br_2	$\vert\overline{\underline{Br}}-\overline{\underline{Br}}\vert$	193	577	228
I_2	$\vert\overline{\underline{I}}-\overline{\underline{I}}\vert$	151	407	267

M3 Erstellen von Erklärvideos zum Thema „molekulare Verbindungen"

Im Internet findet man Erklärvideos zu allen möglichen, auch chemischen Themen. Solche Videos sollen schwierige Sachverhalte einfach vermitteln. Erklärvideos lassen sich relativ einfach selbst erstellen, wobei einige Grundsätze beachtet werden sollten:

Checkliste zum Erstellen eines guten Erklärvideos

- ☐ Das Video braucht einen aussagekräftigen Titel.
- ☐ Inhalt sollte zum Inhalt des Chemieunterrichts und zum Lernniveau der Schülerinnen und Schüler passen.
- ☐ Das Video sollte sich auf wesentliche Aussagen beschränken.
- ☐ Schwierige Inhalte sollten wiederholt oder zusammengefasst werden.
- ☐ Denkschritte müssen deutlich gekennzeichnet werden, z. B. durch Nummerierungen oder Überschriften.
- ☐ Erklärungen sollen durch Bilder oder anderes anschauliches Material unterstützt werden.
- ☐ Fachbegriffe müssen korrekt verwendet werden.
- ☐ Die Sprache sollte verständlich und nicht zu komplex sein.
- ☐ Die Stimme des Sprechers sollte deutlich, lebendig und motivierend sein.

Durch das Erstellen eigener Videos kann man bekanntes Wissen vertiefen und neues erwerben.

Es gibt vier grundlegende Techniken zum Erstellen von Erklärvideos: die Bildschirmaufnahme (Screencast), die Legetricktechnik, den Vortrag vor der Kamera und das Stop-Motion-Video.

Bei der Bildschirmaufnahme wird mithilfe eines Screencast-Programms oder der Aufnahmefunktion eines Tablets der auf dem Bildschirm angezeigte Inhalt aufgenommen. Mithilfe eines Mikrofons (z. B. das des Handys) kann das Gezeigte kommentiert werden. Alternativ lassen sich Textfelder in das Video einarbeiten. Viele Screencast-Programme sind kostenlos.

Bei der Legetricktechnik werden vorbereitete Karten mit Schrift und Bildern genutzt, um den gesprochenen Inhalt visuell zu unterstützen.

Bei dem Vortrag vor Kamera steht der Vortragende im Zentrum. Erklärungen können mit Text und Zeichnungen am Whiteboard unterstützt werden. Bei Stop-Motion-Videos werden einzelne Bilder zu einem Film zusammengesetzt.

Für die drei letztgenannten Techniken können Videos z. B. mit einem Tablet und einem Stativ aufgenommen werden.

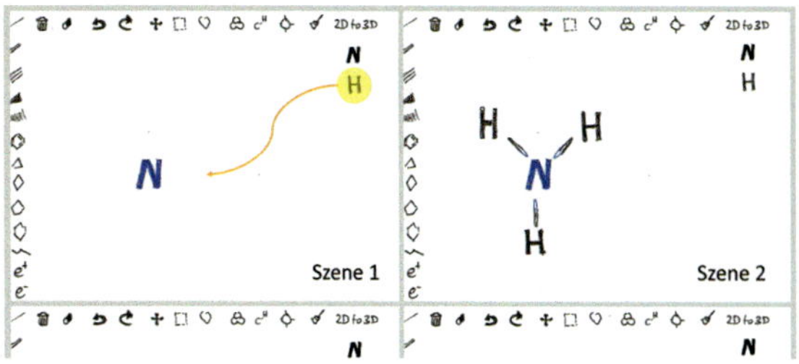

B3 Ausschnitt aus einem Storyboard für ein Erklärvideo

A1 Ein Erklärvideo sollte gut geplant sein. Hilfreich ist das Erstellen eines Storyboards, um den geplanten Ablauf kurz darzustellen (**B3**). Dafür werden die wichtigsten Szenen in der richtigen Reihenfolge skizzenhaft dargestellt. Zentrale Aussagen können in kurzen Sätzen ergänzt werden. Erstelle ein Storyboard für ein Erklärvideo, in welchem du den räumlichen Bau von Molekülen mithilfe der Materialien des Knetmodells (vgl. S. 96), erklären würdest.

A2 Selbst ein gutes Video kann alleine langweilig werden. Erstelle ein Quiz zu dem von dir entwickelten Erklärvideo über den räumlichen Bau von Molekülen.

A3 Erklärvideos stammen von Jugendlichen, Lehrkräften, Wissenschaftlern oder Youtubern. Die Beliebtheit der Videos zeigt sich durch „Klicks", „Views" und „Likes". Diese sagen meist nichts über die Qualität aus. Suche im Internet nach Erklärvideos zum Thema Benennung von Kohlenwasserstoffen nach IUPAC. Nutze die Checkliste, um mindestens zwei Videos zu beurteilen.

A4 Erstelle ein eigenes Erklärvideo, in dem du den Umgang mit einer Modellierungssoftware erklärst. Dafür eignet sich die Bildschirmaufnahme am besten. Du kannst dich inhaltlich an der Fachmethode „Moleküle am Computer darstellen" orientieren (vgl. **FM** S. 100 f.).

Alles im Blick: Kapitel 4

Das Orbitalmodell und die Elektronenpaarbindung (vgl. S. 90-94)

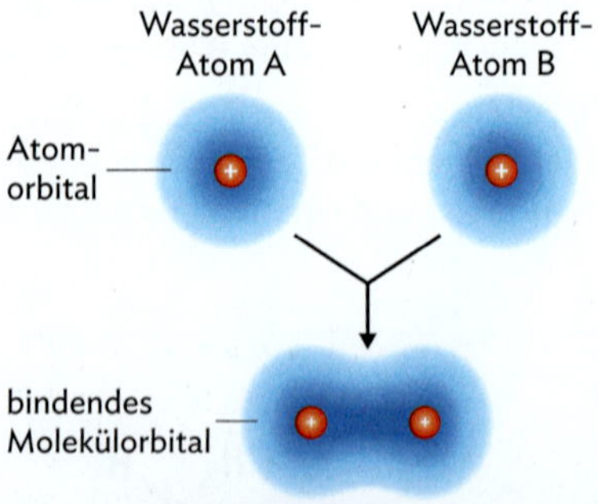

Antreffwahrscheinlichkeit der Elektronen zwischen den beiden Kernen erhöht => Bindung

Orbitale sind **Elektronenwolken**, in denen sich maximal zwei Elektronen mit 99 %-iger Wahrscheinlichkeit aufhalten. Bei der Bildung einer Elektronenpaarbindung überlappen zwei einfach besetzte **Atomorbitale** zu einem **Molekülorbital**. Dadurch ist die Antreffwahrscheinlichkeit der Bindungselektronen zwischen den beiden Atomkernen erhöht. Der energetische Unterschied zwischen den Atomorbitalen und dem Molekülorbital wird als **Bindungsenergie** freigesetzt.

Ein Valenzelektron ist durch einen Punkt und ein Valenzelektronenpaar durch einen Strich symbolisiert.

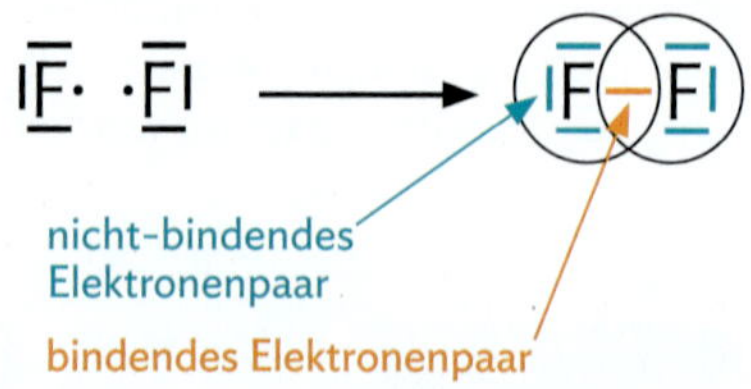

Elektronenpaare, die nicht an der Ausbildung der **Elektronenpaarbindung** beteiligt sind, werden als **nicht-bindende Elektronenpaare** bezeichnet. Rechnet man wechselweise das Bindungselektronenpaar den beiden Bindungspartnern zu, so ist deren Edelgaskonfiguration zu erkennen.

Die Edelgaskonfigurationen können Atome auch durch die Ausbildung von Mehrfachbindungen in Form von Doppel- und Dreifachbindungen erhalten. Dies gilt für Moleküle aus gleichen oder aus ungleichen Atomarten.

Der räumliche Bau von Molekülen (vgl. S. 96-101)

Die Grundlage zur Ermittlung des räumlichen Baus von Molekülen liefert das **Elektronenpaarabstoßungsmodell** (EPA-Modell). Dieses Modell geht davon aus, dass sich Atome räumlich um ein Zentralatom anordnen. Da sich die negativ geladenen Elektronenpaare abstoßen, werden sie zueinander den größtmöglichen Abstand einnehmen. Formal werden Mehrfachbindungen wie Einfachbindungen behandelt.

Dabei ergeben sich unterschiedliche Molekülgeometrien wie tetraedrisch, trigonal planar, linear.

Befinden sich am Zentralatom nicht-bindende Elektronenpaare, so kommt es aufgrund ihres größeren Raumbedarfs zu einer Verzerrung des geometrischen Grundkörpers. Die Bindungswinkel weichen vom Tetraederwinkel mit 109,5° ab.

Beispielmolekül	Methan	Methanal	Kohlenstoffdioxid	Ammoniak	Wasser
Strukturformel	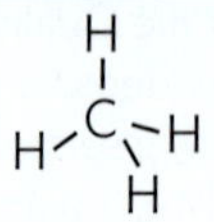	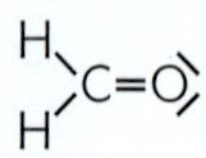	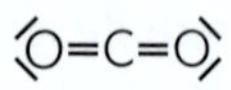	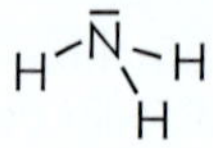	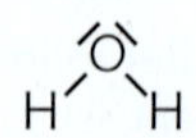
Kugel-Stab-Modell mit Bindungswinkel	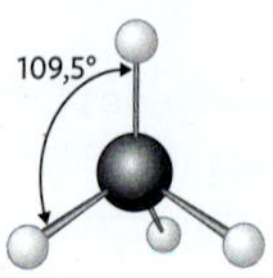	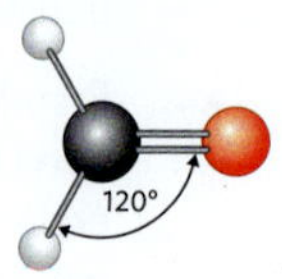	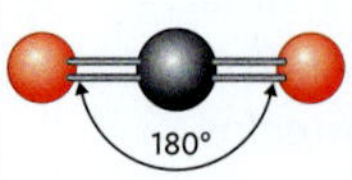	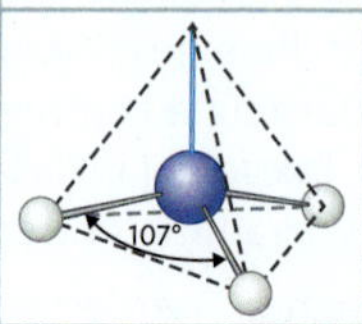	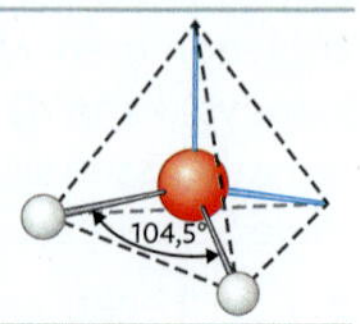
Strukturbezeichnung	tetraedrisch	trigonal planar	linear	trigonal pyramidal	gewinkelt

Formalladungen und Grenzformeln (vgl. S. 103-105)

Beim Erstellen einer Valenzstrichformel ist die Anzahl an Valenzelektronen eines ungeladenen Atoms mit der Anzahl an Valenzelektronen zu vergleichen, die dem gleichen Atom formal in einer Valenzstrichformel zugeordnet sind. Die Differenz wird als **Formalladung** am Atomartensymbol in der Valenzstrichformel angegeben. Die Summe der Formalladungen ergibt die tatsächlich vorhandene Ionenladung.

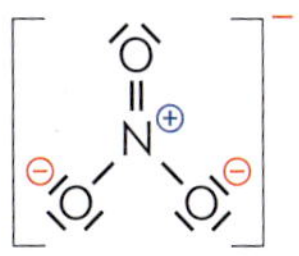

Kann die tatsächliche Elektronenverteilung im Molekül oder Molekülion nur mithilfe mehrerer Valenzstrichformeln wiedergegeben werden, so bezeichnet man dies als **Mesomerie**. In solchen Fällen sind mehrere **Grenzformeln** zu formulieren, die damit den Bereich der tatsächlichen Elektronenverteilung definieren.

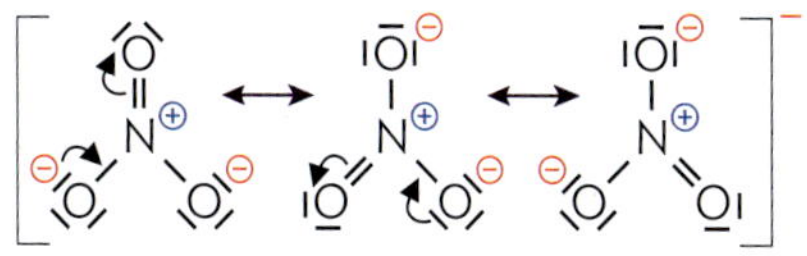

Kohlenwasserstoffe (vgl. S. 108-117)

Alkane sowie **Cycloalkane** bestehen aus Molekülen, deren Kohlenstoff-Atome stets über Einfachbindungen mit vier Bindungspartnern verbunden sind.

Bei **Alkenen** bzw. **Alkinen** liegt dagegen in den Molekülen eine Mehrfachbindung zwischen zwei Kohlenstoff-Atomen vor.

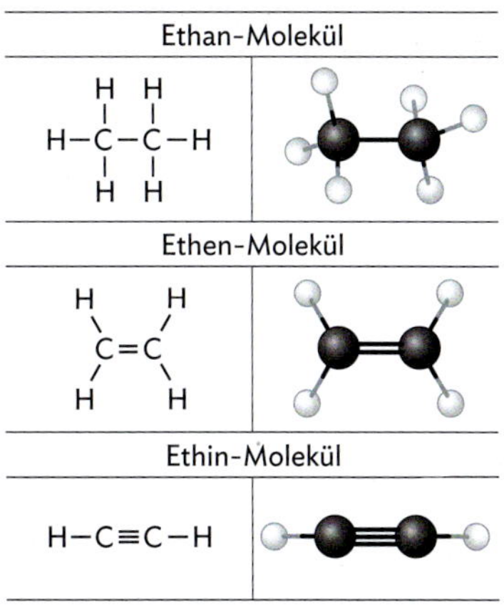

Bei Alkenen enthalten die Moleküle eine **Doppelbindung** zwischen zwei Kohlenstoff-Atomen. In Alkin-Molekülen liegt eine **Dreifachbindung** zwischen zwei Kohlenstoff-Atomen vor.

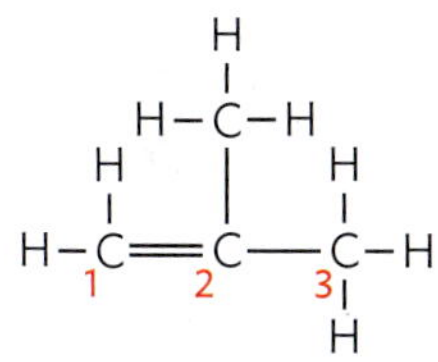

Neben den *n*-Kohlenwasserstoffen mit unverzweigten Molekülen gibt es auch Kohlenwasserstoffe mit verzweigten kettenförmigen Molekülen und Cyclo-Kohlenwasserstoffe mit ringförmigen Molekülen.

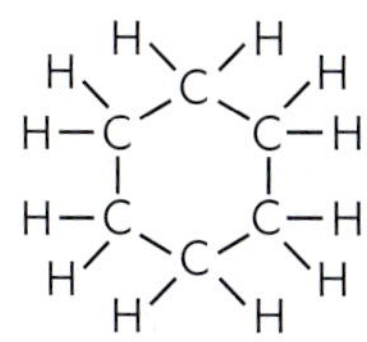

Isomerie bei Kohlenwasserstoff-Molekülen (vgl. S. 117-118)

Isomerie nennt man das Auftreten mehrerer Moleküle mit gleicher Molekülformel, aber unterschiedlichem Molekülbau.

Als **Konstitutionsisomerie** bezeichnet man das Auftreten mehrerer Moleküle mit gleicher Molekülformel, aber unterschiedlicher Verknüpfung der Atome im Molekülbau.

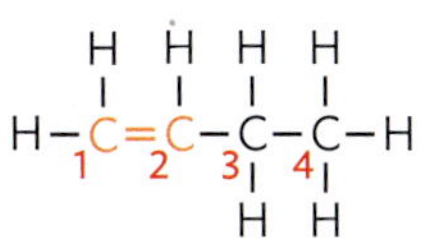

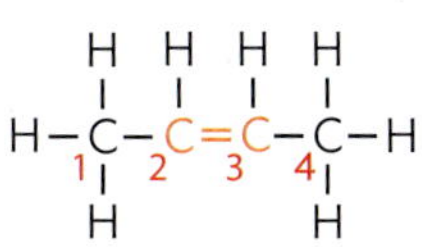

Als ***E*/*Z*-Isomerie** bezeichnet man die unterschiedliche räumliche Anordnung von Atomen in einem Molekül, die auf der fehlenden Drehbarkeit um eine Doppelbindung zwischen zwei Kohlenstoff-Atomen beruht.

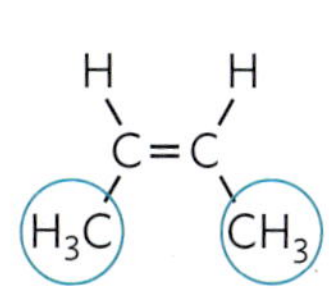

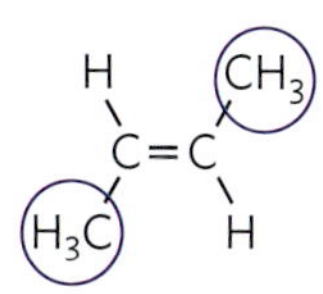

Ziel erreicht?

Überprüfung

Hast du das Ziel dieses Kapitels erreicht? Löse die entsprechenden Aufgaben. Ein Arbeitsblatt findest du unter QR-/Mediencode 05042-32. Bewerte dich mithilfe der Tabelle rechts unten. Die Lösungen zu den Aufgaben stehen auf S. S. 200/201.

05042-32

Die Bindung von Atomen in Molekülen durch Orbitalüberlappung erklären

A1 Überprüfe die folgenden Aussagen aus einem Schüler-Wiki und korrigiere sie, wenn nötig.

a) „Im Atomorbital halten sich Elektronen mit 50 % Wahrscheinlichkeit auf."

b) „Jedes Orbital kann maximal zwei Elektronen enthalten."

c) „Bei Annäherung von zwei Wasserstoff-Atomen bleibt die potenzielle Energie gleich."

A2 Erkläre das Zustandekommen der Elektronenpaarbindung unter Verwendung der angegebenen Wortliste: Atomorbital, Molekülorbital, Antreffwahrscheinlichkeit, Abstoßungskräfte, Anziehungskräfte, Bindungsenergie.

Die Bindigkeit von Nichtmetall-Atomen vorhersagen und Valenzstrichformeln aufstellen

B1 Erstelle je eine Valenzstrichformel unter Angabe möglicher Formalladungen für die gegebenen Moleküle und Molekül-Ionen:

a) CO_3^{2-}, b) H_2SO_4, c) PO_4^{3-}, d) SO_2

B2 Ein Molekül ist gleichmäßig aufgebaut und besteht aus einem Schwefel-Atom und drei Sauerstoff-Atomen. Im Molekül treten vier Formalladungen auf. Ermittle die Valenzstrichformel und überprüfe, ob das Molekül nach außen hin geladen ist.

Den räumlichen Bau von Molekülen durch Anwendung des EPA-Modells herleiten und Bindungswinkel abschätzen

C1 Erstelle für die folgenden Moleküle die Strukturformeln und gib jeweils den räumlichen Bau an: a) OBr_2, b) CF_3Cl, c) CF_2S, d) H_2C_2

C2 Die Abbildung zeigt eine vereinfachte Orbitaldarstellung bindender (orange) und nicht bindender Elektronenpaare (blau). Erläutere, welche Regel des EPA-Modells mit dieser Darstellung veranschaulicht werden kann.

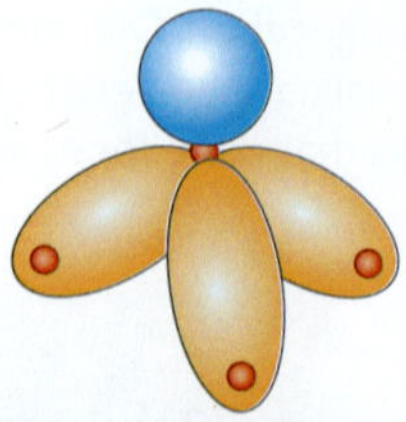

Mesomere Grenzformeln erstellen

D1 Zeichne alle möglichen Valenzstrichformeln für ein Diwasserstoffsulfid-Molekül (H_2S) und ein Schwefeldioxid-Molekül (SO_2) und begründe mithilfe der Beispiele, warum und für welche Moleküle Grenzformeln notwendig sind (*Hinweis*: Beachte die Regeln des EPA-Modells).

D2 In einem digitalen Chemielehrbuch ist die Elektronendichteoberfläche für das Nitrit-Ion, NO_2^- wie rechts dargestellt. Erstelle die Grenzformeln eines Nitrit-Ions und vergleiche beide Darstellungen. Begründe, welche Darstellungsweise die tatsächliche Elektronenverteilung am besten wiedergibt.

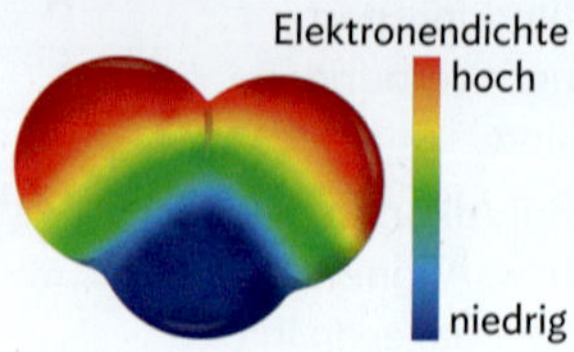

Aus systematischen Namen von Kohlenwasserstoff-Molekülen die Strukturformeln erstellen und umgekehrt

E1 Gib die Strukturformeln der Moleküle der folgenden Kohlenwasserstoffe an:

2,3,4,4-Tetramethylhexan,

2-Methylbuta-1,3-dien

Pent-1-en-4-in

E2 Benenne die folgenden Moleküle und ordne sie begründet der Stoffklasse der Alkane, Alkene oder Alkine zu.

1)

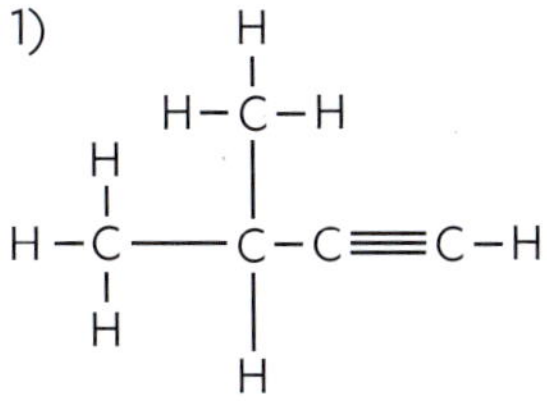

2)

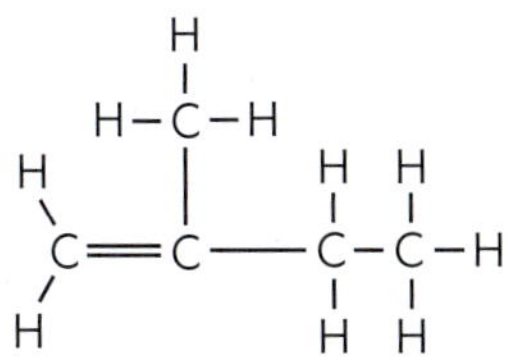

3)

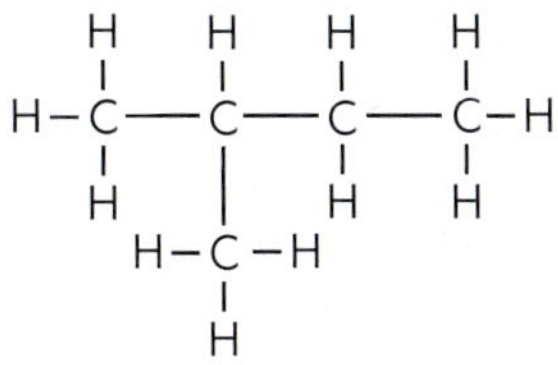

E3 Auf einer Internet-Plattform für Fragen zur Chemie findet sich folgender Eintrag: „Wie sieht die Halbstrukturformel von 2,2-Dimethyl-3,4-diethylpentan aus?"

Beziehe zu dieser Frage kritisch Stellung, indem du die Strukturformel zeichnest und die korrekte Bezeichnung angibst.

Formeldarstellungen für Moleküle ineinander umwandeln und die geeignete Darstellung auswählen

F1 Erstelle für 2,2,3,3-Tetramethylbutan neben der Molekülformel auch die Halbstrukturformel.

F2 Übersetze das folgende Kugel-Stab-Modell in die Molekül- und Halbstrukturformel. Benenne außerdem das Molekül.

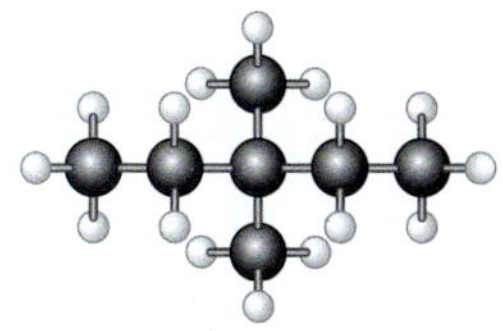

F3 Wähle für folgende Situation eine geeignete Formel aus. Du willst im Molekül ...

a) die Verknüpfungen zwischen den Atomen und die nicht-bindenden Elektronenpaare darstellen.

b) die räumliche Anordnung der Atome darstellen.

c) die Art und Anzahl der Atome darstellen.

Auswertung

Vergleiche deine Antworten mit den Lösungen auf S. 200/201 und kreuze auf dem Arbeitsblatt an.

	Ich kann ...	ja	nein	lies nach auf Seite
A	die Bindung von Atomen in Molekülen durch Orbitalüberlappung erklären.			90–92
B	die Bindigkeit von Nichtmetall-Atomen vorhersagen und Valenzstrichformeln aufstellen.			93–95, 103
C	den räumlichen Bau von Molekülen durch Anwendung des EPA-Modells herleiten und Bindungswinkel abschätzen.			98 f.
D	mesomere Grenzformeln erstellen.			104 f.
E	aus systematischen Namen von Kohlenwasserstoff-Molekülen die Strukturformeln erstellen und umgekehrt.			108–110, 112 f., 116 f., 120 f.
F	Formeldarstellungen für Moleküle ineinander umwandeln und die geeignete Darstellung auswählen.			111

5 Wechselwirkungskonzept – Anziehung zwischen Teilchen

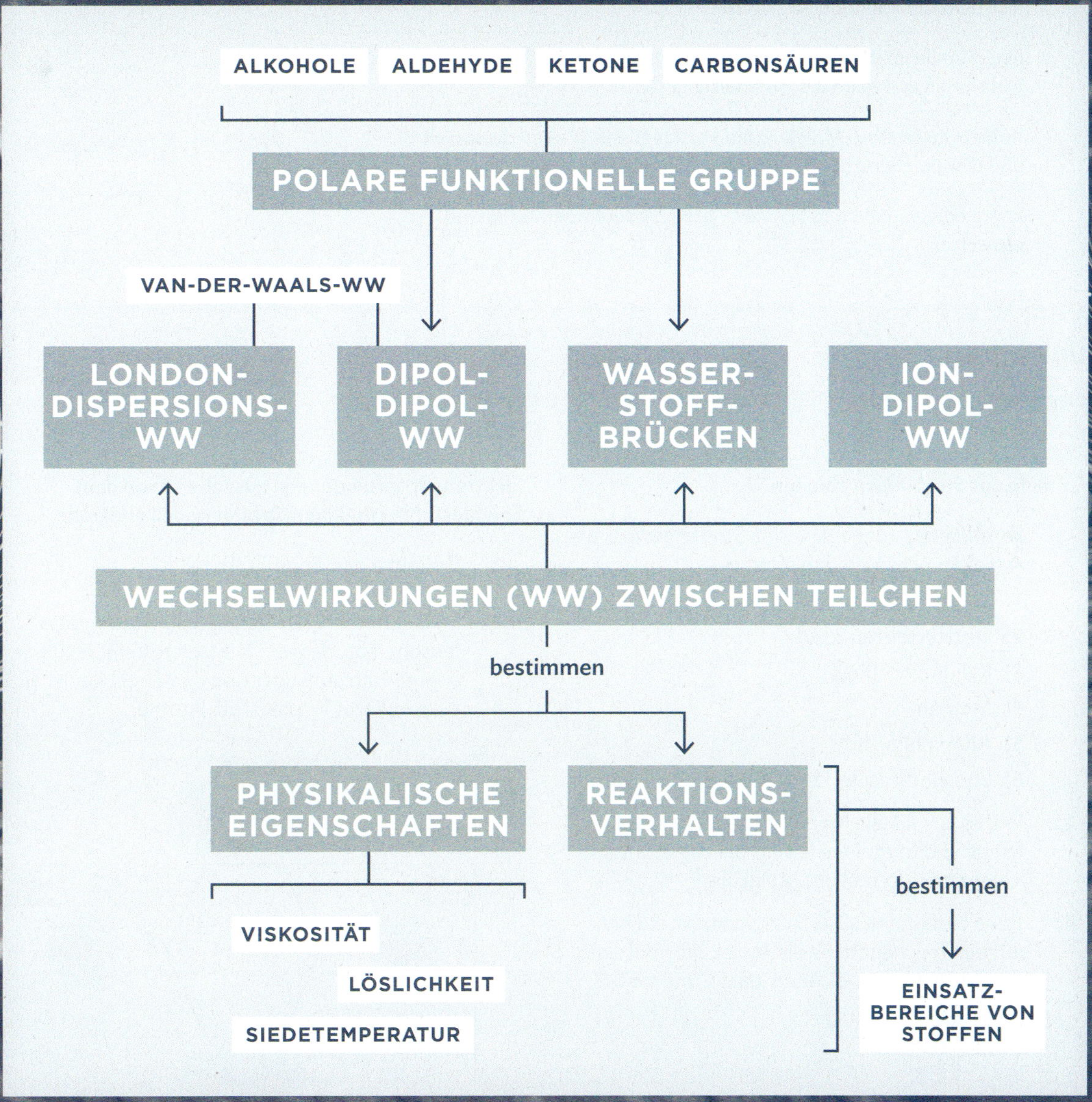
ALKOHOLE
ALDEHYDE
KETONE
CARBONSÄUREN
POLARE FUNKTIONELLE GRUPPE
VAN-DER-WAALS-WW
LONDON-DISPERSIONS-WW
DIPOL-DIPOL-WW
WASSER-STOFF-BRÜCKEN
ION-DIPOL-WW
WECHSELWIRKUNGEN (WW) ZWISCHEN TEILCHEN
bestimmen
PHYSIKALISCHE EIGENSCHAFTEN
REAKTIONS-VERHALTEN
bestimmen
VISKOSITÄT
LÖSLICHKEIT
SIEDETEMPERATUR
EINSATZ-BEREICHE VON STOFFEN

Startklar?

Selbsteinschätzung

Schätze dich selbst ein: Wie gut sind deine Kenntnisse in den Bereichen A bis E?
Kreuze auf dem Arbeitsblatt unter QR-/Mediencode 05042-33 an!

05042-33

	Ich kann ..	prima	ganz gut	es fällt mir schwer
A	Formeln aus Stoffnamen ableiten.			
B	Elektronenpaarbindungen ausgehend von dem Energiestufen- und dem Orbitalmodell erklären.			
C	den räumlichen Bau von Molekülen nach dem Elektronenpaarabstoßungsmodell ableiten.			
D	Kohlenwasserstoff-Moleküle auf verschiedene Weisen darstellen und entsprechend der IUPAC-Regeln benennen.			
E	Energiediagramme und Schmelz- bzw. Siedetemperaturkurven auswerten.			

Überprüfung

Liegst du richtig? Bearbeite die folgenden Aufgaben zu jedem Bereich.

Formeln aus Stoffnamen ableiten

A1 Formuliere zu den folgenden Stoffen jeweils die Molekül- oder Verhältnisformel.

1) Ethen
2) Distickstofftetraoxid
3) Kaliumphosphat
4) Methan
5) Aluminiumoxid
6) Phosphortrichlorid

A2 Wähle aus A1 alle molekular gebauten Stoffe aus und formuliere jeweils die zugehörige Valenzstrichformel des Moleküls.

A3 Rene behauptet: „Das Salz Calciumiodid hat auf der Teilchenebene die Molekülformel CaI“. Nimm Stellung zu dieser Aussage und verbessere sie gegebenenfalls.

Elektronenpaarbindungen ausgehend von dem Energiestufen- und dem Orbitalmodell erklären

B1 Definiere den Begriff Orbital.

B2 Erkläre mithilfe des dargestellten Energiestufenschemas, dass ein Wasserstoff-Molekül energetisch günstiger und damit stabiler ist als zwei isolierte Wasserstoff-Atome.

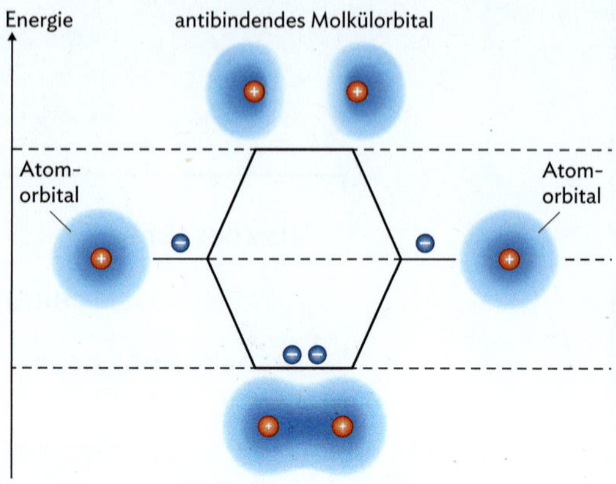

Den räumlichen Bau von Molekülen nach dem EPA-Modell ableiten

C1 Gib für die vier gasförmigen Stoffe Chlormonofluorid ClF, Sauerstoffdifluorid OF_2, Phosphortrifluorid PF_3 und Siliciumtetrafluorid SiF_4 die Strukturformeln an. Nenne den räumlichen Bau ihrer Moleküle.

C2 Die Abbildung zeigt ein Phosphortribromid-Molekül. Benenne den räumlichen Bau des Moleküls nach dem EPA-Modell und mache begründete Aussagen über die zu erwartenden Bindungswinkel im Molekül.

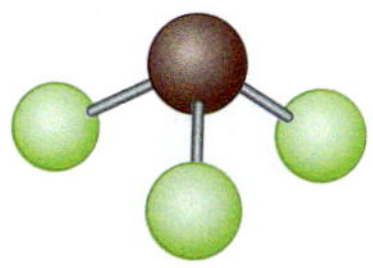

Kohlenwasserstoff-Moleküle auf verschiedene Weisen darstellen und entsprechend der IUPAC-Regeln benennen

D1 Dargestellt sind die Skelettformeln zweier Kohlenwasserstoff-Moleküle.

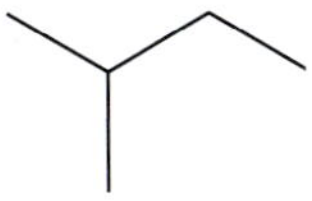

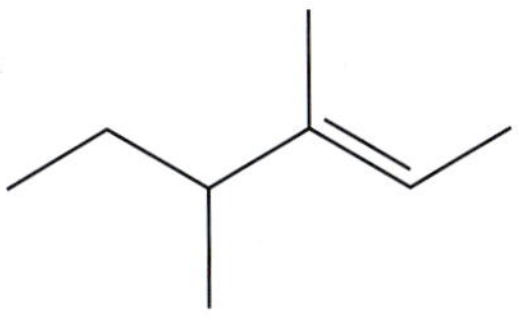

a) Benenne die dargestellten Moleküle nach den IUPAC-Regeln.

b) Formuliere die Halbstrukturformeln der beiden dargestellten Moleküle.

c) Bestimme begründet alle in den Molekülen auftretenden Bindungswinkel.

Energiediagramme und Schmelz- bzw. Siedetemperaturkurven auswerten

E1 Misst man ab dem Anzünden einer Stearin(säure)-Kerze die Temperatur im Wachs, so ergibt sich der dargestellte Temperaturverlauf. Erkläre die Vorgänge auf Stoff- und Teilchenebene während des dargestellten Zeitraums.

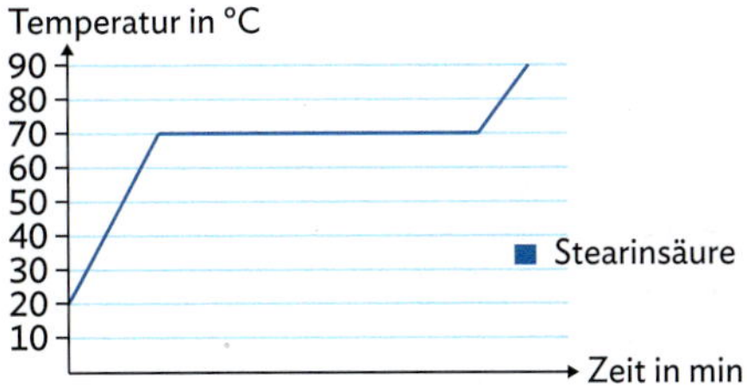

E2 Beschreibe kurz das folgende Energiediagramm und erläutere auf der Basis der Informationen aus dem Diagramm, wie man experimentell vorgehen muss, um Kupfer(II)-sulfat herzustellen.

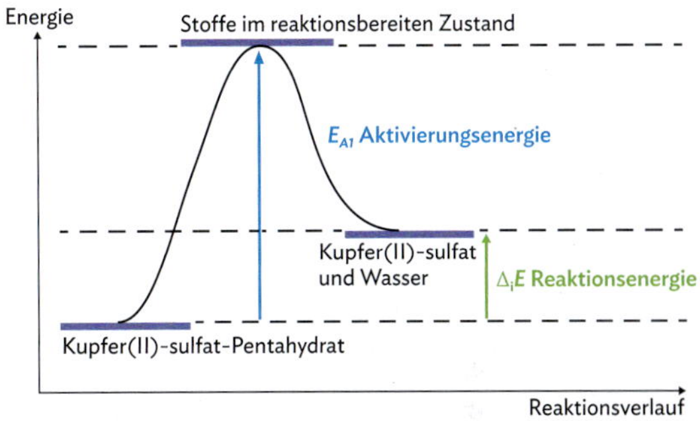

Auswertung

Hast du dich richtig eingeschätzt? Vergleiche deine Antworten mit den Lösungen auf S. 202. Gib dir jeweils die entsprechende Punktzahl und trage sie auf dem Arbeitsblatt ein.

	Ich kann ...	prima	ganz gut	mit Hilfe	lies nach auf Seite
A	Formeln aus Stoffnamen ableiten.	13-11	10-8	7-4	13, 15, 95
B	Elektronenpaarbindungen ausgehend von dem Energiestufen- und dem Orbitalmodell erklären.	6	5	4	90-92
C	den räumlichen Bau von Molekülen nach dem Elektronenpaarabstoßungsmodell ableiten.	11-10	9-8	7-5	98 f.
D	Kohlenwasserstoff-Moleküle auf verschiedene Weisen darstellen und entsprechend der IUPAC-Regeln benennen.	8	7-6	5-4	97-99, 111-113, 120 f.
E	Energiediagramme und Schmelz- bzw. Siedetemperaturkurven auswerten.	7	6	5-4	10, 12

5.1 Kräftemessen der Atome

Schauplatz Natur: Der Stärkere gewinnt im Wettkampf um begehrtes Futter. Schauplatz Tauziehen: Das kräftigere Team gewinnt, gleich starke Teams ziehen das Seil gleich stark und verharren auf der Stelle. Schauplatz Moleküle: Gibt es auch ein „Kräftemessen“ zwischen Atomen?

M1 Die Elektronenpaarbindung und LINUS PAULING

B1 LINUS PAULING (1901-1994)

Einer der bedeutendsten Naturwissenschaftler des 20. Jahrhunderts war der US-Amerikaner LINUS PAULING. Die Strukturanalyse und Modellierung von Molekülen und deren Elektronenpaarbindung waren Schwerpunkte seiner Forschungsarbeit.

Durch Vergleich der Bindungsenergien verschiedener Moleküle stellte er fest, dass Bindungen zwischen Atomen unterschiedlicher Atomarten fast immer stärker sind, als Bindungen zwischen zwei gleichartigen Atomen.

Nach PAULINGS Modellvorstellung teilen sich zwei gleichartige Atome, z. B. zwei Fluor-Atome, ein bindendes Elektronenpaar zwischen ihren Atomkernen. Beide Atomkerne ziehen dieses bindende Elektronenpaar aufgrund der identischen Kernladung mit gleicher Kraft an. Es herrscht demnach ein Kräftegleichgewicht zwischen den Bindungspartnern.

AUSWERTUNG

a) Wasserstofffluorid ist ein giftiges, stechend riechendes Gas. Erstelle die Valenzstrichformel für ein Wasserstofffluorid-Molekül.

b) PAULING führte 1932 die sogenannte Elektronegativität ein. Recherchiere eine Definition für diesen Begriff.

c) Beschreibe die Änderung der Elektronegativitätswerte innerhalb einer Hauptgruppe und innerhalb einer Periode (siehe PSE (atomartbezogen)).

d) Ermittle die Elektronegativitätswerte für das Wasserstoff- und das Fluor-Atom im Periodensystem der Atomarten und vergleiche die Werte miteinander.

M2 Die polare Elektronenpaarbindung – ein „Verhaltensexperiment"

In einem Molekül sind zwei Atome durch ein Elektronenpaar oder mehrere Elektronenpaare miteinander verbunden. Was passiert, wenn eines dieser Atome die Elektronen stärker anzieht?

Stellt in der Klasse folgende Situationen nach:

2.1 Zwei ungleich starke Schülerinnen bzw. Schüler stellen sich einander gegenüber. Sie halten mit beiden Händen jeweils das Ende eines Seils fest, müssen auf ihrer Position stehen bleiben und dürfen das Seil nicht los lassen. Beide versuchen, das Seil zu sich zu ziehen.

2.2 Stellt diese Situation erneut nach, dieses Mal sollten die beiden Kontrahenten jedoch gleich stark sein.

AUSWERTUNG

a) Übertrage die nachgestellten Szenen auf die Situation zwischen den Atomen des Wasserstoff-Moleküls und des Wasserstofffluorid-Moleküls. Erkläre mit chemischen Fachbegriffen, welche Rolle die Schülerinnen bzw. Schüler und das Seil dabei übernommen haben.

b) Bindungselektronen zwischen zwei Atomen können stärker zu einem der Atome verschoben sein. Leite die Auswirkungen auf das Molekül ab, das aus diesen Atomen aufgebaut ist (Hilfen QR-/Mediencode 05042-34).

05042-34

c) Überlegt euch, wie die Situation zwischen den Atomen im Wasser-Molekül mit einer vergleichbaren Anordnung in der Klasse nachgestellt werden kann.

M3 Die Verteilung von Elektronen im Molekül sichtbar machen

Wissenschaftler aus Zürich wollten sich nicht damit zufriedengeben, sich das „Kräftemessen" in Molekülen nur vorzustellen. Sie wollten es sichtbar machen. Das sogenannte Raster-Kelvin-Mikroskop hat es möglich gemacht.

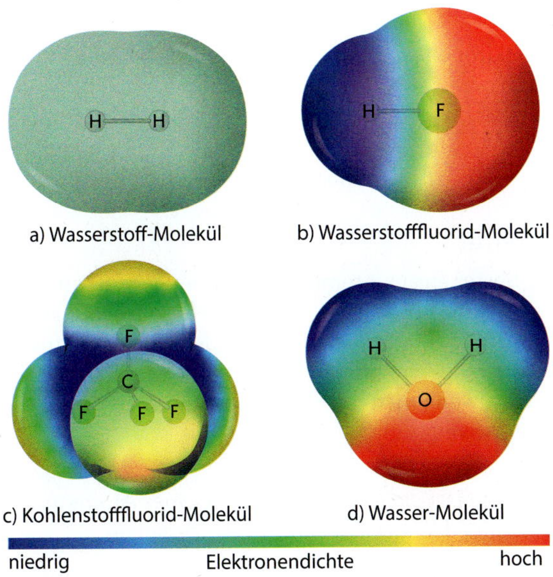

B2 Modelle verschiedener Moleküle erstellt mithilfe des Raster-Kelvin-Mikroskops

Dieses Mikroskop tastet Moleküle mithilfe einer unter Spannung stehenden Spitze ab. Nähert sich diese Spitze beispielsweise Elektronen, so beginnt sie zu schwingen. Die Bewegungen der Spitze werden von einem Programm verrechnet und ausgewertet. Auf diese Weise kann dann am Computer ein Modell des Moleküls in Form eines farbigen Bildes erstellt werden. Die unterschiedlichen Farben zeigen die ladungscodierte Elektronendichteverteilung in Molekülen an (vgl. Kap. 4.3).

AUSWERTUNG

a) Beschreibe die in **B2** dargestellten Moleküle hinsichtlich der Moleküloberfläche und Farbgebung.

b) Interpretiere die unterschiedliche Ladungsverteilung innerhalb der Moleküle, welche die Bilder b) bis d) des Raster-Kelvin-Mikroskops offenbaren. Gehe dabei auf die Überlegungen ein, die LINUS PAULING zum „Kräftemessen" zwischen zwei Atomen angestellt hat (**M1**).

c) Zeichne folgende Moleküle in der Valenzstrichformel und skizziere dann farbig deren Elektronendichteverteilung: Sauerstoff-Molekül, Wasserstoffchlorid-Molekül, Diwasserstoffsulfid-Molekül.

d) Überprüfe deine Skizzen aus **c)** mithilfe einer Modellierungssoftware (vgl. **FM** S. 100).

Die Polarität der Moleküle

Polare und unpolare Elektronenpaarbindungen

Die Elektronenpaarbindung und die Ionenbindung sind Grenztypen der chemischen Bindung. In den meisten Verbindungen herrschen Übergänge zwischen diesen beiden Bindungsarten.

Man spricht von einer **unpolaren Elektronenpaarbindung**, wenn die Moleküle aus gleichartigen Atomen aufgebaut sind, z. B. das Wasserstoff-Molekül (H_2) und das Fluor-Molekül (F_2). Die Elektronen sind gleichmäßig zwischen beiden Atomkernen verteilt, da beide Atome jeweils eine gleiche positive Kernladung haben.

Handelt es sich je um zwei unterschiedliche Atome, die eine Bindung miteinander eingehen, so können die Elektronen von den verschiedenen Atomkernen unterschiedlich stark angezogen werden, wie z. B. beim Wasserstofffluorid-Molekül. Das Fluor-Atom zieht die Elektronen stärker zu sich heran als das Wasserstoff-Atom. Dadurch ist die Elektronendichte beim Fluor-Atom höher. Die stärkere Anziehung der Elektronen durch das elektronegativere Fluor-Atom wird mit einem Pfeil in dessen Richtung oberhalb der Bindung dargestellt. Am Fluor-Atom entsteht somit ein negativer Ladungsschwerpunkt, am Wasserstoff-Atom ein positiver. Man spricht von einer **polaren Elektronenpaarbindung**.

Ladungsschwerpunkte werden auch **Partialladung** genannt und mit dem griechischen Buchstaben δ („delta") abgekürzt. Das passende Vorzeichen für eine positive oder eine negative Partialladung wird ergänzt (**B2**).

	positive Partialladung	negative Partialladung
Symbolschreibweise	δ^+	δ^-
gesprochen	„delta plus"	„delta minus"

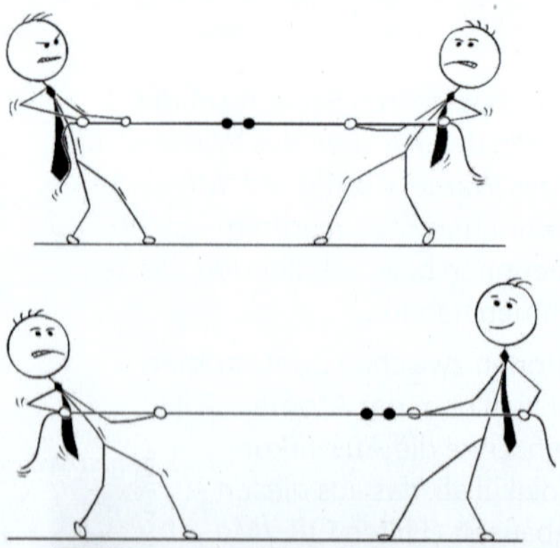

B1 Tauziehen als Modell für die gleich starke (oben) bzw. unterschiedlich starke (unten) Anziehung der Elektronen von den verschiedenen Atomkernen in einem Molekül

$$H-H$$

$$\overset{\delta^+}{H}-\overline{\underline{F}}|^{\delta^-}$$

B2 Vergleich des Wasserstoff-Moleküls mit dem Wasserstofffluorid-Molekül

> Bei einer polaren Elektronenpaarbindung sind in einem Molekül verschiedene Atome miteinander verbunden, wodurch es zu unterschiedlichen Ladungsschwerpunkten bzw. Partialladungen innerhalb des Moleküls kommt.

Die Elektronegativität

Die meisten Moleküle bestehen aus Atomen verschiedener Atomarten. In diesem Fall wirken Atomkerne unterschiedlich auf die Elektronenpaarbindung. Ist die Verteilung der Ladung innerhalb der Bindung unsymmetrisch, liegt eine polare Elektronenpaarbindung vor. Wie stark polar diese Bindung ist, kann man abschätzen, wenn man die **Elektronegativitäten** der an der Bindung beteiligten Atome vergleicht.

> Die Elektronegativität EN ist ein Maß für die Stärke eines Atoms in einem Molekül, bindende Elektronenpaare an sich zu ziehen.

Die Elektronegativitäten der Atome wurden aus Messergebnissen ermittelt. Sie sind als Vergleichszahlen im PSE (atomartbezogen) angegeben (**B3**).

H 2,1							He –
Li 1,0	Be 1,5	B 2,0	C 2,5	N 3,0	O 3,5	F 4,0	Ne –
Na 0,9	Mg 1,2	Al 1,5	Si 1,8	P 2,1	S 2,5	Cl 3,0	Ar –
K 0,8	Ca 1,0	Ga 1,6	Ge 1,8	As 2,0	Se 2,4	Br 2,8	Kr –
Rb 0,8	Sr 1,0	In 1,7	Sn 1,8	Sb 1,9	Te 1,9	I 2,5	Xe –
Cs 0,7	Ba 0,9	Tl 1,8	Pb 1,8	Bi 1,9	Po 2,0	At 2,2	Rn –
Fr 0,7	Ra 0,9						

B3 Elektronegativitätswerte nach PAULING

Die Stärke der Polarität

Die Differenz zwischen den Elektronegativitäten zweier Bindungspartner ist die **Elektronegativitätsdifferenz (ΔEN)**. Sie ist ein Maß für die Polarität der Bindung. Vereinfacht lässt sich die Art der Bindung wie folgt abschätzen (vgl. Info):

ΔEN ≤ 0,4: unpolare oder nahezu unpolare Elektronenpaarbindung

z. B. im Methan-Molekül: ΔEN(C–H) = EN(C) - EN(H) = 2,5 - 2,1 = 0,4

ΔEN > 0,4: deutlich polare Elektronenpaarbindung

z. B. im Wasser-Molekül: ΔEN(O–H) = EN(O) - EN(H) = 3,5 - 2,1 = 1,4

Bindende Elektronen werden etwa ab ΔEN > 1,7 von dem elektronegativeren Atom so stark angezogen, dass dieses als Anion vorliegt. Man spricht dann von einer Ionenbindung. Die Bindung im Wasserstofffluorid-Molekül hat folglich einen ionischen Charakter.

Je größer die Elektronegativitätsdifferenz (ΔEN) von zwei miteinander verbundenen Atomen verschiedener Atomarten ist, desto polarer ist die Bindung.

Info

Die Berechnung der Elektronegativitätsdifferenzen stellt ein grobes Hilfsmittel dar, um abschätzen zu können, ob eine unpolare Bindung, polare Bindung oder Ionenbindung vorliegt. Die im Text genannten Grenzwerte sind eine Orientierung, tatsächlich sind die Übergänge zwischen den Bindungsarten aber fließend.

Dipol-Moleküle

Beim Wasserstofffluorid-Molekül trägt die eine Seite des Moleküls eine positive, die andere Seite eine negative Partialladung. Die Anziehung der Elektronen durch das elektronegativere Atom erfolgt hier nur in eine Richtung (**B2** unten). Dadurch entstehen zwei unterschiedlich polarisierte Pole. Moleküle mit einer unsymmetrischen Ladungsverteilung nennt man **Dipol-Moleküle**.

Auch das Wasser-Molekül ist ein Dipol-Molekül (**B4**). Das elektronegativere Sauerstoff-Atom zieht die Bindungselektronen beider Bindungen an sich heran. Da die beiden polaren O–H-Bindungen im Wasser-Molekül einen Winkel bilden, ergänzen sich diese beiden Elektronenverschiebungen in dieselbe Richtung. Daraus resultieren zwei unterschiedlich polarisierte Pole innerhalb des Moleküls. Die freien Elektronenpaare am Sauerstoff-Atom verstärken diesen Effekt zusätzlich.

Damit ein Molekül als permanentes (dauerhaftes) Dipol-Molekül vorliegt, muss es eine polare Elektronenpaarbindung und eine unsymmetrische Ladungsverteilung aufweisen.

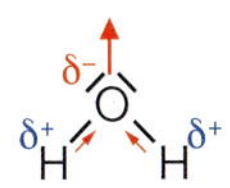

B4 Verteilung der Ladungsschwerpunkte im Wasser-Molekül

AUFGABEN

A1 Für die Edelgase sind im Periodensystem keine Elektronegativitätswerte eingetragen. Begründe dies.

A2 Die Größe des Atomradius folgt innerhalb der Periode und der Hauptgruppe einem Trend. Erkläre dieses Phänomen und überlege, inwiefern dies den Elektronegativitätswert beeinflusst (Hilfen QR-/Mediencode 05042-35).

05042-35

A3 Zeichne die Strukturformeln folgender Verbindungen in dein Heft und ordne den Atomen innerhalb der Moleküle ggf. Partialladungen zu: HI, HF, HCl, HBr. Ordne nach steigender Polarität.

Bindungs- und Molekülpolarität

Einfluss der Molekülstruktur auf die Molekülpolarität

Die Elektronendichteverteilung (vgl. S. 104) innerhalb einer Elektronenpaarbindung wird mithilfe der Elektronegativitätsdifferenz der beteiligten Atome bestimmt. Ist $\Delta EN > 0{,}4$, spricht man von einer deutlich polaren Bindung bzw. einer deutlich ausgeprägten **Bindungspolarität**. Die höhere Elektronendichte liegt auf der Seite des elektronegativeren Atoms (**B5**).

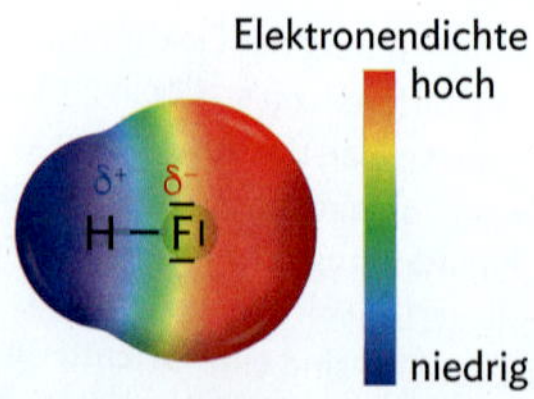

B5 Elektronendichteverteilung im Wasserstofffluorid-Molekül

Eine Bindungspolarität führt bei zweiatomigen Molekülen immer zu einem Dipol-Molekül. Bei mehratomigen Molekülen muss das nicht der Fall sein. Ein Beispiel hierfür ist das Kohlenstofftetrafluorid-Molekül (**B6**). Die Elektronegativitätsdifferenz der C–F-Bindung beträgt 1,5. Es liegt also eine polare Elektronenpaarbindung vor, in der das Kohlenstoff-Atom eine positive Partialladung (δ^+) trägt und die Fluor-Atome jeweils negative Partialladungen (δ^-) aufweisen. Alle Fluor-Atome ziehen die bindenden Elektronenpaare gleich stark in die Ecken eines Tetraeders. Die Einflüsse dieser polaren Bindungen heben sich aufgrund ihrer Symmetrie gegenseitig auf. Das Molekül liegt in seiner Gesamtheit nicht als Dipol-Molekül vor.

Im Ammoniak-Molekül liegen polare Elektronenpaarbindungen vor. Deren Einflüsse ergänzen sich durch die trigonal-pyramidale Molekül-Struktur zu einem positiven und einem negativen Pol. Das Ammoniak-Molekül ist ein Dipol-Molekül, d. h. es liegt **Molekülpolarität** vor. Dies zeigt sich auch, wenn man die Elektronendichteoberflächen der Moleküle vergleicht (**B6**).

Weisen zwei Bindungspartner eine Elektronegativitätsdifferenz größer als 0,4 auf, spricht man von deutlicher Bindungspolarität. Bei einem Molekül mit symmetrischer Struktur heben sich die Bindungspolaritäten auf. Bei einem unsymmetrisch gebauten Molekül führen sie zu Molekülpolarität, das Molekül ist ein Dipol-Molekül.

Info
Die Bindungspolarität und die Molekülpolarität kann man sich auch mithilfe von Modellierungssoftware in Molekülen anzeigen lassen (vgl. **FM** S. 100 f.). Häufig sind solche Programme auf Englisch. Folgende Übersetzung hilft dir, die richtigen Funktionen zu finden:
bond dipole (engl.) ≙ Bindungspolarität
overall dipole (engl.) ≙ Molekülpolarität
molecular electrostatic potential (MEP) (engl.): molekulares elektrostatisches Potenzial ≙ ladungscodierte Elektronendichteoberfläche

Kohlenstofftetrafluorid-Molekül	Ammoniak-Molekül
 	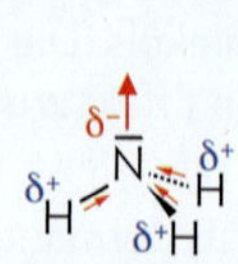 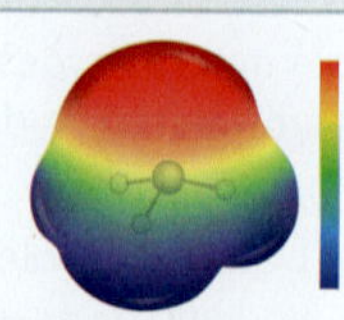
$\Delta EN(F{-}C) = 1{,}5$ ⟶ Bindungspolarität **symmetrische** Verschiebung der Elektronen innerhalb des Moleküls ⟶ keine Molekülpolarität	$\Delta EN(N{-}H) = 0{,}9$ ⟶ Bindungspolarität **unsymmetrische** Verschiebung der Elektronen innerhalb des Moleküls ⟶ Molekülpolarität

B6 Molekülpolarität in Abhängigkeit von der Molekülstruktur

FACHBEGRIFFE

die polare bzw. unpolare Elektronenpaarbindung, die Partialladung, die Elektronegativität, die Elektronegativitätsdifferenz (ΔEN), das Dipol-Molekül, die Bindungspolarität, die Molekülpolarität

AUFGABEN

A1 Zeichne ein lineares, ein trigonal planares, ein tetraedrisches und ein trigonal-pyramidales Molekül mit polarer Elektronenpaarbindung und markiere jeweils die Ladungsschwerpunkte.

A2 Erkläre die Begriffe Bindungs- und Molekülpolarität am Beispiel eines Kohlenstoffdioxid- und eines Wasser-Moleküls.

Die Polarität eines Moleküls ableiten

Die Polarität der Moleküle bestimmt die physikalischen und chemischen Eigenschaften eines Stoffes. Insofern ist es für die Arbeit einer Chemikerin oder eines Chemikers von großer Bedeutung zu wissen, ob die Teilchen eines Stoffes eine Polarität aufweisen (**B1**). Dies kann mithilfe der Elektronegativitäten der Atome und der Struktur- bzw. Keilstrichformel der Moleküle festgestellt werden.

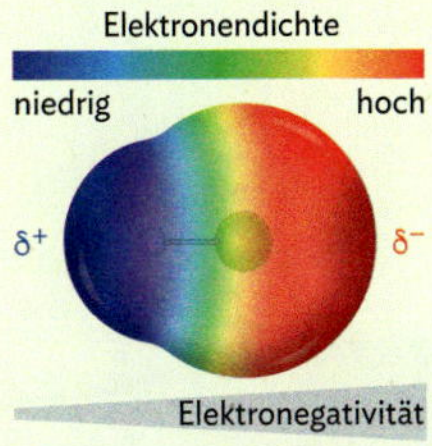

B1 Grafisch veranschaulichte Polarität eines Moleküls

So geht's

1. Stelle die Struktur- bzw. Keilstrichformel für das Molekül auf, dessen Polarität du untersuchen möchtest (vlg. **FM** S. 97). Achte auf eine korrekte Molekülstruktur, indem du die Regeln des EPA-Modells berücksichtigst.
2. Bestimme nun alle unterschiedlichen Atompaare in dem Molekül.
3. Ermittle für jedes dieser Paare die Elektronegativitätsdifferenz (ΔEN). Schlage hierfür die EN-Werte im PSE (atomartbezogen) nach. Es gilt annäherungsweise:

   $\Delta EN \leq 0{,}4 \longrightarrow$ unpolare Bindung

   $\Delta EN > 0{,}4 \longrightarrow$ polare Bindung
4. Schreibe bei polaren Bindungen jeweils über das Atom mit der niedrigeren Elektronegativität ein δ^+. Das Atom mit der höheren Elektronegativität kennzeichnest du mit einem δ^-. Unpolare Elektronenpaarbindungen werden nicht beschriftet.
5. Kennzeichne die Verschiebung der Bindungselektronen zum elektronegativeren Atom durch einen Pfeil. Entscheide aufgrund der Bindungspolaritäten und der Molekülstruktur, ob Molekülpolarität vorliegt:
   - Beispiel 1: Beide Sauerstoff-Atome ziehen die Bindungselektronen gleich stark an sich heran. Durch den linearen Bau des Kohlenstoffdioxid-Moleküls sind die negativen Partialladungen (δ^-) symmetrisch um die positive Partialladung (δ^+) am zentralen Kohlenstoff-Atom angeordnet und die Einflüsse dieser polaren Bindungen heben sich gegenseitig auf. Es liegt trotz EN-Differenz ein unpolares Molekül vor.
   - Beispiel 2: Im Fluormethan-Molekül zieht das Fluor-Atom die Bindungselektronen an sich. Aufgrund dieser einseitigen Verschiebung von Bindungselektronen handelt es sich beim Fluormethan-Molekül somit um ein Dipol-Molekül.

	Beispiel 1: Kohlenstoffdioxid-Molekül	Beispiel 2: Fluormethan-Molekül
1.	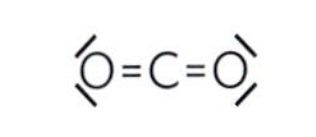	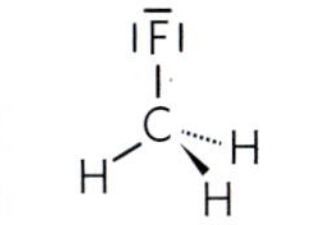
2.	C–O-Bindung	C–H-Bindung C–F-Bindung
3.	EN(C) = 2,5 EN(O) = 3,5 ΔEN(C–O) = 3,5 – 2,5 = 1,0 ⟶ polar	EN(C) = 2,5 EN(H) = 2,1 ΔEN(C–H) = 2,5 – 2,1 = 0,4 ⟶ unpolar EN(C) = 2,5 EN(F) = 4,0 ΔEN(C–F) = 4,0 – 2,5 = 1,5 ⟶ polar
4.	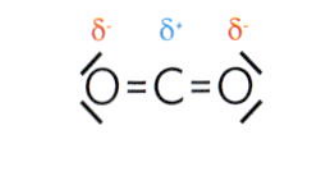	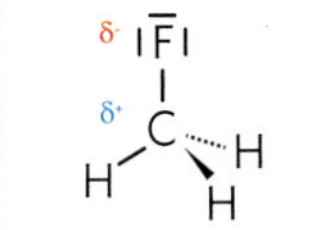
5.	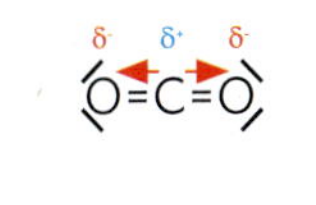	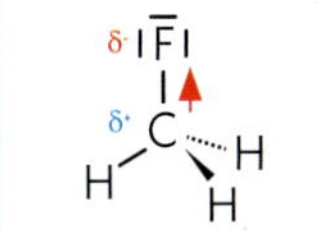

B2 Ermittlung der Polarität eines Moleküls

AUFGABEN

A1 Ordne die Bindungen P–Cl, O–Cl und S–I nach steigender Polarität.

A2 Leite schrittweise die Polarität folgender Moleküle ab: HCl, H_2O, $SiCl_4$, HNO_3, NaF, N_2H_4

A3 Beschreibe anhand des Modells in **B3** die Polarität des Kohlenstoffdioxid-Moleküls.

B3 Modell „Tauziehen" für das Kohlenstoffdioxid-Molekül

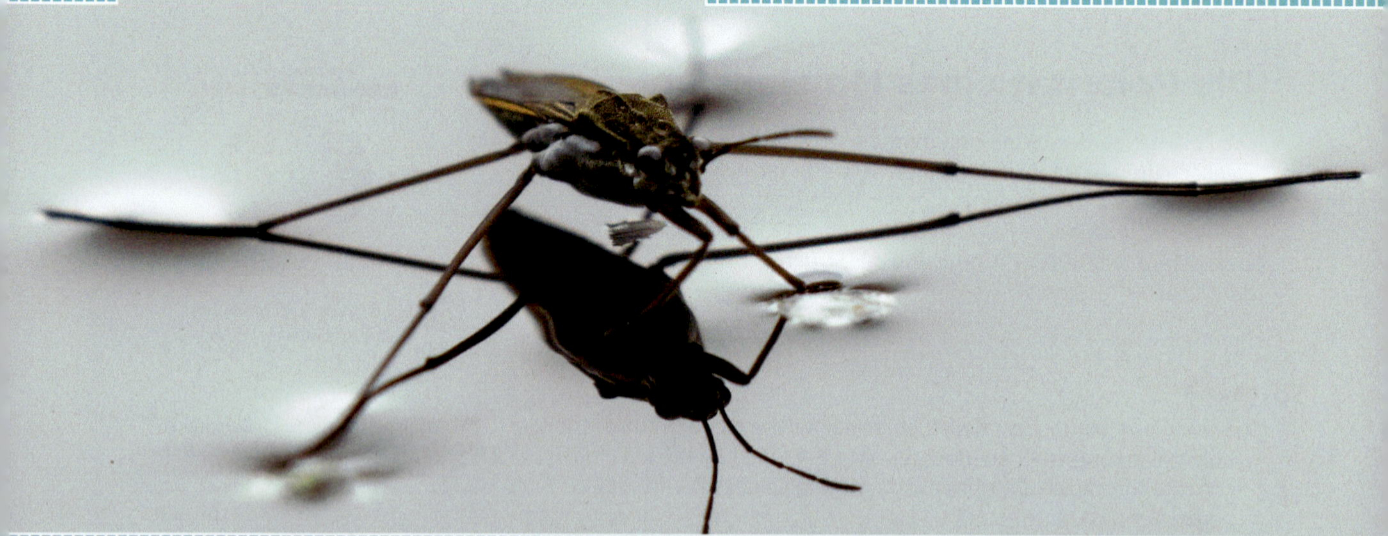

5.2 Wechselwirkungen zwischen Teilchen

Die Erde wird der „blaue Planet“ genannt. Mehr als zwei Drittel ihrer Oberfläche sind von Wasser bedeckt. Im Wasser der Meere nahm das Leben wahrscheinlich seinen Anfang. Auch unser Körper besteht zum Großteil aus Wasser. Was macht Wasser so besonders? Warum bildet es Tropfen und wie entsteht Eis?

V1 Experiment zur Unterscheidung von Wasser und Heptan

PROBLEM

Wasser und Heptan (C_7H_{16}) liegen bei Raumtemperatur flüssig vor. Welche Auswirkungen hat der Dipolcharakter der Wasser-Moleküle auf die Eigenschaften des Stoffs Wasser?

DURCHFÜHRUNG

1.1 Stelle den Wasserstrahl eines Wasserhahns sehr dünn ein (**B1**). Reibe ein Kunststofflineal mehrfach an einem Stoffstück aus Kunststoff. Das Lineal ist nun elektrostatisch geladen. Nähere es an den Wasserstrahl im oberen Bereich an, ohne den Strahl zu berühren. Statt dem Lineal kannst du auch einen Luftballon verwenden.

1.2 Stelle ein großes, leeres Becherglas unter eine Glasbürette. Befülle diese mit Heptan. Lade dann ein Lineal elektrostatisch auf (vgl. **V1.1**). Öffne den Hahn der Bürette und halte das Lineal nahe an den Strahl. Das Heptan wird nach dem Versuch bei der Lehrkraft gesammelt.

AUSWERTUNG

a) Beschreibe deine Beobachtungen.

b) Zeichne die Strukturformeln für ein Wasser- und ein Heptan-Molekül. Prüfe, ob beim Heptan-Molekül ein Dipol vorliegt (vgl. **FM** S. 141). Stelle eine Vermutung auf, die deine Versuchsbeobachtungen auf der Teilchenebene erklärt.

c) Die Versuche **1.1** und **1.2** sind so nicht direkt vergleichbar. Begründe dies und verbessere die Versuchsplanung.

ENTSORGUNG G3

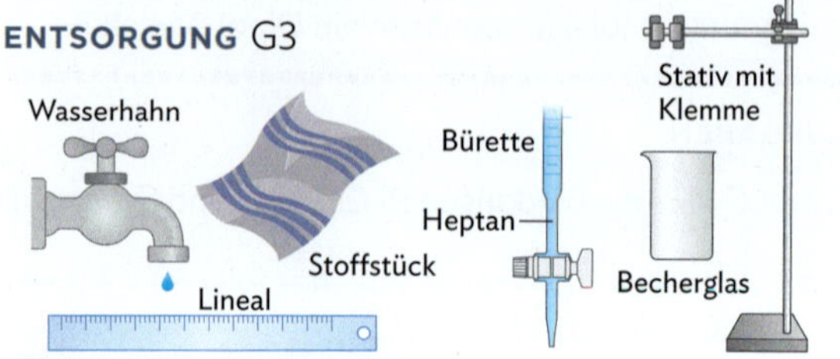

B1 Material für den Versuchsaufbau

V2 Oberflächenspannung

PROBLEM

Ein Wasserläufer bewegt sich über die Wasseroberfläche ohne einzusinken. Auf Heptan würde er dagegen einsinken. Welche besondere Eigenschaft weist der Stoff Wasser auf?

DURCHFÜHRUNG

2.1 Wische eine Münze mit einem Papiertuch ab und tropfe mit einer Pipette Wasser darauf. Zähle, wie viele Tropfen du auf der Münze platzieren kannst, ohne dass das Wasser überläuft. Wiederhole den Versuch zunächst mit Heptan und dann mit Wasser, welchem Spülmittel zugesetzt wurde.

2.2 Wasche deine Hände gut mit Wasser (ohne Spülmittel). Lege dann eine Büroklammer vorsichtig flach auf die Wasseroberfläche eines großen, gefüllten Becherglases (**B2**). Gelingt dir das nicht, so lege zuerst ein kleines Stück Küchenrolle auf die Oberfläche und gib dann die Büroklammer darauf. Warte, bis das Stück Papier absinkt.

2.3 Fülle ein Becherglas mit Wasser. Streue eine dünne, gleichmäßige Schicht gemahlenen Pfeffer auf die Wasseroberfläche. Tropfe etwas Spülmittel in die Mitte der Pfefferschicht.

AUSWERTUNG

a) Beschreibe die Form und das Fließverhalten des Wassers auf der Münze in **V2.1** ohne und mit dem Spülmittel sowie die Form und das Fließverhalten des Heptans.

b) Stelle eine Vermutung auf, warum die Metallgegenstände bei **V2.2** nicht sofort versinken.

c) Beschreibe die Beobachtung bei **V2.3**.

d) Stelle eine Vermutung über den Einfluss des Spülmittels bei **V2.1** und **V2.3** auf.

ENTSORGUNG A

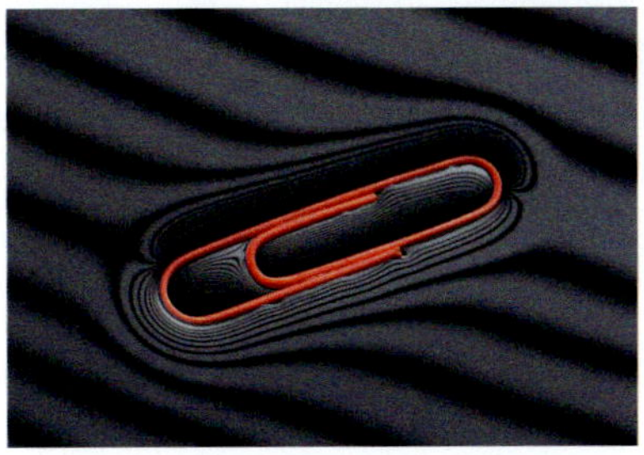

B2 Büroklammer auf einer Wasseroberfläche

V3 Dichte des Wassers

PROBLEM

Im tiefen Winter sind die Einkäufe draußen stehen geblieben. Eine Flasche mit Wasser ist geplatzt. Eine Flasche mit Olivenöl ist heile geblieben, auch wenn das Öl ebenfalls eingefroren ist.

DURCHFÜHRUNG

3.1 *Vorbereitung:* Färbe am Tag vor dem Versuch etwas Wasser mit Lebensmittelfarbe oder Tinte und befülle damit eine Vertiefung einer Eiswürfelform. Befülle eine zweite Vertiefung der Eiswürfelform mit Olivenöl und stelle den Ansatz über Nacht in ein Gefrierfach.

Versuch: Gib den Eiswürfel in ein halb mit Wasser gefülltes Becherglas und das gefrorene Olivenöl in ein Becherglas mit flüssigem Olivenöl.

3.2 Befülle jeweils eine Plastikspritze blasenfrei mit 10 mL gefärbten Wasser bzw. 10 mL Olivenöl und lege sie ins Gefrierfach. Notiere die Volumina nach dem Erstarren.

AUSWERTUNG

a) Leite aus der unter *Problem* beschriebenen Beobachtung eine Fragestellung ab, die mit den Versuchen beantwortet werden kann.

b) Mika meint: „Alle Stoffe haben als Feststoffe die höchste Dichte." Beurteile die Aussage zunächst auf Grundlage des Teilchenmodells. Begründe anschließend, ob die Versuche diese Hypothese stützen.

c) Leite aus den Beobachtungen von **V3.1** und **V3.2** eine Aussage über die Dichte des Wassers und des Olivenöls im festen und im flüssigen Zustand ab.

d) Diskutiere, ob sich die Versuchsbeobachtungen beim Wasser in **V3.1** und **V3.2** mit dem Teilchenmodell erklären lassen.

e) Begründe, dass bei **V3.2** blasenfrei gearbeitet werden muss. Nenne weitere mögliche Fehlerquellen.

ENTSORGUNG A

Wechselwirkungen zwischen Teilchen

Wasserstoffbrücken

Ein dünner Wasserstrahl wird von einem durch Reiben elektrostatisch geladenen Kunststofflinieal oder einem anderen geladenen Gegenstand angezogen (**V1**, **B1**). Diese Beobachtung lässt sich durch elektrostatische Wechselwirkungen zwischen den Teilchen erklären.

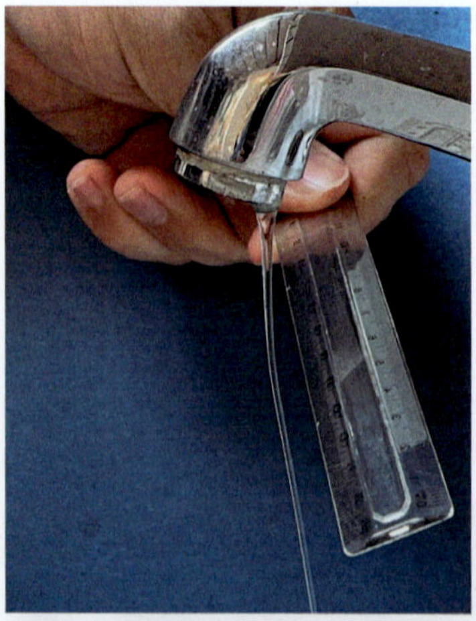

B1 Abgelenkter Wasserstrahl (Video unter QR-/Mediencode 05042-59)

05042-59

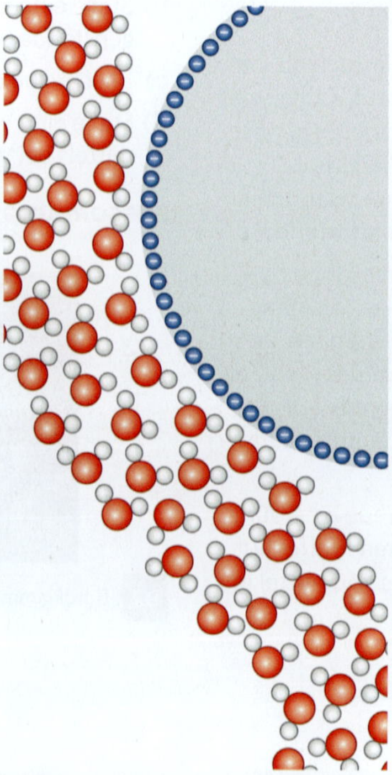

B2 Ablenkung eines Wasserstrahls durch einen Stab aus Kunststoff

Das Wasser-Molekül ist aufgrund seiner gewinkelten Struktur und seiner polaren Elektronenpaarbindungen ein Dipol-Molekül (vgl. S. 139). Da die Molekülpolarität dauerhaft vorliegt, handelt es sich um einen **permanenten Dipol**. Fließt der Wasserstrahl an dem elektrostatisch negativ geladenen Lineal vorbei, richten sich die Dipol-Moleküle mit ihren positiven Ladungsschwerpunkten in Richtung des Lineals aus und werden von dessen negativen Ladungsträgern angezogen (**B2**).

Zwischen benachbarten Wasser-Molekülen im Wasserstrahl bestehen ebenfalls elektrostatische Anziehungskräfte: Die partiell positiv geladenen Wasserstoff-Atome eines Wasser-Moleküls bilden mit den partiell negativ geladenen Sauerstoff-Atomen benachbarter Wasser-Moleküle **Wasserstoffbrücken** aus (**B3**). Diese sorgen für den Zusammenhalt der Wasser-Moleküle im Wasserstrahl.

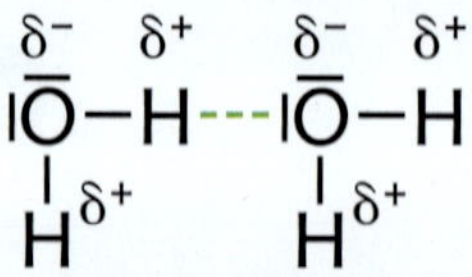

--- Wasserstoffbrücke

B3 Wasserstoffbrücke zwischen Wasser-Molekülen

Als Wasserstoffbrücken bezeichnet man besonders starke Wechselwirkungen zwischen einem partiell positiv geladenen Wasserstoff-Atom (δ^+) eines Moleküls und einem nicht-bindenden Elektronenpaar eines partiell stark negativ geladenen Sauerstoff-, Stickstoff-, oder Fluor-Atoms (δ^-) eines anderen Moleküls.

Dipol-Dipol-Wechselwirkungen

Zwischen Molekülen mit permanenten Dipolen, die keine Wasserstoffbrücken ausbilden, wirken die etwas schwächeren **Dipol-Dipol-Wechselwirkungen**. Zum Beispiel bestehen diese Anziehungskräfte zwischen einem positiv polarisierten Wasserstoff-Atom eines Wasserstoffchlorid-Moleküls (δ^+) und einem negativ polarisierten Chlor-Atom (δ^-) (**B4**).

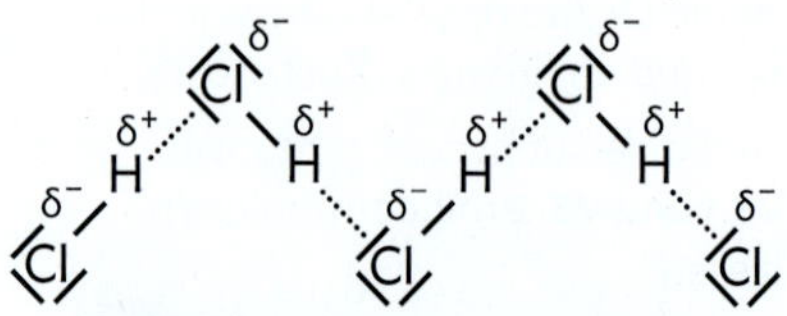

B4 Anziehende Wechselwirkungen zwischen Molekülen mit permanenten Dipolen am Beispiel von Wasserstoffchlorid-Molekülen

Dipol-Dipol-Wechselwirkungen treten zwischen Molekülen mit permanenten Dipolen auf, die keine Wasserstoffbrücken bilden.

LONDON-Dispersionswechselwirkungen

Im Gegensatz zu einem Wasserstrahl wird ein Heptanstrahl von einem elektrostatisch geladenen Lineal nicht abgelenkt (**V1**), da Heptan-Moleküle keine permanenten Dipole aufweisen. Zwischen den Molekülen können sich weder Wasserstoffbrücken noch Dipol-Dipol-Wechselwirkungen ausbilden.

Aufgrund kurzfristiger unsymmetrischer Elektronenverteilungen in den Molekülen entstehen jedoch spontane Dipole (**B5**). Diese führen zu einer Polarisierung benachbarter Moleküle, die wiederum weitere Moleküle polarisieren. Man spricht von induzierten Dipolen. Spontane und induzierte Dipole bestehen nur kurzzeitig und werden daher **temporäre Dipole** genannt. Sie führen zu den schwachen **LONDON-Dispersionswechselwirkungen** (lat. *dispergere* = ausbreiten). Je größer die Teilchen sind, umso leichter sind sie polarisierbar und umso stärker sind diese Wechselwirkungen.

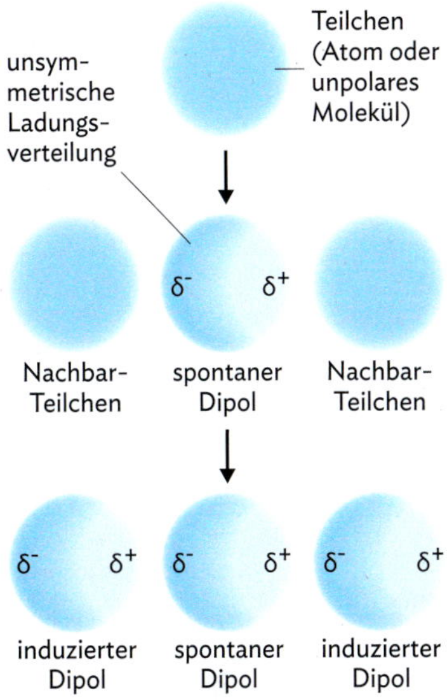

B5 Entstehung von LONDON-Dispersionswechselwirkungen

> LONDON-Dispersionswechselwirkungen treten zwischen allen chemischen Teilchen auf. Sie beruhen auf der elektrostatischen Anziehung zwischen temporären Dipolen und sind die schwächsten Wechselwirkungen.

Wechselwirkungen im Vergleich

Die Dipol-Dipol-Wechselwirkungen und die LONDON-Dispersionswechselwirkungen werden unter dem Begriff **VAN-DER-WAALS-Wechselwirkungen** zusammengefasst (vgl. hinten im Buchdeckel). Grundsätzlich treten zwischen allen chemischen Teilchen Wechselwirkungen auf. Sie unterscheiden sich in ihrer Stärke, wobei jede Art von Wechselwirkung zwischen zwei Teilchen viel schwächer ist als die chemischen Bindungen innerhalb eines Teilchens (**B6**).

chemische Bindungen	Ionenbindung		600 – 2000 kJ/mol
	Elektronenpaarbindung		150 – 1000 kJ/mol
	Metallbindung		100 – 500 kJ/mol
Wechselwirkungen zwischen Teilchen	Wasserstoffbrücken		10 – 100 kJ/mol
	VAN-DER-WAALS-Wechselwirkungen	Dipol-Dipol-Wechselwirkungen	5 – 10 kJ/mol
		LONDON-Dispersionswechselwirkungen	0,1 – 6 kJ/mol

B6 Die Energien von chemischen Bindungen und Wechselwirkungen

AUFGABEN

A1 Die Tabelle **B7** zeigt die Siedetemperaturen der Wasserstoffverbindungen der VI. Hauptgruppe.
a) Erstelle ein Diagramm aus den Angaben in Abhängigkeit von der molaren Masse und leite den Wert für die Siedetemperatur des Wassers mithilfe einer Geraden und der molaren Masse des Wassers grafisch ab.
b) Formuliere eine begründete Hypothese, die die tatsächliche Siedetemperatur des Wassers bei 100 °C erklären könnte. Ermittle dazu auch die Elektronegativitätsunterschiede der Elektronenpaarbindungen in den jeweiligen Molekülen.

Wasserstoffverbindung	Siedetemperatur
H_2S	−60 °C
H_2Se	−41 °C
H_2Te	−1 °C

B7 Siedetemperaturen der Wasserstoffverbindungen einiger Elemente der VI. Hauptgruppe

A2 In einem Mikrowellenherd kommt es ständig zu einer Umpolung des elektrischen Feldes. Erstelle eine Vermutung, wie es dadurch zur Erhitzung von Speisen kommen könnte.

Die besonderen Eigenschaften von Wasser

Siede- und Schmelztemperatur von Wasser

Die Siedetemperatur von Wasser beträgt 100 °C. Sie ist viel höher als bei anderen Wasserstoffverbindungen der Elemente der VI. Hauptgruppe (**B7**). Stellt man die molaren Massen der Verbindungen in Bezug zur Siedetemperatur, ergibt sich eine Kurve, nach der die Siedetemperatur von Wasser unter –50 °C liegen müsste (**B8**). Es ergibt sich eine Abweichung von mehr als 150 °C.

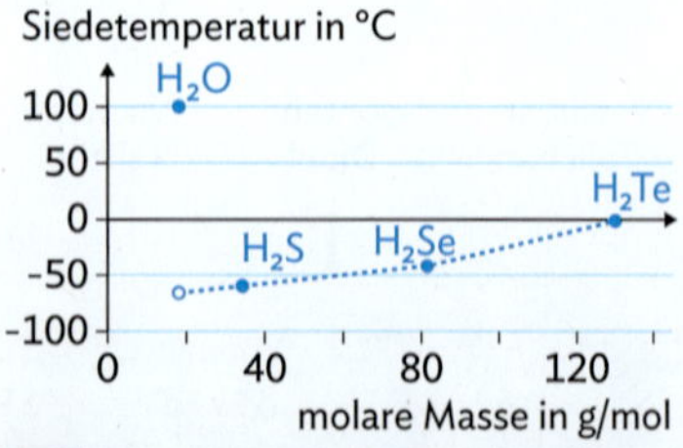

B8 Siedetemperaturen verschiedener Wasserstoffverbindungen mit Elementen der VI. Hauptgruppe

Grund für die Abweichung sind die Wasserstoffbrücken zwischen den Wasser-Molekülen. Beim Erhitzen bewegen sich die Moleküle immer schneller. Die Wasserstoffbrücken werden ständig getrennt und neu geknüpft. Damit ein Wasser-Molekül in die Gasphase übertreten kann, müssen die Wasserstoffbrücken überwunden werden. Dazu ist viel Energie notwendig. Zwischen den Molekülen anderer Wasserstoffverbindungen liegen meist nur schwächere Dipol-Dipol-Wechselwirkungen und LONDON-Dispersionswechselwirkungen vor. Zur vollständigen Überwindung dieser Wechselwirkungen wird weniger Energie benötigt.

Die Schmelztemperatur von Wasser sollte theoretisch bei –100 °C liegen. Tatsächlich liegt sie viel höher bei 0 °C. Grund sind auch hier die Wasserstoffbrücken zwischen den Wasser-Molekülen. Diese müssen beim Schmelzen teilweise überwunden werden.

Wasser besitzt aufgrund der Wasserstoffbrücken zwischen den Molekülen eine hohe Siede- bzw. Schmelztemperatur.

Die Dichteanomalie des Wassers

Beim Gefrieren steigt das Volumen von Wasser um etwa 10 % (**V3.2**). Eis hat somit eine geringere Dichte als flüssiges Wasser. Ein Eisberg schwimmt daher oben (**B9**). Das Volumen von Olivenöl nimmt dagegen beim Erstarren leicht ab, weshalb ein Stück festes Olivenöl in flüssigem Olivenöl sinkt (**V3.1**).

Die meisten Stoffe haben als Feststoff die größte Dichte, da die Teilchen dann eng beieinander liegen. Im Eis liegt aber ein weitmaschiges Gitter aus Wasser-Molekülen mit großen Hohlräumen vor (**B10**). Die Struktur wird von den Wasserstoffbrücken zwischen den Molekülen stabilisiert. Das Eis hat somit ein größeres Volumen und eine geringere Dichte als flüssiges Wasser. Es liegt eine **Dichteanomalie** vor. Die höchste Dichte hat Wasser im flüssigen Zustand bei 4 °C (**B11**).

B9 Eis hat eine geringere Dichte als Wasser

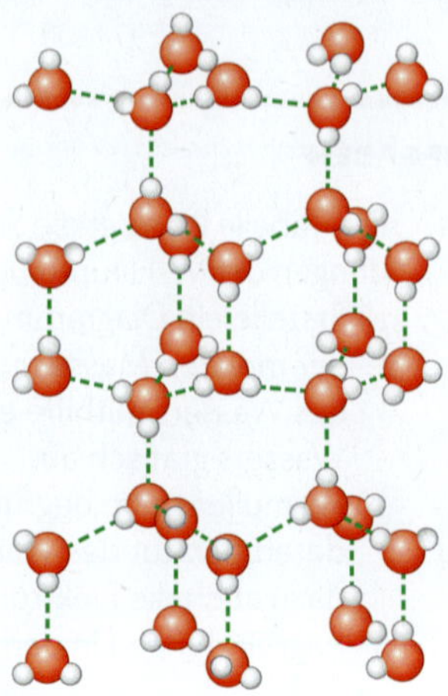

B10 Anordnung der Wasser-Moleküle im Eiskristall

Beim Erstarren wird das Volumen von Wasser größer und die Dichte kleiner. Dieses ungewöhnliche Verhalten von Wasser bezeichnet man als Dichteanomalie des Wassers.

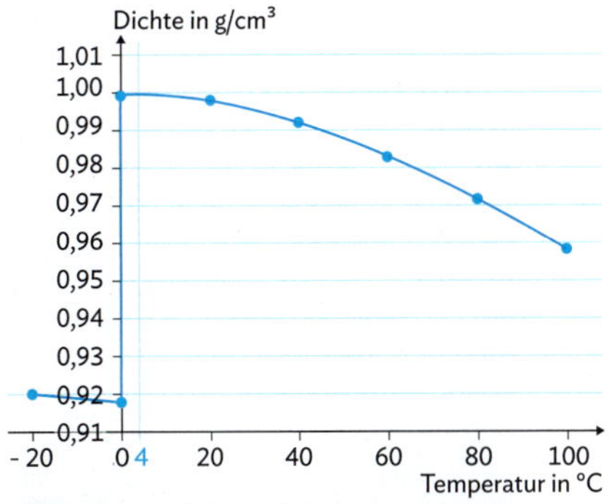

B11 Dichte von Wasser in Abhängigkeit von der Temperatur

Die Oberflächenspannung von Wasser

Ein Wasserläufer kann über das Wasser gehen. Auch eine Büroklammer schwimmt auf dem Wasser, wenn das Gewicht auf eine große Fläche verteilt wird (**V2**). Beim Auftropfen von Wasser auf eine Münze erhält man ein kleines „Wasserkissen" (**V2**, **B12**).

Grund für diese Beobachtungen sind wiederum die Wasserstoffbrücken. Sie bewirken den Zusammenhalt der Wasser-Moleküle in einem Molekülverband. Innerhalb dieses Verbandes wirken die Wasserstoffbrücken in alle Raumrichtungen (**B13**). Die Anziehungskräfte, die auf ein einzelnes Wasser-Molekül wirken, gleichen sich somit aus. Auf Moleküle, die sich an der Oberfläche befinden, wirken die Anziehungskräfte dagegen nur in seitlicher Richtung und in das Innere der Flüssigkeit. Dadurch wölbt sich die Wasseroberfläche und sie wird möglichst klein im Verhältnis zum Wasservolumen. Sie verhält sich wie eine dünne gespannte „Folie". Dieses Phänomen wird als **Oberflächenspannung** bezeichnet.

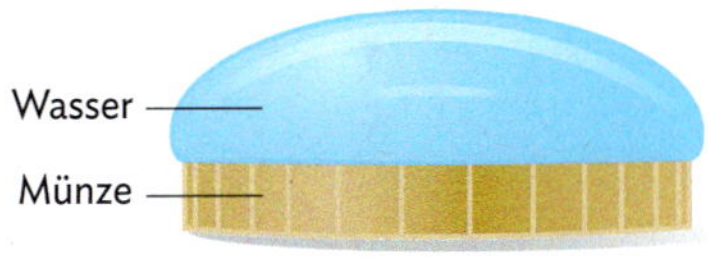

B12 „Wasserkissen" auf einer Münze

Die Oberflächenspannung ist die Folge der Ausbildung von Wasserstoffbrücken zwischen Wasser-Molekülen. Durch sie wird die Oberfläche eines Wasservolumens möglichst klein gehalten.

Manche Stoffe können die Oberflächenspannung des Wassers zerstören. So schwimmt Pfeffer zunächst auf der Wasseroberfläche, versinkt aber nach Zugabe von Seife (**V2**). Die Moleküle der Seife ordnen sich zwischen den Wasser-Molekülen an, so dass weniger bzw. keine Wasserstoffbrücken ausgebildet werden können.

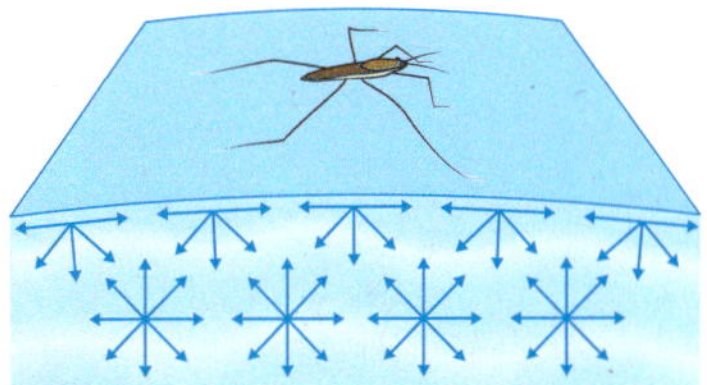

B13 Modell zur Oberflächenspannung

AUFGABEN

A1 Zeichne die mögliche räumliche Anordnung von vier Wasserstoffbrücken um ein Wasser-Molekül im Zentrum. Zeichne die entsprechenden Partialladungen farbig ein.

A2 a) Beschreibe die Wechselwirkungen im flüssigen Ammoniak (NH_3) und zeichne einen Ausschnitt unter Zuhilfenahme der Strukturformel von Ammoniak.

b) Ammoniak hat eine Siedetemperatur von −33,34 °C, Monophosphan (PH_3) jedoch von −87,7 °C. Monophosphan-Moleküle sind größer und schwerer als Ammoniak-Moleküle. Demnach sollte Monophosphan eine höhere Siedetemperatur haben. Erkläre die Siedetemperatur von Ammoniak.

A3 Erkläre, was man unter: „der Tropfen, der das Fass zum Überlaufen bringt" versteht. Sammle weitere Metaphern, Verben und Adverbien im Zusammenhang mit Tropfen bzw. Wasser.

A4 Plant auf eurem Sportplatz oder Pausenhof ein Rollenspiel zur Dichteanomalie des Wassers. Verteilt dabei die Rollen des Regisseurs und der notwendigen Schauspieler.

Wasser als Grundlage für das Leben

Die besonderen Eigenschaften von Wasser ermöglichen Lebensräume

B14 Ein Satellitenbild der Erde

Es gibt mehrere Milliarden Sonnensysteme mit unzähligen Planeten, aber nur von der Erde ist eine große Vielfalt an Lebewesen bekannt. Eine wichtige Grundlage für die Entstehung von Leben ist der Stoff Wasser. Auf der Erde gibt es so viel Wasser, dass sie aus dem Weltall blau erscheint und daher oft als „der blaue Planet" bezeichnet wird (**B14**).

Für das Leben auf der Erde sind die besonderen Eigenschaften des Wassers entscheidend. Ein Beispiel ist die außergewöhnlich hohe Schmelz- und Siedetemperatur. Hätte Wasser eine ähnlich niedrige Siedetemperatur wie vergleichbare Verbindungen (**B15**), würde es bei den auf der Erde vorherrschenden Temperaturen hauptsächlich als Wasserdampf vorliegen. Es gäbe keine Tümpel, Teiche, Seen oder Meere. Flüssiges Trinkwasser wäre kaum vorhanden und Lebewesen könnten nicht überleben.

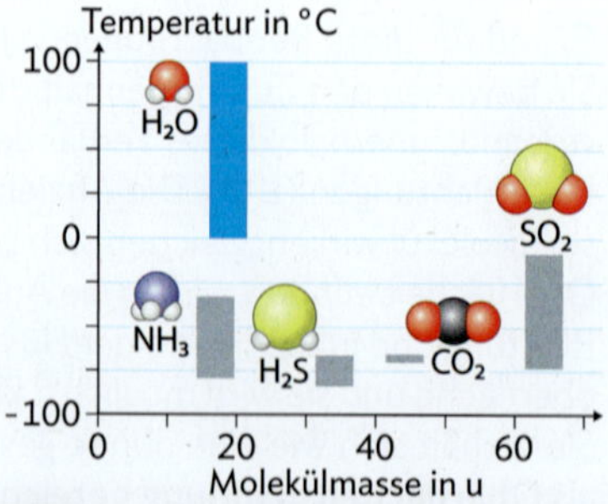

B15 Die Temperaturbereiche von Flüssigkeiten im Vergleich

Auch die Dichteanomalie des Wassers spielt für das Leben eine wichtige Rolle. Da Eis eine geringere Dichte als Wasser hat, schwimmt es in flüssigem Wasser an der Oberfläche. Ein See friert somit von oben her zu. Unterhalb der isolierenden Eisschicht bleibt das Wasser konstant bei 4 °C und ist somit flüssig (**B16**). Lebewesen können darin überwintern.

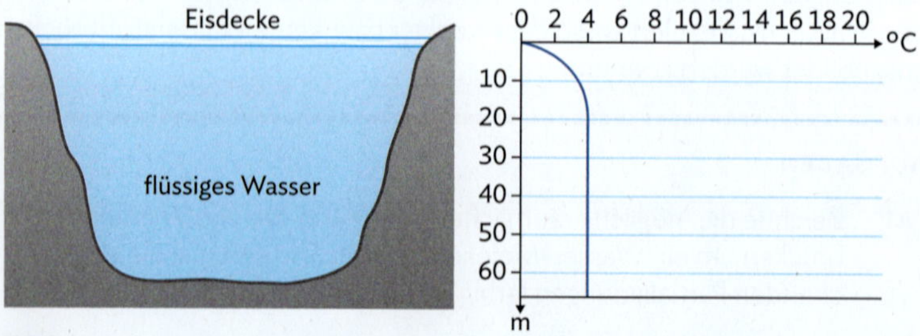

B16 Die Temperaturschichtung eines Sees im Winter

B17 Der Gelbrandkäfer hängt an der Wasseroberfläche zum Atmen

Die Oberflächenspannung des Wassers ermöglicht es bestimmten Insekten wie dem Wasserläufer, sich auf der Oberfläche fortzubewegen. Der Gelbrandkäfer nutzt sie, um sich beim Atmen an die Wasseroberfläche zu haften (**B17**).

Auch für uns Menschen spielt die Oberflächenspannung eine wichtige Rolle, z. B. bei der Tränenbildung. Mit den Wassertropfen können Schmutz und Krankheitserreger gut aus dem Auge abtransportiert werden.

Das Wasser als Hauptbestandteil von Lebewesen

Alle Lebensformen sind aus mindestens einer Zelle aufgebaut (**B18**). Zellen bestehen hauptsächlich aus Zellplasma, das wiederum zu ca. 85 % aus Wasser besteht. Lebewesen enthalten also sehr viel Wasser (**B19**). Das Wasser übernimmt in den Lebewesen viele wichtige Aufgaben.

So dient Wasser zum Beispiel als Lösemittel für Nährstoffe. Viele biochemische Reaktionen, wie die Zellatmung und die Fotosynthese, könnten ohne Wasser als Lösemittel nicht ablaufen.

Im Blut dient Wasser als Transportmittel. Mit dem Blutplasma werden die darin enthaltenen Blutzellen bewegt. Diese befördern den Sauerstoff von der Lunge zu den Zellen. Kohlenstoffdioxid löst sich im Blutplasma und wird so zurück zur Lunge transportiert. Auch viele weitere Stoffe, z. B. Nährstoffbausteine, werden mit der Blutflüssigkeit transportiert.

Die Thermoregulation ist eine weitere Aufgabe, bei der Wasser beteiligt ist. Beim Menschen wird über das Blut die Wärme im Körper verteilt. Überhitzt der Körper beim Sport, wird Schweiß über Drüsen in der Haut abgesondert. Das Wasser im Schweiß verdampft langsam. Die dafür benötigte Energie wird direkt aus der Umgebung aufgenommen (Verdampfungsenergie). Dadurch kommt es zu einem kühlenden Effekt, den man auf der Haut spürt.

Wasser erfüllt in vielen Organismen eine unerlässliche Stützfunktion. Zum Beispiel werden die Blätter von Pflanzen vom Wasser in Form gehalten. Der Regenwurm besitzt sogar ein Hydroskelett (*hýdor* (griech.): Wasser). Seine Körperform wird allein durch einen Muskelschlauch und das Wasser im Inneren stabilisiert (**B20**).

Wasser übernimmt in Lebewesen viele unverzichtbare Funktionen, z. B. als Lösemittel, als Transportmittel, zur Thermoregulation und als Stützfunktion.

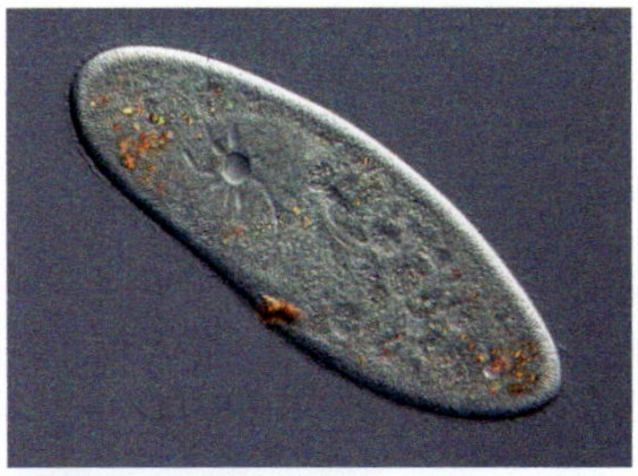

B18 Der Einzeller *Paramecium bursaria*

Lebensform	Wassergehalt in %
Qualle	98
Regenwurm	86
Forelle	61
Mensch	60

B19 Der Wassergehalt ausgewählter Lebewesen

B20 Zwei Regenwürmer

AUFGABEN

A1 Erkläre das Überleben von Goldfischen in einem Gartenteich im Winter anhand der Dichteanomalie des Wassers.

A2 Ein Mann kippt den Inhalt eines großen Kanisters mit Seifenlösung in einen Gartenteich. Erläutere die Auswirkung auf den Gelbrandkäfer.

A3 Begründe den Rat einer Ärztin, Badekleidung nach dem Baden nicht am Körper trocknen zu lassen.

A4 Protokolliere deinen persönlichen Wasserverbrauch über einen Zeitraum von einer Woche in einer geeigneten Tabelle. Recherchiere anschließend den wöchentlichen Wasserverbrauch einer Person in einem Entwicklungs- oder Schwellenland deiner Wahl.

A5 Der Klimawandel wird die Anteile von Wasserdampf, Wasser und Eis auf unserer Erde verändern und somit die Lebensbedingungen für uns Menschen verändern. Recherchiere hierzu im Internet eine Prognose zu der Anteilsänderung der Aggregatzustände des Wassers sowie zwei mögliche Folgen für unser Leben.

A6 Erstelle eine Mindmap zur Bedeutung des Wassers für das Leben und als Bestandteil von Lebewesen.

FACHBEGRIFFE

der permanente Dipol, der temporäre Dipol, die Wasserstoffbrücke, die Dipol-Dipol-Wechselwirkung, die LONDON-Dispersionswechselwirkung, die VAN-DER-WAALS-Wechselwirkung, die Dichteanomalie, die Oberflächenspannung

5.3 Verbindungsklassen mit Molekülen mit polaren funktionellen Gruppen

Parfüm, zuckerhaltige Getränke, Putzmittel und Medikamente haben mehr gemeinsam, als man annehmen würde. Sie enthalten Verbindungsklassen, die Verwandte der Kohlenwasserstoffe sind. Was zeichnet die Moleküle der einzelnen Verbindungsklassen aus und wie lassen sie sich nachweisen?

PV1 Alkohol-Nachweis

PROBLEM

Alkohol in Form von Ethanol findet sich in alkoholischen Getränken, aber auch in reifen Früchten und manchen Süßigkeiten. Was sind Alkohole aus chemischer Sicht und wie lassen sie sich nachweisen?

DURCHFÜHRUNG

Wiege zur Herstellung des Nachweisreagenzes 1 g Ammoniumcer(IV)-nitrat ab und gib es zu 2,5 mL Salpetersäurelösung (10- bis 15 %-ig).Versetze die folgenden Testlösungen auf einer Tüpfelplatte jeweils mit einigen Tropfen Nachweisreagenz:

destilliertes Wasser, alkoholisches Getränk, Glucose-Lösung, 5 %-ige Lösung von Ethanol in Heptan und 10 %-ige Lösung von Ethanol in Heptan.

AUSWERTUNG

a) Protokolliere die Versuchsdurchführung und notiere tabellarisch die Beobachtungen.

b) Erkläre, warum der Nachweis auch für die Konzentrationsbestimmung des enthaltenen Alkohols herangezogen werden kann.

c) Die Nachweisreaktion zeigt bei Ethanol und Glucose ein ähnliches Ergebnis. Übertrage die Valenzstrichformeln der Moleküle von Ethanol und Glucose (**B1**) in dein Heft und vergleiche sie. Markiere jeweils den Teil des Moleküls, der vermutlich der Grund für das ähnliche Reaktionsverhalten ist.

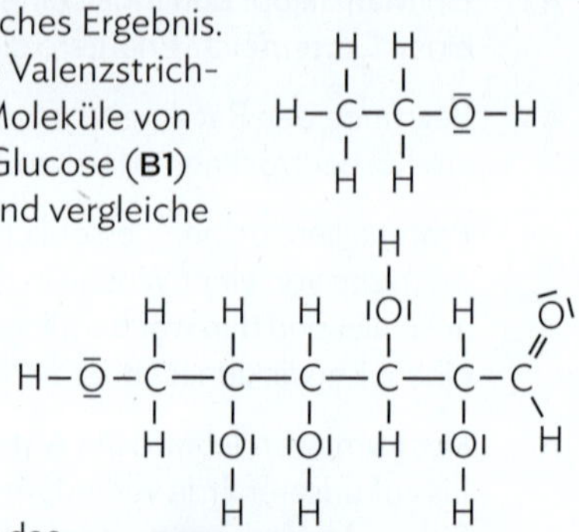

B1 Valenzstrichformeln der Moleküle von Ethanol (oben) und Glucose (unten)

ENTSORGUNG G1, G4

PV2 Aldehyd-Nachweis

PROBLEM

Damit eine Zigarette besser schmeckt, werden dem Tabak vermeintlich harmlose Zusatzstoffe beigemischt. Diese Geschmacksstoffe reagieren bei der Verbrennung jedoch nicht selten zu Schadstoffen. So entstehen beim Rauchen beispielsweise Aldehyde, welche die Schleimhäute angreifen können.

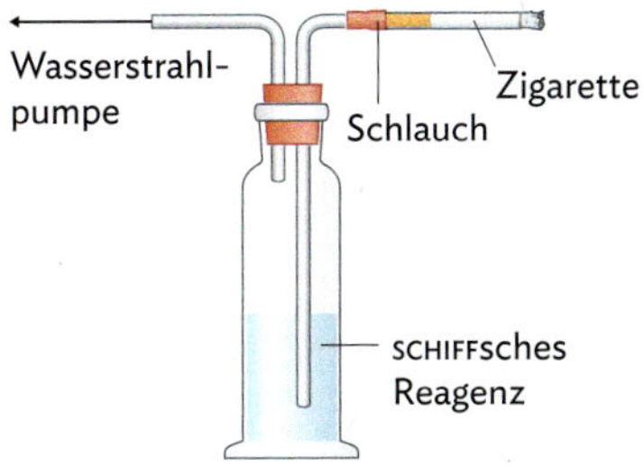

B2 Versuchsaufbau zum Nachweis von Aldehyden

DURCHFÜHRUNG

Führe den Versuch entsprechend der Versuchsskizze durch (**B2**). *Hinweis:* Es muss parafuchsinfreies SCHIFFsches Reagenz verwendet werden.

AUSWERTUNG

a) Formuliere eine Frage, die mit diesem Versuch beantwortet werden soll.

b) Fertige für **V2** ein vollständiges Versuchsprotokoll mit farbigen Skizzen an.

c) Plane ein Experiment, das zeigt, dass die SCHIFFsche Probe ein spezifischer Nachweis für Aldehyde ist.

d) Recherchiere weitere gefährliche Inhaltsstoffe von Zigaretten.

ENTSORGUNG G1, G4

PV3 Keton-Nachweis

PROBLEM

Ketone entstehen als Abbauprodukte von Fetten in der Leber. Sie werden beispielweise bei Diabetes, hohem Fieber oder fettreicher Ernährung in größerer Menge hergestellt. Zum Nachweis bestimmter Erkrankungen wird die Konzentration der Ketone im Urin mit einem Farbnachweis getestet.

DURCHFÜHRUNG

Vorbereitung durch die Lehrkraft: 0,4 g 2,4-Dinitrophenylhydrazin werden abgewogen und in einem Erlenmeyerkolben mit 200 mL Wasser und 10 mL konz. Salzsäurelösung versetzt. Achtung: Trockenes 2,4-Dinitrophenylhydrazin ist explosiv! Zudem gesonderte Entsorgung notwendig.

Gib jeweils 1 mL des Nachweisreagenzes in zwei Vertiefungen einer Mikrotiterplatte. Pipettiere in eine der Vertiefungen zusätzlich acetonfreien Nagellackentferner und in die andere acetonhaltigen Nagellackentferner. *Hinweis:* Aceton (= Propan-2-on) ist ein Keton.

AUSWERTUNG

a) Protokolliere den Versuchsablauf und die dabei gemachten Beobachtungen.

b) Erkläre die Notwendigkeit der Probe mit acetonfreiem Nagellackentferner.

c) Recherchiere, ob auch bei gesunden Menschen Ketone im Urin nachgewiesen werden können und was man unter einer Ketonurie versteht.

ENTSORGUNG G3

PV4 Carbonsäure-Nachweis

PROBLEM

Säuren schmecken sauer, das ist klar. Im Labor darf jedoch niemals eine Geschmacksprobe gemacht werden. Wie kann man eine Säure dennoch nachweisen?

DURCHFÜHRUNG

Versetze die folgenden Testlösungen auf einer Tüpfelplatte jeweils mit zwei bis drei Tropfen Bromthymolblaulösung: destilliertes Wasser, Saft einer Zitrone, Haushaltsessig, Ethanol.

AUSWERTUNG

a) Protokolliere die Ergebnisse unter Verwendung farbiger Skizzen.

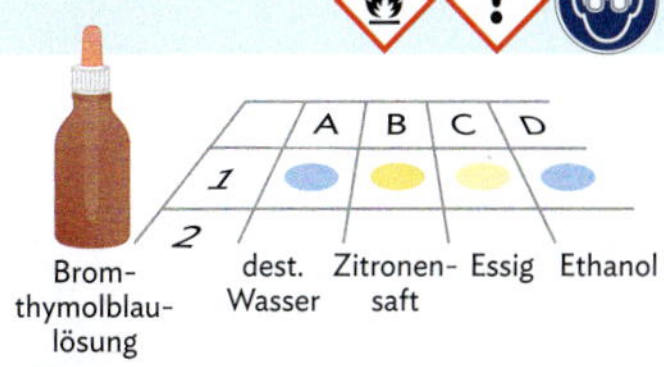

B3 Versuchsaufbau zu **PV4**

b) Formuliere in eigenen Worten, wie sich Carbonsäuren chemisch nachweisen lassen.

ENTSORGUNG G3

Alkohole, Aldehyde, Ketone und Carbonsäuren

Funktionelle Gruppen definieren Verbindungsklassen

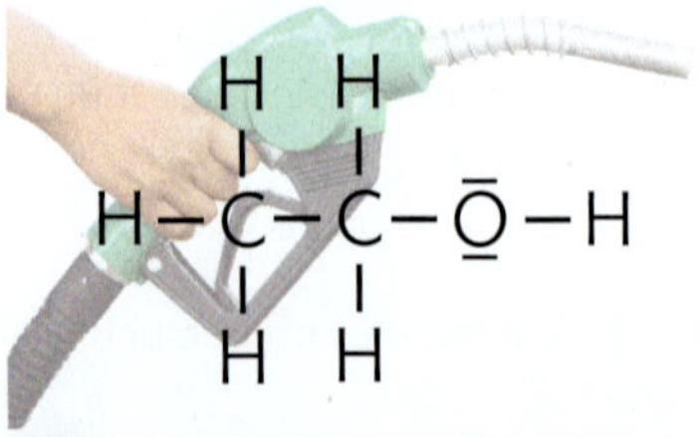

B1 Verwendung von Ethanol und Valenzstrichformeln eines Ethanol-Moleküls

Info
Um chemische Formeln allgemein schreiben zu können, wird in der Formelschreibweise häufig R (für „Rest") verwendet. In der organischen Chemie steht dieser „Rest" in der Regel für einen Kohlenwasserstoffrest.

Stoffe wie Trinkalkohol, Haushaltsessig und Zucker sind aus Molekülen aufgebaut. Diese unterscheiden sich von den Kohlenwasserstoff-Molekülen dadurch, dass sie Sauerstoff-Atome enthalten. Je nach Bindung des Sauerstoff-Atoms lassen sich verschiedene, sauerstoffhaltige **funktionelle Gruppen** unterscheiden. Über funktionelle Gruppen lassen sich Verbindungsklassen definieren. Funktionelle Gruppen bestimmen maßgeblich die Stoffeigenschaften und das Reaktionsverhalten einer Verbindung.

Alkohole

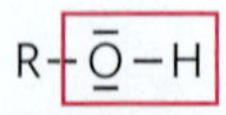

Hydroxy-Gruppe

Die **Alkohole** sind eine große Verbindungsklasse mit zahlreichen bedeutsamen Verbindungen. Der bekannteste Vertreter ist der Trinkalkohol Ethanol. Die Moleküle der Alkohole enthalten die sogenannte **Hydroxy-Gruppe**. Diese kann mit einer salpetersauren Lösung von Ammoniumcer(IV)-nitrat nachgewiesen werden. Die Lösung färbt sich bei Anwesenheit von Alkoholen tiefrot (**PV1**). Bei der Benennung der Alkohole wird dem Stammnamen des jeweiligen Alkans die Endung „-ol" angefügt. Ethanol (**B1**) ist außer in alkoholischen Getränken auch in vielen Reinigungsmitteln und als Brennstoff (z. B. in Brennspiritus, anteilig in Ottokraftstoff) zu finden.

FM **Skelettformeln mit funktionellen Gruppen darstellen**

Für mehr Klarheit werden Moleküle mit funktionellen Gruppen oft in Skelettformeln gezeigt (vgl **FM** S. 111). Stelle ein Pentanol-Molekül so dar.

So geht's

- Zeichne alle Bindungen der Kohlenstoff-Atome, außer die Bindungen zu den Wasserstoff-Atomen. Beachte die Winkel.
- Ergänze die jeweilige(n) funktionelle(n) Gruppe(n) mit Bindungen, aber ohne freie Elektronenpaare.

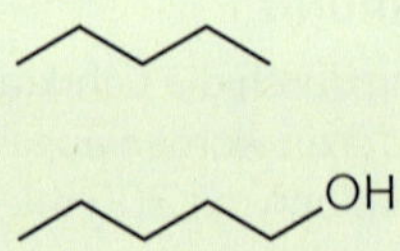

Aldehyde

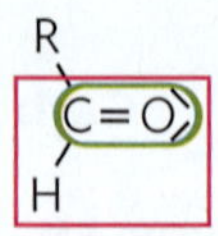

Aldehyd-Gruppe

Carbonyl-Gruppe

Aldehyde, wie das Hexanal (**B2**), tragen zum typischen Duft von Blättern und Früchten, z. B. Kirschen bei. Deshalb verwendet man Aldehyde auch in der Parfüm- und in der Lebensmittelindustrie. Aldehyde dienen außerdem als Zwischenprodukt zur Herstellung zahlreicher Kunst- und Farbstoffe. Chemisch sind sie durch die sogenannte **Aldehyd-Gruppe** gekennzeichnet. Hierbei ist ein Sauerstoff-Atom mit einer Doppelbindung an ein Kohlenstoff-Atom gebunden. Dieses Sauerstoff-Atom ist immer endständig, weshalb an dem gleichen Kohlenstoff-Atom außerdem ein Wasserstoff-Atom gebunden ist. Bei der Benennung wird dem Stammnamen des entsprechenden Alkans die Endung „-al" angefügt. Aldehyde können mit der SCHIFFschen Probe über eine typische rosa bis violette Farbe nachgewiesen werden (**PV2**).

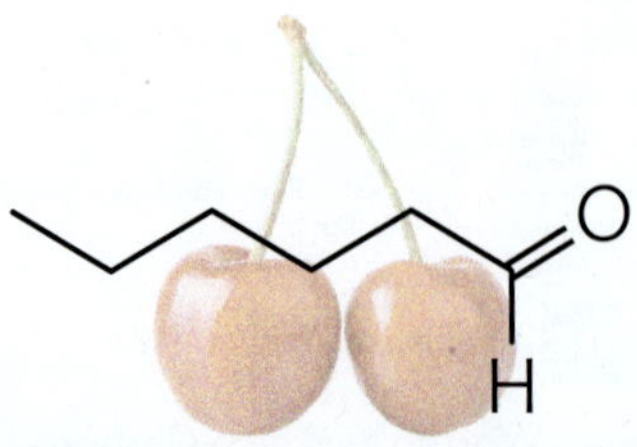

B2 Vorkommen von Hexanal und Skelettformel eines Hexanal-Moleküls

Ketone

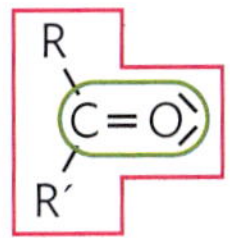

Testosteron, das männliche Sexualhormon, beeinflusst über seine Konzentration die körperliche Entwicklung und auch Gemütslagen. Bei dem Stoff handelt es sich um ein **Keton**.

Die funktionelle Gruppe, die sogenannte **Keto-Gruppe**, ist nie endständig im Molekül zu finden. Das Kohlenstoff-Atom mit der Doppelbindung zum Sauerstoff-Atom ist stets mit zwei weiteren Alkyl-Resten (R, R´) verbunden. Für die Benennung wird an den Stammnamen des jeweiligen Alkans die Endung „-on" angehängt.

Nachgewiesen werden Keto-Gruppen durch salzsaure 2,4-Dinitrophenylhydrazinlösung. Bei positivem Nachweis fällt ein gelber Niederschlag aus (**PV3**). Auch mit Aldehyden verläuft dieser Nachweis positiv. Propanon (**B3**) ist ein wichtiger Vertreter der Ketone. Es wird als Reinigungsmittel verwendet, z. B. zum Entfernen von permanenten Filzbeschriftungen und Nagellack.

B3 Verwendung von Propanon (Aceton) und Skelettformel eines Propanon-Moleküls

Info
Bei zwei unterschiedlichen Resten wird zur Unterscheidung ein R mit einem ein Strich versehen: R´.

Carbonsäuren

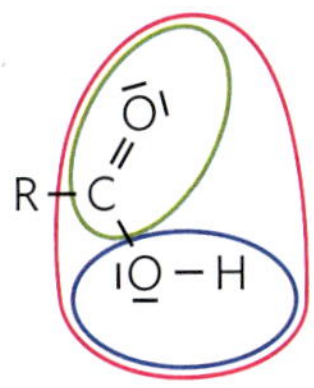

Schmecken Säuren wirklich sauer? Zumindest bei den **Carbonsäuren** hat das jeder Mensch schon ausprobiert: Zahlreiche Lebensmittel erhalten erst durch die Säuren ihren charakteristischen Geschmack: z. B. Zitronensäure in Zitrusfrüchten oder Essigsäure (**B4**) in Haushaltsessig und Sauerkonserven. Man verwendet Carbonsäuren unter anderem zur Haltbarmachung von Lebensmitteln. Ist in den Molekülen einer Verbindung eine **Carboxy-Gruppe** vorhanden, ordnet man sie den Carbonsäuren zu. Bei der Benennung wird an den Alkanstamm die Endung „-säure" angehängt. Da die beiden Sauerstoff-Atome bereits drei Bindungen zum Kohlenstoff eingehen, kann die Carboxy-Gruppe nur endständig im Molekül vorkommen. Der Nachweis kann z. B. über einen Säure-Base-Indikator erfolgen (z. B. Bromthymolblau, **PV4**). Aufgrund der in ihren Molekülen enthaltenen **Carbonyl-Gruppe** zählen Aldehyde, Ketone und Carbonsäuren zu den sogenannten Carbonylverbindungen.

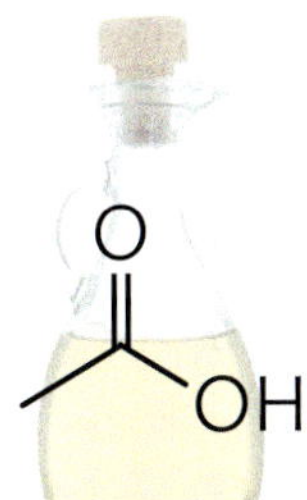

B4 Verwendung von Ethansäure (Essigsäure) und Skelettformel eines Ethansäure-Moleküls

Verbindungen mit mehreren funktionellen Gruppen

Milchsäure dient als Grundlage für Biokunststoffe. Bei genauerem Betrachten stellt man fest, dass das Milchsäure-Molekül neben der Carboxy-Gruppe auch noch eine Hydroxy-Gruppe aufweist (**B5**). In vielen Biomolekülen gibt es mehrere funktionelle Gruppen, welche für die spezifischen Eigenschaften der Stoffe wichtig sind (vgl. **FM** S. 163). Viele Biomoleküle können über die kennengelernten Nachweismethoden bestimmt werden.

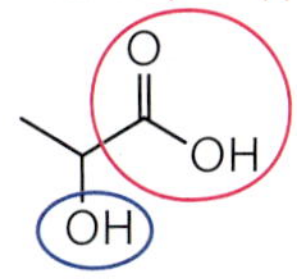

B5 Skelettformel eines Milchsäure-Moleküls

AUFGABEN

A1 Sammle in einer Mindmap für jede Verbindungsklasse Informationen über wichtige Vertreter wie z. B. die Benennung, die Strukturformel, das Vorkommen und die Verwendung.

A2 Recherchiere im Internet nach den Strukturformeln von Zitronensäure und Sorbit. Ordne die Verbindungen begründet in Verbindungsklassen ein und nenne die Verwendung bzw. die Bedeutung.

FACHBEGRIFFE

die funktionelle Gruppe, der Alkohol, die Hydroxy-Gruppe, das Aldehyd, die Aldehyd-Gruppe, die Keto-Gruppe, das Keton, die Carboxy-Gruppe, die Carbonsäure , die Carbonyl-Gruppe

Alkohol-, Aldehyd-, Keton- und Carbonsäure-Moleküle benennen

Moleküle mit funktionellen Gruppen werden nach IUPAC ähnlich benannt wie Kohlenwasserstoff-Moleküle (vgl. **FM** S. 112 und **FM** S. 120). Einige zusätzliche Regeln sind aber notwendig.

Moleküle mit einer Art funktioneller Gruppen

So geht's

1. Ermittle den **Stammnamen** des Moleküls. Er richtet sich nach der längsten zusammenhängenden Kette von Kohlenstoff-Atomen, an der sich eine funktionelle Gruppe befindet.

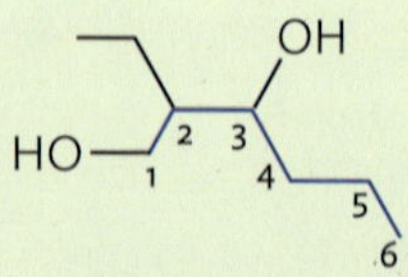

2-Ethyl**hexan**-1,3-diol

2. Ergänze die Art, Anzahl und Position der **funktionellen Gruppe(n)** in der Benennung.
   - Ergänze an dem Stammnamen die **Endung**, die die Art der funktionellen Gruppe(n) angibt (**B1**).
   - Gib bei mehr als einer gleichen funktionellen Gruppe die Anzahl mit dem entsprechenden, griechischen **Zahlwort** vor der Endung an (di-, tri-, tetra-, penta-, hexa-, usw.).
   - Gib die **Positionsnummer(n)** der funktionellen Gruppe(n) so an, dass sie möglichst klein ist/sind.

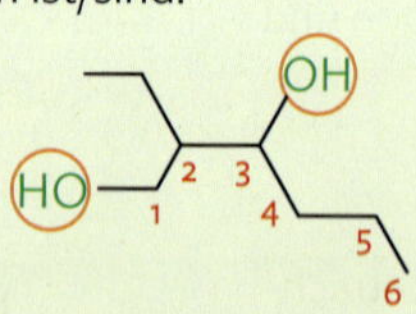

2-Ethylhexan-**1,3-diol**

3. Stelle weitere **Seitenketten** mit ihrer **Positionsnummer** alphabetisch geordnet voran.

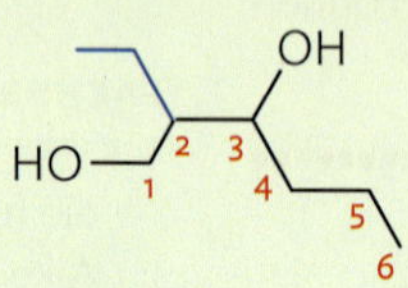

2-Ethylhexan-1,3-diol

Funktionelle Gruppe	Endung
Carboxy-Gruppe	-säure
Aldehyd-Gruppe	-al
Keto-Gruppe	-on
Hydroxy-Gruppe	-ol

B1 Endungen für funktionelle Gruppen

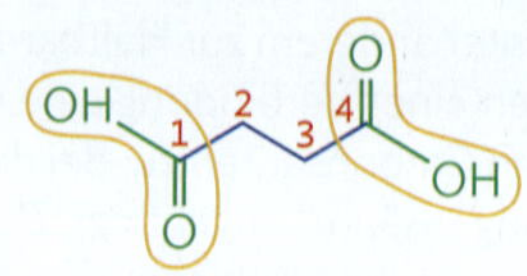

Butandisäure

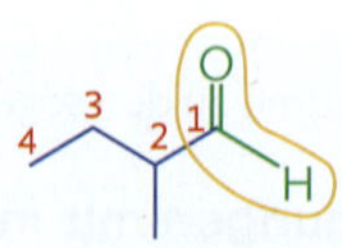

2-Methylbutanal

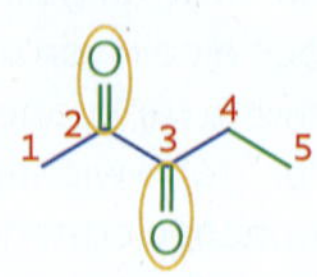

Pentan-2,3-dion

B2 Weitere Beispiele zur Benennung von Molekülen mit einer Art funktioneller Gruppen

Moleküle mit unterschiedlichen funktionellen Gruppen

Oftmals sind verschiedene funktionelle Gruppen in einem Molekül vorhanden. Welche der Gruppen bestimmt dann die Endung? Wie werden die übrigen Gruppen im Namen angegeben?

So geht's

1. Bestimme die funktionelle Gruppe mit der höchsten Priorität. Die Priorisierung ist von der IUPAC festgelegt (**B3**).

2. Benenne die **Hauptkette** des Moleküls, d. h. die längste Kette, an der die funktionelle Gruppe mit der höchsten Priorität sitzt. Nummeriere sie so, dass diese Gruppe die kleinste **Positionsnummer** erhält. Ergänze die **Endung** der funktionellen Gruppe(n) mit der höchsten Priorität und wenn nötig deren **Anzahl** (vgl. S. 154, Schritte 1 bis 2).

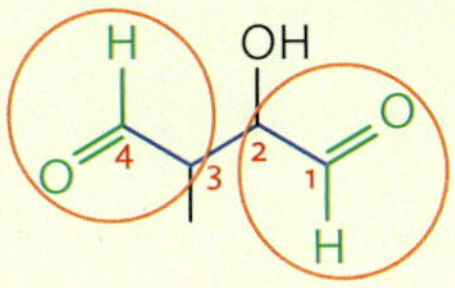

Hinweis: Die Aldehyd-Gruppen können im gezeigten Molekül nicht anders angeordnet werden. Daher könnte man auch auf ihre Positionsnummern verzichten (vgl. Info).

2-Hydroxy-3-Methyl**butan-1,4-dial** (bzw. Hydroxy-3-Methylbutandial)

3. Ergänze vor dem Stammnamen die Vorsilben für die restlichen **funktionellen Gruppen** (**B4**) und weitere **Seitenketten**. Ordne sie gemeinsam alphabetisch und gib dabei die jeweilige **Positionsnummer** an.

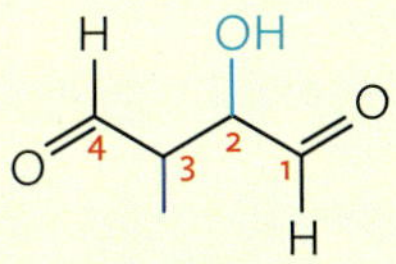

2-Hydroxy-3-Methylbutan-1,4-dial

Priorität	Funktionelle Gruppe
▼	Carboxy-Gruppe
	Aldehyd-Gruppe
	Keto-Gruppe
	Hydroxy-Gruppe

B3 Priorisierung funktioneller Gruppen nach IUPAC

Info
Wenn Positionsnummern für eine eindeutige Benennung nicht notwendig sind, können sie weggelassen werden.

Funktionelle Gruppe	Vorsilbe
Carboxy-Gruppe	Carboxy-
Aldehyd-Gruppe	Formyl-
Keto-Gruppe	Oxo-
Hydroxy-Gruppe	Hydroxy-

B4 Vorsilben für funktionelle Gruppen

AUFGABEN

A1 Erstelle die Strukturformeln für die Moleküle folgender Verbindungen: a) Butan-1-ol, b) 3-Methylhexansäure, c) 3-Ethylpentan-2-on, d) 3-Methylbutanal.

A2 Gib die IUPAC-Namen folgender Moleküle an:

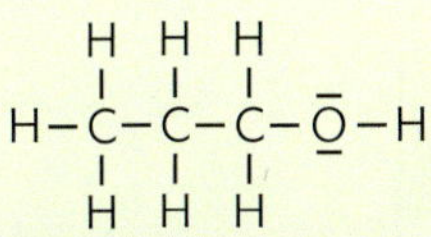

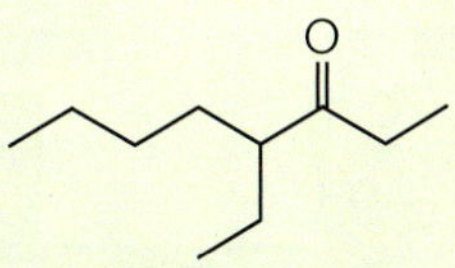

A3 Erkläre mithilfe der Abbildung **B5** die Strategie bei der Benennung des Moleküls, indem du für jede Farbe einen stichpunktartigen Satz angibst.

A4 Erstelle die Strukturformeln für die Moleküle folgender Verbindungen: a) 3-Ethyl-2-hydroxy-4-methylpentansäure, b) 3-Hydroxyhexan-2,4-dion

A5 Ermittle die IUPAC-Namen folgender Moleküle:

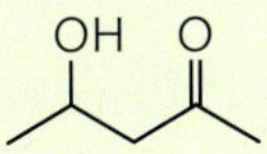

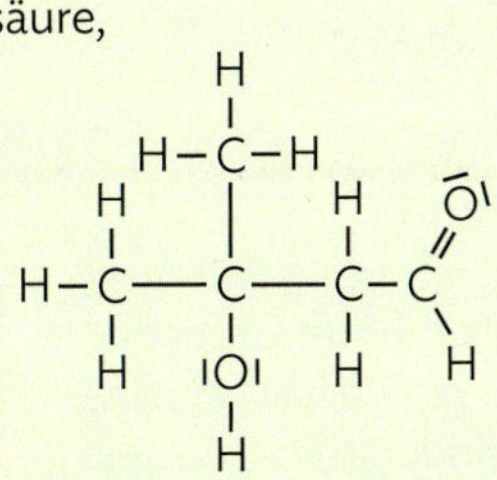

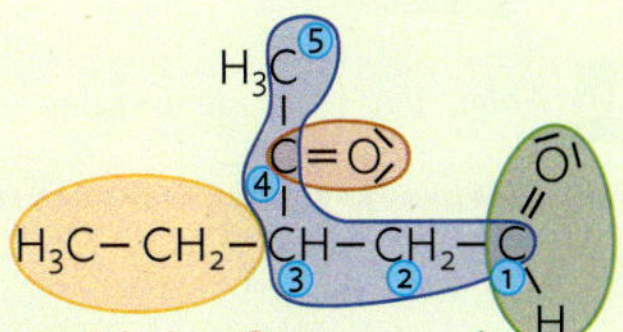

3-Ethyl-4-Oxopentanal

B5 Beispiel Benennung

Informationen durch ein Gruppenpuzzle austauschen

Häufig ist ein Thema sehr komplex oder es gibt viele Aspekte, die bei der Beantwortung einer Frage berücksichtigt werden müssen. Dann ist es sinnvoll, nicht alleine zu arbeiten.

Das Gruppenpuzzle

Ein „Werkzeug" für das Bearbeiten eines umfangreichen Themas ist das Gruppenpuzzle. Dabei geht es darum, als Gruppe gemeinsam zu einem Ziel zu gelangen. Viele kleine Puzzleteile werden zusammengetragen, um am Ende gemeinsam ein Ergebnis präsentieren zu können.

So geht's

1. Schritt: Bildet Stammgruppen. Die Anzahl der Schülerinnen und Schüler pro Stammgruppe wird von der Lehrkraft vorgegeben und richtet sich nach der Anzahl der Teilthemen. Jedes Stammgruppenmitglied erhält Informationen zu einem Teilbereich des Themas. Bearbeitet das Material zunächst in Einzelarbeit.

2. Schritt: Bildet nun Expertengruppen. In diesen neuen Gruppen sitzt jeweils nur ein Mitglied aus jeder Stammgruppe. Klärt in den Expertengruppen gemeinsam Verständnisfragen zu dem jeweiligen Teilthema. Bei Problemen fragt die Lehrkraft. Wichtig ist, dass jeder am Ende des 2. Schritts die Inhalte verstanden hat, um sie in Schritt 3 der Stammgruppe vorstellen zu können.

3. Schritt: Geht aus den Expertengruppen zurück in die Stammgruppen. Stellt euch jetzt die Inhalte der bearbeiteten Materialien gegenseitig der Reihe nach vor. Fasst die Ergebnisse zusammen und gestaltet gegebenenfalls ein gemeinsames Produkt.

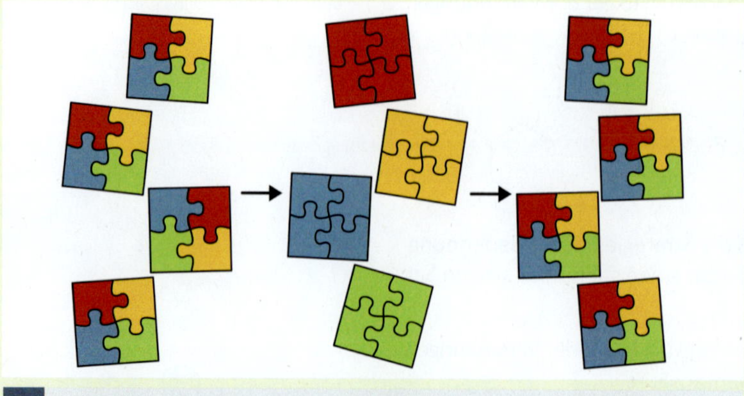

B1 Ablauf eines Gruppenpuzzles

AUFGABE

A1 Bearbeitet nach der Methode die Aufgaben im Gruppenpuzzle unter QR-/Mediencode 05042-36 und füllt gemeinsam die Tabelle im Arbeitsblatt Verbindungsklassen aus.

05042-36

Methanol – der giftige Bruder des Ethanols

Bei der alkoholischen Gärung entsteht außer Ethanol, dem Trinkalkohol, ein weiterer Alkohol, der auf keinen Fall getrunken werden sollte: das Methanol. Unglücklicherweise riecht, schmeckt und sieht Methanol genauso aus wie Ethanol, ist aber schon in geringen Mengen gesundheitsgefährdend oder sogar tödlich. Also: Hände weg von schwarzgebranntem Schnaps – denn gerade bei der unsauberen Destillation von Selbstgebranntem vermischt sich Methanol mit Ethanol.

B1 Schwarzbrennerei

Im Molekülbau unterscheidet sich Methanol CH_3OH nur minimal durch den Ersatz einer Methylgruppe durch ein Wasserstoff-Atom von Ethanol. Dieser geringfügige Strukturunterschied bewirkt aber Änderungen in den Stoffeigenschaften, die vor allem für die Gesundheit verheerende Folgen haben. Bereits ein Glas mit Methanol angereichertem Schnaps kann zu viel sein, denn schon 5 bis 10 Milliliter Methanol führen zu Erblindung und zur Gehirnschädigung. Ab einer Dosis von 20 bis 50 Millilitern ist Methanol tödlich. Eine Methanolvergiftung ist besonders tückisch: Methanol wirkt ähnlich berauschend wie Ethanol, allerdings viel schwächer. Infolgedessen werden oft größere Mengen der mit Methanol verschnittenen Spirituose getrunken, um eine Wirkung zu spüren. Seine volle Giftwirkung entfaltet Methanol dann nach 15 bis 20 Stunden, weshalb man die Ursache oft nicht erkennt und falsch behandelt.

Methanol selbst ist aber gar nicht der eigentliche gefährliche Stoff, giftig sind seine Abbauprodukte. Beim Abbau entstehen die Oxidationsprodukte Methanal HCHO und Methansäure HCOOH, die direkt das zentrale Nervensystem beeinflussen und innere Organe vergiften. Methanal kann zur Denaturierung (Ausfällen) von Körpereiweiß führen und somit den Organismus schädigen. Der Tod wird durch Übersäuerung des Bluts durch Methansäure verursacht. Im Gegensatz zu Ethanol verläuft die Verstoffwechselung von Methanol im menschlichen Körper wesentlich langsamer. Ist jedoch das abbauende Enzym, die Alkoholdehydrogenase (ADH), mit dem Abbau von Ethanol ausgelastet, wird Methanol nicht zu den toxischen Zwischenprodukten abgebaut und unverändert ausgeschieden.

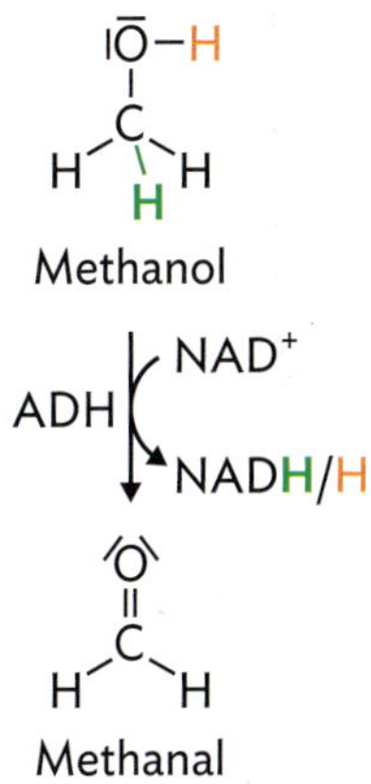

B2 Abbau von Methanol zu Methanal

AUFGABEN

A1 Eine Maßnahme zur Entgiftung von Methanol im menschlichen Körper ist die Verabreichung von Ethanol. Begründe diese Maßnahme mithilfe der Textinformationen.

A2 Recherchiere, welche chemischen Berufe im Bereich der Herstellung von Trinkalkohol, z. B. in Destillerien und Brauereien, gebraucht werden. Beachte dabei die gesamte Produktionskette und notiere deine Ergebnisse in Form einer Mindmap.

5.4 Siedetemperatur und Viskosität molekularer Stoffe

Im Straßenverkehr „läuft" nach wie vor vieles mit Erdöl. Die Vielfalt an Treibstoffen wie Super Benzin, Diesel oder E10 wird in Raffinerien aus Rohöl gewonnen. Worin unterscheiden sich all diese brennbaren Flüssigkeiten?

V1 Verdunstungskälte verschiedener Stoffe

PROBLEM

Beim Desinfizieren mit Alkoholen spürt man auf der Haut einen kühlenden Effekt. Bei der Verdunstung des Alkohols wird der Haut Wärme entzogen. Kühlen verschiedene Alkohole unterschiedlich stark?

DURCHFÜHRUNG

Rolle ein 6 cm mal 6 cm großes Stück Filterpapier eng zusammen. Schiebe es über den Metallstab eines Temperatursensors und befestige es mit einem Gummiband (**B1**). Schließe den Sensor an ein digitales Messwerterfassungssystem an.

Gib 5 mL Wasser in ein kleines Becherglas und stelle ein Stativ mit Klemme bereit. Tauche den Sensor mit dem Filterpapier für genau 1 Minute in die Flüssigkeit. Ziehe ihn wieder heraus und starte sofort die Messwerterfassung. Befestige den Sensor an dem Stativ. Dokumentiere die Temperaturänderung für 5 Minuten.

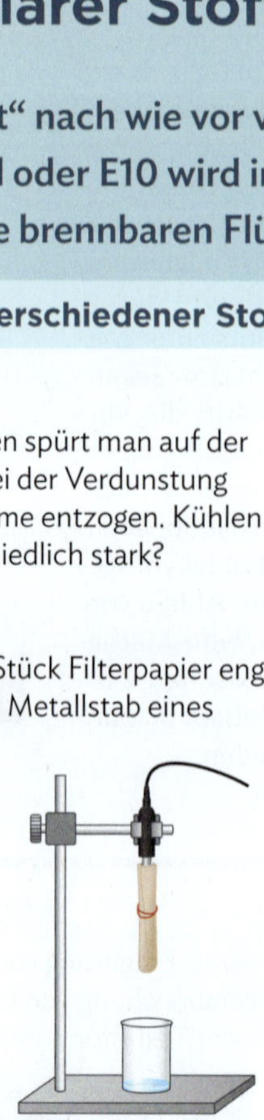

B1 Versuchsaufbau

Wiederhole den Versuch mit Ethanol, Propan-1-ol und Butan-1-ol.

Hinweis: Der Versuch kann auch mit einem digitalen Thermometer und einer Stoppuhr durchgeführt werden.

AUSWERTUNG

a) Stelle die Messwerte in einem Liniendiagramm dar bzw. übertrage das Diagramm in dein Heft. Vergleiche die Kurvenverläufe der Stoffe.

b) Stelle einen Zusammenhang zwischen der Verdunstungskälte und der Kettenlänge der verwendeten Alkohol-Moleküle auf.

c) Formuliere Hypothesen zur Temperaturdifferenz bei der Verwendung verschiedener Alkane. Begründe deine Hypothesen.

ENTSORGUNG G3

PM2 Siedetemperatur

Flüssige Chemikalien müssen sachgerecht entsorgt werden, auch in der Schule. Mittels Destillation können wertvolle Bestandteile vom Rest abgetrennt und wiederverwendet werden. Warum unterscheiden sich die Siedetemperaturen (**B2**) verschiedener Stoffe?

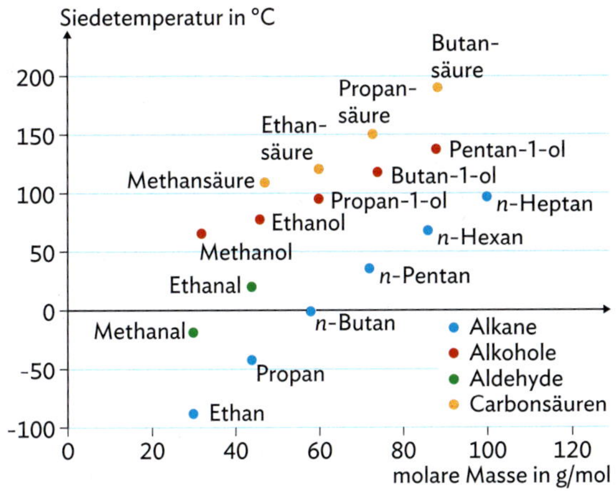

B2 Siedetemperaturen molekularer Verbindungen

AUSWERTUNG

a) Leite aus den Siedetemperaturen der Alkane und Alkohole allgemeine Zusammenhänge ab.

b) Im Internet findet sich folgende Faustregel: „Je größer die molare Masse eines Stoffes, desto höher die Siedetemperatur." Beurteile diese Aussage.

c) Skizziere den hypothetischen Verlauf der Siedetemperaturen von Aldehyden und Ketonen in ein Diagramm (nur Moleküle im Bereich von drei bis sechs Kohlenstoff-Atomen). Vergleiche die Werte mit Literaturwerten.

d) Drei Verbindungen mit derselben Molekülformel C_6H_{14} haben folgende Siedetemperaturen:

n-Hexan	69 °C
2-Methylpentan	60 °C
2,2-Dimethylbutan	50 °C

Zeichne die Strukturformeln der Moleküle und stelle einen Zusammenhang zwischen der Moleküloberfläche, den beteiligten zwischenmolekularen Wechselwirkungen und der Siedetemperatur her (vgl. **FM** S. 163).

PV3 Viskosität

PROBLEM

Durch dauerhafte Reibung der Haut, zum Beispiel bei Gartenarbeit, können Blasen entstehen. Genauso können Maschinenteile durch Reibung Schaden nehmen. Zähflüssige (viskose) Schmiermittel reduzieren die Reibung und fließen nur langsam von den Teilen ab. Welche Verbindungen sind gute Schmiermittel?

DURCHFÜHRUNG

Vergleiche die Viskosität der fünf nachfolgenden Testflüssigkeiten. Sauge dazu 5 mL einer Testflüssigkeit mithilfe eines Peleusballs in eine 5-mL-Tropfpipette. Halte die Pipette senkrecht über ein leeres Becherglas, entferne den Peleusball und miss die Zeit, bis die Pipette leer gelaufen ist.

Wiederhole das Vorgehen für alle Testflüssigkeiten, wobei du nicht jedes mal eine frische Pipette nehmen musst. Verwende aber für eine umweltgerechte Entsorgung für die Testflüssigkeiten A eine Pipette und ein Becherglas und für die Testflüssigkeiten B eine zweite Pipette und ein Becherglas.

Testflüssigkeiten A: *n*-Heptan, Paraffinöl

Testflüssigkeiten B: Wasser, Propan-1-ol, Propan-1,2,3-triol (Glycerin)

AUSWERTUNG

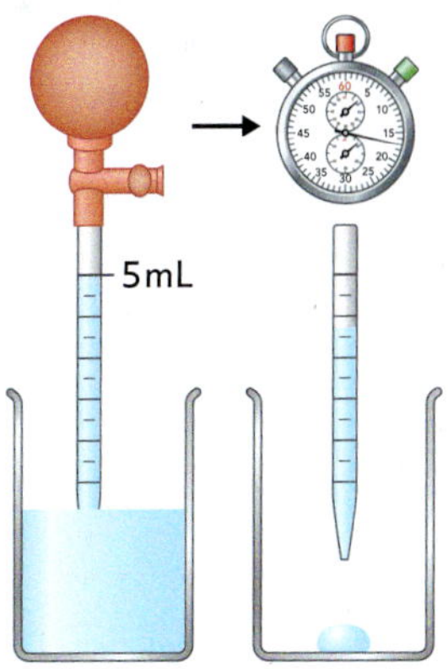

a) Stelle die Auslaufdauer der Flüssigkeiten in einem Säulendiagramm dar.

b) Zeichne die Strukturformeln der Moleküle aller verwendeten Substanzen. (Paraffinöl kann vereinfacht als Hexadecan $C_{16}H_{34}$ dargestellt werden.)

c) Stelle einen Zusammenhang her zwischen der Viskosität der jeweiligen Stoffe und den Wechselwirkungen zwischen den entsprechenden Molekülen.

ENTSORGUNG Becherglas 1: G3; Becherglas 2: A

Molekülstruktur und Siedetemperatur

Die Siedetemperatur von Alkanen

Beim Verlassen der Badewanne wird uns kalt, weil das Wasser beim Verdunsten der Umgebung Energie in Form von Wärme entzieht. Die experimentelle Bestimmung der Verdunstungskälte (**V1**) dient als qualitatives Vergleichsmaß für die Siedetemperatur von Stoffen. Je schneller die Umgebungstemperatur fällt, desto niedriger ist die Siedetemperatur.

Im Vergleich zu ihrer molekularen Masse sind die Siedetemperaturen von Alkanen sehr niedrig. Sie nehmen aber innerhalb der homologen Reihe zu (**PM2**). Methan, Ethan, Propan und Butan sind bei Raumtemperatur Gase, alle n-Alkane von Pentan bis Heptadecan ($C_{17}H_{36}$) Flüssigkeiten und noch längere Alkane Feststoffe. Zwischen den Molekülen wirken nur relativ schwache LONDON-Dispersionswechselwirkungen (vgl. S. 145), deren Stärke mit der Oberfläche der Moleküle zunimmt (**B1**).

Verzweigte Alkane haben niedrigere Siedetemperaturen als die entsprechenden n-Alkane derselben Molekülformel (**M2**). Sie haben einen kompakteren Molekülbau und damit eine geringere Moleküloberfläche, an der LONDON-Dispersionswechselwirkungen entstehen können. So liegt z. B. die Siedetemperatur von 2,2-Dimethylpropan deutlich unter der von *n*-Pentan, trotz gleicher Molekülformel (C_5H_{12}, **B1**).

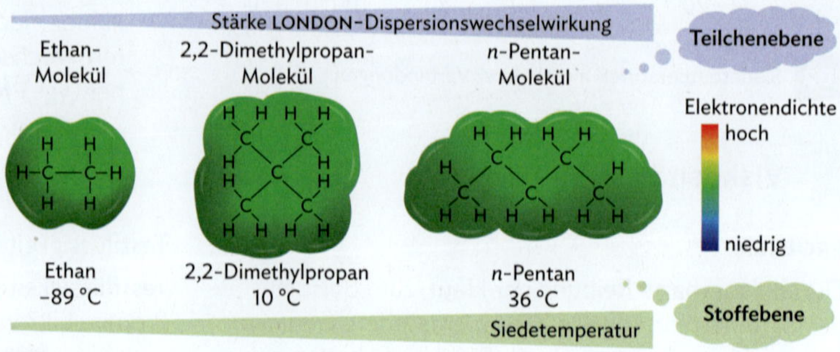

B1 Die Stärke der LONDON-Dispersionswechselwirkungen zwischen Alkan-Molekülen ist abhängig von der Oberfläche (der Kettenlänge und dem Verzweigungsgrad) der Moleküle.

Je größer die Oberfläche der Moleküle ist, desto stärkere LONDON-Dispersionswechselwirkungen können sich ausbilden.

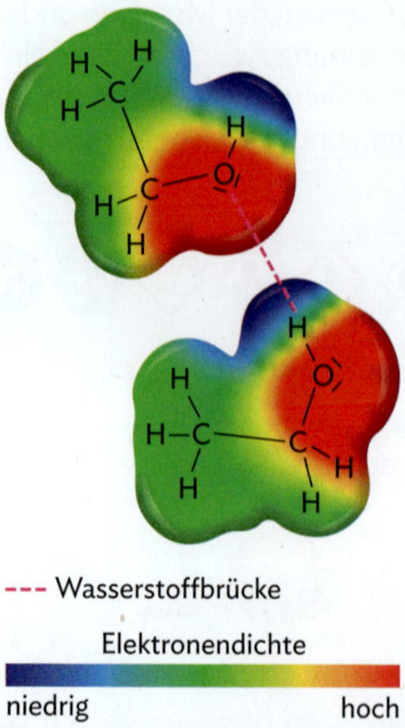

B2 Wasserstoffbrücken zwischen zwei Ethanol-Molekülen.

Die Siedetemperatur von Alkoholen

Verglichen mit den Alkanen sind die Siedetemperaturen der Alkohole deutlich höher (**PM2**). Das liegt an den Wasserstoffbrücken, die sich zwischen den Hydroxy-Gruppen der Alkohol-Moleküle ausbilden können (**B2**; vgl. auch S. 163). Diese starken Wechselwirkungen müssen beim Übergang vom flüssigen zum gasförmigen Aggregatzustand überwunden werden.

Zwischen den Alkyl-Resten von Alkohol-Molekülen bilden sich zudem LONDON-Dispersionswechselwirkungen aus. Diese sind umso stärker, je größer die Oberfläche des Alkyl-Restes ist. Daher steigt auch die Siedetemperatur von Alkoholen mit der Kettenlänge der Moleküle.

Der Einfluss weiterer funktioneller Gruppen

Der Vergleich von Alkanen, Aldehyden und Ketonen zeigt, dass auch das Vorhandensein einer Carbonyl-Gruppe in den Molekülen die Siedetemperatur der Stoffe erhöht (**PM2**). Grund ist die Polarität der Doppelbindung zwischen dem Kohlenstoff- und dem Sauerstoff-Atom (**B3**). Sie verursacht zwischen benachbarten Molekülen starke Dipol-Dipol-Wechselwirkungen (vgl. S. 144) Die vergleichsweise höchsten Siedetemperaturen finden sich bei den Carbonsäuren. Diese können über die Carboxy-Gruppe zwischen je zwei Molekülen zwei Wasserstoffbrücken ausbilden (**B3**).

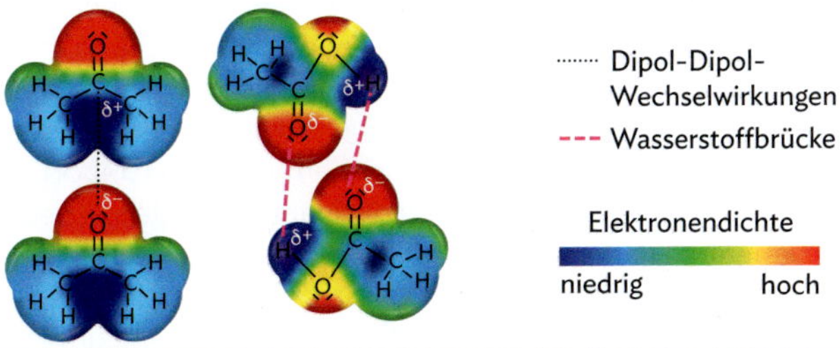

B3 Wechselwirkungen zwischen Keton- und Carbonsäure-Molekülen

Die Siedetemperatur eines Stoffes wird bestimmt durch die Stärke der Wechselwirkungen zwischen den Molekülen (Struktur-Eigenschafts-Konzept, vgl. **FM** S. 163). Zwischen verschiedenen Molekülbestandteilen treten unterschiedlich starke Wechselwirkungen auf. Die Stärke dieser Wechselwirkungen lässt sich aufsteigend wie folgt ordnen:

- LONDON-Dispersionswechselwirkungen (z. B. zwischen Alkyl-Resten)
- Dipol-Dipol-Wechselwirkungen (z. B. zwischen Carbonyl-Gruppen)
- Wasserstoffbrücken (z. B. zwischen Hydroxy- oder Carboxy-Gruppen)

Alkohol	Siedetemperatur in °C
Ethanol	78
Ethandiol	197
Propan-1-ol	97
Propan-2-ol	82
Propan-1,2,3-triol	290

B4 Siedetemperaturen verschiedener Alkohole

AUFGABEN

A1 Trotz ähnlicher molarer Masse ist die Siedetemperatur von NH_3 (–33 °C) deutlich höher als die von Methan (–162 °C). Begründe dies.

A2 Beim Schütteln von „Feuerzeuggas"-Dosen spürt man die Bewegung einer Flüssigkeit, da die Dose durch Druck verflüssigtes Butan enthält. Eine experimentelle Destillation ergibt zwei Siedetemperaturen: -12 °C und –0,5 °C. Begründe anhand von Strukturformeln das Vorhandensein zweier Siedetemperaturen. Ordne die Werte zu.

A3 Die Tabelle **B4** zeigt die Siedetemperaturen verschiedener kurzkettiger Alkohole. Begründe die unterschiedlichen Werte unter Angabe der Strukturformeln der Moleküle.

A4 Mit zunehmender Kettenlänge der Moleküle nähern sich die Siedetemperaturen der entsprechenden Alkane und Alkohole immer mehr an. Begründe dies.

Molekülstruktur und Viskosität

B5 Honig ist zähflüssig, er hat eine hohe Viskosität

Der Einfluss der Oberfläche der Moleküle

Wenn man Honig von einem Löffel auf das Brot laufen lässt, dauert dies lange, denn Honig ist zähflüssig (**B5**). Der Fachbegriff für die Zähflüssigkeit ist **Viskosität**. Zähflüssige Stoffe wie Paraffinöl und Propan-1,2,3-triol (Glycerin) sind hochviskos (**PV3**). Dünnflüssige Stoffe, wie z. B. Wasser und Ethanol, haben eine geringe Viskosität.

Innerhalb der homologen Reihe der Alkane steigt mit zunehmender Kettenlänge der Moleküle auch die Viskosität der Stoffe. Die Viskosität von *n*-Heptan ist demnach geringer als die von Hexadecan, einem Bestandteil von Paraffinöl (**PV3**). Dies liegt auf Teilchenebene an der größeren Moleküloberfläche und den damit einhergehenden stärkeren LONDON-Dispersionswechselwirkungen. Eine höhere Verzweigung der Moleküle bedingt eine geringere Angriffsfläche für die zwischenmolekularen Wechselwirkungen. Die Viskosität, wie auch die Siedetemperatur, von Isomeren mit verzweigten Molekülen sind somit geringer als die von Isomeren mit unverzweigten Molekülen.

Diesel enthält im Vergleich zu Superbenzin zu einem höheren Anteil langkettige Alkan-Moleküle. Da niedrigere Temperaturen zu einer langsameren Fließgeschwindigkeit führen, kann es sein, dass ein Dieselmotor an sehr kalten Wintertagen (–20 °C) aufgrund des zähflüssigen Treibstoffs nicht mehr anspringt.

Info

Bei Straßenarbeiten verwendet man Asphalt, ein Gemisch aus Kohlenwasserstoffen mit langkettigen Molekülen und Gestein. Im heißen Zustand kann der viskose Asphalt direkt auf die Arbeitsstelle gegossen und gewalzt werden. Beim langsamen Abkühlen verfestigt sich das widerstandsfähige Gemisch.

Der Einfluss funktioneller Gruppen

Analog der Siedetemperatur erhöhen polare Gruppen in den Molekülen die Viskosität eines Stoffes, indem sie zusätzliche Dipol-Dipol-Wechselwirkungen bzw. Wasserstoffbrücken zwischen den Molekülen hervorrufen. Besonders deutlich wird der Vergleich bei Alkoholen mit kurzen Ketten und einer oder mehreren Hydroxy-Gruppen in den Molekülen. So ist der Stoff Propan-1-ol niedrigviskos, also leichtbeweglich, während die Propandiole (Propan-1,2-diol, Propan 1,3-diol) bereits höhere Viskositäten aufweisen. Das Propan-1,2,3-triol ist deutlich zähflüssig und wird daher als lebensmittelechtes Schmiermittel verwendet. Neben Hydroxy-Gruppen erhöhen auch Carbonyl-Gruppen der Moleküle die Viskosität des Stoffes.

Die Viskosität ist ein Maß für die Zähflüssigkeit eines Stoffes. Je stärker die Wechselwirkungen zwischen den Molekülen sind, desto zähflüssiger ist der Stoff.

AUFGABEN

A1 Die Viskosität von Stoffen wird in der Einheit mPa · s („Millipascal mal Sekunde") gemessen. Folgende Werte sind bekannt: Ethanol: 1,19 mPa · s, Ethansäure: 1,22 mPa · s, Ethandiol: 20 mPa · s. Entscheide begründet, ob ein hoher Wert eine höhere oder niedrigere Viskosität bedeutet.

A2 Die Viskositätsbestimmung nach **V3** ist relativ ungenau. Exakter ist ein sog. „Kugelviskosimeter". Entwirf einen Versuchsaufbau mithilfe von Glaskugeln, Messzylinder, Stoppuhr und weiteren Materialien deiner Wahl (Hilfen QR-/Mediencode 05042-38).

05042-38

FACHBEGRIFFE

die Siedetemperatur, die Viskosität

Eigenschaftsunterschiede aus Molekülstrukturen ableiten

Kennt man die Struktur der Moleküle eines Stoffes, so kann man dessen Eigenschaften vorhersagen (Struktur-Eigenschafts-Konzept).

Der Kraftstoff Super E10 besteht überwiegend aus Kohlenwasserstoffen wie n-Hexan (**B1**) und 2,3-Dimethylbutan (**B2**) sowie aus Ethanol (**B3**). Die jeweiligen Anteile sollen mittels Destillation bestimmt werden. In welcher Reihenfolge sieden die Stoffe?

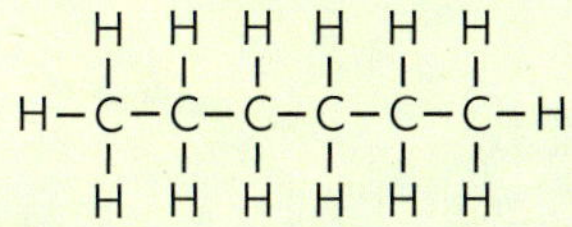

B1 *n*-Hexan

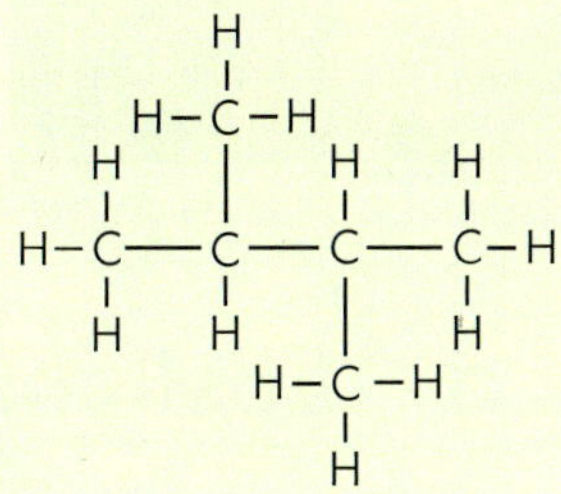

B2 2,3-Dimethylbutan

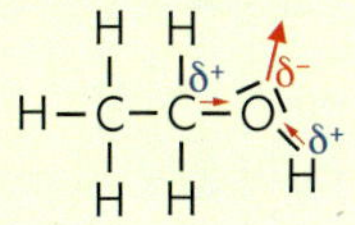

B3 Ethanol

So geht's

1. Zeichne die **Strukturformel** der Moleküle (**B1**-**B3**). Bestimme mithilfe des Periodensystems die Polaritäten aller Bindungen (vgl. **FM** S. 141) und markiere polare Elektronenpaarbindungen mit Pfeilen (**B3**).
2. Bestimme anschließend die möglichen **zwischenmolekularen Wechselwirkungen (z. WW**; vgl. Kap. 5.2). In zunehmender Stärke sind dies:
   - LONDON-Dispersionswechselwirkungen treten zwischen unpolaren Molekülen bzw. Molekülanteilen (Alkyl-Resten) auf (S. 160).
   - Dipol-Dipol-Wechselwirkungen bilden sich z. B. zwischen den Carbonyl-Gruppen von Aldehyd- bzw. Keton-Molekülen aus (S. 161).
   - Wasserstoffbrücken wirken z. B. zwischen den Hydroxy- bzw. Carboxy-Gruppen von Alkohol- bzw. Carbonsäure-Molekülen (S. 160 f.).

   n-Hexan- und 2,3-Dimethylbutan-Moleküle: nur LONDON-Dispersions-WW

   Ethanol-Moleküle: Wasserstoffbrücken und LONDON-Dispersions-WW
3. Vergleiche bei unpolaren Molekülen bzw. Alkyl-Resten die Größe der **Oberflächen**. Diese nimmt mit der Kettenlänge bzw. der Molekülmasse zu (vgl Info). Jedoch haben bei vergleichbarer Molekülmasse unverzweigte Moleküle eine größere Oberfläche als verzweigte Moleküle. Je größer die Oberfläche ist, desto mehr bzw. stärkere zwischenmolekulare WW können sich ausbilden.

   n-Hexan und 2,3-Dimethylbutan: sechs Kohlenstoff-Atome pro Molekül

   n-Hexan: unverzweigte Moleküle ⟶ stärkere z. WW

   2,3-Dimethylbutan: verzweigte Moleküle ⟶ schwächere z. WW
4. Wäge bei mehreren funktionellen Gruppen die Stärke der verschiedenen Wechselwirkungen ab und stelle davon ausgehend Hypothesen auf, um Eigenschaftsunterschiede der einzelnen Stoffe vorherzusagen.

   Stärke der zwischenmolekularen WW: Ethanol-Moleküle > n-Hexan-Moleküle > 2,3-Dimehylbutan-Moleküle

   Hypothese: Ethanol hat die höchste Siedetemperatur, n-Hexan die zweithöchste und 2,3-Dimethylbutan die niedrigste.

Info

Bei Molekülen mit sehr langen Kohlenstoff-Atomketten können sich viele bzw. starke LONDON-Dispersions-WW ausbilden. Diese können insgesamt sogar stärker sein, als die Dipol-Dipol-WW oder Wasserstoffbrücken, die durch funktionelle Gruppen in den Molekülen hervorgerufen werden.

AUFGABEN

A1 Zeichne für die Moleküle folgender Stoffe jeweils die Strukturformel: Propan-2-on, Ethansäure, *n*-Butan, 2,3,4,5,6,7-Hexahydroxyoctandisäure und 4-Hydroxybutansäure. Ordne die Stoffe nach aufsteigenden Siedetemperaturen.

A2 In einer Tabelle stehen folgende Siedetemperaturen: Ethanol 78 °C, Pentan-1-ol 138 °C und Propan-1,2,3-triol 290 °C. Schätze ausgehend von den Strukturformeln der Moleküle dieser Stoffe hypothesengeleitet die Siedetemperatur von Ethandiol.

5.5 Löslichkeit molekularer Stoffe

Damit das Fahrrad geschmeidig läuft und nicht so schnell rostet, empfehlen die Händler das regelmäßige Einfetten der beweglichen Teile, unter anderem der Kette. Dazu muss zunächst der alte, mit Fett vermischte Dreck entfernt werden. Im Supermarkt gibt es eine große Auswahl verschiedener Reinigungsmittel. Welches eignet sich am besten?

PV1 Weg mit dem Dreck

PROBLEM

Beim Reinigen der Fahrradkette wird man zuerst mit einem Tuch oder einer Bürste den groben Dreck entfernen. Leider bekommt man dabei oft dreckige Öl- und Fettflecken auf die Kleidung. Ein Reinigungsmittel, das diese Flecken entfernt, könnte auch zum Reinigen der Kette verwendet werden.

DURCHFÜHRUNG

Schneide ein Stück Stoff in vier kleine Streifen und streiche etwas Schmierfett (ersatzweise Butter oder Margarine) darauf. Gib in drei Reagenzgläser je einen Streifen. Der vierte Streifen mit Fettfleck bleibt unbehandelt. Fülle die Reagenzgläser je zur Hälfte mit destilliertem Wasser, *n*-Heptan bzw. Ethanol, verschließe sie mit Stopfen und schüttele kräftig. Nimm die Stoffstreifen mit einer Pinzette aus den Reagenzgläsern und vergleiche sie mit dem vierten Streifen. Betrachte auch die Flüssigkeiten.

AUSWERTUNG

a) Formuliere eine Fragestellung, die sich aus dem beschriebenen Problem ergibt und die mit dem Versuch beantwortet werden soll.

b) Notiere deine Beobachtungen.

c) Begründe die Notwendigkeit des vierten unbehandelten Streifens.

d) Entscheide, welches Lösemittel am besten zur Entfernung des Flecks geeignet ist. Formuliere drei Sicherheitsregeln für die Anwendung dieses Lösemittels im Haushalt.

e) Zeichne die Strukturformel je eines Wasser-Moleküls, *n*-Heptan-Moleküls und Ethanol-Moleküls. Stelle darauf aufbauend Hypothesen auf, welche Strukturelemente in Fett-Molekülen vorkommen könnten.

ENTSORGUNG G3, R

PV2 Mischen von Flüssigkeiten

PROBLEM

In Haushaltsreinigern findet sich oft eine Mischung aus Wasser und Ethanol. Stoffe, die sich gut in Wasser lösen, nennt man hydrophil (wasserliebend). Gegenteilig verhalten sich hydrophobe (wassermeidende) Stoffe. Welche Mischungen sind möglich?

DURCHFÜHRUNG

Für diesen Versuch werden folgende Flüssigkeiten benötigt: (1) destilliertes Wasser, (2) Ethanol, (3) Propan-2-on (Aceton), (4) *n*-Heptan. Mische in sechs Reagenzgläsern je einen mL zweier Flüssigkeiten nach folgendem Schema:

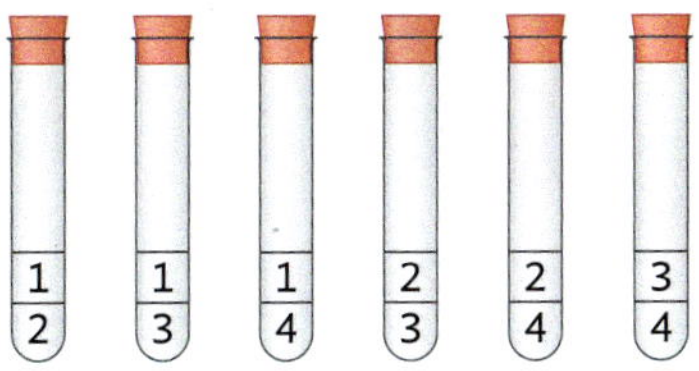

Verschließe die Reagenzgläser mit einem Stopfen, schüttle sie kurz und lasse sie dann stehen.

AUSWERTUNG

a) Notiere die Beobachtungen stichpunktartig in einer Tabelle. Benutze dafür geeignete Fachbegriffe.

Mischung aus	1 + 2	1 + 3	1 + 4	2 + 3	2 + 4	3 + 4
nach Schütteln						
nach 3 min						

b) Ordne die Stoffe aufgrund ihres Löseverhaltens in hydrophile und hydrophobe Stoffe.

c) Zeichne die Strukturformeln der vier zu den Stoffen passenden Moleküle und bestimme die Polaritäten innerhalb der Moleküle. Stellt in Partnerarbeit Hypothesen für den Zusammenhang zwischen der jeweiligen Struktur der Teilchen und der Mischbarkeit der Stoffe auf.

ENTSORGUNG G3

PV3 Des Rätsels Lösung

PROBLEM

Alltagsprodukte, wie Cremes und Farblacke, enthalten Lösemittel, damit sich die festen Bestandteile der Produkte fein darin verteilen. Kann man verschiedene Stoffe gleichzeitig in Lösung bringen?

DURCHFÜHRUNG

Folgende Materialien und Stoffe stehen zur Verfügung:

Materialien: Waage, Spatel, Wägeschiffchen, Trichter, Filterpapier, Reagenzgläser, Messzylinder

zu lösende Stoffe: Traubenzucker, Kerzenwachs, Citronensäure

Lösemittel: destilliertes Wasser, Ethanol, Propan-2-on (Aceton), *n*-Heptan.

Stelle eine Hypothese auf, welches Lösemittel die drei Stoffe Traubenzucker, Kerzenwachs und Citronensäure am besten löst. Plane einen Versuch, mit dem sich die gelöste Menge der Stoffe in den verschiedenen Lösemitteln vergleichen lässt.

Besprecht eure Versuchsplanung im Klassenverband und einigt euch auf eine Durchführung. Führt den Versuch anschließend arbeitsteilig in kleinen Gruppen mit unterschiedlichen Stoff-Lösemittel-Kombinationen durch.

AUSWERTUNG

a) Bestimmt die Masse der gelösten Stoffe und vergleicht die Ergebnisse mit den Werten der anderen Gruppen.

b) Diskutiert mögliche Fehlerquellen, die die Versuchsergebnisse beeinflussen können.

c) Nimm Stellung zu deiner anfangs aufgestellten Hypothese.

d) Entscheide dich für ein Lösemittel, das in einem Alltagsprodukt enthalten sein könnte und geringe Mengen aller drei Feststoffe lösen könnte. Stelle Hypothesen zum Einfluss von Anzahl und Art funktioneller Gruppen innerhalb eines Moleküls auf die Lösungseigenschaften des entsprechenden Stoffes auf.

ENTSORGUNG G3

Hydrophile und lipophile Stoffe

Hydrophile Stoffe bestehen aus polaren Molekülen

Wasser ist im Alltag das wichtigste **Lösemittel**. Auch in unseren Körperzellen liegen die meisten Stoffe in Wasser gelöst vor, z. B. Zucker, organische Säuren (u. a. Citronensäure) und Salze. In Reinigungsmitteln kommt Wasser zusammen mit anderen Flüssigkeiten wie Ethanol zum Einsatz. Alle in Wasser gut löslichen Stoffe bezeichnet man als **hydrophil** (wasserliebend).

Die gute Löslichkeit von Ethanol in Wasser (**PV2**) beruht auf dem polaren Bau der Wasser-Moleküle. Zwischen ihnen und den Hydroxy-Gruppen der Ethanol-Moleküle können Wasserstoffbrücken ausgebildet werden (**B1**). Es entsteht eine gleichmäßige (homogene) Verteilung aller Moleküle in der Mischung.

Info

Die Begriffe hydrophil/-phob bzw. lipophil/-phob leiten sich von folgenden griechischen Wörtern ab:
hydor: Wasser
lipos: Fett
philos: liebend
phobos: Furcht

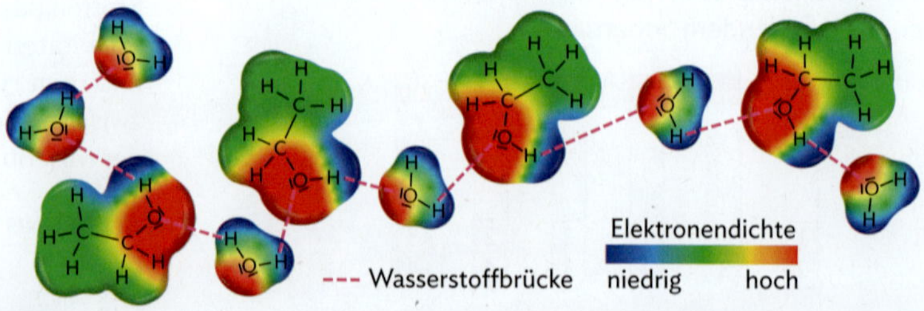

B1 Wasserstoffbrücken zwischen Ethanol- und Wasser-Molekülen

Auch andere polare Gruppen in Molekülen bewirken Wechselwirkungen mit Wasser-Molekülen, z. B. die Carbonyl- und Carboxy-Gruppe. Kurzkettige Aldehyde und Ketone (**PV2a**: Propan-2-on) sowie Carbonsäuren lösen sich daher ebenfalls gut in Wasser.

Die Alchemisten des Mittelalters bildeten Kategorien „ähnlicher" Stoffe und formulierten den Merksatz: *Similia similibus solvuntur* – Ähnliches löst sich in Ähnlichem. In diesem Zusammenhang wären Wasser, Ethanol und Propan-2-on „ähnlich". Es muss dann aber auch „unähnliche" Stoffe geben.

Lipophile Stoffe bestehen aus unpolaren Molekülen

Fettiger und öliger Schmutz, wie er auf der Fahrradkette vorkommt, lässt sich mit Wasser nicht gut abwaschen (**PV1**). Die Moleküle von Fetten und Ölen enthalten sehr lange Alkyl-Reste und ähneln unverzweigten Kohlenwasserstoff-Molekülen. Alkane wie *n*-Heptan, die auch Bestandteile von „Waschbenzin" sind, lösen fettigen Schmutz sehr gut (**PV2**). Sie sind **lipophil** (fettliebend). Ihre Moleküle sind wie die Fett-Moleküle weitestgehend unpolar, wodurch sich zwischen den Molekülen nur LONDON-Dispersionswechselwirkungen ausbilden können (**B2**).

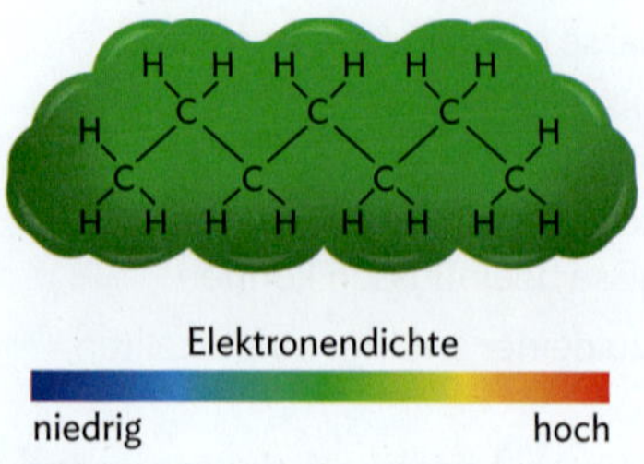

B2 Elektronendichteoberfläche eines n-Heptan-Moleküls

Der Schlüssel zu den Löseeigenschaften eines Stoffes liegt also in den Wechselwirkungen zwischen den einzelnen Molekülen. Der Satz der Alchemisten müsste also besser lauten:

Ähnliche Polarisierungen der Moleküle bewirken ähnliche Löseeigenschaften der Stoffe.

Umgekehrt kann man Wasser auch als **lipophob** (fettmeidend) und Fette als **hydrophob** (wassermeidend) bezeichnen.

Amphiphile Stoffe enthalten Moleküle mit polaren und unpolaren Anteilen

Organische Stoffe enthalten häufig Moleküle mit polaren und unpolaren Anteilen. Z. B. besteht das Ethanol-Molekül aus einem Alkyl-Rest (unpolar) und einer Hydroxy-Gruppe (polar). Der Stoff Ethanol löst sich daher sowohl in Wasser also auch in Benzin (**PV2**). Stoffe, die sich in hydrophilen und lipophilen Stoffen gut lösen, nennt man **amphiphil** (beides liebend).

Die Löseeigenschaften lassen sich auch bei amphiphilen Stoffen gut vorhersagen. Heptan-1-ol-Moleküle haben wie Ethanol-Moleküle eine polare Hydroxy-Gruppe, die Wasserstoffbrücken ausbildet (**B3**). Allerdings ist der Heptyl-Rest deutlich länger als der Ethyl-Rest, in diesem Bereich sind nur LONDON-Dispersionswechselwirkungen möglich.

Während Ethanol unbegrenzt in Wasser löslich ist, kann in einem Liter Wasser z. B. nur ein Gramm Heptan-1-ol gelöst werden. Die Wechselwirkungen zwischen den Wasser-Molekülen selbst sind stärker als zwischen Wasser- und Heptan-1-ol-Molekülen. Demgegenüber löst sich Heptan-1-ol in Alkanen besser als Ethanol, da der unpolare Anteil der Moleküle mit zunehmender Kettenlänge überwiegt (**B3**).

Info

Ist die Löslichkeit von zwei Flüssigkeiten überschritten, bilden sich zwei klar abgegrenzte Flüssigkeitsschichten, sogenannte **Phasen**. Die Flüssigkeit mit der geringeren Dichte schwimmt auf der Flüssigkeit mit der größeren Dichte.

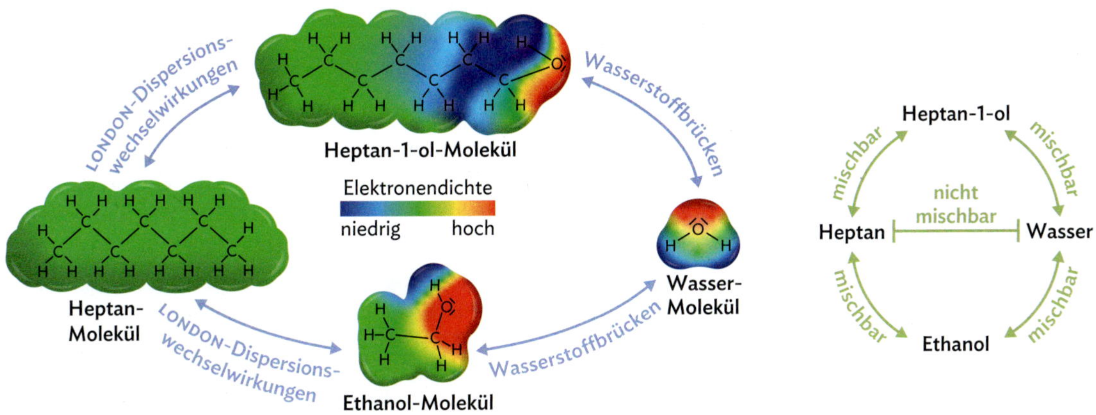

B3 Einfluss der Kettenlänge und der funktionellen Gruppe der Moleküle (links) auf die Löslichkeit der Stoffe in Wasser oder in Kohlenwasserstoffen wie Heptan (rechts)

AUFGABEN

A1 Nenne je drei Beispiele für hydrophile und lipophile Stoffe. Begründe deine Wahl mit Molekülstrukturen.

A2 Aceton (Propan-2-on) ist ein Bestandteil von Nagellackentfernern. Stelle auf Grundlage der Strukturformel von Propan-2-on Vermutungen über die Polarität von im Nagellack enthaltenen Molekülen auf.

A3 Die Löslichkeit von Pentan-1-ol in Wasser beträgt 22 g/L. Schätze unter Bezugnahme auf den obigen Text die Löslichkeitswerte von Butan-1-ol und Hexan-1-ol ab und vergleiche sie mit selbst recherchierten Literaturwerten.

A4 Benenne die Moleküle in **B4** nach IUPAC. Begründe jeweils, ob der entsprechende Stoff hydrophil, lipophil oder amphiphil ist. Stelle eine Vermutung auf, welcher der Stoffe sich besser in Wasser löst.

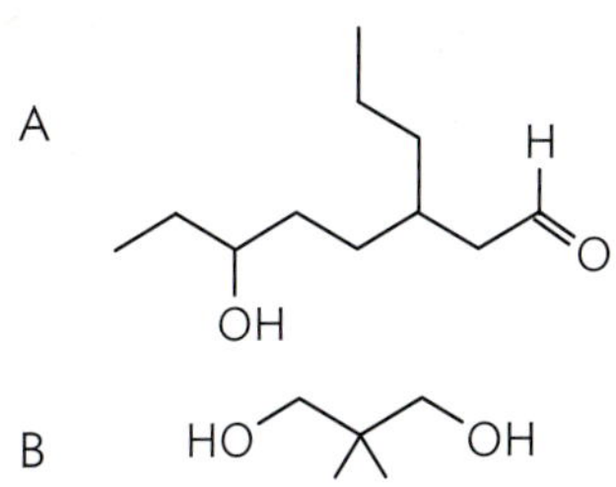

B4 Skelettformeln zu **A4**

Eigenschaften von Lösemitteln

Die Wahl eines geeigneten Lösemittels

Wachsflecken lassen sich am besten mit unpolaren Lösemitteln wie Benzin entfernen (**PV3**), da Wachse einen ähnlichen molekularen Aufbau wie langkettige Alkane aufweisen. Alkohole, Aldehyde, Ketone und Carbonsäuren bestehen aus Molekülen, die polare funktionelle Gruppen (**B4**) enthalten. Diese erhöhen die Löslichkeit der Stoffe in Wasser, da Wasser-Moleküle ebenfalls eine starke Polarität aufweisen.

Reinstoffe finden sich im Alltag vergleichsweise selten. Reinigungsmittel, Kosmetika, Lebensmittel oder schlicht Dreck: Sie alle sind Gemische aus vielen einzelnen Komponenten, wobei jede davon hydrophil oder lipophil sein kann. In diesem Fall können amphiphile Stoffe als Lösevermittler dienen. Meist kommen dazu mehrere verschiedene Lösemittel zum Einsatz, deren Moleküle ebenfalls unterschiedlichen Polaritäten aufweisen.

Allgemein lassen sich aus dem Vergleich von Molekülstrukturen Vorhersagen über die Löseeigenschaften von Stoffen machen (vgl. **FM** S. 169). In Forschung und Entwicklung werden solche Eigenschaften meist bereits am Computer berechnet und simuliert, bevor ein neuer Stoff synthetisiert (hergestellt) wird.

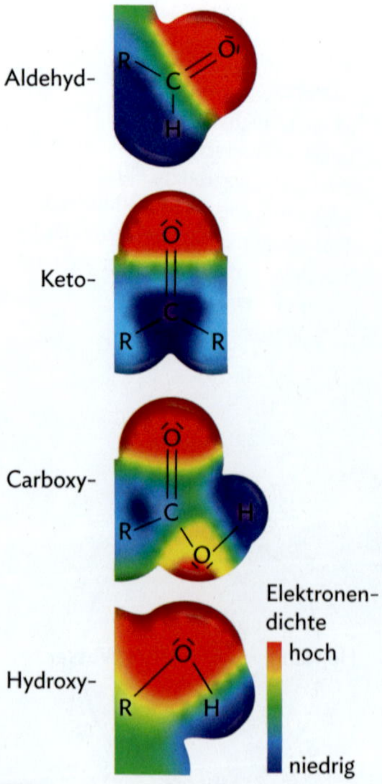

B4 Funktionelle Gruppen, die den polaren Anteil eines Moleküls erhöhen

Steuerung der Polarität durch funktionelle Gruppen

Die Löseeigenschaften eines Stoffes lassen sich gezielt durch die Einführung weiterer funktioneller Gruppen in die Molekülstruktur steuern. Zur Erhöhung des polaren Anteils kommen alle bisher bekannten funktionellen Gruppen in Frage (**B4**). Alkyl-Reste erhöhen stets den unpolaren Anteil.

Nicht nur die Art, sondern auch die Anzahl funktioneller Gruppen verändert die Polarität der Moleküle und damit die Löseeigenschaften des Stoffes. Das Propan-1,2,3-triol-Molekül (Glycerin-Molekül) hat durch die drei Hydroxy-Gruppen größere polare Anteile als das Propan-1-ol-Molekül. Der Stoff Glycerin ist somit stärker hydrophil als der Stoff Propan-1-ol (**B5**). Auch unterschiedliche funktionelle Gruppen in einem Molekül beeinflussen die Polarität der Moleküle und somit die Löslichkeit der Stoffe (**B6**).

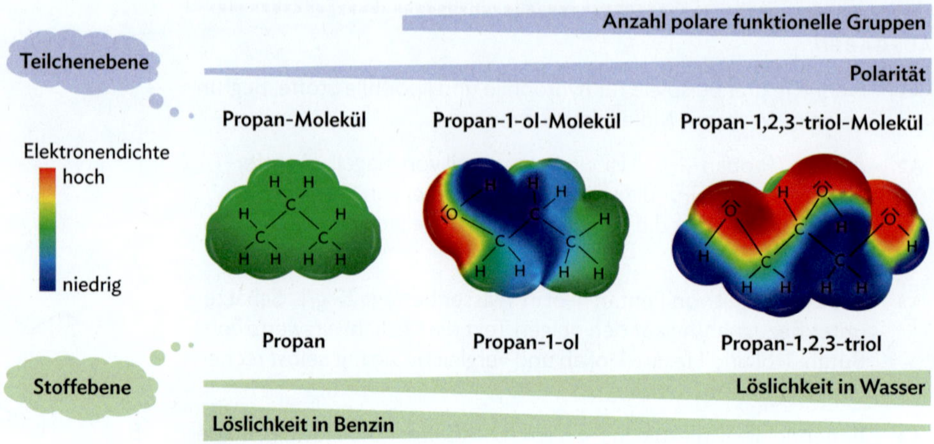

B5 Abgestufte Polarität von Propan- und Propanol-Molekülen

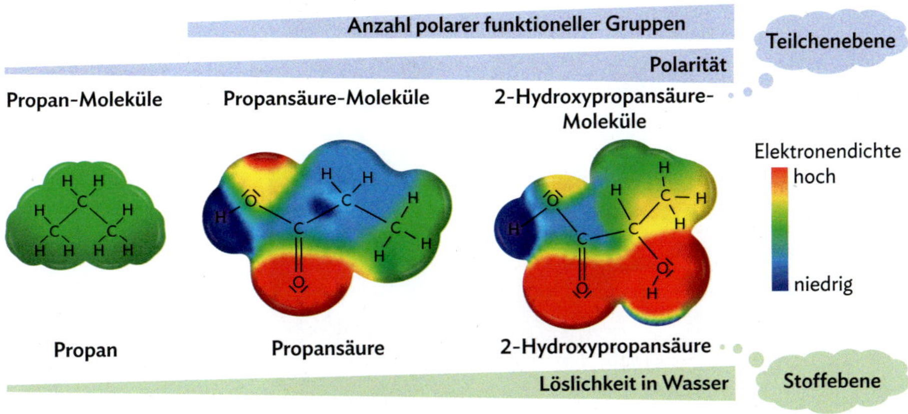

B6 Beeinflussung der Löslichkeit von Stoffen durch polare Gruppen im Molekül

Hydrophile Stoffe lösen sich gut in hydrophilen Stoffen, lipophile Stoffe gut in lipophilen. Die Moleküle von amphiphilen Stoffen besitzen sowohl polare als auch unpolare Strukturelemente. Der jeweilige Anteil entscheidet über das bevorzugte Löseverhalten.

AUFGABEN

A1 Im Labor sollen Lösungen folgender Stoffe hergestellt werden: Eicosan ($C_{20}H_{42}$), Propanal, Chlormethan (CH_3Cl), Ethansäure. Entscheide dich begründet anhand der Molekülstruktur jeweils für ein geeignetes Lösemittel: Wasser, Ethanol oder *n*-Hexan.

A2 Im Labor werden oft Gemische aus Lösemitteln verwendet. Zur Verfügung stehen folgende Reinstoffe: *n*-Heptan, 2-Hydroxypentanal, 2-Methylpentan, Pentan-2-on, Ethanol und Methanol. Stelle aus je drei Stoffen begründet zwei Lösemittelgemische zusammen. Eines soll vorwiegend hydrophile und das andere vorwiegend hydrophobe Testsubstanzen lösen.

A3 Erstelle anhand des Schemas **B5** der Löslichkeiten von Alkoholen (vgl. S. 168) ein ähnliches Schema für Carbonsäuren.

A4 Die Flüssigkeiten Methansäure und Butansäure sind in jedem Verhältnis, also unbegrenzt, mit Wasser mischbar. Die Löslichkeit von *n*-Pentansäure beträgt 40 g/L Wasser (bei 20 °C). Skizziere in einem Diagramm den erwarteten Verlauf der Löslichkeiten der *n*-Carbonsäuren mit einer Kettenlänge von fünf bis zehn Kohlenstoff-Atomen in den Molekülen. Begründe den Verlauf.

A5 Ein Koch gibt einen Schuss Wein zu einer Suppe, um oben schwimmende Fettaugen zu vermeiden. Stelle eine begründete Hypothese zur Erklärung dieses Sachverhalts aus chemischer Sicht auf (Hilfen QR-/Mediencode 05042-39).

05042-39

FM Löseeigenschaften aus Molekülstrukturen ableiten

So geht's

1. Zeichne die Strukturformeln der Moleküle des zu lösenden Stoffes und des Lösemittels. Markiere polare Bindungen mit Pfeilen (vgl. **FM** S. 141).
2. Entscheide jeweils, ob der Stoff hydrophil (polare Moleküle), lipophil (unpolare Moleküle) oder amphiphil (Moleküle mit polaren und unpolaren Anteilen) ist.
3. Wäge bei amphiphilen Stoffen anhand der Oberfläche des unpolaren Alkylrests (vgl. S. 163) und der Anzahl der polaren funktionellen Gruppen in den Molekülen ab, ob der polare oder der unpolare Charakter der Moleküle überwiegt.
4. Vergleiche die Ergebnisse aus Schritt 2 und 3. Sind diese für beide Stoffe ähnlich, ist das Lösemittel für den zu lösenden Stoff geeignet.

FACHBEGRIFFE

das Lösemittel, hydrophil, lipophil, lipophob, hydrophob, amphiphil, die Phase

5.6 Löslichkeit von Salzen

Rauf auf den Berg: Im Gepäck ein Erste-Hilfe-Set mit selbstkühlenden Kompressen, gegen kalte Hände hilft ein Klickhandwärmer. Am Lagerfeuer gibst du Kochsalz zum kochenden Nudelwasser, worauf das Salz schlagartig „verschwindet". Aber sind Ionengitter nicht sehr stabil? Nur der Kalk am Topf will nicht verschwinden. Welche Salze lösen sich in Wasser? Wie kann das Lösen von Salzen die Temperatur beeinflussen?

V1 Vorgänge beim Lösen von Salzen

PROBLEM

Welche Prozesse laufen auf Teilchenebene ab, wenn das Salz im Wasser „verschwindet"?

DURCHFÜHRUNG

Gib einen Tropfen Wasser auf einen Natriumchlorid-Kristall und beobachte mithilfe einer Lupe. Optional kannst du mit deinem Handy einen Film in Zeitlupe erstellen.

AUSWERTUNG

a) Notiere deine Beobachtungen in Form eines Versuchsprotokolls.

b) Stelle Vermutungen auf, welche Vorgänge auf Teilchenebene ablaufen. Berücksichtige dabei mögliche Wechselwirkungen zwischen den Teilchen.

c) Starte die Animation zum Lösevorgang (B1) (Animation unter QR-/Mediencode 05042-40) und überprüfe deine Vermutungen.

05042-40

d) Erstelle ein „Storyboard": Skizziere die einzelnen Schritte des Lösungsvorgangs auf Teilchenebene. Beachte dabei die Reihenfolge und beschrifte deine Skizzen. In der richtigen Reihenfolge stellen die Skizzen den Ablauf eines Films dar.

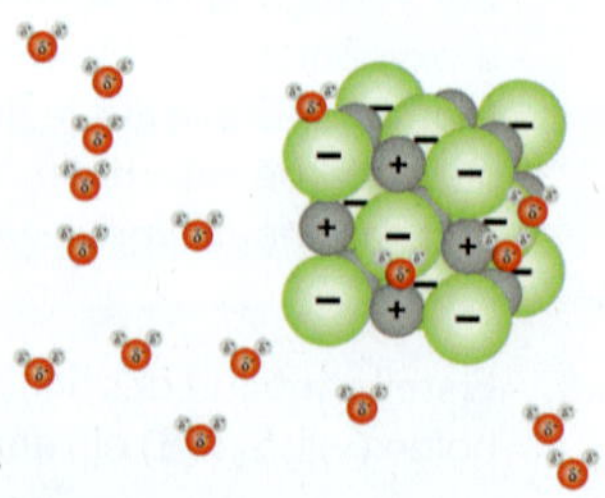

B1 Lösevorgang als Animation (QR-/Mediencode 05042-40)

e) Ein Natriumchlorid-Kristall wird in Hexan eingetaucht. Wird er auch nach einiger Zeit „verschwinden"? Stelle eine Hypothese auf und begründe diese auf Teilchenebene.

ENTSORGUNG A

PV2 Löslichkeit verschiedener Salze

PROBLEM

Kochsalz ist gut wasserlöslich. Gilt das auch für andere Salze?

DURCHFÜHRUNG

Überprüfe (arbeitsteilig) die Löslichkeit verschiedener Salze. Lege dazu eine Spatelspitze des jeweiligen Salzes auf eine dunkle Unterlage und tropfe mit einer Pipette Wasser zu. Es stehen zur Verfügung:

- Ammoniumchlorid
- Kaliumchlorid
- Calciumchlorid
- Magnesiumsulfat
- Calciumsulfat
- Natriumcarbonat
- Magnesiumcarbonat
- Natriumchlorid
- Magnesiumchlorid
- Ammoniumsulfat
- Natriumsulfat
- Ammoniumcarbonat
- Kaliumcarbonat
- Calciumcarbonat

AUSWERTUNG

a) Notiere deine Ergebnisse tabellarisch.

Salz	Verhältnisformel	Löslichkeit in Wasser
Silber(I)-chlorid	AgCl	unlöslich
Ammoniumchlorid		

b) Die unterschiedlichen Löslichkeiten von Salzen in Wasser werden bei Fällungsreaktionen ausgenutzt. Ergänze die Tabelle um weitere Salze.

c) Formuliere Zusammenhänge zwischen den in den Salzen enthaltenen Ionen und der Löslichkeit der jeweiligen Salze, z. B. „Viele Ammoniumsalze sind in Wasser gut löslich."

d) Im salzigen Wasser des Toten Meeres kann man an der Oberfläche treiben. Ein Schwimmbad möchte ein vergleichbares Wasser anbieten. Dafür soll eine maximale Menge an Natriumchlorid gelöst werden. Für einen Testversuch sind 100 mL Wasser, Natriumchlorid, Magnetrührer mit Rührfisch, Waage und Becherglas vorhanden. Formuliere ausgehend von den Informationen eine chemische Fragestellung und plane den Testversuch.

ENTSORGUNG G2

PV3 Wärme- und Kältepacks unter der Lupe

PROBLEM

B2 Eispack-Inhalt

Sofort-Kühlpacks muss man nicht im Gefrierfach lagern. Sie lassen sich aktivieren, indem man sie knetet. Ein solches Kühlpack enthält meist Ammoniumnitrat als Feststoff und einen kleinen Beutel mit Wasser (**B2**). Beim Kneten reißt der Beutel und das Salz löst sich im Wasser. Einmal-Wärmepacks funktionieren genauso und enthalten als Salz Calciumchlorid. Wie stark kann ein Mol eines Salzes das Wasser abkühlen bzw. erwärmen?

DURCHFÜHRUNG

Gib exakt 20 mL entionisiertes Wasser in ein kleines Becherglas und bestimme mit einem Digitalthermometer die Temperatur. Gib nun auf einmal 2 g eines Salzes zu, das in einem Wärme- oder Kältepack verwendet werden kann, und rühre mit dem Thermometer um. Miss unter ständigem Rühren alle 10 Sekunden die Temperatur und trage sie in eine Wertetabelle ein. Nach ca. drei Minuten ist der Versuch beendet.

AUSWERTUNG

a) Erstelle anhand deiner Messwerte ein Temperatur-Zeit-Diagramm. Bestimme den maximal erreichten Temperaturunterschied ΔT in K.

b) Ordne begründet zu, ob es sich um einen exothermen oder endothermen Löseprozess handelt.

c) Berechne die maximale Energieänderung ΔE bei **V3a**. Benutze dafür die Formel:
$\Delta E = c(H_2O) \cdot m(H_2O) \cdot \Delta T$
Hinweis: $c(H_2O)$ ist hier nicht die Konzentration, sondern die spezifische Wärmekapazität von Wasser. Sie beträgt $4{,}19\,\frac{J}{g \cdot K}$.
Das heißt, um ein Gramm Wasser um 1 K zu erwärmen, ist eine Energie von 4,19 J nötig.

d) Nenne mögliche Fehlerquellen im Versuchsaufbau und verbessere das experimentelle Design.

ENTSORGUNG Lösungen eindampfen und Salze wiederverwenden.

Der Löseprozess von Salzen

Lösevorgang eines Salzkristalls auf Teilchenebene

Viele Salze sind gut in Wasser löslich, eine erstaunliche Eigenschaft, da zwischen Anionen und Kationen starke Wechselwirkungen auftreten. Man spricht sogar von einer starken Ionenbindung. Was passiert bei einem Löseprozess auf Teilchenebene?

Beim Lösevorgang lagern sich frei bewegliche Wasser-Moleküle zunächst an der Außenseite des Ionengitters an (**B2**). Nun spielt die Dipol-Struktur der Wasser-Moleküle eine entscheidende Rolle: Die positiv polarisierten Wasserstoff-Atome (δ^+) der Wasser-Moleküle werden aufgrund von **Ion-Dipol-Wechselwirkungen** elektrostatisch von den negativ geladenen Anionen des Ionengitters angezogen, während die negativ polarisierten Sauerstoff-Atome (δ^-) von den Kationen angezogen werden.

Die Wasser-Moleküle umgeben durch diese Anziehungskräfte die Ionen am Rande des Ionengitters und lösen sie aus dem Gitter heraus (**B2**). Die Ionen werden so nach und nach von außen nach innen aus dem Ionengitter gelöst. Die randständigen Ionen sind für die Wasser-Moleküle leichter zugänglich. Außerdem werden sie aufgrund der fehlenden Nachbarionen weniger stark durch entgegengesetzt geladene Ionen angezogen und können leichter aus dem Gitter entfernt werden. Rund um das jeweilige Ion lagern sich so immer mehr Wasser-Moleküle an, bis das Ion vollständig vom Ionengitter abgetrennt wird. Die Wasser-Moleküle umhüllen schließlich das Ion komplett: Sie bilden eine **Hydrathülle** (**B1**). Der gesamte Vorgang wird deshalb als **Hydratation** bezeichnet.

Ist ein Stoff in Wasser gelöst bzw. ein Teilchen von einer Hydrathülle umgeben (**B1**, **B2**), so wird dies in Reaktionsgleichungen mit (aq) (*aqueous* (engl.): wässrig) angegeben. Die Formelsymbole der Lösemittel werden bei der Darstellung eines Lösevorgangs in einer Reaktionsgleichung vernachlässigt, z. B. beim Lösen des Düngemittels Ammoniumnitrat in Wasser:

$$NH_4NO_3\,(s) \longrightarrow NH_4^+\,(aq) + NO_3^-\,(aq)$$

Beim Lösen eines Salzes in Wasser bilden die Wasser-Moleküle aufgrund ihrer Dipol-Struktur Hydrathüllen um die Ionen des Salzes. Dabei kommt es zwischen den Ionen und den Teilladungen der Atome in den Wasser-Molekülen zu Ion-Dipol-Wechselwirkungen.

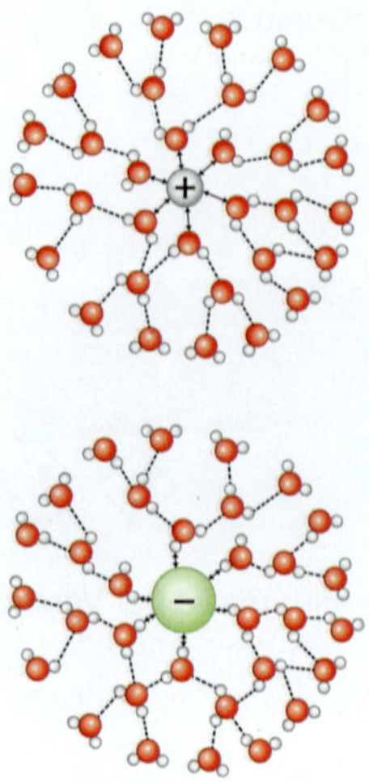

····· Wasserstoffbrücken
←→ Ion-Dipol-Wechselwirkungen

B1 An Hydrathüllen sind sehr viele Wasser-Moleküle beteiligt.

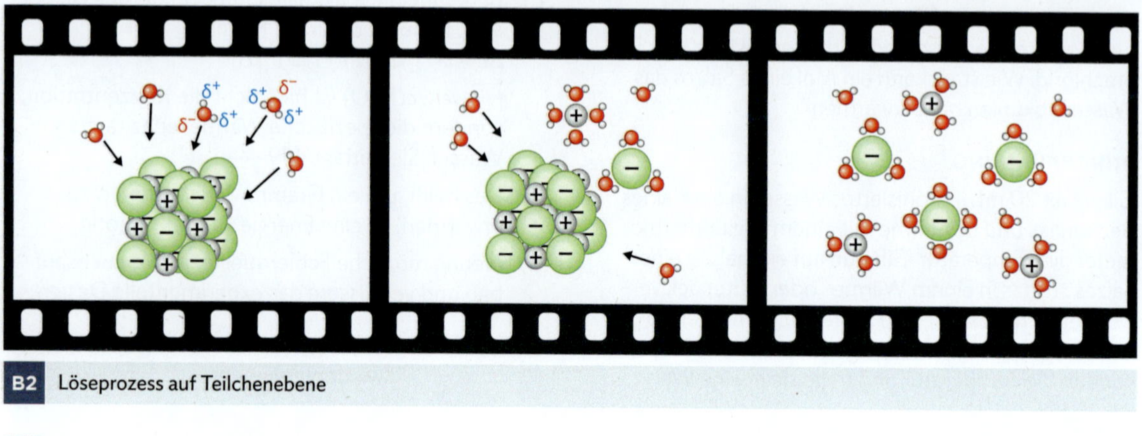

B2 Löseprozess auf Teilchenebene

Löslichkeit und gesättigte Lösungen

Die Löslichkeit eines Stoffes in einem Lösemittel ist eine charakteristische Stoffeigenschaft. Sie ist meist abhängig von der Temperatur (vgl. **B3**). Durch eine Temperaturerhöhung bewegen sich die Teilchen schneller. Dadurch können die zu lösenden Teilchen besser aus ihrem Verband gelöst werden und sich dann zwischen den Lösemittel-Molekülen verteilen. Im Gegensatz zu den meisten anderen löslichen Feststoffen ist die Löslichkeit von Natriumchlorid bei verschiedenen Temperaturen nahezu unverändert.

Lösungen gelten als **gesättigte Lösung**, wenn sie bei einer bestimmten Temperatur die maximal lösliche Menge eines Stoffes enthalten. Eine gesättigte Lösung stellt man her, indem man mindestens so viel des Stoffes in Wasser löst, dass noch ein Bodensatz übrigbleibt.

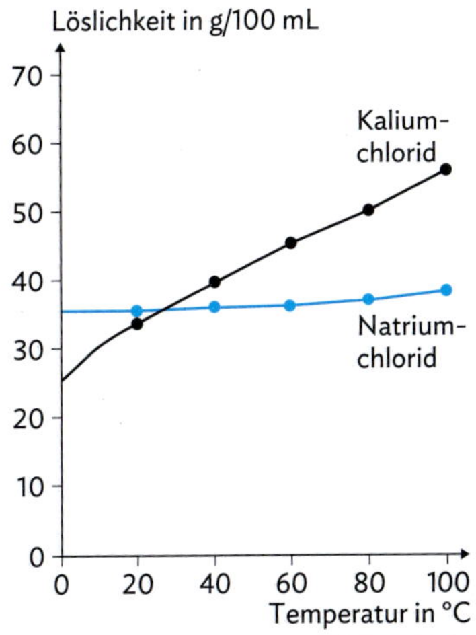

B3 Löslichkeiten von Natriumchlorid und Kaliumchlorid in Abhängigkeit von der Temperatur

EK Übersättigte Lösungen

Übersättigte Lösungen enthalten mehr gelösten Stoff als theoretisch bei einer entsprechenden Temperatur zu erwarten wäre. Eine mögliche Anwendung ist die Kristallzüchtung mit Kalialaun (Kaliumaluminiumsulfat, Verhältnisformel $KAl(SO_4)_2$). In heißem Wasser wird soviel Kalialaun gelöst, bis kein Lösen des Salzes mehr beobachtet werden kann (gesättigte Lösung). Nun hängt man einen dünnen Faden in die Lösung (**B4**). Beim Abkühlen übersättigt die Lösung und es bilden sich Kalialaunkristalle am Faden. Früher wurden solche Kristalle zum Blutstillen bei kleinen Verletzungen verwendet. Heute setzt man hierfür Kalialaun in Mischung mit anderen Salzen in sogenannten Rasierstiften ein.

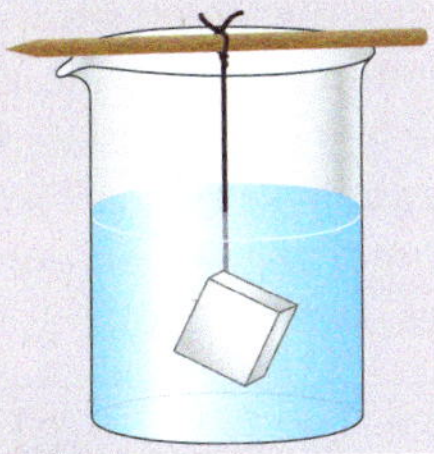

B4 Kristallzüchtung

AUFGABEN

A1 Beschreibe den Löseprozess von Kaliumbromid in Wasser.

A2 Die Zeichnung in **B5** ist fehlerhaft. Ermittle die Fehler und begründe deine Entscheidungen.

A3 Eisenoxide, Eisensulfide, Kupfersulfide und Zink(II)-sulfid sind häufig an der Erdoberfläche zu findende Mineralien. Stelle eine begründete Hypothese zur Löslichkeit dieser Stoffe in Wasser auf.

A4 Viele Düngemittel enthalten Nitrate zur Förderung des Pflanzenwachstums. Hohe Nitratkonzentrationen im Trinkwasser sind gesundheitsschädlich. Analysiere die Problematik, die sich somit für Landwirte ergibt und bewerte den Nitrateinsatz in der Landwirtschaft.

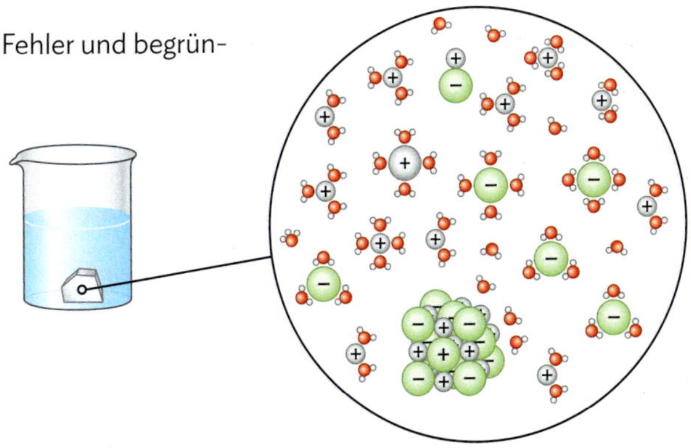

B5 Fehlerhaftes Bild zur Veranschaulichung des Löseprozesses von Kaliumbromid in Wasser

Energiebeteiligung beim Löseprozess

Stoff	Gitterenergie $\Delta_G E_m$
Lithiumchlorid	- 849
Natriumchlorid	- 787
Kaliumchlorid	- 704
Magnesiumchlorid	- 2502
Calciumchlorid	- 2197
Kaliumnitrat	- 687
Calciumiodid	- 1920

B6 Molare Gitterenergien $\Delta_G E_m$ einiger ausgewählter Salze in kJ/mol (Übersicht zu Gitterenergien unter QR-/Mediencode 05042-41)

05042-41

Hydratation setzt Energie frei

Natriumchlorid löst sich in großen Mengen in Wasser (**PV2**), schwerlösliches Calciumcarbonat („Kalk") hingegen sorgt vor allem in Gebieten mit „hartem" Wasser für unschöne Rückstände an Wasserhähnen und Duschköpfen. Wovon hängt die Löslichkeit verschiedener Salze ab?

Um Ionen aus einem Ionengitter zu lösen, müssen deren gegenseitigen Anziehungskräfte vollständig überwunden werden. Dazu muss zunächst die Energiemenge aufgewendet werden, die bei der Bildung des Ionengitters als Gitterenergie (**B6**) frei wurde. Diese resultiert aus der Anziehung der entgegengesetzt geladenen Ionen. Sie hängt von der Größe der Ionen und deren Ladung ab.

Die Gitterenergie ist umso größer, je kleiner die Ionenradien und damit die Abstände der Ionenmittelpunkte zueinander sind und je höher geladen die Ionen sind. Sie muss beim Löseprozess aufgewendet werden.

Auch die Wechselwirkung zwischen Ionen und Molekülen mit permanenten Dipolen, wie Wasser-Molekülen, setzt Energie frei. Die Energie, die beim Hydratisieren von einem Mol einer Ionensorte freigesetzt wird, nennt man **molare Hydratationsenergie $\Delta_H E_m$**. Sie wird u. a. in der Einheit kJ/mol angegeben. Auch sie ist abhängig von der Größe und der Ladung des jeweiligen Ions.

Ion	$\Delta_H E_m$	Ion	$\Delta_H E_m$	Ion	$\Delta_H E_m$	Ion	$\Delta_H E_m$
H_3O^+	- 1085	Ag^+	- 468	Ni^{2+}	- 2105	OH^-	- 365
Li^+	- 508	Mg^{2+}	- 1910	Cu^{2+}	- 2116	F^-	- 511
Na^+	- 399	Ca^{2+}	- 1580	Zn^{2+}	- 2057	Cl^-	- 376
K^+	- 314	Sr^{2+}	- 1433	Hg^{2+}	- 1820	Br^-	- 342
Rb^+	- 288	Ba^{2+}	- 1291	Fe^{3+}	- 4492	I^-	- 299
Cs^+	- 256	Fe^{2+}	- 1961	Al^{3+}	- 4609	NO_3^-	- 256
NH_4^+	- 293	Co^{2+}	- 1996			CN^-	- 349

B7 Molare Hydratationsenergien ausgewählter Ionen in kJ/mol bei 25 °C

Die Hydratationsenergie ist umso größer, je kleiner die Ionenradien und je höher geladen die Ionen sind. Sie wird beim Löseprozess frei.

Info

In Tabellenwerten findet man häufig die molaren Energien $\Delta_G E_m$, $\Delta_H E_m$ und $\Delta_L E_m$ (molare Gitterenergie, molare Hydratationsenergie und molare Löseenergie) in kJ/mol.

Der griechische Buchstabe Delta (Δ) symbolisiert dabei die Differenz zwischen der End- und der Anfangsenergie bei einem Vorgang.

Info

Wird z. B. ein Salzkristall in Wasser gelöst, so entspricht die molare Löseenergie $\Delta_L E_m$ näherungsweise der Energiedifferenz zwischen der Energie der entstehenden Lösung und der Energie beider Ausgangsstoffe (Salz und Wasser) vor dem Lösen, wenn andere Effekte außer Acht gelassen werden.

Die Löseenergie

Ob sich ein Salz in Wasser löst, hängt also davon ab, wie hoch die freiwerdende Hydratationsenergie aller beteiligter Ionen im Vergleich zur aufzuwendenden Gitterenergie des entsprechenden Salzes ist. Die resultierende **Löseenergie $\Delta_L E$** eines Salzes berechnet sich nach folgender Formel:

Löseenergie einer Salzportion = Summe der Hydratationsenergien der gelösten Ionen − Gitterenergie der Salzportion

$$\Delta_L E\ (\text{Salz}) = \Delta_H E\ (\text{Kation(en)}) + \Delta_H E\ (\text{Anion(en)}) - \Delta_G E\ (\text{Salz})$$

Endothermer Löseprozess

Löst man Kaliumnitrat oder Ammoniumchlorid in Wasser, sinkt die Temperatur der Lösung (**PV3**). Der Lösevorgang ist endotherm. Stellt man den Prozess in einem Energiediagramm (**B8**) dar, wird ersichtlich, warum es während des Lösevorgangs zu einer Temperaturabnahme kommt. Es muss ein größerer Betrag an Gitterenergie aufgewendet werden, als an Hydratationsenergie frei wird. Dem Wasser wird die fehlende Löseenergie in Form von thermischer Energie entzogen, die Lösung kühlt sich ab.

Wie hoch ist die Löseenergie von einem Mol Kaliumnitrat?

$$\Delta_L E(KNO_3) = \Delta_H E(K^+) + \Delta_H E(NO_3^-) - \Delta_G E(KNO_3)$$

In Tabellen findet man meist die molaren Energien $\Delta_H E_m$ und $\Delta_G E_m$:

$$\Delta_H E = n \cdot \Delta_H E_m \text{ bzw. } \Delta_G E = n \cdot \Delta_G E_m$$

Durch Einsetzen erhält man:

$$\Delta_L E(KNO_3) = n(K^+) \cdot \Delta_H E_m(K^+) + n(NO_3^-) \cdot \Delta_H E_m(NO_3^-) - n(KNO_3) \cdot \Delta_G E_m(KNO_3)$$

$$= 1\,\text{mol} \cdot (-314\,\text{kJ/mol}) + 1\,\text{mol} \cdot (-256\,\text{kJ/mol}) - 1\,\text{mol} \cdot (-687\,\text{kJ/mol}) = +117\,\text{kJ}$$

Beim Lösen von einem Mol Kaliumnitrat wird der Umgebung ein Energiebetrag von +117 kJ entzogen. Die Lösung kühlt sich ab.

Ist der Betrag der Gitterenergie größer als der Betrag der Hydratationsenergie, so ist der Lösevorgang endotherm.

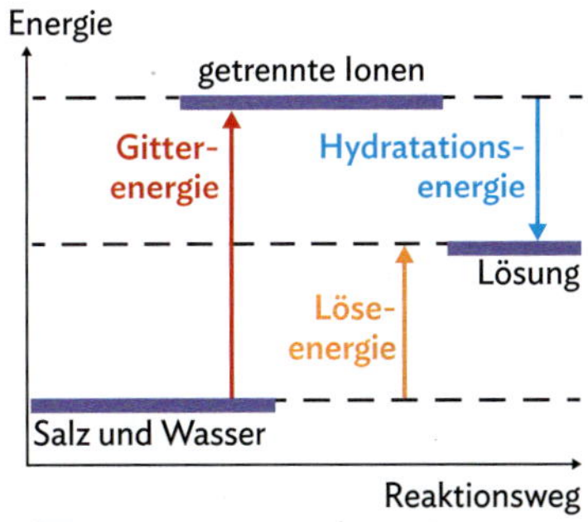

B8 Energiediagramm zu einem endothermen Lösevorgang

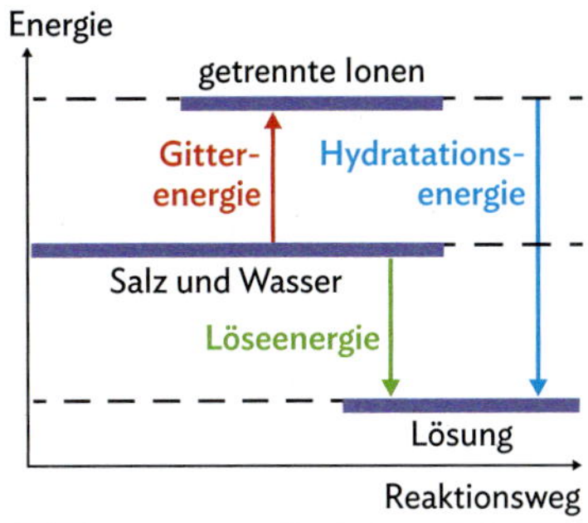

B9 Energiediagramm zu einem exothermen Lösevorgang

Exothermer Löseprozess

Einmalwärmekissen enthalten oft Magnesiumchlorid oder wasserfreies Calciumchlorid (**V3**). Die Löseenergie von einem Mol Calciumchlorid ergibt sich nach entsprechender Rechnung (vgl. **A2**) zu −135 kJ.

Es wird also ein größerer Energiebetrag durch die Hydratation der Ionen frei, als zur Trennung der Ionen im Ionengitter notwendig ist. Die aus dem System freiwerdende Löseenergie (vgl. Energiediagramm **B9**) wird in Form von Wärme an die Umgebung abgegeben. Der Lösevorgang ist exotherm.

Ist der Betrag der Hydratationsenergie größer als der Betrag der Gitterenergie, so ist der Löseprozess exotherm.

Info

Bei schwerlöslichen Salzen ist der Betrag der Gitterenergie um ein Vielfaches größer als der Betrag der Hydratationsenergie.

AUFGABEN

A1 Zeige anhand ausgewählter Ionen aus Tabelle **B7**, wovon die Hydratationsenergie von Ionen abhängt.

A2 Berechne die Löseenergie, die beim Lösen von 111 g Calciumchlorid in Wasser zu erwarten ist und begründe, ob eine Erwärmung oder Abkühlung auftritt (Hilfen unter QR-/Mediencode 05042-42).

05042-42

A3 Berechne die Masse an Lithiumchlorid, die man in Wasser lösen muss, um eine Lösungsenergie von −35 kJ freizusetzen. Nenne die erforderlichen Angaben, die noch fehlen, um die zugehörige Temperaturerhöhung berechnen zu können.

FACHBEGRIFFE

die Ion-Dipol-Wechselwirkung, die Hydrathülle, die Hydratation, die gesättigte Lösung, die Hydratationsenergie, die Löseenergie

5.7 Erdöl und Erdölprodukte

Es hat einzelne Menschen und ganze Nationen reich gemacht. Andere kämpfen noch heute mit den Folgen der Ausbeutung natürlicher Lagerstätten und katastrophalen Umweltverschmutzungen. Die Rede ist vom Erdöl.
Erdöl ist nach wie vor einer der wichtigsten Rohstoffe weltweit. Es dient als Energieträger und ist auch Ausgangsstoff für viele synthetische Verbindungen aus unserem Alltag. Doch alles hat seinen Preis: Ist Erdöl Segen und Fluch zugleich?

V1 Erdöl im Ranzen

PROBLEM

Mit dem Wort „Erdöl" verbinden die meisten von uns ein dreckiges, schmieriges und giftiges Gemisch, das aus dem Boden gepumpt und in Raffinerien weiterverarbeitet wird. Dass wir ständig von „Öl" umgeben sind, sollten wir uns daher immer wieder in das Gedächtnis rufen. Welche Gegenstände enthalten Erdölprodukte?

DURCHFÜHRUNG

Öffne deine Schultasche und lege alle Gegenstände auf den Tisch, von denen du vermutest, dass sie Erdölprodukte enthalten.

AUSWERTUNG

a) Vergleiche die physikalischen Eigenschaften (Dichte, Härte, etc.) der ausgewählten Gegenstände. Begründe, warum die Gegenstände aus den entsprechenden Materialien angefertigt wurden.

b) Versuche aufgrund der Eigenschaften eine Ordnung nach Stoffgruppen herzustellen. Recherchiere die Recyclingcodes (**B1**), diese geben bei einigen Haushalts- und Verpackungsgegenständen Hinweise auf das verwendete Material. Bitte deine Lehrkraft um Hilfe, sollten keine Recyclingcodes auf den Gegenständen vorhanden sein.

B1 Recyclingcode für PET

c) Beurteile anhand der Eigenschaften der ausgewählten Gegenstände, ob und wenn ja, welche anderen Materialien ersatzweise verwendet werden könnten.

M2 Umweltprobleme durch die Erdölförderung

Die Gewinnung von Rohöl ist technisch aufwendig und mit großen Gefahren für Mensch und Umwelt verbunden. Da die weltweiten Ölvorräte knapp sind, findet die Erschließung neuer Quellen zunehmend im Tiefseebereich statt. Ein Leck an einer Ölplattform, wie im Jahr 2010 auf der Deepwater Horizon im Golf von Mexiko, kann zum Austritt vieler Millionen Liter Erdöl und damit zu einer ökologischen Katastrophe führen (**B2**).

B2 Ölverschmierter Wasservogel

Ein weiteres, sehr umstrittenes Verfahren zur Förderung von Erdöl ist das sogenannte Fracking. Dabei presst man eine spezielle Flüssigkeit mit hohem Druck in ölführende Gesteinsschichten, um diese aufzuweiten. Dadurch fließt das Öl leichter zur Bohrung. Schwer zugängliche Erdölvorräte können auf diese Weise erschlossen werden.

AUSWERTUNG

a) Im Meer ausgelaufenes Öl aufzufangen ist sehr schwierig. Begründe dies anhand der physikalischen Eigenschaften von Alkanen und unter Rücksichtnahme auf Wind und Wetter.

b) Stelle Vermutungen über die Probleme auf, die Wasservögel mit ausgelaufenem Öl haben.

c) Unter QR-/Mediencode 05042-60 findest du zwei Aussagen unterschiedlicher Interessenvertreter zum Thema Fracking. Notiere die Behauptungen der beiden Personen in einer Tabelle. Stelle Vermutungen an, aus welchem Umfeld die Personen jeweils stammen. Informiere dich anschließend im Internet zum Thema Fracking. Achte darauf, Tatsachen und keine Meinungen zu recherchieren (vgl. **FM** S. 180).

05042-60

d) Bei Unfällen bindet die Feuerwehr auslaufendes Öl und Benzin mit Absorbermaterial. Recherchiere die Zusammensetzung und den Aufbau eines Ölabsorbers und begründe dessen Funktionsweise.

M3 Kunststoffe im Sport

Ein Fußballverein muss seine Trainingsplätze erneuern. Bei der Vereinssitzung kommt es zu einer hitzigen Diskussion:

Platzwart: „Mit einem Kunstrasenplatz können wir das ganze Jahr über einen einheitlichen Spielbetrieb garantieren."

Vorstand: „Ich glaube auch, dass das unsere Mannschaft spielerisch voranbringen wird."

Bürger: „Aber Studien belegen, dass Sportplätze die drittgrößte Quelle für Mikroplastik in Deutschland sind. Das ist eine Umweltverschmutzung!"

Vorstand: „Das glaube ich nicht! Ich habe noch nie irgendwo gehört, dass man vom Fußballspielen krank wird."

AUSWERTUNG

a) Ordne die vorgebrachten Argumente in Meinungen und Tatsachen (vgl. **FM** S. 180).

b) Recherchiere nach Belegen für die einzelnen Argumente. Beurteile entsprechend die Aussagekraft.

c) Führt die Diskussion in der Gruppe in Form eines Rollenspiels weiter. Es können noch weitere Rollen eingenommen werden, z. B. Trainer, Bürgermeister, Umweltbeauftragter, etc.

B3 Kunstrasenplatz im Einsatz

Erdöl und Erdölprodukte

Das schwarze Gold

B1 Pferdekopfpumpen zur Förderung von Erdöl an Land

Erdöl entstand im Laufe von Jahrmillionen hauptsächlich aus dem Faulschlamm abgestorbener Meeresorganismen, z. B. Algen. Vergleichsweise kurz ist der Zeitraum, in dem wir Menschen das Erdöl fördern: Als im Jahr 1859 im US-Bundesstaat Pennsylvania zum ersten Mal kommerziell nach Erdöl gebohrt wurde, begann das Ölzeitalter, das einige Leute sehr reich machte und gleichzeitig den Beginn der modernen Chemie markierte. Im Zuge der industriellen Revolution wurden binnen weniger Jahrzehnte weltweit Ölquellen erschlossen, die Pferdekopfpumpe (**B1**) gehörte vielerorts zum Landschaftsbild. Auch in Deutschland wurde in größerem Stil Erdöl gefördert und heute deckt die inländische Förderung immerhin noch ca. zwei Prozent des gesamten Verbrauchs.

Ohne Öl nix los

Heizung	35 %
Verkehr	29 %
Energieerzeugung	22 %
Chemische Industrie	7 %
andere	7 %

B2 Anteil am gesamten Erdölverbrauch Deutschlands

Erdöl ist ein komplexes Gemisch aus vielen hundert Stoffen, überwiegend Alkanen. In Raffinerien werden die einzelnen Komponenten zunächst durch ein spezielles Destillationsverfahren (vgl. S. 182) voneinander getrennt und aufgearbeitet. Anschließend können die jeweiligen Bestandteile z. B. als Lösemittel oder Schmierstoffe eingesetzt werden. Den größten Teil des Öls nutzen wir als Brennstoff zum Heizen oder als Treibstoff im Straßen-, Schiffs- und Luftverkehr (**B2**).

Nicht alle für uns relevanten Stoffe sind direkt im Erdöl enthalten. Vielmehr dienen die einzelnen Komponenten als Ausgangsstoffe für die Herstellung von z. B. Kunststoffen. Eine geringe Dichte, hohe Stabilität und die Beständigkeit gegenüber vielen Chemikalien machen Kunststoffe zu optimalen Werkstoffen. Sie werden als Granulat an Firmen geliefert und dort zur Herstellung der gewünschten Produkte verwendet (**B3**).

B3 Produktionsweg von Erdölprodukten

Es gibt wenige Alltagsgegenstände, die nicht in irgendeiner Form Produkte aus Erdöl enthalten. Ein Blick in die Schultasche genügt (**V1**): Stifte, Lineal, Heft- und Bucheinbände, das Mäppchen und sogar die ganze Schultasche. Alle diese Gegenstände enthalten Kunststoffe wie Polyethen (PE), Polypropen (PP) und Kunstfasern, die überwiegend aus Erdöl hergestellt werden. Auch Handy- und Laptopgehäuse, Lacke und Beschichtungen, Medikamente, Kleidungsstücke, Sportgeräte und sogar Sportplätze (**M3**) basieren auf Erdöl. Die Liste von Anwendungsbeispielen ist unerschöpflich.

Die chemische Industrie ist größtenteils von einer nicht nachhaltigen Verwendung von Erdöl abhängig. Sie bietet aber auch vielen Menschen Arbeit und trägt etwa 10 % zum Gesamtumsatz des verarbeitenden Gewerbes bei.

Erdöl ist einer der wichtigsten Rohstoffe in wesentlichen Bereichen unseres Lebens. Wir verwenden es zum Heizen, zur Stromerzeugung, als Kraftstoff für Fahrzeuge sowie als Grundstoff für die chemische Industrie (z. B. für Schmierstoffe, Lösemittel, Kunststoffe).

Das schwarze Gift

Die in Erdöl enthaltenen Stoffe, wie auch viele Erdölprodukte, sind stark giftig und umweltschädigend. Wasser und Öl mischen sich grundsätzlich sehr schlecht, trotzdem kann nur ein einziger Tropfen Benzin ca. 600 L Trinkwasser ungenießbar machen. Deshalb rückt bei Verkehrsunfällen meist die Feuerwehr an, um auslaufendes Öl oder Kraftstoff mit speziellen Absorbern zu binden (**M2**).

Die leicht zugänglichen Erdölquellen liefern immer weniger Öl, neue Quellen werden zunehmend in ökologisch bedeutsamen Gegenden oder weit draußen auf dem Meer (*offshore* (engl.): vor der Küste; **B4**) erschlossen. Wind und Wellengang machen es besonders schwer, Öllecks zu schließen bzw. einen „Ölteppich" zu beseitigen. Am meisten leiden Meereslebewesen wie Krebse, Fische, Meeressäugetiere und Seevögel unter den Folgen. Letzteren klebt das Gefieder durch Ölreste regelrecht zusammen, sodass das Fliegen unmöglich wird und sie verhungern oder verdursten.

B4 Offshore-Erdölförderung

Recycling und nachwachsende Rohstoffe

Ein Ausweg aus den Umweltproblemen ist die Rückgewinnung wertvoller Rohstoffe aus Abfällen: das **Recycling**. Auf den meisten Kunststoffverpackungen finden sich Hinweise über die Materialzusammensetzung in Form von Recyclingcodes, die beim Sortieren helfen (**B5**), denn nur unvermischte Abfälle können eingeschmolzen und direkt wiederverwertet werden.

Eine andere Möglichkeit ist der Ersatz von Erdöl durch **nachwachsende Energieträger** wie Bioethanol und Biodiesel, die als Kraftstoff dienen. Aus Pflanzenölen lassen sich zusätzlich Schmiermittel und biologisch abbaubare Stoffe für die Industrie gewinnen.

B5 Sortieren von Plastikabfall

Die Erdölvorräte sind begrenzt und die Förderung sowie der Transport sind mit zahlreichen ökologischen Problemen verbunden. Daher wird Erdöl zunehmend durch nachwachsende Rohstoffe ersetzt.

AUFGABEN

A1 Erstelle eine Mindmap zum Thema Erdöl, die die Bedeutung von Erdöl und Erdölprodukten in Alltag und Technik sowie die Konsequenzen des Erdöleinsatzes übersichtlich darstellt.

A2 Erdöl ist ein komplexes Gemisch, das z. B. Alkane und Alkene enthält. Erstelle einen Entwurf einer Destillationsanlage, mit der sich einzelne Komponenten trennen ließen. Verwende als Beispielstoffe: Ethan, *n*-Hexan und *n*-Dodecan ($C_{12}H_{26}$).

A3 Beurteile die Qualität der Darstellung in **B3** bezüglich der tatsächlich vorherrschenden Transportwege anhand eines selbst gewählten Beispiels. Recherchiere dazu im Internet.

A4 Der Kraftstoff E85 besteht zu 85 % aus herkömmlichem Benzin und zu 15 % aus Ethanol. Ethanol wird in Brasilien in großem Stil aus Zuckerrohr gewonnen. Stelle Vor- und Nachteile von E85 und Superbenzin in einer Tabelle zusammen. Bewerte die Kraftstoffe aus ökologischen und wirtschaftlichen Gesichtspunkten (Hilfen unter QR-/Mediencode 05042-43).

05042-43

FACHBEGRIFFE

das Erdöl, das Recycling, der nachwachsende Energieträger

Chemische Sachverhalte selbstständig bewerten

Seit vielen Jahren gibt es eine rege öffentliche Debatte, ob und wie wir unsere Energieversorgung ohne fossile Energieträger garantieren können. Dies ist nur ein Beispiel für ein gesellschaftliches Thema mit chemischem Hintergrund, zu dem man sich eine eigene Meinung bilden sollte.

In **B1** ist eine Sammlung verschiedener Aussagen dargestellt. Die Leute sind mehr oder weniger gut informiert und verfolgen zum Teil unterschiedliche Ziele.

Damit man sich eine eigene, fundierte Meinung bilden kann, muss man selbst über das entsprechende Hintergrundwissen verfügen. Außerdem sollte man sich bewusst sein, dass man auch durch die Aussagen anderer beeinflusst wird.

Das Erkennen von Meinungen und Tatsachen

Um chemische Sachverhalte richtig bewerten zu können, müssen die Aussagen zunächst richtig eingeordnet werden. Dabei gilt es, Meinungen von Tatsachen (Fakten) zu unterscheiden.

So geht's

1. Analysiere zunächst die verwendete Sprache und den Sprachton.

   ***Meinungen** erkennt man meist durch einen **Ich-Bezug**: „Ich glaube", „ich denke", „mir ist", usw. deuten auf eine individuelle Anschauung des Redners hin. In Werbetexten wird der Empfänger meist direkt angesprochen, um von einem Produkt überzeugt zu werden.*

   ***Tatsachen** werden hingegen in der Regel ohne Ich-Bezug dargestellt. Die Erwähnung einer zusätzlichen **Informationsquelle** erhöht die Wahrscheinlichkeit, dass es sich um eine anerkannte Tatsache handelt. Aber Vorsicht: Es ist immer zu klären, wer hinter der Quelle steht und welche Interessen verfolgt werden.*

   *Auch der Sprachton kann Hinweise geben. Meinungen sind oft mit **Gefühlen** aufgeladen. Tatsachenberichte dagegen sind durch eine **nüchterne, sachliche** Darstellung gekennzeichnet (vgl. Info).*

Aussage	Meinung	Tatsache
Ich glaube nicht, dass die Autofahrer das Problem sind. Schuld ist die Politik.	X Ich-Bezug	
Wenn wir die Spritpreise erhöhen, würgen wir die Wirtschaft ab.	X emotional	
Laut Umweltbundesamt hat sich beim Verkehr seit 1990 im Klimaschutz wenig getan.		X sachlich unabhängige Quelle

2. Beurteile wenn möglich auch, ob die Aussage von jemandem kommt, der einen besonderen Bezug zum Thema hat.

   *Der Verkäufer des Erdgasautos (**B1**) möchte ein Geschäft machen.*

Benzin und Diesel müssen endlich teurer werden!

Wenn wir die Spritpreise erhöhen, würgen wir die Wirtschaft ab!

Laut Umweltbundesamt hat sich beim Verkehr seit 1990 im Klimaschutz wenig getan: Zwar verbrauchen Autos heute weniger Benzin und Diesel, aber es wird mehr gefahren.

Der Verkäufer meint, mit dem Erdgasauto wäre ich viel umweltfreundlicher unterwegs.

Die Klimabilanz von Erdgas ist mit 640 g CO_2 pro Kilowattstunde Strom deutlich besser als die von Erdöl mit 890 g.

Synthetische Kraftstoffe könnten eine umweltfreundliche Alternative sein.

B1 Aussagen zur Bedeutung fossiler Energieträger und ihrem Beitrag zum Klimawandel

Info

Häufig werden Meinungen ganz bewusst nüchtern und sachlich formuliert, um den Zuhörer bzw. Leser zu täuschen. Aussagen können somit im ersten Moment als Tatsachen wahrgenommen werden, auch wenn es sich in Wirklichkeit um Meinungen handelt.

Ein eigenes Urteil zu einer Aussage fällen

Für die selbstständige Bewertung eines Sachverhalts mit chemischem Hintergrund müssen die vorgebrachten Aussagen mit dem eigenen Fachwissen, sowie den persönlichen Meinungen und Überzeugungen abgeglichen werden. Anschließend kann ein Urteil gefällt werden.

Fälle ein Urteil zu der folgenden Aussage: „Synthetische Kraftstoffe könnten eine umweltfreundliche Alternative zu Benzin und Diesel sein."

So geht's

1. Analysiere dein Wissen, indem du dir Fragen zur Aussage stellst.
   - *Was bedeuten die Fachbegriffe?*
   - *Was weiß ich über die chemischen Hintergründe zur Aussage, z. B.:*
     - *chemischer Bau der Teilchen*
     - *Eigenschaften der Stoffe, wie Giftigkeit, Löslichkeit in Wasser, Reaktivität, usw.*
     - *Herstellung der Stoffe; damit verbundene Umweltaspekte*
   - *Vereinfacht oder verfälscht die Aussage chemische Sachverhalte?*
2. Beurteile, ob du die Fragen beantworten kannst.

   Wenn du die Fragen beantworten kannst, bist du wahrscheinlich schon in der Lage, ein eigenes Urteil zu bilden. Wenn nicht, musst du noch mehr Informationen sammeln.
3. Erstelle eine eigene **Pro- und Kontra-Liste**, die dir hilft, **Argumente zu vergleichen**.

Pro	Kontra
Synthetische Kraftstoffe können aus Kohlenstoffdioxid und Wasserstoff gewonnen werden.	*Wasserstoff müsste aus erneuerbaren Quellen stammen.*
Fossile Erdöl- und Erdgasquellen werden geschont.	*Wasserstoff wird aktuell überwiegend aus Methan gewonnen.*
Bei der Verbrennung entsteht nur so viel Kohlenstoffdioxid, wie bei der Herstellung eingesetzt wurde.	*Die Herstellung ist energieaufwendig.*

4. Komme aufgrund deiner Überlegungen zu einem eigenen Urteil. Das Urteil muss nicht unbedingt eindeutig sein!

   Beispiel: „Wenn die benötigte Energie und die Rohstoffe für die Herstellung aus erneuerbaren Quellen stammen, sind synthetische Kraftstoffe nachhaltige Energieträger. Momentan sind sie in der Produktion noch zu teuer, aber ich halte sie für eine vielversprechende Zukunftstechnologie."

B2 Aussagen zu wichtigen chemischen Alltagsthemen

AUFGABEN

A1 Ordne die verbliebenen Aussagen in **B1** den Kategorien Tatsache und Meinung begründet zu. Überlege auch, von welcher Person oder Personengruppe die jeweilige Aussage kommen könnte.

A2 Bewerte die Aussagen in **B2**. Recherchiere ggf. im Internet nach Hintergrundinformationen.

Vom Erdöl zum Benzin

Wo gibt's Benzin? Klar, an der Tankstelle. Aber wo bekommt es die Tankstelle her? Wer eine Atlaskarte mit den Rohstoffvorkommen der Welt studiert, stellt fest, „Benzin-Vorkommen“ gibt es nirgends. Benzin ist kein Reinstoff, sondern ein technisch hergestelltes Stoffgemisch, dessen Rohstoff Erdöl ist. Von der Förderung des Erdöls zum Benzin ist es ein langer Weg, der im Folgenden dargestellt ist.

B1 Fraktionierte Destillation als Schema und als Industrieanlage

Die meisten Erdölvorkommen liegen auf dem Festland unter der Erde. In diesen Lagerstätten steht das Erdöl unter hohem Druck. Zunächst genügt ein Anbohren, um es zu fördern. Dazu werden an Land große Bohr- und Fördertürme oder in Meeren Erdölbohrinseln errichtet. Wenn der Druck in der Lagerstätte sinkt und das Erdöl nicht mehr ohne Hilfe heraussprudelt, wird Wasser über ein zweites Bohrloch in die Lagerstätte gepumpt, um den Druck wieder zu erhöhen. Ist das Öl an der Erdoberfläche, wird es mit Tankern oder über Pipelines zu Erdölraffinerien transportiert. Hier wird das Kohlenwasserstoffgemisch Erdöl durch **fraktionierte Destillation** in unterschiedliche Fraktionen getrennt. Vereinfacht entstehen vier Fraktionen:

Die Gasfraktion enthält nur gasförmige Kohlenwasserstoffe mit Siedetemperaturen kleiner als 40 °C. Die Benzinfraktion ist ein Gemisch aus Stoffen mit Siedetemperaturen zwischen 40 °C und 100 °C. Zum Mitteldestillat gehören Diesel, Kerosin und Heizöl mit Siedetemperaturen zwischen 100 °C und 350 °C. Den Rückstand, der Stoffe enthält, die über 350 °C sieden, bilden schweres Heizöl, Schmieröl und Bitumen.

Der Anteil der Fraktionen im Erdöl ist in den verschiedenen Förderregionen unterschiedlich und stimmt nicht mit dem heutigen Bedarf überein. Es wird z. B. deutlich mehr Benzin benötigt, als im Erdöl vorhanden ist. Umgekehrt gibt es wesentlich mehr Rückstand, als gebraucht wird. Er kann aber genutzt werden, um den hohen Bedarf an Benzin zu decken. Beim **Cracken** werden Kohlenwasserstoffe des Rückstands mit Molekülen aus langen Kohlenstoff-Atomketten in Kohlenwasserstoffe mit Molekülen aus kürzeren Kohlenstoff-Atomketten wie in der Benzinfraktion zerlegt. Das Cracken kann entweder rein thermisch oder mithilfe eines Katalysators erfolgen.

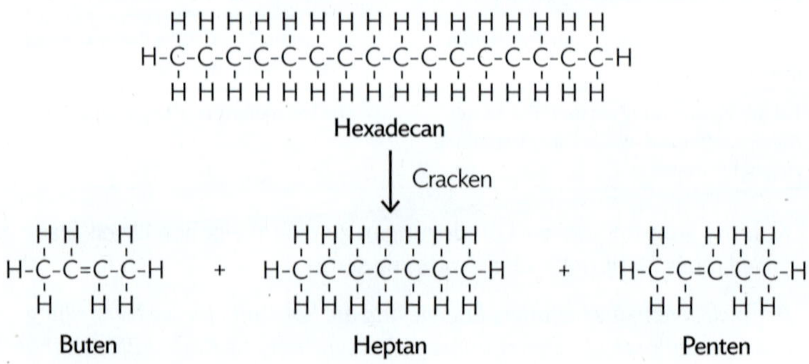

AUFGABEN

A1 Informiere dich über die Zusammensetzung der Kraftstoffe, die an Tankstellen angeboten werden. Fertige dazu ein Plakat an und präsentiere es im Unterricht.

A2 Recherchiere, mit welchen chemischen Ausbildungen oder Studiengängen man in welchen Bereichen der erdölverarbeitenden Industrie arbeiten kann. Stelle deine Rechercheergebnisse übersichtlich in einer Tabelle zusammen. Gib begründet an, welchen Beruf du am ehesten ergreifen würdest.

Methanhydrat – das „brennende Eis“

Das Foto rechts zeigt einen brennenden Eisbrocken. Ein Zauberbild? Jeder weiß doch, dass Wasser und gefrorenes Wasser, also Eis, nicht brennen. Was ist das für ein besonderes Eis, das brennt?

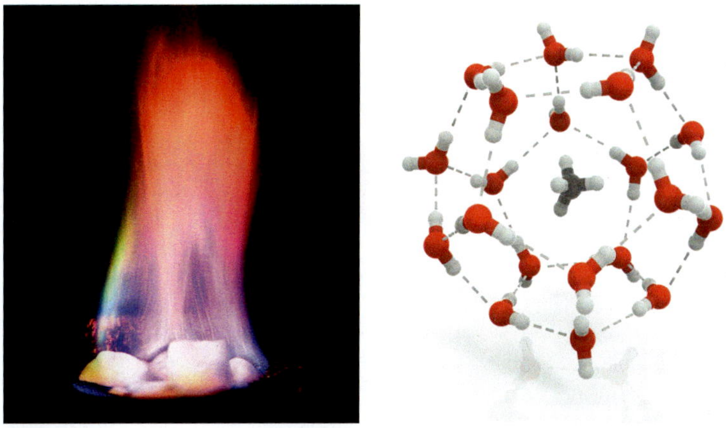

B1 „Brennendes Eis“ (links); Modell: in einem „Eiskäfig“ eingeschlossenes Methan (rechts)

Im Jahr 1996 entdeckte ein Team deutscher Wissenschaftler das sogenannte Methanhydrat vor der Küste Oregons. Russische Wissenschaftler sagten schon in den 70er Jahren des letzten Jahrhunderts voraus, dass in der Natur Gashydrate in großen Mengen vorkommen müssten.

Was ist Methanhydrat? Sehr vereinfacht kann man Methanhydrat als eine Mischung aus Eis mit Methan beschreiben. Bei Methanhydrat bilden die Wasser-Moleküle käfigartige Strukturen, in denen Methan-Moleküle eingeschlossen sind. Eine Stoffprobe von Methanhydrat sieht aber aus wie normales Eis. Schmilzt das Eis, dann entweicht Methan, das leicht brennbar ist. Wenn man das entweichende Methan nun entzündet, sieht es so aus, als brenne Eis.

Für die Entstehung von Methanhydrat sind niedrige Temperaturen und ein hoher Druck notwendig. Haben die Meere eine Wassertiefe von 500 Metern und eine Temperatur zwischen 2 bis 4 °C, beträgt der Druck ungefähr 50 bar. Das sind optimale Bedingungen für die Bildung von Methanhydrat und anderen Gashydraten.

Bei höheren Temperaturen muss entsprechend ein höherer Druck wirken, damit sich Methanhydrat bilden kann bzw. sich nicht auflöst.

Verschiedene Gashydrate stabilisieren die Kontinentalhänge, zwischen denen sie wie eine Art Zement wirken. Man schätzt, dass die Menge des fossilen Brennstoffs Methanhydrat viel größer ist als die Gesamtmenge von Erdöl, Kohle und Erdgas. Methan ist ein Brennstoff mit hohem Heizwert und ein Rohstoff für chemische Synthesen. Viele Lagerstätten von Methanhydrat sind jedoch unerreichbar oder technisch nur sehr schwer zugänglich. Methan ist aber vor allem auch ein starkes Treibhausgas mit einer etwa 21-mal stärkeren Wirksamkeit als Kohlenstoffdioxid.

Ein schneller Anstieg des Methangehalts der Luft vor ca. 60 Mio. Jahren hat im Zeitalter des Paläozän zu einer weltweiten Erwärmung der Atmosphäre geführt und über mehrere 10 000 Jahre das Klima beeinflusst.

AUFGABEN

A1 Weltweit wird die Menge an Methanhydrat auf 10 000 bis 12 000 Gt geschätzt. Auf ein Mol Methan kommen 5,75 mol Wasser. Die Formelschreibweise lautet daher $CH_4 \cdot 5{,}75\ H_2O$. Berechne das Volumen an Gas, das weltweit in Methanhydrat eingelagert ist.

A2 Bewerte die Förderung des Energieträgers Methanhydrat aufgrund der Informationen auf dieser Seite und weiterer Rechercheergebnisse.

Erdölverarbeitung

M1 Thermisches Cracken

Die verschiedenen Kohlenwasserstoffe des Erdöls können durch Destillation relativ gut getrennt werden. Aber es werden z. B. für den Bedarf an Benzin mehr Kohlenwasserstoffe mit kleineren Molekülen benötigt (**B1**). Deshalb kommen in Raffinerien neben der Destillation weitere Verfahren zum Einsatz. Beim **Cracking** (*to crack* (engl.): aufbrechen) werden langkettige Kohlenwasserstoff-Moleküle in Kohlenwasserstoff-Moleküle mit kürzeren Ketten umgewandelt. Dabei werden Elektronenpaarbindungen zwischen den Kohlenstoff-Atomen durch Zufuhr von Energie in Form von Wärme (300-600 °C) aufgebrochen (**B2**).

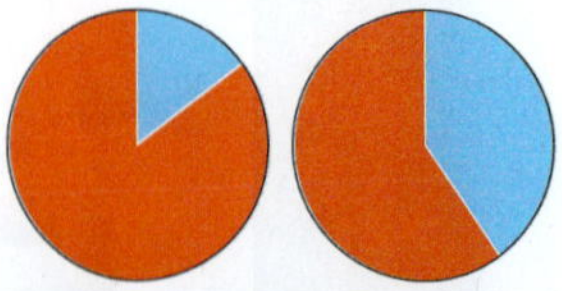

B1 Destillationsausbeute (links) und Bedarf (rechts) an Benzin (blau) und anderen Destillationsprodukten aus Erdöl (rot) im prozentualen Anteil

AUSWERTUNG

a) Pentan wird in einer Cracking-Apparatur stark erhitzt. Formuliere mithilfe von **B2** eine mögliche Reaktionsgleichung mit Halbstrukturformeln, bei der zwei Produkte entstehen (*Hinweis: Es sind verschiedene Lösungen möglich*).

b) Beim Cracken eines Alkans können nicht ausschließlich Alkane als Produkte gewonnen werden. Erläutere diesen Sachverhalt.

c) Nenne ein zusätzliches Edukt, mit dessen Hilfe man ausschließlich Alkane als Cracking-Produkte erhält. Formuliere ausgehend von Teilaufgabe **a)** eine entsprechende Beispiel-Reaktion (Hilfen unter QR-/Mediencode 05042-44).

05042-44

d) Bewerte das Cracking-Verfahren aus ökologischer Sicht.

$$H_3C\text{-}CH_2\text{-}CH_2\text{-}CH_2\text{-}CH_2\text{-}CH_2\text{-}CH_2\text{-}CH_2\text{-}CH_2\text{-}CH_3 \longrightarrow H_3C\text{-}CH_2\text{-}CH_2\text{-}CH_2\text{-}CH_3 + CH_2\text{=}CH\text{-}CH_2\text{-}CH_2\text{-}CH_3$$

B2 Beispielreaktion: *n*-Decan wird in *n*-Pentan und Penta-1-en gepalten

M2 Katalytisches Cracken

Um den Energieverbrauch für die Cracking-Reaktion zu senken, wurden schon früh Katalysatoren für den Prozess entwickelt. Meist bestehen solche Katalysatoren aus Aluminiumsilicaten, sogenannten Zeolithen. Es handelt sich dabei um pulverförmige, kristalline Feststoffe. Ein Kristall ist aus Tetraedern aufgebaut, bei denen jeweils vier Sauerstoff-Atome entweder ein Silicium- oder ein Aluminium-Atom umgeben. Die Kristallstruktur von Zeolithen weist zahlreiche regelmäßig wiederkehrende Hohlräume auf (**B3**).

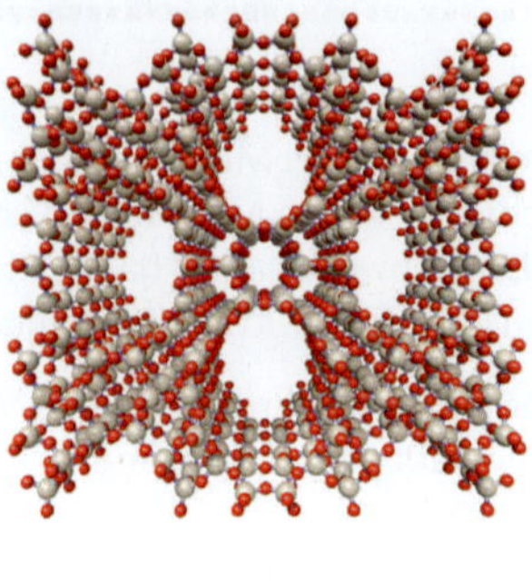

B3 Ausschnitt aus dem Kristallgitter eines Zeolithen (Sauerstoff-Atome: rot, Aluminium- und Silicium-Atome: grau)

AUSWERTUNG

a) Nenne vier mögliche Produkte des katalytischen Crackens von *n*-Octan.

b) Cracken ist ein endothermer Prozess. Stelle den Verlauf in einem Energiediagramm mit und ohne Katalysator dar.

c) Stelle anhand von Abbildung **B3** eine Vermutung auf, wie der Katalysator die Spaltung der Alkan-Moleküle beschleunigt. Berücksichtige mögliche zwischenmolekulare Wechselwirkungen. (Hilfen unter QR-/Mediencode 05042-45).

05042-45

d) Im Industrieprozess entsteht als Nebenprodukt elementarer Kohlenstoff (Koks). Begründe ausgehend von Abbildung **B3**, warum dieses Nebenprodukt die Reaktion hemmen könnte.

M3 Katalytisches Reforming

In Verbrennungsmotoren laufen viele kleine Explosionen pro Sekunde ab. Damit der Motor möglichst sauber und leise läuft, müssen diese Reaktionen gut kontrolliert werden. Am leichtesten geht dies durch das genaue Einstellen der Zusammensetzung des Kraftstoffgemisches während der Produktion. Insbesondere ein hoher Anteil an verzweigten Alkan-Molekülen verbessert das Abbrennverhalten des Benzins im Motor.

Daher wird in der Raffination nach der Verkürzung der Kettenlänge der Moleküle durch das Cracken oft noch ein Schritt zur Erhöhung des Verzweigungsgrades der Moleküle angeschlossen: das katalytische **Reforming** (*reforming* (engl.): Umbau).

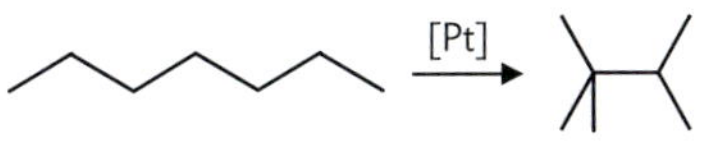

B4 Katalytisches Reforming durch Isomerisierung von *n*-Heptan mit einem Platinkatalysator

Dabei wird das Benzin im gasförmigen Aggregatzustand über einen Platinkatalysator geleitet. Dabei kommt es u. a. zur Isomerisierung von *n*-Alkanen zu verzweigten Molekülen (**B4**).

AUSWERTUNG

a) Definiere den Fachbegriff Isomerie und benenne das Molekül des Produktes der chemischen Reaktion in **B4**.

b) Nenne zwei mögliche Produkte des katalytischen Reformings von *n*-Octan und zeichne die entsprechenden Strukturformeln.

c) Erläutere, wie sich durch katalytisches Reforming von *n*-Octan (vgl. **b)**) weitere Stoffeigenschaften ändern (vgl. **FM** S. 163).

d) Erläutere außerdem die Rolle des Katalysators (Platin) beim katalytischen Reforming.

M4 Synthetische Kraftstoffe

In den Mittelpunkt der negativen Folgen des Erdölverbrauchs ist die globale Erwärmung durch den Treibhauseffekt gerückt (Klimawandel). Dieser soll abgeschwächt werden. Ein Weg ist die Elektrifizierung des Verkehrs. Jedoch bieten moderne Verbrennungsmotoren weiterhin große Vorteile, vor allem im Lastwagen- und Schiffsverkehr. Entscheidend ist hierbei, dass in den Kohlenstoff-Atomkreislauf kein zusätzliches Material aus fossilen Brennstoffen gelangt.

Daher entwickeln Forschungsinstitute und die Industrie sogenannte E-Fuels oder synthetische Kraftstoffe (**B5**). Das sind Gemische aus Kohlenwasserstoffen, die zu 100 % aus erneuerbaren Energien und Rohstoffen gewonnen werden. Die Kohlenwasserstoffe werden hierbei aus Kohlenstoffdioxid und Wasserstoff hergestellt.

B5 Synthetische Kraftstoffe entstehen im Labor

AUSWERTUNG

a) Elektrisch betriebene Fahrzeuge haben meist einen wiederaufladbaren Akku. Stelle die Vor- und Nachteile im Straßenverkehr gegenüber: Batteriebetrieb vs. Verbrennungsmotor (flüssige Kraftstoffe).

b) Dem aus Erdöl produzierten Benzin wird in verschieden hohem Anteil Ethanol aus biologischer Produktion („Bio-Ethanol") beigemengt. So enthält E10-Treibstoff 10 % „Bioethanol". Bewerte auf Grundlage einer Internetrecherche die Erzeugung dieses Treibstoffes im Hinblick auf den Umweltschutz.

c) Recherchiere Informationen zu den E-Fuels und erstelle zu diesen einen Steckbrief.

d) Entwirf mithilfe geeigneter Symbole ein Fließdiagramm, das einen möglichen Weg zur Herstellung von E-Fuels darstellt. Berücksichtige dabei, dass in allen Produktionsschritten erneuerbare Energie und Ressourcen zum Einsatz kommen müssen.

Stoffeigenschaften mit großer Wirkung

M1 Wasser als Wirtschaftsgut

Der tägliche Wasserverbrauch in Deutschland beträgt etwa 130 L pro Kopf. Aber nur ein sehr geringer Teil davon wird getrunken (**B1**). Deutschland ist wasserreich. Daher ist frisches Leitungswasser überall sehr günstig erhältlich. Trotzdem kaufen viele Menschen lieber teures Mineralwasser in Flaschen.

Global betrachtet gibt es immer mehr Konflikte um Trinkwasser, denn sehr große Mengen davon werden bei der Produktion von Gütern und Nahrungsmitteln benötigt.

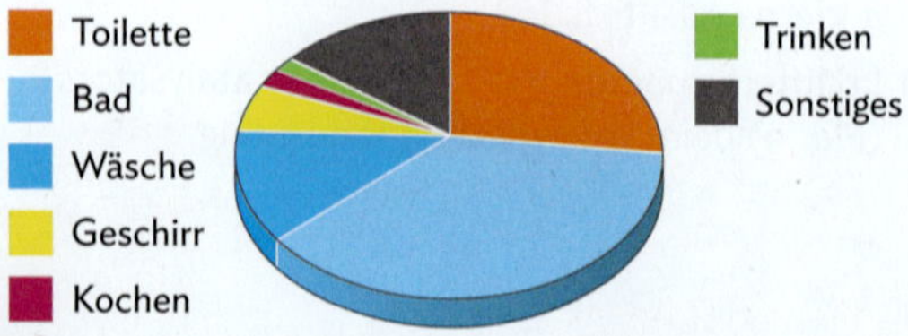

B1 Anteile am täglichen Wasserverbrauch in Deutschland

AUSWERTUNG

a) Schätze anhand der Informationen aus dem Text und **B1** die Mengen in Liter, die täglich für die einzelnen Haushaltstätigkeiten verbraucht werden.

b) Ein Kubikmeter (1 m^3) Leitungswasser kostet im Durchschnitt etwa 1,50 €. Vergleiche den Literpreis von Leitungswasser mit dem eines typischen Mineralwassers aus der Flasche.

c) Im täglichen Wasserverbrauch noch nicht mitberücksichtigt ist all das Wasser, das bei der Herstellung von Lebensmitteln und Konsumgütern eingesetzt wird. Man nennt es virtuelles Wasser. Recherchiere, wieviel Wasser verbraucht wird, um 1 kg Kartoffeln, 1 kg Äpfel, 1 kg Rindfleisch und 1 T-Shirt aus Baumwolle herzustellen. Vergleiche die Werte und erkläre die Unterschiede. Bewerte die Daten im Hinblick auf unsere Konsumgesellschaft.

M2 Meeresströmungen

Die Dichteanomalie des Wassers sorgt nicht nur dafür, dass die Pole mit Meereis bedeckt sind, sondern wirkt auch auf die großen Strömungen der Weltmeere. Diese Meeresströmungen sind wichtig. So sorgt z. B. der Golfstrom (**B2**) für ein deutlich wärmeres Klima in Nord- und Mitteleuropa.

Das Wasser in (sub-)tropischen Bereichen erwärmt sich, steigt auf und sammelt sich an der Oberfläche.

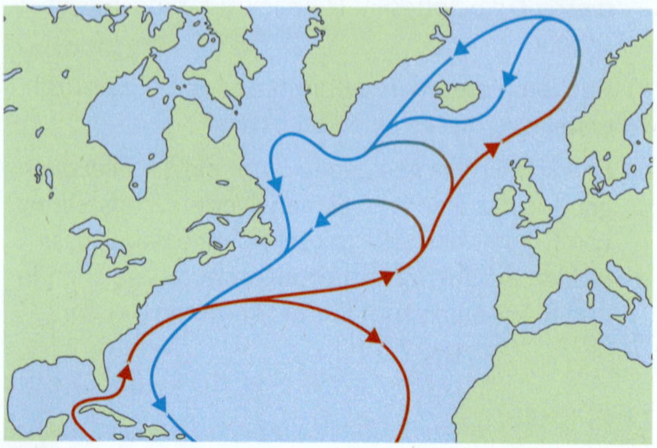

B2 Der Golfstrom

In polaren Gegenden kühlt das Oberflächenwasser bis unter die Gefriertemperatur ab. Das Salz gefriert größtenteils nicht mit. Es bleibt in den unter dem Eis liegenden Wasserschichten gelöst.

Die Dichte des oberflächennahen, kalten und salzreichen Wassers nimmt dadurch weiter zu und es sinkt in die Tiefe. Über weite Strecken wird warmes Oberflächenwasser nachgesaugt („Förderband"). Der Kreislauf schließt sich, indem das kühle Tiefseewasser in umgekehrter Richtung zurückströmt.

AUSWERTUNG

a) Skizziere anhand des beschreibenden Textes die Entstehung einer Meeresströmung in das Arbeitsblatt ein (Arbeitsblatt unter QR-/Mediencode 05042-46).

05042-46

b) Grönland ist mit einem kilometerdicken Eisschild aus Süßwasser bedeckt. Die Klimaerwärmung könnte dazu führen, dass dieser zunehmend abschmilzt. Stelle eine begründete Vermutung auf, welchen Effekt dies auf den Golfstrom haben könnte.

M3 Hydrophobierung

Sportlich Aktive können aus einem umfangreichen Angebot an wetterfester Kleidung wählen. Dabei müssen Entwickler von Outdoor-Textilien einen schwierigen Spagat meistern: Wasser von außen soll zwar einerseits nicht eindringen, andererseits muss Schweiß in Form von Wasserdampf effektiv nach außen entweichen können.

Sportkleidung ist oft „wasserabweisend" (**B3**). Sie besteht aus zwei Teilen: Innen bilden die miteinander verwobenen, meist hydrophilen Textilfasern (z. B. Baumwolle) das Grundgerüst. Zwischen ihnen sind feine, wasserdampfdurchlässige Poren. Außen wird eine hydrophobe Beschichtung (Imprägnierung) aufgebracht, die verhindert, dass größere Wassertropfen in das Innere gelangen können. Alternativ kann statt einer Oberflächenbeschichtung auch eine hydrophobe Folie mit kleinsten Poren (Membran) in den Stoff eingearbeitet sein.

Hydrophobe Beschichtungen enthalten oft fluorierte Kohlenwasserstoffe als wesentliche Bestandteile.

B3 Outdoor-Kleidung ist meist wasserabweisend

Ausschnitt:

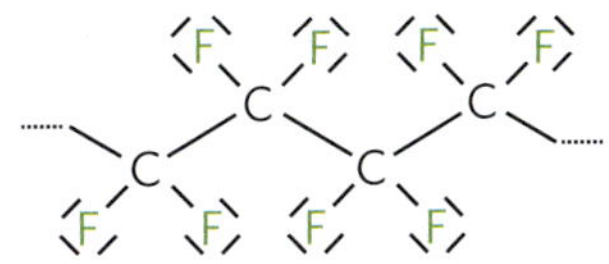

AUSWERTUNG

a) Erläutere die hydrophobe Wirkung der Fluorkohlenwasserstoffe auf der Teilchenebene.

b) Nenne weitere Verbindungen bzw. Verbindungsklassen, die für hydrophobe Beschichtungen grundsätzlich in Frage kommen.

c) „Fluorkohlenwasserstoffe stellen bei unsachgemäßer Entsorgung eine Umweltgefahr dar". Recherchiere und bewerte diese Aussage.

d) Die Hydrophobierung von Oberflächen findet sich auch bei Tieren und Pflanzen. Recherchiere je ein Beispiel.

V4 Die Flammtemperatur brennbarer Stoffe

Autos mit klassischem Verbrennungsmotor, insbesondere Dieselfahrzeuge, haben im Winter oft Startprobleme. Ist der Kraftstoff „zu kalt"?

DURCHFÜHRUNG

Stelle für den Versuch eine gute Belüftung sicher. Platziere eine Porzellanschale auf einer Heizplatte. Befestige ein (digitales) Thermometer mit einem Stativ so, dass es fast bis zum Boden der Porzellanschale reicht. Gib anschließend ca. 20 mL einer brennbaren Flüssigkeit in die Porzellanschale und versuche, sie mit einem langen Feuerzeug oder Zündholz zu entzünden. Gelingt dies nicht, wird die Flüssigkeit (vorsichtig!) in Schritten von 5 K erwärmt und jeweils ein neuer Zündversuch unternommen. Spätestens bei 100 °C wird abgebrochen. Zu untersuchende Flüssigkeiten: Ethanol, Propan-1,2,3-triol, *n*-Heptan , Paraffinöl.

AUSWERTUNG

a) Beschreibe die Beobachtung bei der Entzündung von z. B. Ethanol.

b) Notiere in einer Tabelle die Temperaturen, bei denen sich die Stoffe entzünden lassen (Flammpunkt) und vergleiche sie mit den Literaturwerten.

c) Zeichne die Strukturformeln der Moleküle der untersuchten Stoffe (Paraffinöl kann vereinfacht als Hexadecan $C_{16}H_{34}$ dargestellt werden).

d) Erkläre anhand der zwischenmolekularen Wechselwirkungen die Unterschiede der Flammtemperaturen der untersuchten Stoffe sowie die Startschwierigkeiten von Dieselmotoren bei tiefen Minusgraden.

ENTSORGUNG G3

Zum Üben und Weiterdenken

A1 LINUS PAULING stellte einige Trends der Elektronegativität im Periodensystem der Atomarten fest.

a) Begründe mithilfe des Atombaus den Unterschied der Elektronegativitätswerte innerhalb einer Periode anhand des Natrium- und des Chlor-Atoms.

b) Vergleiche die Elektronegativitätswerte zweier Atome der VI. Hauptgruppe und erkläre die Werte anhand des Atombaus.

A2 „Ein Molekül, das tetraedrisch aufgebaut ist, kann zwar Bindungspolarität aufweisen, jedoch nie Molekülpolarität." Beurteile diese Aussage unter Verwendung geeigneter Beispiele.

A3 Als Überschrift eines Zeitungsartikels liest du „Wasser ist eine polare Flüssigkeit". Berichtige diese Aussage detailliert unter Berücksichtigung des Stoff-Teilchen-Konzepts.

A4 In einem Labor wurden die Siedetemperaturen von Propan, Propan-1-ol, Ethanol und Methan gemessen. Ordne den Verbindungen ihre jeweilige Siedetemperatur zu und begründe deine Entscheidung: -42 °C, 78 °C, -162 °C, 97 °C

A5 Die Abbildung zeigt die beiden umeinander gewundenen Stränge eines DNA-Moleküls, das du bereits aus dem Biologieunterricht kennst. Obwohl keine Elektronenpaarbindungen zwischen den beiden Strängen gebildet werden, benötigt man ca. 96 °C, um beide Stränge voneinander zu trennen.

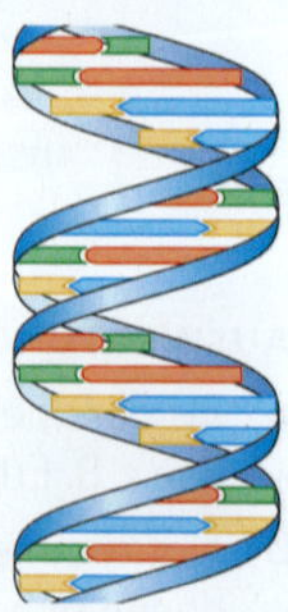

Die beiden Formeln zeigen zwei im DNA-Molekül gegenüberliegende DNA-Basen, Adenin und Thymin (im Bild oben gelb bzw. blau dargestellt). Erkläre mit ihrer Hilfe den Zusammenhalt der beiden DNA-Stränge auf Teilchenebene.

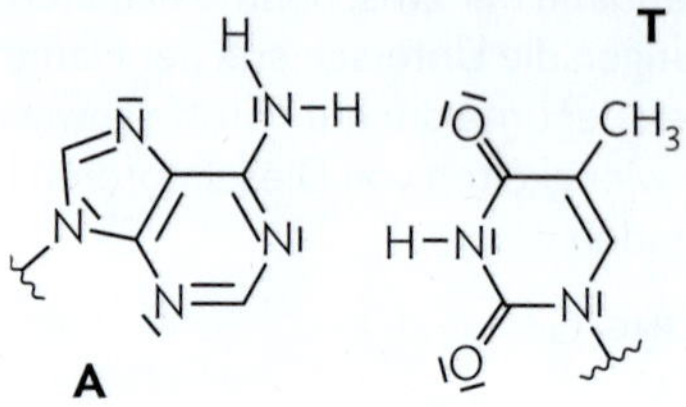

A T

A6 Erkläre, dass Butan-2-on auch vereinfacht mit Butanon eindeutig und richtig benannt ist.

A7 Benne folgende Moleküle nach IUPAC.

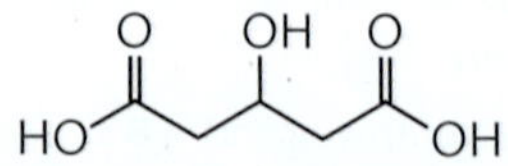

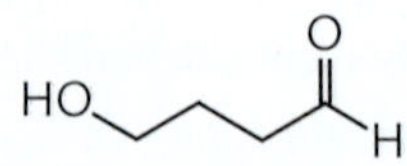

A8 Zeichne die Valenzstrichformeln eines
a) Propan-2-ol-Moleküls,
b) 3-Hydroxybutan-2-on-Moleküls und
c) 2-Methylbutanal-Moleküls.

A9 Wasser siedet bei 100 °C, Wasserstofffluorid schon bei 20 °C, obwohl die Polarität der H-F-Bindung größer ist als die der O-H-Bindung. Erkläre anhand des Molekülbaus und der zwischenmolekularen Wechselwirkungen, warum Wasser eine deutlich höhere Siedetemperatur aufweist (Hilfen unter QR-/Mediencode 05042-47).

05042-47

A10 An Tankstellen wird immer wieder Benzin oder Motoröl verschüttet. Während ein Tropfen Benzin schnell verdunstet, dauert dies bei einem Tropfen Motoröl sehr lange.

a) Leite aus der Beobachtung an der Tankstelle eine Fragestellung ab und stelle passend dazu eine Hypothese auf. Plane einen Versuch, um die Hypothese zu prüfen. Dir stehen Heptan, Dodecan, Pipetten, Filterpapier und eine Stoppuhr zur Verfügung. *Hinweis:* Benzin enthält u. a. Heptan, Motoröl u. a. Dodecan.

b) Viele Kohlenwasserstoffe sind für Lebewesen giftig. Damit keine Schadstoffe ins Grundwasser gelangen, ist unter den Zapfsäulen ein Ölabscheider vorgeschrieben. Erkläre mithilfe der Skizze dessen Funktionsweise.

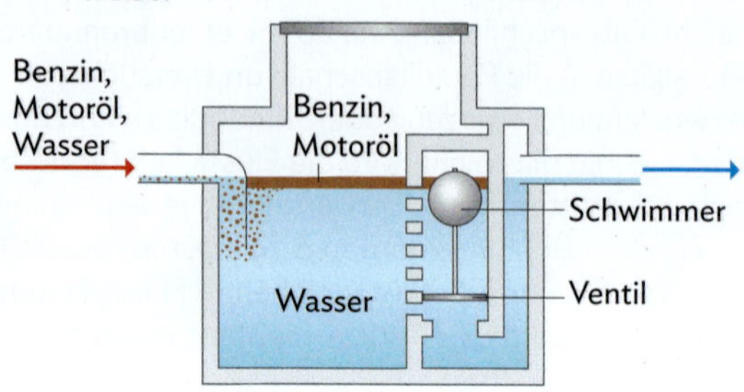

A11 Ordne den Molekülen von Ethan, Ethen und Ethin jeweils begründet die passende Bindungslänge zwischen den Kohlenstoff-Atomen sowie die molare Bindungsenergie zu:

-839 kJ/mol; -348 kJ/mol; -614 kJ/mol

120 pm; 134 pm; 154 pm

A12 Bei der alkoholischen Gärung entstehen außer Ethanol (Siedetemperatur 78 °C) noch andere alkoholische Produkte, z. B. das giftige Methanol (Stichwort: „Fusel"). Die Destillation des Gärungsgemisches dient u. a. dazu, die unerwünschten Nebenprodukte zu entfernen.

a) Schätze begründet anhand des Struktur-Eigenschafts-Konzepts die Siedetemperatur von Methanol ab.

b) Erläutere, unter Einbeziehung der wirkenden zwischenmolekularen Wechselwirkungen, die Abläufe und das Ergebnis bei der sachgemäßen Destillation eines Ethanol-Methanol-Wasser-Gemisches.

c) Begründe, anhand der unterschiedlichen Löslichkeiten, dass es möglich ist, durch mehrmalige Zugabe von Hexan gefolgt von Schütteln und abdekantieren, Ethanol selektiv aus dem Gärungsgemisch vollständig zu entfernen (Hilfen unter QR-/Mediencode 05042-48).

05042-48

A13 Im Gefrierfach deiner Eltern findest du zwei Flaschen mit alkoholhaltigen Getränken. Auf den Etiketten kannst du den Alkoholgehalt nicht mehr erkennen. Eine der beiden Flaschen ist geplatzt, da die Flüssigkeit gefroren ist. Leite aus dieser Beobachtung eine Frage ab und stelle eine Hypothese dazu auf. Plane einen Versuch, um die Hypothese zu überprüfen.

A14 Aldehyde sind wichtige Duft- und Aromastoffe: Im Erdbeeraroma sind Ethanal und Butanal enthalten. Als Konservierungsstoffe verwendet man organische Säuren wie die Weinsäure:

a) Schätze Unterschiede in den Siedetemperaturen der drei Stoffe grob ab. Begründe deine Entscheidung.

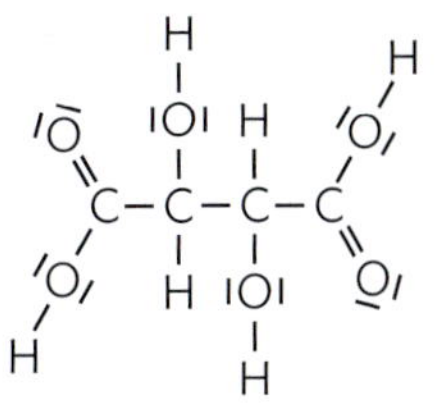

b) Benenne das Weinsäure-Molekül nach IUPAC.

A15 Die europäische Union importiert aus zahlreichen Ländern der Erde in unterschiedlicher Menge Erdöl. Die Import-Anteile der jeweiligen Länder sind im folgenden Diagramm dargestellt.

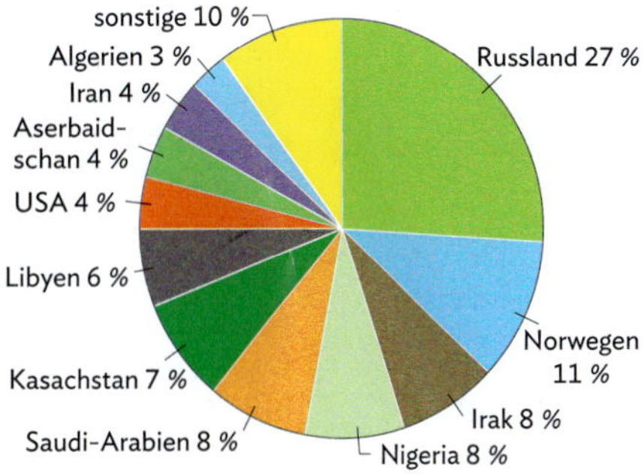

a) Markiere die Länder auf einer Weltkarte. Überlege, welche Transportmittel dafür nötig sind und skizziere ein mögliches Transportnetz.

b) Beurteile die folgende Aussage: „Der Umstieg auf erneuerbare Energien macht uns auch weniger abhängig von Öl aus Krisenregionen." Recherchiere dazu die politische Situation in drei Beispielländern.

A16 Erläutere unter Verwendung auftretender Energieformen, warum sich in einem Einmal-Kühlpack anfangs nicht alle Salzkristalle lösen. Leite einen praktischen Nutzen aus der Beobachtung ab, dass nach längerer Zeit alle Ammoniumnitrat-Kristalle gelöst wurden.

A17 Ionen hydratisieren unterschiedlich stark, z. B. ist die Hydrathülle eines Natrium-Ions viel größer als die eines Rubidium-Ions. Erkläre diese Tatsache. Stelle Hypothesen über die Hydratisierung von drei weiteren selbst gewählten Ionen auf.

A18 Beim Nudelkochen gibt man das Salz erst zu, wenn das Wasser kocht. Begründe mithilfe der Wechselwirkungen zwischen den Teilchen, dass man ansonsten mehr Energie benötigt, um das Wasser zum Verdampfen zu bekommen.

A19 Streusalz sichert im Winter unsere Straßen und verhindert das Gefrieren von Wasser. Erkläre die Wirkungsweise. Bewerte den Einsatz auch unter ökologischen Aspekten.

M1 Traditionelle Christbaumkugeln

B1 Silberne Christbaumkugel

Seit Mitte des 19. Jahrhunderts gibt es silbern glänzende Christbaumkugeln. Sie sind aus hauchdünnem Glas und werden im Inneren chemisch mit einer Silberschicht überzogen. Hierfür gibt man Silber(I)-nitratlösung (Ag^+ (aq) + NO_3^- (aq)) zu konz. Ammoniaklösung. Das Gemisch versetzt man mit einigen Tropfen einer Lösung, die einen Aldehyd (R -CHO (aq)) enthält, und erwärmt es im Wasserbad. In der wässrigen Lösung bilden Ammoniak-Moleküle mit Wasser-Molekülen Ammonium-Ionen (NH_4^+) und Hydroxid-Ionen (OH^-).

In der erwärmten Lösung läuft folgende Reaktion ab:

$$2\,Ag^+ (aq) + R\text{–}CHO (aq) + 2\,OH^- (aq) \longrightarrow 2\,Ag (s) + R\text{–}COOH (aq) + H_2O (l)$$

Durch vorsichtiges Drehen der Kugeln im Wasserbad wird das Innere gleichmäßig von einer dünnen Silberschicht überzogen.

A1 Diese Methode wird heute immer häufiger durch moderne Färbetechniken, z. B. durch Acrylfarbe ersetzt. Nenne drei mögliche Gründe dafür.

A2 Recherchiere die Strukturformel von Glucose und entscheide begründet, ob diese Reaktion auch mit einer glucosehaltigen Lösung abläuft.

M2 Desinfektionsmittel selbst gemacht

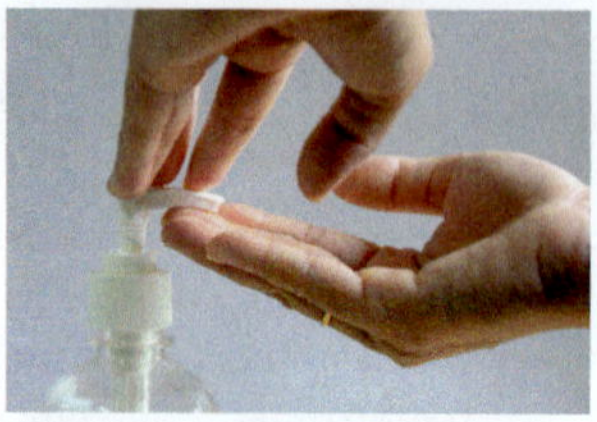

B2 Desinfektion gegen Viren

Zu Beginn der Corona-Krise waren vor allem Desinfektionsmittel rasch ausverkauft. Sogar Brauereien und Brennereien stellten ihre Produktion um. Handelsübliche Desinfektionsmittel sind in der Regel 70 %-ige ethanolische Lösungen. Ein geringerer Ethanolgehalt zerstört nicht alle Erreger, bei einer höheren Konzentration hingegen verkapseln sich manche Erreger zum Schutz und bilden sporenförmige Dauerstadien.

Material: Spiritus, Oxireiniger auf Basis von Natriumpercarbonat, Messbecher, Waage, Löffel, Kochtopf, Thermometer, Aufbewahrungsgefäße, Blaukraut, optional: Speiseöl, Glycerin, Aloe-Vera-Gel

A1 Im Handel erhältlicher Spiritus besitzt eine Volumenkonzentration σ(Ethanol) von 94–98 %. Berechne ausgehend von einer dir zur Verfügung stehenden Flasche Spiritus die Menge an abgekochtem Wasser, die du zu 100 mL Spiritus hinzufügen musst, um eine 70 %-ige ethanolische Lösung herzustellen.

A2 Wasserstoffperoxid zerstört Viren effektiv. Oxireiniger auf Basis von Natriumpercarbonat ($Na_4H_6C_2O_{12}$) zerfallen beim Erwärmen zu Wasserstoffperoxid und Natriumcarbonat. Auf den Verpackungen ist die Massenkonzentration, z. B. ≥ 30 % zu finden. Berechne die Masse an Oxireiniger, die benötigt wird, sodass die Lösung aus **A1** zusätzlich 3 % Wasserstoffperoxid enthält. (*Hinweis:* Die Dichte der 70 % Lösung bei 20 °C beträgt ca. 0,86766 g/mL.)

A3 Löse die berechnete Menge Oxireiniger (aus **A2**) in der berechneten Menge Wasser (**A1**) und erhitze das Gemisch für ca. 10 Minuten auf max. 60 °C in einem Kochtopf bei geschlossenem Deckel. Gib diese Lösung nach Abkühlen zu 100 mL Spiritus. Teste die hergestellte Lösung mit Blaukraut. Beurteile anschließend die Nutzung als Desinfektionsmittel für unempfindliche Oberflächen oder aber für die Hände.

A4 In Handdesinfektionsmitteln sind noch Zitronensäure, Glycerin (Propan-1,2,3-triol), Öle wie Rapsöl und Zusätze, wie z. B. Aloe Vera-Gel enthalten. Recherchiere den Nutzen des jeweiligen Inhaltsstoffes.

M3 Dünnschicht-Chromatographie

Die Dünnschicht-Chromatographie ist eine wichtige Methode zur Trennung geringer Stoffmengen in Gemischen. Auf einem Träger ist eine dünne Schicht aus porösem Aluminiumoxid (hydrophile Oberfläche) aufgebracht. Sie dient als sogenannte stationäre Phase. Die Stoffprobe wird am unteren Ende des Trägers aufgetragen und dieser wird in ein geschlossenes Glasgefäß gestellt. Am Boden des Gefäßes befindet sich ein Lösemittel oder Lösemittel-Gemisch, das sogenannte Laufmittel oder mobile Phase (**B3**).

B3 Dünnschicht-Chromatogramme eines Pflanzenextraktes in zwei unterschiedlichen Laufmitteln

Während das Laufmittel durch die feinen Poren der Aluminiumoxidschicht nach oben gesaugt wird, wandern die zu trennenden Stoffe unterschiedlich schnell mit. Das Verteilungsmuster der zu trennenden Stoffe ergibt das Chromatogramm.

A1 Erkläre das Prinzip der Stofftrennung anhand der zwischenmolekularen Wechselwirkungen.

A2 In der Abbildung wurde zweimal derselbe Pflanzenextrakt aufgetragen. Stelle eine begründete Vermutung für die Unterschiede der beiden Chromatogramme auf.

A3 Ein Gemisch aus Milchsäure (2-Hydroxypropansäure) und Heptan-1-ol soll mittels Dünnschicht-Chromatographie getrennt werden. Schlage begründet ein geeignetes Lösemittel (-gemisch) vor.

A4 Beurteile die Einsatzfähigkeit folgender Lösemittelgemische in der Chromatographie:

a) Ethanol und *n*-Pentan

b) Ethanol und Ethansäure

c) Ethansäure, *n*-Pentan und Wasser

M4 Lebensmittelzusatzstoffe – harmlose Hübschmacher oder gefährliche Gifte?

In einem Workshop zur gesunden Ernährung fallen folgende Aussagen:

Nein, das esse ich nicht! Da steckt mir viel zu viel Chemie drin.

Unser neuer Müsliriegel: ACTIMAX! Mehr Energie für Sie, durch Aktivtechnologie!

Der Zuckergehalt ist mit 54 g pro 100 g ACTIMAX Riegel sehr hoch. Die Deutsche Gesellschaft für Ernährung DGE empfiehlt maximal 50 g Zucker pro Tag.

Und dann noch die ganzen „E"-s: E120. E141, ... Das ist mir zu gefährlich.

Bloß weil „E" draufsteht, muss es noch lange nicht ungesund sein!

Hinter der Abkürzung E141 verbergen sich kupferhaltige Farbstoffe.

A1 Ordne die Aussagen den Kategorien Tatsache und Meinung begründet zu (vgl. **FM** S. 180).

A2 Stelle eine Vermutung auf, ob und welche Ziele die jeweilige Person mit ihrer Aussage verfolgt.

A3 Fälle ein eigenes Urteil zum Einsatz von Zusatzstoffen („E-Nummern") in Lebensmitteln. Recherchiere dazu ggf. im Internet oder anderen Quellen.

Alles im Blick: Kapitel 5

Elektronegativität und Polarität (vgl. S. 138-141)

Die **Elektronegativität** ist eine von LINUS PAULING eingeführte Größe. Sie dient als Maß für die Stärke eines Atoms, Bindungselektronen an sich zu ziehen. Entsteht eine Bindung zwischen zwei gleichen Atomen, so ziehen beide Atome gleich stark an der Bindung. Hierbei spricht man von einer **unpolaren Elektronenpaarbindung**. Handelt es sich jedoch um unterschiedliche Bindungspartner, kann es sein, dass einer der beiden deutlich stärker an der gemeinsamen Bindung zieht. Dadurch verschieben sich innerhalb des Moleküls die **Partialladungen** (Ladungsschwerpunkte). Man spricht von einer **polaren Elektronenpaarbindung**. Weisen zwei Bindungspartner eine Elektronegativitätsdifferenz größer als 0,4 auf, spricht man von **Bindungspolarität**.

Wenn ein Molekül eine polare Elektronenpaarbindung und eine unsymmetrische Verteilung von Ladungsschwerpunkten hat, so liegt ein **permanenter Dipol** vor.

Die ladungscodierte **Elektronendichteoberfläche** eines Moleküls lässt sich mithilfe eines Farbcodes anzeigen. Rot steht für eine hohe Elektronendichte, während blau eine geringe Elektronendichte angibt.

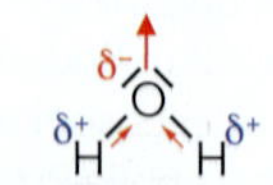

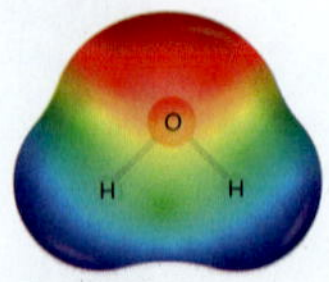

Der besondere Stoff Wasser und Wechselwirkungen zwischen Teilchen (vgl. S. 144-149)

Wasser ist in Lebewesen der Hauptbestandteil in den Zellen und für Stoffwechsel- und Transportvorgänge unentbehrlich. Das Wasser-Molekül liegt aufgrund seiner polaren Elektronenpaarbindungen und der gewinkelten Struktur als **Dipol-Molekül** vor. Die größte Dichte weist Wasser nicht bei 0 °C, sondern erst bei 4 °C auf. Man spricht von der sogenannten **Dichteanomalie** des Wassers. Gleichzeitig weist das Wasser mit einer Siedetemperatur von 100 °C eine deutlich höhere Siedetemperatur auf als die anderen Wasserstoffverbindungen mit Atomen aus der VI. Hauptgruppe. Dies liegt an den besonders starken Wechselwirkungen, den **Wasserstoffbrücken** zwischen den Molekülen. Schwächere Wechselwirkungen sind **Dipol-Dipol-Wechselwirkungen** und **LONDON-Dispersionswechselwirkungen**. Beide werden als **VAN-DER-WAALS-Wechselwirkungen** zusammengefasst.

Alkohole, Aldehyde, Ketone und Carbonsäuren (vgl. S. 152-155)

Die **funktionellen Gruppen** ihrer Moleküle verleihen Stoffen bestimmte physikalische und chemische Eigenschaften. So enthalten Alkohol-Moleküle **Hydroxy-Gruppen**, Aldehyd-Moleküle **Aldehyd-Gruppen**, Keton-Moleküle **Keto-Gruppen** und Carbonsäure-Moleküle **Carboxy-Gruppen**. Da die funktionellen Gruppen der Moleküle von Aldehyden, Ketonen und Carbonsäuren die **Carbonyl-Gruppe** als gemeinsamen Bestandteil besitzen, werden diese Verbindungen auch als Carbonylverbindungen bezeichnet.

Einige Vertreter dieser Verbindungsklassen sind wichtige Biomoleküle, die im Stoffwechsel von Lebewesen unentbehrlich sind. Andere Verbindungen sind aus dem Alltag nicht mehr wegzudenken.

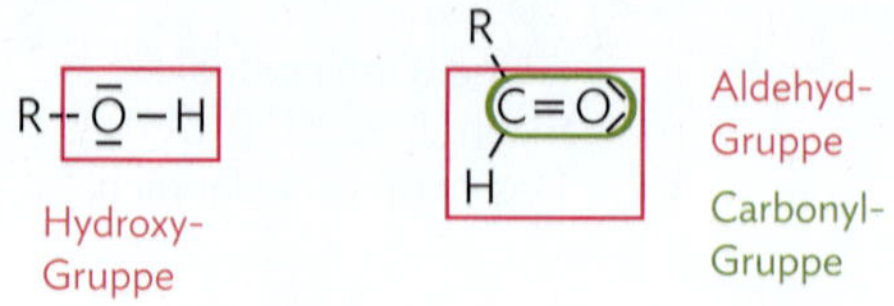

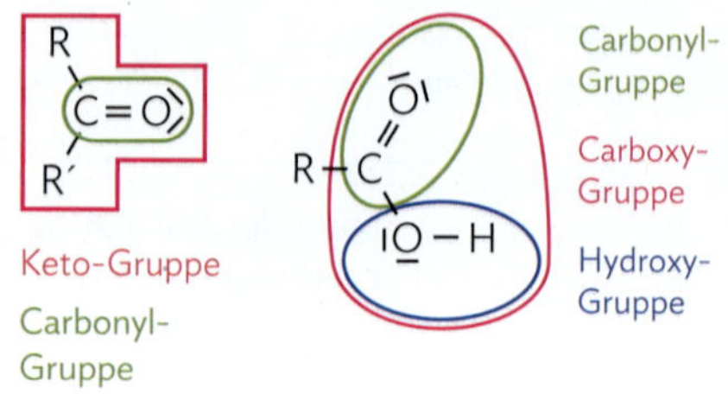

Physikalische Eigenschaften molekularer Stoffe (vgl. S. 160-163, 166-169)

Jeder Reinstoff besitzt für ihn charakteristische, physikalische Eigenschaften. Unterschiede in diesen Eigenschaften werden u. a. zur Trennung von Stoffgemischen genutzt (vgl. Destillation) und ermöglichen den gezielten Einsatz im Alltag.

Alle physikalischen Eigenschaften (Stoffebene) werden maßgeblich von Vorgängen auf der Ebene der Moleküle bestimmt (Struktur-Eigenschafts-Konzept), konkret von der Art und Stärke der **zwischenmolekularen Wechselwirkungen** an der Moleküloberfläche.

Starke Wechselwirkungen zwischen gleichartigen Molekülen, wie z. B. Wasserstoffbrücken, führen zu hohen **Schmelz- und Siedetemperaturen**. Liegen nur LONDON-Dispersionswechselwirkungen vor, sind die entsprechenden Werte, bei ähnlicher Molekülgröße, deutlich niedriger. Analog verändert sich die Fließeigenschaft von Flüssigkeiten, die **Viskosität**.

Die **Löslichkeit** eines Stoffes in einem Lösemittel hängt von den möglichen Wechselwirkungen zwischen unterschiedlichen Molekülen ab. Je stärker sich die Moleküle in ihren **Polaritäten** ähneln, umso mehr Wechselwirkungen sind untereinander möglich und die jeweiligen Stoffe ineinander löslich. **Hydrophile Stoffe** lösen sich besonders gut in Wasser, **lipophile Stoffe** in Kohlenwasserstoffen, Fetten und Ölen.

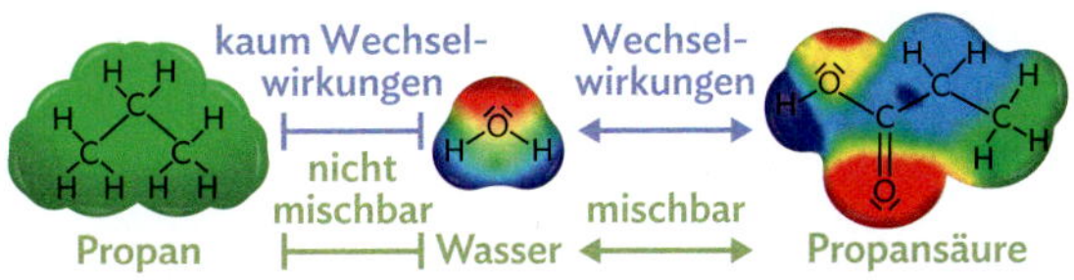

Amphiphile Stoffe enthalten Moleküle mit sowohl polaren als auch unpolaren Anteilen und können daher mit beiden Lösemitteltypen gemischt werden. Der Vergleich der Molekülstrukturen ermöglicht eine passgenaue Auswahl des jeweils besten Lösemittels.

Löslichkeit von Salzen (vgl. S. 172-175)

Beim Lösevorgang eines Salzes in Wasser bilden die Wasser-Moleküle aufgrund ihrer Dipol-Struktur eine **Hydrathülle** um die Ionen. Zwischen den Teilladungen der Atome in den Wasser-Molekülen und den Ionen kommt es zu **Ion-Dipol-Wechselwirkungen**. Diese **Hydratation** setzt Energie frei, die **Hydratationsenergie**. Die Ionen werden durch die schwachen, aber zahlreichen Wechselwirkungen nach und nach aus dem Ionengitter entfernt.

Ist die Summe an Hydratationsenergie ungefähr so groß wie oder größer als die Gitterenergie des Ionengitters, so wird das Ionengitter vollständig aufgelöst. Das Salz löst sich. Es handelt sich um einen exothermen Löseprozess.

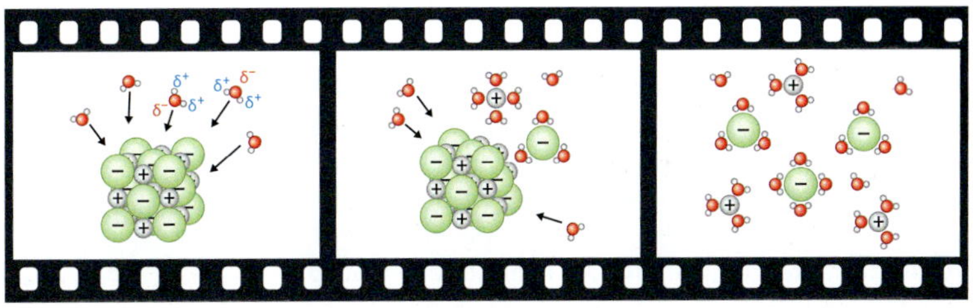

Der Lösevorgang ist endotherm, wenn die Summe der Gitterenergie größer ist als die Summe der durch Hydratation freiwerdenden Energie. Ist die Gitterenergie hingegen deutlich größer, so ist das Salz schwerlöslich. Je kleiner die Ionenradien und je höher die Ladung der Ionen ist, desto größer sind Hydratations- und Gitterenergie.

Erdöl und Erdölprodukte (vgl. S. 178-179)

Erdöl ist der wichtigste Rohstoff der chemischen Industrie. Aus dem komplexen Stoffgemisch werden Alkane, Alkene und andere Kohlenwasserstoffe mittels **f**raktionierter Destillation gewonnen.

In der Raffinerie können die Stoffanteile z. B. durch Cracken und Reforming weiter verändert werden.

Die mit der Förderung und dem Transport einhergehenden Gefahren machen den Umgang mit Erdöl problematisch. Da es sich außerdem um endliche, fossile Rohstoffquellen handelt, müssen dringend nachhaltige Alternativen gesucht und gefunden werden.

Ziel erreicht?

Überprüfung

Hast du das Ziel dieses Kapitels erreicht? Löse die entsprechenden Aufgaben. Ein Arbeitsblatt findest du unter QR-/Mediencode 05042-49. Bewerte dich mithilfe der Tabelle rechts unten. Die Lösungen zu den Aufgaben stehen auf S. 203.

05042-49

Die Elektronegativität zur Ableitung von Bindungs- und Molekülpolarität heranziehen

A1 Definiere den Begriff Elektronegativität.

A2 Ermittle mithilfe des Periodensystems das zweiatomige Molekül, das die höchste Elektronegativitätsdifferenz der beteiligten Atome aufweist.

A3 Begründe, ob Tetrachlorsilan (Siliciumtetrachlorid) und Sauerstoffdifluorid aus polaren Molekülen bestehen. Leite schrittweise die Polarität der Moleküle ab.

A4 Schlage eine Verbindung vor, für die folgende Darstellung zutreffend sein könnte, und beschreibe dein Vorgehen.

Die Besonderheiten des Stoffes Wasser erklären

B1 Ein See friert immer von oben zu. Erkläre diese Tatsache und begründe die Folgen für wasserlebende Lebewesen.

Verbindungsklassen anhand der funktionellen Gruppen ihrer Moleküle einteilen und benennen

C1 Je nach funktioneller Gruppe ihrer Moleküle werden Stoffe unterschiedlichen Verbindungsklassen zugeteilt.

1) 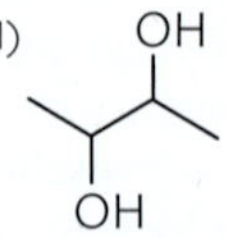

2) 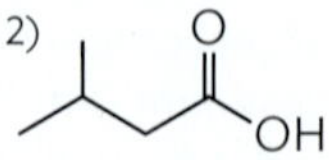

3) 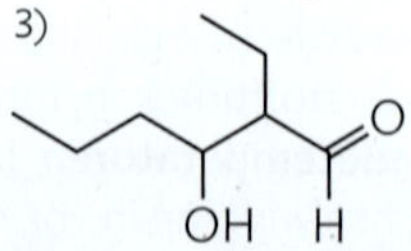

a) Ordne die dargestellten Moleküle jeweils begründet ihrer entsprechenden Verbindungsklasse zu.

b) Benenne die Verbindungen nach IUPAC.

C2 Nenne jeweils einen Vertreter der Alkohole, Aldehyde, Ketone und Carbonsäuren und dessen Verwendung in Industrie bzw. Alltag.

Die Viskosität und Siedetemperatur molekularer Stoffe vergleichen und erklären

D1 Ordne die Stoffe begründet nach steigender Siedetemperatur: Ethanol, Butan, Butansäure.

D2 Zeichne die Strukturformeln von drei Isomeren des Hexans. Ordne sie begründet nach sinkender Siedetemperatur.

Die Löslichkeit molekularer Stoffe mithilfe zwischenmolekularer Wechselwirkungen interpretieren

E1 Entscheide und begründe, ob sich die folgenden Stoffe gut miteinander mischen lassen:

1) Wasser und Ethanol

2) 2,2-Dimethylhexan und Propan-2-on (Aceton)

3) Heptanal und Pentan-1-ol

E2 In einem Versuch wird die relative Löslichkeit der primären Alkohole (homologe Reihe) in Wasser in Abhängigkeit der Länge der Kette von Kohlenstoff-Atomen untersucht. Der jeweilige primäre Alkohol wird in einem Verhältnis von 1 : 1 mit Wasser gemischt.

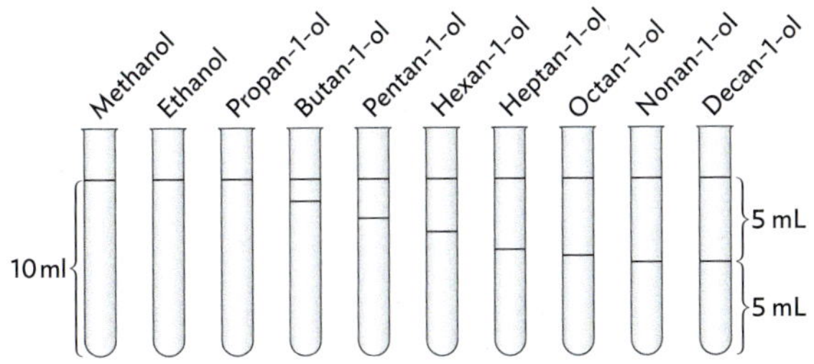

a) Wähle eine geeignete Diagrammform und stelle den Verlauf der gezeigten Beobachtung dar.

b) Ergänze die Verläufe für die homologen Reihen der Alkane, Aldehyde und Carbonsäuren.

Den Lösevorgang von Salzen erklären und auf Teilchenebene beschreiben

F1 Erstelle eine beschriftete Skizze, die den Lösevorgang von Lithiumchlorid auf Teilchenebene erklärt.

F2 Begründe anhand einer Rechnung, ob es sich beim Lösevorgang von Lithiumchlorid um einen exothermen Vorgang handelt. Gegebene Größen:

$$\Delta_H E_m\,(Li^+) = -508\frac{kJ}{mol};$$

$$\Delta_H E_m\,(Cl^-) = -376\frac{kJ}{mol};$$

$$\Delta_G E_m\,(LiCl) = -849\frac{kJ}{mol}.$$

F3 Je kleiner ein Ion ist, desto größer ist seine Hydrathülle. Stelle diese Aussage richtig.

Die Bedeutung von Erdöl und Erdölprodukten beurteilen

G1 Nenne fünf Gegenstände des Alltags, die aus Erdölprodukten gefertigt werden.

G2 Beschreibe zwei mögliche Wege, wie die Abhängigkeit vom Erdöl reduziert werden kann.

Auswertung

Vergleiche deine Antworten mit den Lösungen auf S. 203 und kreuze auf dem Arbeitsblatt an.

	Ich kann ...	ja	nein	lies nach auf Seite
A	die Elektronegativität zur Ableitung von Bindungs- und Molekülpolarität heranziehen.			138-141
B	die Besonderheiten des Stoffes Wasser erklären.			144-149
C	Verbindungsklassen anhand der funktionellen Gruppen ihrer Moleküle einteilen und benennen.			152-155
D	die Viskosität und Siedetemperatur molekularer Stoffe vergleichen und erklären.			160-163
E	die Löslichkeit molekularer Stoffe mithilfe zwischenmolekularer Wechselwirkungen interpretieren.			166-169
F	den Lösevorgang von Salzen erklären und auf Teilchenebene beschreiben.			172-175
G	die Bedeutung von Erdöl und Erdölprodukten beurteilen.			178-183

Aufgabe | **Lösung zu S. 22 f.** | **Punkte**

A1 Atomen; Elements; Atome; Atomarten; Masse; Größe; Molekülen — / 7

A2 a) $2\,H_2O\,(l) \longrightarrow 2\,H_2\,(g) + O_2\,(g)$

b) 

— / 4

B1 a)

	Modelldarstellung	Elementarladung	Aufenthaltsort im Atom
Proton		+1	Atomkern
Neutron		0	Atomkern
Elektron		-1	Atomhülle

b) Elektronen; Atomhülle; Protonen; ungeladen

c) Die Aussage Karls stimmt nicht, da die Masse im Atomkern lokalisiert ist. Protonen und Neutronen haben je die Masse 1 u, Elektronen sind nahezu masselos. — / 14

B2 Kation: Es hat weniger Elektronen in der Atomhülle als Protonen im Kern.
Anion: Es hat mehr Elektronen in der Atomhülle als Protonen im Kern. — / 2

B3

Fluorid-Anion

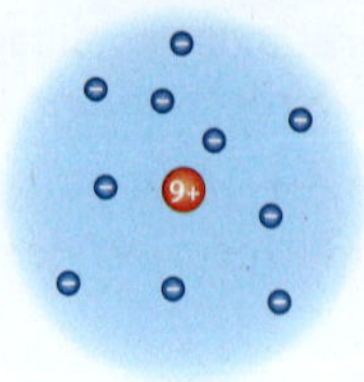

Natrium-Kation

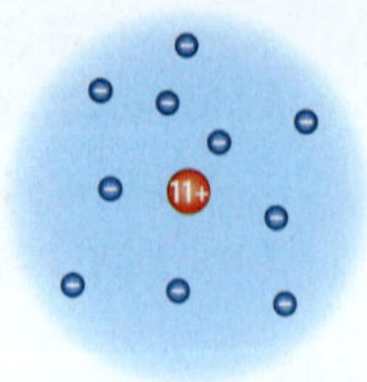

— / 2

C1 a) Kern-Hülle-Modell, b) Atommodell nach DALTON — / 2

C2 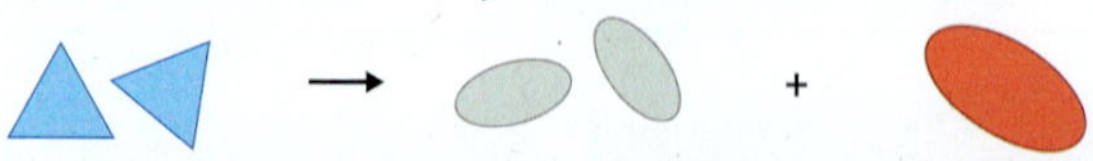

Mit dem einfachen Teilchenmodell lassen sich die Atome, aus denen Moleküle aufgebaut sind nicht innerhalb des Moleküls darstellen. — / 2

C3 Antworten von oben nach unten: DALTON; Kern-Hülle-Modell; DALTON, Kern-Hülle-Modell; Kern-Hülle-Modell — / 5

C4 Das Atom ist nicht das kleinste (unteilbare) Teilchen. Nach dem Kern-Hülle-Modell, besteht ein Atom aus noch kleineren Teilchen, die Elektronen, Protonen und Neutronen. — / 5

D1 a) In einem Atom ist die Zahl der Elektronen gleich der Zahl an Protonen.

b)

Atomart	Anzahl Protonen	Anzahl Elektronen
Schwefel	16	16
Beryllium	4	4
Silicium	14	14

— / 7

D2 a) Sauerstoff-Atom (8 p^+: Ordnungszahl 8); b) Phosphor-Atom (15 p^+: Ordnungszahl 15) — / 2

D3 Stickstoff-Atom: N, 14,0 u; Natrium-Atom: Na, 23,0 u; Aluminium-Atom: Al, 27,0 u; Phosphor-Atom: P, 31,0 u — / 4

D4 Kohlenstoffmonooxid-Molekül: 28,0 u; Wasserstofffluorid-Molekül: 20,0 u — / 2

Aufgabe	Lösung zu S. 44 f.
A1	a) Falsch. Unter Ionisierung versteht man die Abspaltung mindestens eines Elektrons aus der Atomhülle, wodurch mindestens ein positiv geladenes Ion entsteht. b) Richtig. c) Falsch. Für die Abspaltung der Elektronen auf der niedrigsten Energiestufe wird am meisten Energie benötigt.
A2	a) II. Hauptgruppe (Magnesium-Atom), b) VIII. Hauptgruppe (Argon-Atom), c) I. Hauptgruppe (Natrium-Atom); Das Natrium-Atom aus dem Energiestufenmodell c) weist die niedrigste erste Ionisierungsenergie auf, da es bereits durch Abspaltung des ersten Elektrons den Edelgaszustand erreicht.
B1	a) kein Atompaar; b) H und Li; F und Cl; c) F und Cl; d) H und Li; e) /; f) H und Li; F und Cl
B2	siehe Tabelle

B2

Atomart	Anzahl Protonen	Anzahl Elektronen	Anzahl Neutronen
a) **P**	15	**15**	**16**
b) Se	**34**	**34**	45
c) **C**	**6**	6	6
d) H	**1**	**1**	**0**
e) P	**15**	15	16
f) F	**9**	**9**	**10**

Aufgabe	Lösung
C1	a) Mg^{2+}: 8 Valenzelektronen (VE) (Edelgaskonfiguration); Cl^{-}: 8 VE (Edelgaskonfiguration); Ar: 8 VE (Edelgaskonfiguration); Al^{2+}: 1 VE (keine Edelgaskonfiguration); K^{+}: 8 VE (Edelgaskonfiguration); Ca^{+}: 1 VE (keine Edelgaskonfiguration) b) Al^{3+}; Ca^{2+}

C2 a)

Hauptgruppe	Beispiel für ein Atom	Anzahl der Valenzelektronen eines Atoms	Formel des stabilen Ions
I	Na	1	Na^{+}
VI	**O**	**6**	**O^{2-}**
VII	**F**	**7**	**F^{-}**
II	**Be**	**2**	**Be^{2+}**

b) Elektronenkonfigurationen für die in C2 a) angegebenen Beispiele:
Sauerstoff-Atom ($1^2 2^6$), Oxid-Anion ($1^2 2^8$)
Fluor-Atom ($1^2 2^7$), Fluorid-Anion ($1^2 2^8$)
Beryllium-Atom ($1^2 2^2$), Beryllium-Kation (1^2)

D1 a) Die Modelle zeigen jeweils ein Fluor-Atom, da es 9 Protonen und 9 Elektronen aufweist.

b)

Aspekt	Kern-Hülle-Modell	Energiestufenmodell
Vorhandensein von Protonen und Elektronen	**ja**	**nein**
Anzahl der Protonen	**ja**	**nein**
Vorhandensein von Neutronen	**nein**	**nein**
Energiegehalt der Elektronen	**nein**	**ja**
Aufteilung in positiv geladenen Atomkern und negativ geladene Atomhülle	**ja**	**nein**
unterschiedliche Masse der Bausteine der Atome	**ja**	**nein**

Aufgabe	Lösung zu S. 48 f.	Punkte

A1

a) Aluminium + Sauerstoff ⟶ Aluminiumoxid b) $4\,Al + 3\,O_2 \longrightarrow 2\,Al_2O_3$

c) Stoffumsatz: Das Produkt Aluminiumoxid (weißer Feststoff) hat andere Stoffeigenschaften als die Edukte Aluminium (silbrig glänzender Feststoff) und Sauerstoff (Gas). Energieumsatz: Helle Funken deuten auf eine Energiefreisetzung hin.

d) Nach der Reaktion der äußersten Aluminiumschicht verhindert der neu gebildete Überzug aus Aluminiumoxid, dass Sauerstoff an das restliche Aluminium gelangt.

/ 9

B1

Die Anzündhilfe liefert die Aktivierungsenergie. Beim Verbrennen wird Energie in Form von Licht und Wärme frei, sodass die innere Energie der Produkte geringer ist als die der Edukte (Diagramm oben).

/ 2

B2

a) Bei der Fotosynthese entsteht aus energiearmen Edukten mithilfe von Lichtenergie das energiereiche Produkt Traubenzucker sowie Sauerstoff. Vorgang: endotherm (Diagramm unten).

b) Beim Entzünden fügt man Aktivierungsenergie zu. Danach wird bis zur vollständigen Verbrennung Energie in Form von Wärme und Licht frei. Reaktion: exotherm (Diagramm oben).

/ 4

C1

a) Die Elektronen werden bestimmten Energiestufen n zugeordnet. Im Beispiel sind die ersten beiden Energiestufen voll besetzt, die dritte enthält sieben Elektronen. Es handelt sich um ein Chlor-Atom.

b) Das Energiestufenmodell zeigt beispielsweise, dass die Valenzelektronen den höchsten Energiegehalt aufweisen.

c) Das Energiestufenmodell beschreibt nur die Atomhülle. Das RUTHERFORDsche Atommodell stellt auch die positive Kernladung dar.

/ 5

C2

Aluminium-Atom:

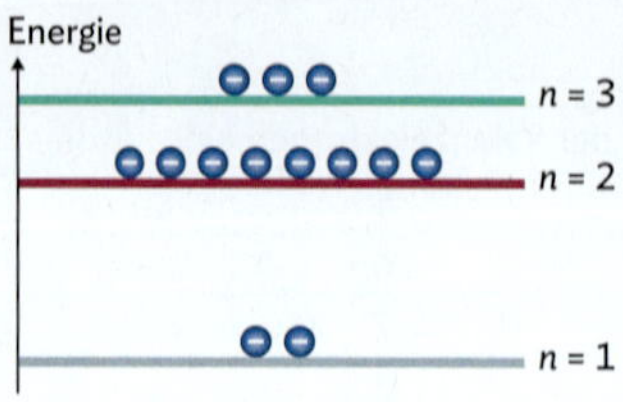

Schwefel-Atom:

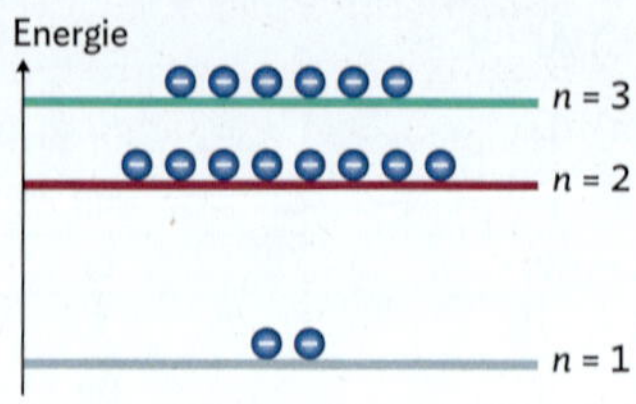

/ 2

D1

a)

I	II	III	IV	V	VI	VII	VIII
Na	Mg	Al	Si	P	S	Cl	Ar
+1	+2	+3		-3	-2	-1	

Metall-Atome geben so viele Elektronen ab, bis sie die Elektronenkonfiguration des Edelgases der vorhergehenden Periode haben, Nichtmetall-Atome nehmen so viele Elektronen auf, bis sie die Elektronenkonfiguration des Edelgases derselben Periode haben.

b) Die Edelgaskonfiguration wird durch eine möglichst geringe Anzahl von Elektronenaufnahmen oder -abgaben erreicht. Gruppe IV: Die Ionenbildung ist durch Elektronenaufnahme und -abgabe möglich. Gruppe VIII: Edelgas-Atome haben bereits eine stabile Elektronenkonfiguration.

c) Nur ein zweifach geladenes Strontium-Ion weist eine Edelgaskonfiguration auf.

/11

E1

Die Aussage stimmt nicht: Freie Beweglichkeit ist für die elektrische Leitfähigkeit zwar notwendig. Es muss sich dabei aber um Ladungsträger (z. B. Ionen) handeln. Öl-Moleküle sind z. B. beweglich, aber keine Ladungsträger.

/ 2

E2

Salzlösung

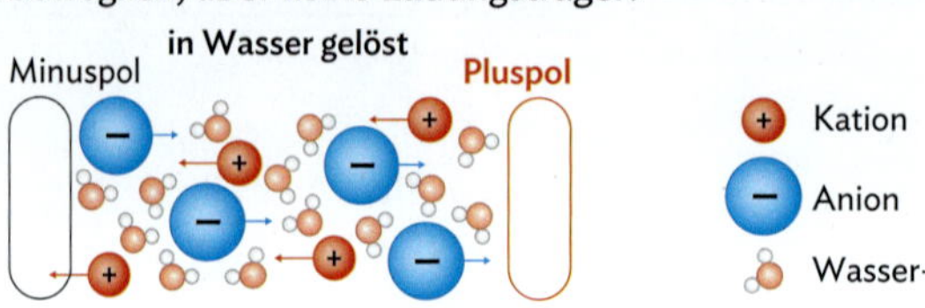

/ 3

Aufgabe	Lösung zu S. 82 f.
A1	Oxidation: $2\ Cl^- \longrightarrow Cl_2 + 2\ e^-$ $\|\cdot 3$; Reduktion: $Fe^{3+} + 3\ e^- \longrightarrow Fe$ $\|\cdot 2$ Gesamtgleichung: $2\ Fe^{3+} + 6\ Cl^- \longrightarrow 3\ Cl_2 + 2\ Fe$
A2	a) Schmelzflusselektrolyse: Am Pluspol wird Chlorgas gebildet, am Minuspol Magnesium. Das Chlor wird nach oben abgesaugt, während sich das Magnesium an der Elektrode sammelt. 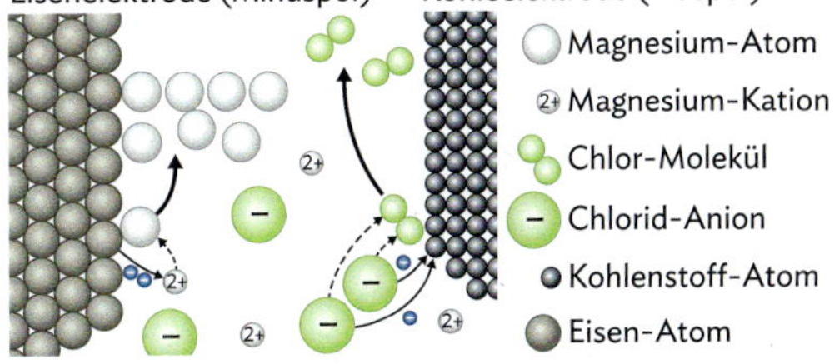 b) Oxidation: $2\ Cl^- \longrightarrow Cl_2 + 2\ e^-$ Reduktion: $Mg^{2+} + 2\ e^- \longrightarrow Mg$ Gesamtgleichung: $Mg^{2+} + 2\ Cl^- \longrightarrow Mg + Cl_2$ c) Die Magnesium-Ionen wandern zum Minuspol und werden dort reduziert, während die Chlorid-Ionen zum Pluspol wandern und dort oxidiert werden.
B1	Oxidation: $Pb \longrightarrow Pb^{2+} + 2e^-$ $\|\cdot 2$; Reduktion: $O_2 + 4\ e^- \longrightarrow 2\ O^{2-}$ Gesamtgleichung: $2\ Pb + O_2 \longrightarrow 2\ Pb^{2+} + 2\ O^{2-}$ (alternative Produktangabe: 2 PbO) Elektronenakzeptor: O_2; Elektronendonator: Pb
B2	Die Blei-Atome geben die Elektronen ab, die von den Sauerstoff-Atomen aufgenommen werden.
C1	a) Oxidation: $Mg \longrightarrow Mg^{2+} + 2\ e^-$; Reduktion: $Cl_2 + 2\ e^- \longrightarrow 2\ Cl^-$ Gesamtgleichung: $Mg + Cl_2 \longrightarrow Mg^{2+} + 2\ Cl^-$ (alternative Produktangabe $MgCl_2$) b) Die Atome erreichen Edelgaskonfiguration durch Abgabe von je zwei Elektronen (Mg) bzw. Aufnahme von je einem Elektron (Cl). c) **endotherm**: Sublimation von Magnesium-Atomen, Trennung der Elektronenpaarbindung in den Chlor-Molekülen, Ionisierung von Magnesium-Atomen; **exotherm**: Elektronenaufnahme von Chlor-Atomen, Gitterenergie 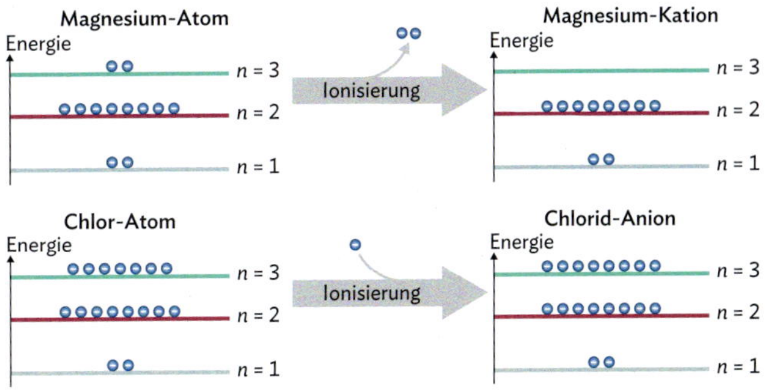 d) Die Reaktion ist exotherm, da die Gitterenergie einen sehr hohen Energiebetrag aufweist, der bei der Gitterausbildung freigesetzt wird und deutlich die Beträge der endothermen Teilschritte übersteigt.
D1	Das Zinnblech wird in die Kupfer(II)-chloridlösung getaucht, wobei sich Kupfer abscheidet. Taucht man hingegen ein Kupferblech in Zinn(II)-chloridlösung, findet keine Reaktion statt.
D2	Oxidation: $Cu \longrightarrow Cu^{2+} + 2\ e^-$ $\|\cdot 3$; Reduktion: $Au^{3+} + 3\ e^- \longrightarrow Au$ $\|\cdot 2$ Gesamtgleichung: $3\ Cu + 2\ Au^{3+} \longrightarrow 3\ Cu^{2+} + 2\ Au$
E1	a) siehe **B5** auf S. 70 b) Oxidation: $Zn \longrightarrow Zn^{2+} + 2\ e^-$; Reduktion: $Cu^{2+} + 2\ e^- \longrightarrow Cu$ c) Durch die äußere Spannung werden am Minuspol Zink-Ionen reduziert. Gleichzeitig werden am Pluspol Kupfer-Atome oxidiert. Die Vorgänge sind umgekehrt zum DANIELL-Element.
E2	Unterschiede: Elektrolyse: Am Pluspol findet die Oxidation statt, am Minuspol die Reduktion. Die Reaktion verläuft endotherm. Elektrochemische Stromerzeugung: Am Pluspol findet die Reduktion statt, am Minuspol die Oxidation. Die Reaktion verläuft exotherm. Gemeinsamkeiten: An einer Elektrode läuft stets die Oxidation, an der anderen die Reduktion ab. Die Redoxreaktion ist jeweils reversibel.

Aufgabe	Lösung zu S. 86 f.	Punkte
A1	Kaliumfluorid ist ein Salz, dessen Ionengitter aus mehreren Kalium-Ionen und Fluorid-Ionen im Verhältnis 1 : 1 besteht. Der korrekte Satz lautet: „Kaliumfluorid besteht aus Ionen von Kalium und Fluorid im Verhältnis 1 : 1.“	/ 3
A2	Nichtmetall-Nichtmetallverbindung: Molekülformel Metall-Nichtmetallverbindung: Verhältnisformel (Salz) Molekülformel: H_2O_2, PCl_3, Verhältnisformel: K_2O, Fe_2O_3, KNO_3, NH_4Cl, LiCl	/ 4
B1	Sulfat-Ionen (SO_4^{2-}), Nitrat-Ionen (NO_3^-), Nitrit-Ionen (NO_2^-), Ammonium-Ionen (NH_4^+), Carbonat-Ionen (CO_3^{2-}), Hydrogencarbonat-Ion (HCO_3^-)	/ 6
B2	Einwertige „Gegen-Ionen“ haben ein Verhältnis von 1 : 1 mit einwertigen Molekül-Ionen (z. B.: $NaNO_3$, $NaNO_2$, $NaHCO_3$, NH_4Cl) und ein Verhältnis von 2 : 1 mit zweiwertigen Molekül-Ionen (z. B.: Na_2SO_4, Na_2CO_3).	/ 6
C1	Nach Energiezufuhr läuft die Reaktion unter Energieabgabe weiter: exotherme Reaktion	/ 2
C2	Nein: Energiebetrag Produkte > Energiebetrag Edukte (in Abbildung)	/ 2
D1	Aluminium-Atom: p^+ 13, n 14, e^- 13, Aluminium-Ion: p^+ 13, n 14, e^- 10	/ 4
D2	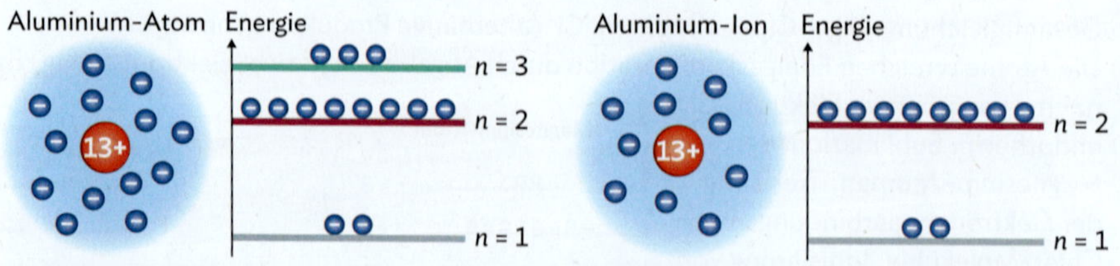	/ 4

D3 (/ 3)

Aussage	Kern-Hülle-Modell	Energiestufenmodell
Valenzelektronenanzahl	-	+
Energieinhalt Elektronen	-	+
Masse der Teilchen	-	-

Aufgabe	Lösung	Punkte
E1 | E2	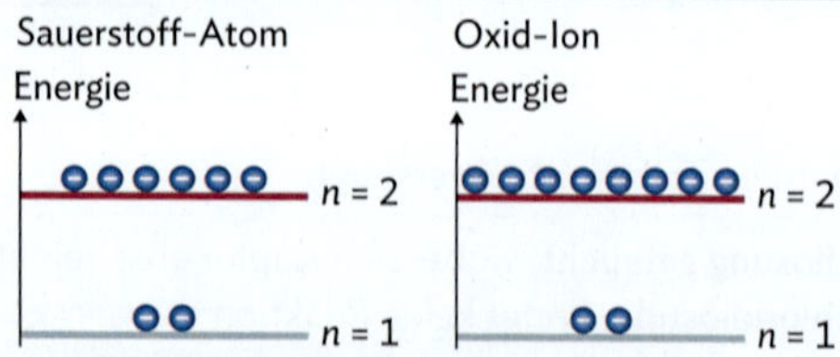 Die Edelgasregel beschreibt die besondere Stabilität von Molekülen bzw. Ionen bei Erreichen der Edelgaskonfiguration. Das Oxid-Ion besitzt die gleiche Elektronenbesetzung der Energiestufen wie das Neon-Atom.	/ 4 / 2
F1	a) CH_4 Methan, C_2H_6 Ethan, C_3H_8 Propan b) In einer homologen Reihe unterscheiden sich aufeinanderfolgende Vertreter durch das Hinzukommen des gleichen Molekülabschnittes, bei Alkanen eine CH_2-Gruppe.	/ 6
F2	C_5H_{12} Pentan, C_8H_{18} Octan	/ 3
F3	a) C_4H_{10} (links), C_6H_{14} (rechts), b) Butan (links), Hexan (rechts)	/ 4

Aufgabe	Lösung zu S. 130 f.
A1	a) nein, 99 %; b) ja; c) nein, sie ändert sich

Aufgabe	Lösung zu S. 130 f.
A2	Beim Überlagern bzw. Durchdringen von zwei besetzten **Atomorbitalen** bilden sich zwei **Molekülorbitale** (bindend und antibindend). Im bindenden MO liegt die **Antreffwahrscheinlichkeit** des bindenden Elektronenpaars bei 99 %. Dieser energetisch günstige Zustand wird durch ein Gleichgewicht zwischen **Abstoßungs-** und **Anziehungskräften** beschrieben. Die dabei freiwerdende Energie ist die **Bindungsenergie**.
B1	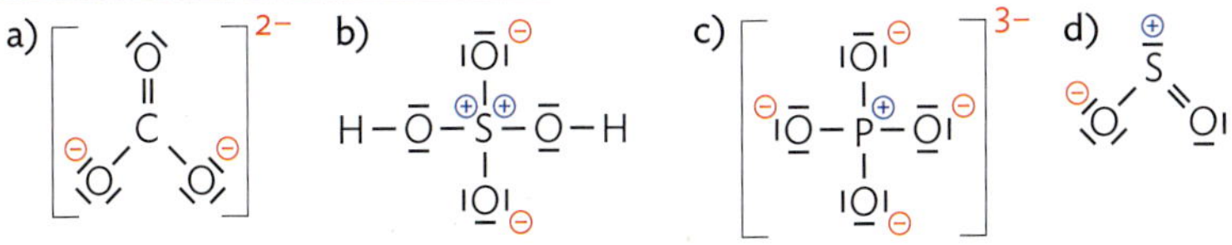
B2	Es handelt sich nicht um ein Molekül-Ion, da die Summe der positiven und negativen Formalladungen gleich groß ist. 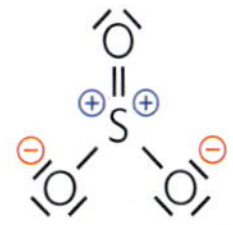
C1	a) gewinkelt 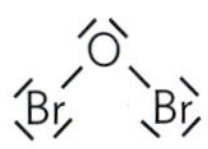 b) tetraedisch 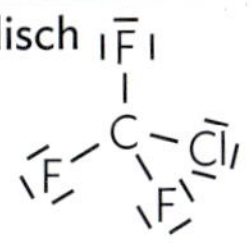 c) trigonal planar 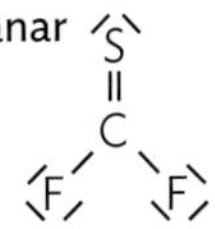 d) linear $H-C\equiv C-H$
C2	Nach dem EPA-Modell haben alle Elektronenpaare am Zentralatom den größtmöglichen Abstand zueinander. Außerdem zeigt die Abbildung, durch die breitere Darstellung des blauen Bereichs, den höheren Platzbedarf eines nicht-bindenden Elektronenpaars.
D1	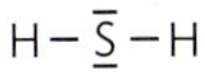 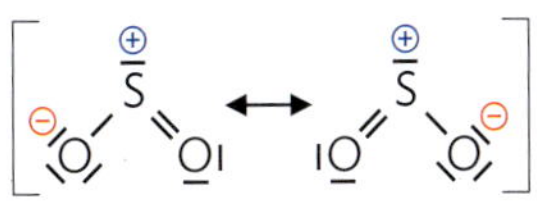 Im Gegensatz zu H_2S kann die reale Elektronenverteilung von SO_2 nicht durch die Darstellung einer Valenzstrichformel wiedergegeben werden. Man benötigt mehrere Grenzformeln.
D2	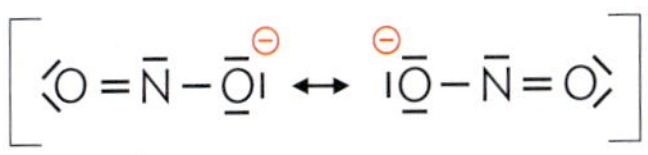 Die tatsächliche Elektronenverteilung wird durch die Darstellung der Elektronendichteoberfläche am besten wiedergegeben, da hier Aufenthaltswahrscheinlichkeiten für Elektronen sehr genau angegeben werden können. In Grenzformeln können diese nur angedeutet werden.
E1	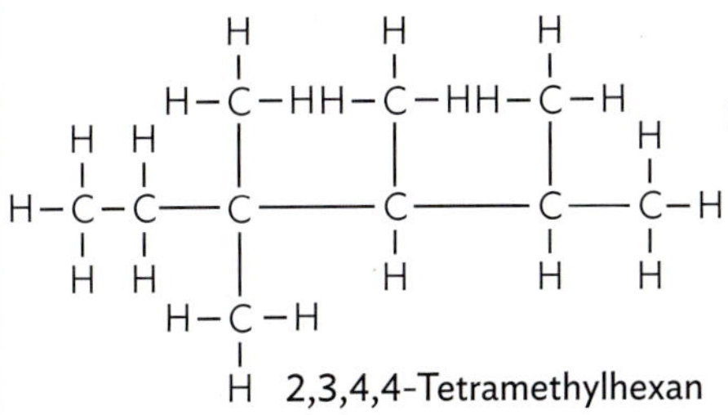 2,3,4,4-Tetramethylhexan 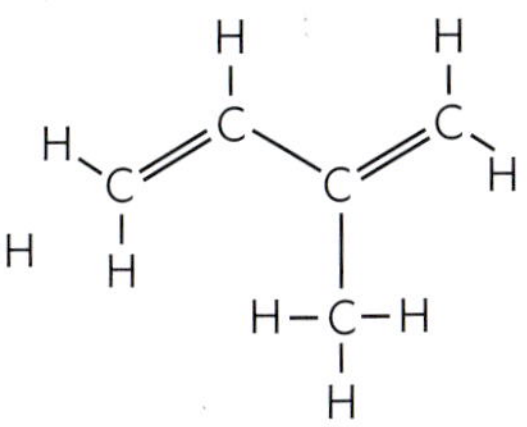 2-Methylbuta-1,3-dien 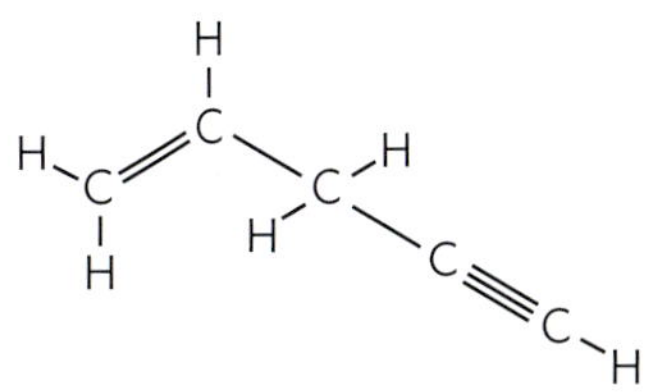 Pent-1-en-4-in
E2	1) 3-Methylbut-1-in; Dreifachbindung: Alkin; 2) 2-Methylbut-1-en; Doppelbindung: Alken; 3) 2-Methylbutan; nur Einfachbindungen: Alkan
E3	Es gibt kein 2,2-Dimethyl-3,4-diethylpentan. Die längste Kette ist falsch benannt und die Seitenketten sind nicht alphabetisch geordnet. Der Fragesteller meint eigentlich 3-Ethyl-2,2,4-trimethylhexan. 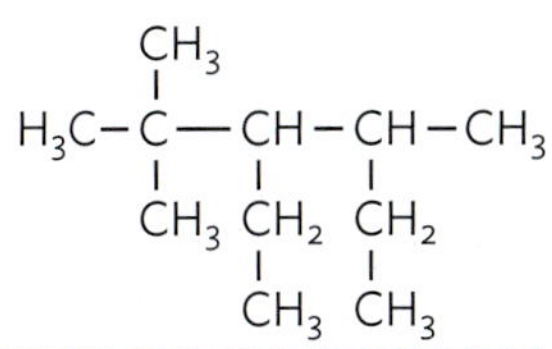
F1 | F2	Name: 2,2,3,3-Tetramethylbutan; 3,3-Dimethylpentan Molekülformel: C_8H_{18}; C_7H_{16} Halbstrukturformel: 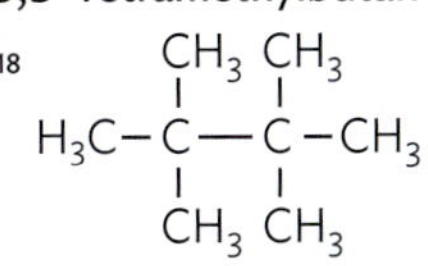 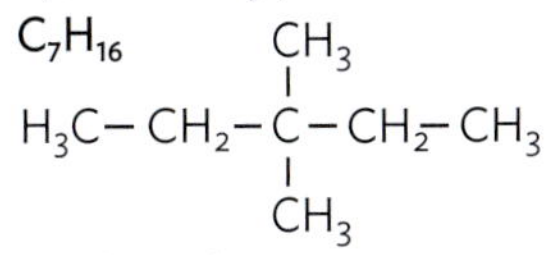
F3	a) Valenzstrichformel; b) Keilstrichformel / Strukturformel; c) Molekülformel

Aufgabe	Lösung zu S. 134 f.	Punkte
A1	1) C_2H_4; 2) N_2O_4; 3) K_3PO_4; 4) CH_4; 5) Al_2O_3; 6) PCl_3	/ 6
A2	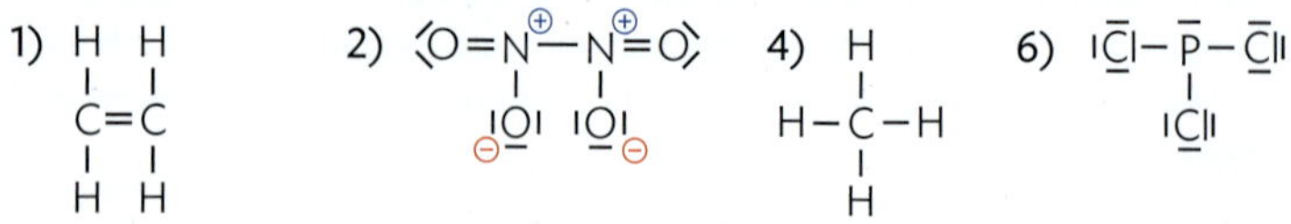	/ 4
A3	Renes Aussage ist falsch: Salze sind nicht aus Molekülen aufgebaut. Somit gibt es hier keine Molekülformeln, sondern Verhältnisformeln. Die angebene Formel ist falsch, da Calcium-Kationen zweifach positiv geladen sind. Die korrekte Verhältnisformel für Calciumiodid ist CaI_2.	/ 3
B1	Ein Orbital ist ein Aufenthaltsbereich um den Atomkern, in dem sich bis zu zwei Elektronen mit 99 %iger Wahrscheinlichkeit befinden.	/ 2
B2	Das bindende Molekülorbital liegt auf einem niedrigeren Energieniveau, als die einzelnen Atomorbitale und ist mit zwei Elektronen besetzt. Die Energiedifferenz zum einzelnen Atom entspricht in Summe der Bindungsenergie und müsste zum Aufbrechen der Bindung aufgebracht werden.	/ 4
C1	Chlormonofluorid-Molekül: linear; Sauerstoffdifluorid-Molekül: gewinkelt; Phosphortrifluorid-Molekül: trigonal-pyramidal; Siliciumtetrafluorid-Molekül: tetraedrisch 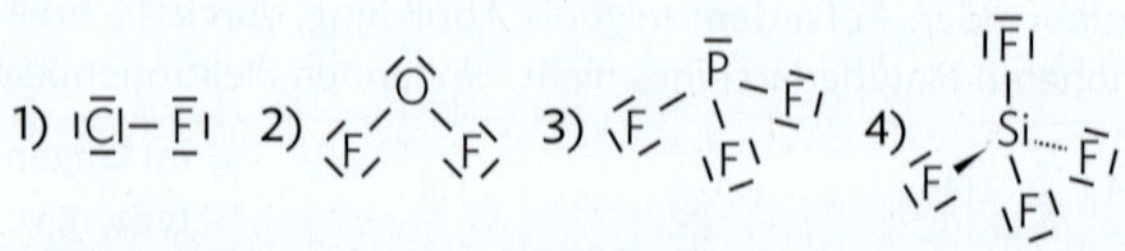	/ 8
C2	Das Phosphortribromid-Molekül ist trigonal-pyramidal gebaut. Es besitzt insgesamt vier Bindungspartner am Zentralatom, die sich auf Grund der gegenseitigen Abstoßung in einem Winkel von 109,5° zueinander ausrichten. Freie Elektronenpaare stoßen benachbarte Elektronenwolken etwas stärker ab, sodass der Bindungswinkel Br-P-Br (mit ca. 107°) minimal kleiner ist.	/ 3
D1	a) 2-Methylbutan (oben) b) $H_3C-CH(CH_3)-CH_2-CH_3$ 3,4-Dimethylhex-2-en $H_3C-CH_2-CH(CH_3)-C(CH_3)=CH-CH_3$ c) ausschließlich Einfachbindungen zwischen Kohlenstoff- und Wasserstoff-Atomen, an jedem Kohlenstoff-Atom Bindungswinkel: 109,5°. Bindungswinkel an der Doppelbindung jeweils 120°, sonst ausschließlich Einfachbindungen zwischen Kohlenstoff- und Wasserstoffatomen, Bindungswinkel: 109,5°.	/ 8
E1	Zunächst erwärmt sich die Stearinsäure. Durch Energiezufuhr in Form von Wärme kommt es auf der Teilchenebene zu einer Beschleunigung der Teilchen, die sich im Molekülgitter stärker bewegen. Ab der Plateauphase werden die Wechselwirkungen zwischen den einzelnen Molekülen überwunden. Der Reinstoff schmilzt. Die Temperatur bleibt so lange konstant (= Schmelztemperatur), bis der Stoff vollkommen geschmolzen ist. Anschließend führt die Wärmezufuhr dazu, dass die Moleküle weiter beschleunigt werden.	/ 3
E2	Das Diagramm zeigt die Energie (y-Achse) in Abhängigkeit vom Reaktionsverlauf (x-Achse) und beschreibt die folgende Reaktion: Kupfer(II)-sulfat-Pentahydrat (s) ⟶ Kupfer(II)-sulfat (s) + Wasser (l) | endotherm; Zur Herstellung von Kupfer(II)-sulfat muss eine hohe Aktivierungsenergie eingesetzt werden. Vermutlich muss während der gesamten Reaktion erhitzt werden.	/ 4

Aufgabe	Lösung zu S. 194 f.
A1	Die Elektronegativität EN ist ein Maß für die Stärke eines Atoms in einem Molekül, bindende Elektronenpaare an sich zu ziehen.
A2	Wasserstofffluorid (HF): $\Delta EN = 1{,}9$
A3	 Tetrachlorsilan ($SiCl_4$) $\Delta EN = 1{,}2$; polare Elektronenpaarbindung; kein Dipol, da die Ladungsschwerpunkte symmetrisch verteilt sind: unpolares Molekül 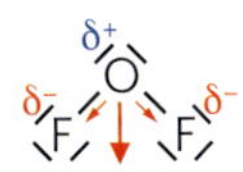 Sauerstoffdifluorid (OF_2) $\Delta EN = 0{,}6$; polare Elektronenpaarbindung; Dipol, da die Verteilung der Ladungsschwerpunkte nicht symmetrisch ist: polares Molekül
A4	Die Darstellung passt zu einem trigonal-pyramidalen Molekül. Die Elektronenpaarbindungen vom zentralen Atom zu den Bindungspartnern sind laut Elektronendichteoberfläche polar. Mögliche Moleküle sind z. B.: NF_3, PF_3 und PCl_3 (Bei NH_3 wäre die Darstellung an den Wasserstoff-Atomen blau gefärbt, vgl. S. 102)
B1	Die Dichte von Wasser ist bei 4 °C am größten (Dichteanomalie des Wassers). Es sinkt auf den Seegrund. Das weniger dichte Eis schwimmt. Der Seegrund bleibt im Winter meist eisfrei und Wasserlebewesen können dort überwintern.
C1	a) 1) Alkohol (Hydroxy-Gruppen); 2) Carbonsäure (Carboxy-Gruppe); 3) Aldehyd (Aldehyd-Gruppe, zusätzlich Hydroxy-Gruppe, vgl. Priorisierung funktioneller Gruppen S. 155 **B3**) b) 1) Butan-2,3-diol; 2) 3-Methylbutansäure; 3) 2-Ethyl-3-hydroxyhexanal
C2	Alkohole: z. B. Ethanol als Lösemittel oder Trinkalkohol; Aldehyde: z. B. Hexanal als Geruchsstoff in Früchten; Ketone: z. B. Aceton als Lösemittel; Carbonsäuren: z. B. Essigsäure als Lebensmittel
D1	Butan-Moleküle: unpolar (schwache LONDON-Dispersions-WW); Ethanol-Moleküle: polare Hydroxy-Gruppe (Wasserstoffbrücken); Butansäure-Moleküle: stark polare Carboxy-Gruppe (Wasserstoffbrücken); Siedetemperatur: Butan < Ethanol < Butansäure
D2	kleine Moleküloberfläche > wenig LONDON-Dispersions-WW > geringe Siedetemperatur 1) $H_3C-CH_2-CH_2-CH_2-CH_2-CH_3$ 69 °C 2) $H_3C-CH_2-CH(CH_3)-CH_2-CH_3$ 63 °C 3) $H_3C-CH(CH_3)-CH_2-CH_2-CH_3$ 60 °C 4) $H_3C-CH(CH_3)-CH(CH_3)-CH_3$ 58 °C 5) $H_3C-C(CH_3)_2-CH_2-CH_3$ 50 °C
E1 | E2	1) gut mischbar; beide bestehen aus polaren Molekülen (Wasserstoffbrücken) 2) gut mischbar; bestehen aus unpolaren Molekülen (LONDON-Dispersions-WW) 3) mischbar; WW zwischen unpolaren Alkyl-Resten (LONDON-Dispersions-WW) und auch zwischen polarer Aldehyd- und Hydroxy-Gruppe (Wasserstoffbrücken) 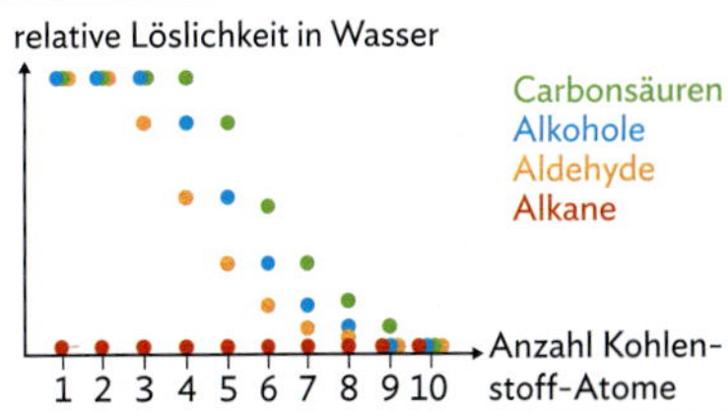
F1	vgl. S. 172 **B1** (graue Kationen: Lithium-Ionen, grüne Anionen: Chlorid-Ionen).
F2	$\Delta_L E(LiCl) = n(Li^+) \cdot \Delta_H E_m(Li^+) + n(Cl^-) \cdot \Delta_H E_m(Cl^-) - n(LiCl) \cdot \Delta_G E_m(LiCl) =$ $1\,mol \cdot (-508\,\frac{kJ}{mol}) + 1\,mol \cdot (-376\,\frac{kJ}{mol}) - 1\,mol \cdot (-849\,\frac{kJ}{mol}) = -35\,kJ$ (exotherm)
F3	Gleich große Ionen können unterschiedlich hohe Ladungen besitzen. Generell gilt: Je höher die Ladung vergleichbar großer Ionen ist, desto größer ist deren Hydratisierung.
G1	Individuelle Lösungen möglich, z. B. Verpackungsmaterial, Sportartikel, Bekleidung, Büromaterialien
G2	Recycling, Umstellung auf nachwachsende Rohstoffe, evtl. synthetische Kraftstoffe

GHS - Das international gültige System zur Bezeichnung von Gefahrstoffen

Es gibt viele verschiedene Länder auf der Welt, die alle mit Gefahrstoffen arbeiten und mit diesen untereinander Handel treiben. Um weltweit sichere Handhabung, Transport und Entsorgung zu gewährleisten, wurde das international gültige GHS-System (*globally harmonised system* (engl.): weltweit hamonisiertes System) ins Leben gerufen. Inzwischen sind die GHS-Angaben auf allen Chemikalienverpackungen Pflicht, die in den Verkauf gebracht werden, egal ob es Reinstoffe sind oder ob es sich um Stoffgemische handelt.

Die Gefahrstoffkennzeichnungen erfolgen über Piktogramme, ein Signalwort sowie über H- und P Sätze, die über die Gefahren (Hazards) und Sicherheitsmaßnahmen (Precautions) Auskunft geben.

Gefahrenpiktogramme

GHS01
Instabile explosive Stoffe und Gemische
Explosive Stoffe/Gemische und Erzeugnisse mit Explosivstoff
Selbstzersetzliche Stoffe und Gemische
Organische Peroxide

GHS02
Entzündbare Gase/Aerosole/Flüssigkeiten/Feststoffe
Selbstzersetzliche Stoffe und Gemische
Pyrophore Flüssigkeiten/Feststoffe
Selbsterhitzungsfähige Stoffe und Gemische
Stoffe und Gemische, die bei Berührung mit Wasser entzündbare Gase abgeben
Organische Peroxide

GHS03
Oxidierende Gase/Flüssigkeiten/Feststoffe

GHS04
Gase unter Druck: verdichtete Gase/verflüssigte Gase/tiefgekühlt verflüssigte Gase/gelöste Gase

GHS05
Auf Metalle korrosiv wirkend
Hautätzend
Schwere Augenschädigung

GHS06
Akute Toxizität (oral, dermal, inhalativ)

GHS07
Akute Toxizität (oral, dermal, inhalativ)
Reizung der Haut
Augenreizung
Sensibilisierung der Haut
Spezifische Zielorgan-Toxizität (einmalige Exposition)
Atemwegsreizung
Narkotisierende Wirkungen

GHS08
Sensibilisierung der Atemwege
Keimzellmutagenität
Karzinogenität
Reproduktionstoxizität
Spezifische Zielorgan-Toxizität (einmalige Exposition)
Spezifische Zielorgan-Toxizität (wiederholte Exposition)
Aspirationsgefahr

GHS09
Gewässergefährdend
— akut gewässergefährdend
— chronisch gewässergefährdend

Signalwörter

Die oben angegebenen Piktogramme werden mit Signalwörtern unterstützt, die eine relative Abstufung der von dem Stoff/der Mixtur ausgehenden Gefahr angeben sollen. Diese Wörter können jedoch auch ohne Piktogramm auftauchen:
Achtung warnt vor weniger schwerwiegenden Gefahrenkategorien, z. B. gesundheitsschädlich.
Gefahr warnt vor schwerwiegenden Gefahrenkategorien, z. B. giftig.

Hazard-Statements (H-Sätze, Gefahrsätze, vgl. S. 205)

Die Gefahrsätze besitzen einen Code. So sind jegliche H-Sätze mit dem Buchstaben H und einer dreistelligen Nummer versehen, wobei die erste Ziffer den Typ der Gefahr angibt. Sätze, die mit H2 beginnen, beziehen sich somit auf physikalische Gefahren (Explosionen, Feuergefahr etc.), Sätze, die mit H3 beginnen, auf gesundheitliche Gefahren (giftig, krebserregend etc.) und Sätze, die mit H4 beginnen, bezeichnen Umweltgefahren. Kombinationen der H-Sätze werden durch ein Plus-Zeichen angegeben (z. B. H312+H332).

Precautionary-Statements (P-Sätze, Sicherheitssätze, vgl. S. 206)

Ähnlich wie bei den Hazard-Statements findet sich auch hier ein dreistelliger Code. Die erste Ziffer gibt dabei an, um was für einen Typ dieser Sicherheitssätze es sich handelt.
Beginnend mit P1(Allgemeines) sind generelle Angaben, beginnend mit P2(Prävention) sind Sätze, die Vorbeugung und Vermeidung von Gefahren beschreiben. P3(Reaktion)-Sätze beschreiben Vorgehensweisen, wie auf bestehende Gefahren zu reagieren ist (Metallbrände mit Sand löschen). P4(Aufbewahrung)-Sätze bezeichnen Maßnahmen zur sicheren Lagerung und P5(Entsorgung)-Sätze beschreiben Maßnahmen zur Entsorgung. Kombinationen der P-Sätze werden durch ein Plus-Zeichen angegeben (z. B. P402+P404).

Liste der Hazard-Statements (Gefahrsätze)

H200 Instabil, explosiv.
H201 Explosiv, Gefahr der Massenexplosion.
H202 Explosiv, große Gefahr durch Splitter, Spreng- und Wurfstücke.
H203 Explosiv, Gefahr durch Feuer, Luftdruck oder Splitter, Spreng- und Wurfstücke.
H204 Gefahr durch Splitter, Spreng- und Wurfstücke.
H205 Gefahr der Massenexplosion bei Feuer.

H220 Extrem entzündbares Gas.
H221 Entzündbares Gas.
H222 Extrem entzündbares Aerosol.
H223 Entzündbares Aerosol.
H224 Flüssigkeit und Dampf extrem entzündbar.
H225 Flüssigkeit und Dampf leicht entzündbar.
H226 Flüssigkeit und Dampf entzündbar.
H228 Entzündbarer Feststoff.

H240 Erwärmung kann Explosion verursachen.
H241 Erwärmung kann Brand oder Explosion verursachen.
H242 Erwärmung kann Brand verursachen.
H250 Entzündet sich in Berührung mit Luft von selbst.
H251 Selbsterhitzungsfähig; kann in Brand geraten.
H252 In großen Mengen selbsterhitzungsfähig; kann in Brand geraten.

H260 In Berührung mit Wasser entstehen entzündbare Gase, die sich spontan entzünden können.
H261 In Berührung mit Wasser entstehen entzündbare Gase.

H270 Kann Brand verursachen oder verstärken; Oxidationsmittel.
H271 Kann Brand oder Explosion verursachen; starkes Oxidationsmittel.
H272 Kann Brand verstärken; Oxidationsmittel.

H280 Enthält Gas unter Druck; kann bei Erwärmung explodieren.
H281 Enthält tiefkaltes Gas; kann Kälteverbrennungen oder verletzungen verursachen.

H290 Kann gegenüber Metallen korrosiv sein.

H300 Lebensgefahr bei Verschlucken.
H301 Giftig bei Verschlucken.
H302 Gesundheitsschädlich bei Verschlucken.
H304 Kann bei Verschlucken und Eindringen in die Atemwege tödlich sein.

H310 Lebensgefahr bei Hautkontakt.
H311 Giftig bei Hautkontakt.
H312 Gesundheitsschädlich bei Hautkontakt.
H314 Verursacht schwere Verätzungen der Haut und schwere Augenschäden.
H315 Verursacht Hautreizungen.
H317 Kann allergische Hautreaktionen verursachen.
H318 Verursacht schwere Augenschäden.
H319 Verursacht schwere Augenreizung.

H330 Lebensgefahr bei Einatmen.
H331 Giftig bei Einatmen.
H332 Gesundheitsschädlich bei Einatmen.
H334 Kann bei Einatmen Allergie, asthmaartige Symptome oder Atembeschwerden verursachen.
H335 Kann die Atemwege reizen.
H336 Kann Schläfrigkeit und Benommenheit verursachen.

H340 Kann genetische Defekte verursachen *<Expositionsweg angeben, sofern schlüssig belegt ist, dass diese Gefahr bei keinem anderen Expositionsweg besteht>*.
H341 Kann vermutlich genetische Defekte verursachen *<Expositionsweg angeben, sofern schlüssig belegt ist, dass diese Gefahr bei keinem anderen Expositionsweg besteht>*.
H350 Kann Krebs erzeugen *<Expositionsweg angeben, sofern schlüssig belegt ist, dass diese Gefahr bei keinem anderen Expositionsweg besteht>*.
H351 Kann vermutlich Krebs erzeugen *<Expositionsweg angeben, sofern schlüssig belegt ist, dass diese Gefahr bei keinem anderen Expositionsweg besteht>*.

H360 Kann die Fruchtbarkeit beeinträchtigen oder das Kind im Mutterleib schädigen *<konkrete Wirkung angeben, sofern bekannt> <Expositionsweg angeben, sofern schlüssig belegt ist, dass diese Gefahr bei keinem anderen Expositionsweg besteht>*.
H361 Kann vermutlich die Fruchtbarkeit beeinträchtigen oder das Kind im Mutterleib schädigen *<konkrete Wirkung angeben, sofern bekannt> <Expositionsweg angeben, sofern schlüssig belegt ist, dass diese Gefahr bei keinem anderen Expositionsweg besteht>*.
H362 Kann Säuglinge über die Muttermilch schädigen.

H370 Schädigt die Organe *<oder alle betroffenen Organe nennen, sofern bekannt> <Expositionsweg angeben, sofern schlüssig belegt ist, dass diese Gefahr bei keinem anderen Expositionsweg besteht>*.
H371 Kann die Organe schädigen *<oder alle betroffenen Organe nennen, sofern bekannt> <Expositionsweg angeben, sofern schlüssig belegt ist, dass diese Gefahr bei keinem anderen Expositionsweg besteht>*.
H372 Schädigt die Organe *<alle betroffenen Organe nennen, sofern bekannt> bei längerer oder wiederholter Exposition <Expositionsweg angeben, sofern schlüssig belegt ist, dass diese Gefahr bei keinem anderen Expositionsweg besteht>*.
H373 Kann die Organe schädigen *<alle betroffenen Organe nennen, sofern bekannt> bei längerer oder wiederholter Exposition <Expositionsweg angeben, sofern schlüssig belegt ist, dass diese Gefahr bei keinem anderen Expositionsweg besteht>*.

H400 Sehr giftig für Wasserorganismen.

H410 Sehr giftig für Wasserorganismen, mit langfristiger Wirkung.
H411 Giftig für Wasserorganismen, mit langfristiger Wirkung.
H412 Schädlich für Wasserorganismen, mit langfristiger Wirkung.
H413 Kann für Wasserorganismen schädlich sein, mit langfristiger Wirkung.

EUH-Sätze (Ergänzende Gefahrenmerkmale und Kennzeichnungselemente)

EUH001 In trockenem Zustand explosiv.
EUH006 Mit und ohne Luft explosionsfähig.
EUH014 Reagiert heftig mit Wasser.
EUH018 Kann bei Verwendung explosionsfähige / entzündbare Dampf-/Luft-Gemische bilden.
EUH019 Kann explosionsfähige Peroxide bilden.
EUH044 Explosionsgefahr bei Erhitzen unter Einschluss.
EUH029 Entwickelt bei Berührung mit Wasser giftige Gase.
EUH031 Entwickelt bei Berührung mit Säure giftige Gase.
EUH032 Entwickelt bei Berührung mit Säure sehr giftige Gase.
EUH066 Wiederholter Kontakt kann zu spröder oder rissiger Haut führen.
EUH070 Giftig bei Berührung mit den Augen.
EUH071 Wirkt ätzend auf die Atemwege.
EUH059 Die Ozonschicht schädigend.
EUH201 Enthält Blei. Nicht für den Anstrich von Gegenständen verwenden, die von Kindern gekaut oder gelutscht werden könnten.
EUH201A Achtung! Enthält Blei.
EUH202 Cyanacrylat. Gefahr. Klebt innerhalb von Sekunden Haut und Augenlider zusammen. Darf nicht in die Hände von Kindern gelangen.
EUH203 Enthält Chrom(VI). Kann allergische Reaktionen hervorrufen.
EUH204 Enthält Isocyanate. Kann allergische Reaktionen hervorrufen.
EUH205 Enthält epoxidhaltige Verbindungen. Kann allergische Reaktionen hervorrufen.
EUH206 Achtung! Nicht zusammen mit anderen Produkten verwenden, da gefährliche Gase (Chlor) freigesetzt werden können.
EUH207 Achtung! Enthält Cadmium. Bei der Verwendung entstehen gefährliche Dämpfe. Hinweise des Herstellers beachten. Sicherheitsanweisungen einhalten.
EUH208 Enthält (Name des sensibilisie-

renden Stoffes). Kann allergische Reaktionen hervorrufen.
EUH209 Kann bei Verwendung leicht entzündbar werden.
EUH209A Kann bei Verwendung entzündbar werden.
EUH210 Sicherheitsdatenblatt auf Anfrage erhältlich.
EUH401 Zur Vermeidung von Risiken für Mensch und Umwelt die Gebrauchsanleitung einhalten.

Liste der Precautionary-Statements (Sicherheitssätze)

P101 Ist ärztlicher Rat erforderlich, Verpackung oder Kennzeichnungsettikett bereithalten.
P102 Darf nicht in die Hände von Kindern gelangen.
P103 Vor Gebrauch Kennzeichnungsetikett lesen.

P201 Vor Gebrauch besondere Anweisungen einholen.
P202 Vor Gebrauch alle Sicherheitshinweise lesen und verstehen.

P210 Von Hitze/Funken/offener Flamme/heißen Oberflächen fernhalten. Nicht rauchen.
P211 Nicht gegen offene Flamme oder andere Zündquelle sprühen.

P220 Von Kleidung/.../brennbaren Materialien fernhalten/entfernt aufbewahren.
P221 Mischen mit brennbaren Stoffen/... unbedingt vermeiden.
P222 Kontakt mit Luft nicht zulassen.
P223 Kontakt mit Wasser wegen heftiger Reaktion und möglichem Aufflammen unbedingt verhindern.

P230 Feucht halten mit ...
P231 Unter inertem Gas handhaben.
P232 Vor Feuchtigkeit schützen.
P233 Behälter dicht verschlossen halten.
P234 Nur im Originalbehälter aufbewahren.
P235 Kühl halten.

P240 Behälter und zu befüllende Anlage erden.
P241 Explosionsgeschützte elektrische Betriebsmittel/ Lüftungsanlagen/ Beleuchtung/... verwenden.
P242 Nur funkenfreies Werkzeug verwenden.
P243 Maßnahmen gegen elektrostatische Aufladung treffen.
P244 Druckminderer frei von Fett und Öl halten.

P250 Nicht schleifen/stoßen/.../reiben
P251 Behälter steht unter Druck: Nicht durchstechen oder verbrennen, auch nicht nach der Verwendung.

P260 Staub/Rauch/Gas/Dampf/Aerosol nicht einatmen.
P261 Einatmen von Staub/Rauch/Gas/Dampf/ Aerosol vermeiden.
P262 Nicht in die Augen, auf die Haut oder auf die Kleidung gelangen lassen.
P263 Kontakt während der Schwangerschaft/und der Stillzeit vermeiden.
P264 Nach Gebrauch ... gründlich waschen.

P270 Bei Gebrauch nicht essen, trinken oder rauchen.
P271 Nur im Freien oder in gut belüfteten Räumen verwenden.
P272 Kontaminierte Arbeitskleidung nicht außerhalb des Arbeitsplatzes tragen.
P273 Freisetzung in die Umwelt vermeiden.

P280 Schutzhandschuhe/Schutzkleidung/Augenschutz/Gesichtsschutz tragen.
P281 Vorgeschriebene persönliche Schutzausrüstung verwenden.
P282 Schutzhandschuhe/Gesichtsschild/Augenschutz mit Kälteisolierung tragen.
P283 Schwer entflammbare/flammhemmende Kleidung tragen.
P284 Atemschutz tragen.
P285 Bei unzureichender Lüftung Atemschutz tragen.

P301 BEI VERSCHLUCKEN:
P302 BEI BERÜHRUNG MIT DER HAUT:
P303 BEI BERÜHRUNG MIT DER HAUT (oder dem Haar):
P304 BEI EINATMEN:
P305 BEI KONTAKT MIT DEN AUGEN:
P306 BEI KONTAMINIERTER KLEIDUNG:
P307 Bei Exposition:
P308 Bei Exposition oder falls betroffen:
P309 Bei Exposition oder Unwohlsein:
P310 Sofort GIFTINFORMATIONS-ZENTRUM oder Arzt anrufen.
P311 GIFTINFORMATIONS-ZENTRUM oder Arzt anrufen.
P312 Bei Unwohlsein GIFTINFORMATIONS-ZENTRUM oder Arzt anrufen.
P313 Ärztlichen Rat einholen/ärztliche Hilfe hinzuziehen.
P314 Bei Unwohlsein ärztlichen Rat einholen/ärztliche Hilfe hinzuziehen.
P315 Sofort ärztlichen Rat einholen/ärztliche Hilfe hinzuziehen.

P320 Besondere Behandlung dringend erforderlich (siehe ... auf diesem Kennzeichnungsetikett).
P321 Besondere Behandlung (siehe ... auf diesem Kennzeichnungsetikett).
P322 Gezielte Maßnahmen (siehe ... auf diesem Kennzeichnungsetikett).

P330 Mund ausspülen.
P331 KEIN Erbrechen herbeiführen.
P332 Bei Hautreizung:
P333 Bei Hautreizung oder -ausschlag:
P334 In kaltes Wasser tauchen/nassen Verband anlegen.
P335 Lose Partikel von der Haut abbürsten.
P336 Vereiste Bereiche mit lauwarmem Wasser auftauen. Betroffenen Bereich nicht reiben.
P337 Bei anhaltender Augenreizung:
P338 Eventuell vorhandene Kontaktlinsen nach Möglichkeit entfernen. Weiter ausspülen.

P340 Die betroffene Person an die frische Luft bringen und in einer Position ruhigstellen, die das Atmen erleichtert.
P341 Bei Atembeschwerden an die frische Luft bringen und in einer Position ruhigstellen, die das Atmen erleichtert.
P342 Bei Symptomen der Atemwege:

P350 Behutsam mit viel Wasser und Seife waschen.
P351 Einige Minuten lang behutsam mit Wasser ausspülen.
P352 Mit viel Wasser und Seife waschen.
P353 Haut mit Wasser abwaschen/duschen.

P360 Kontaminierte Kleidung und Haut sofort mit viel Wasser waschen und danach Kleidung ausziehen.
P361 Alle kontaminierten Kleidungsstücke sofort ausziehen.
P362 Kontaminierte Kleidung ausziehen und vor erneutem Tragen waschen.
P363 Kontaminierte Kleidung vor erneutem Tragen waschen.

P370 Bei Brand:
P371 Bei Großbrand und großen Mengen:
P372 Explosionsgefahr bei Brand.
P373 KEINE Brandbekämpfung, wenn das Feuer explosive Stoffe/Gemische/Erzeugnisse erreicht.
P374 Brandbekämpfung mit üblichen Vorsichtsmaßnahmen aus angemessener Entfernung.
P375 Wegen Explosionsgefahr Brand aus der Entfernung bekämpfen.
P376 Undichtigkeit beseitigen, wenn gefahrlos möglich.
P377 Brand von ausströmendem Gas: Nicht löschen, bis Undichtigkeit gefahrlos beseitigt werden kann.
P378 ... zum Löschen verwenden.

P380 Umgebung räumen.
P381 Alle Zündquellen entfernen, wenn gefahrlos möglich.

P390 Verschüttete Mengen aufnehmen, um Materialschäden zu vermeiden.
P391 Verschüttete Mengen aufnehmen.

P401 ... aufbewahren.
P402 An einem trockenen Ort aufbewahren.
P403 An einem gut belüfteten Ort aufbewahren.
P404 In einem geschlossenen Behälter aufbewahren.
P405 Unter Verschluss aufbewahren.
P406 In korrosionsbeständigem/... Behälter mit korrosionsbeständiger Auskleidung aufbewahren.
P407 Luftspalt zwischen Stapeln/Paletten lassen.

P410 Vor Sonnenbestrahlung schützen.
P411 Bei Temperaturen von nicht mehr als ... °C/... aufbewahren.
P412 Nicht Temperaturen von mehr als 50 °C aussetzen.
P413 Schüttgut in Mengen von mehr als ... kg bei Temperaturen von nicht mehr als ... °C aufbewahren.

P420 Von anderen Materialien entfernt aufbewahren.
P422 Inhalt in/unter ... aufbewahren.
P 501 Inhalt/Behälter ... zuführen.

Entsorgung von Gefahrstoffabfällen

Nach einem Experiment hat man neben den Reaktionsprodukten häufig auch noch Reste der Edukte vorliegen. Selbst wenn nur einer dieser Stoffe zu den Gefahrstoffen gehört, darf der Abfall nicht einfach in den Ausguss oder in die Restmülltonne gegeben werden. Diese Abfälle werden in speziell gekennzeichneten Behältern gesammelt und müssen von Entsorgungsunternehmen abgeholt werden.
Aus Umwelt- und Kostengründen sollte die Entstehung unnötiger Gefahrstoffabfälle vermieden werden.

B1 Fässer zum Sammeln von Gefahrstoffabfällen

So geht's

Auf den VERSUCHE UND MATERIAL-Seiten in diesem Buch werden bei jedem Versuch entsprechende Entsorgungshinweise in Form von Kürzeln gegeben.

A: Ausguss
Ungefährliche und wasserlösliche Stoffe dürfen über den Ausguss dem kommunalen Abwassernetz zugeführt werden.
Beispiele: Zucker, Natriumchloridlösung, Rotkohlsaft, Backpulver, Lebensmittel wie Milch oder Tee

R: Restmüll bzw. Recycling
Unproblematische und ungefährliche Feststoffe werden im Restmüll entsorgt bzw. dem Recyclingsystem zugeführt.
Beispiele: Filterpapier, Indikatorpapier, Sand, Aluminiumfolie

G1: Gefäß für saure und basische Lösungen
In diesem Gefäß werden saure und basische Lösungen gesammelt. Bevor der Behälter vollständig gefüllt ist, muss der Inhalt von der Lehrkraft neutralisiert werden.
Beispiele: Schwefelsäure, Natronlauge

G2: Gefäß für giftige anorganische Stoffe
Gifte und umweltschädliche Chemikalien, z. B. Schwermetallsalze und deren Lösungen, werden in Gefäß 2 gesammelt, das stets basisch gehalten werden muss.
Beispiele: Kupfersulfat, Kupfersulfid, Zinksulfid, Zinkoxid

G3: Gefäß für halogenfreie organische Stoffe
In diesem Gefäß werden wasserlösliche und wasserunlösliche organische Stoffe gesammelt, die keine Halogene enthalten.
Beispiele: Brennspiritus, Octan, Benzin

G4: Gefäß für halogenhaltige organische Stoffe
Organische Verbindungen, die Halogene enthalten, werden in Gefäß 4 bis zur endgültigen Entsorgung durch ein Unternehmen aufbewahrt.
Beispiele: Bromheptan, Polyvinylchlorid (PVC)

2,4-Dinitrophenylhydrazin, $C_6H_6N_4O_4$*
H228, H302, EUH001
P210
GEFAHR

Aceton, s. Propan-2-on

Alkoholisches Getränk, s. Ethanol

Aluminium, Pulver, Staub, **Al***
H228, H261
P210, P370+P378, P402+P404
ACHTUNG

Ammoniumcer(IV)-nitrat, $(NH_4)_2[Ce(NO_3)_6]$
H272, H302, H314
P221, P280, P308+P310, P301+P330+P331, P305+P351+P338
GEFAHR, G2

Ammoniumcarbonat, $(NH_4)_2CO_3$
H302
P301+P312
ACHTUNG, G2

Ammoniumchlorid, NH_4Cl
H302, H319
P305+P351+P338
ACHTUNG, G2

Ammoniumsulfat, $(NH_4)_2SO_4$
(kein Gefahrstoff nach GHS)
G2

Bariumchlorid, $BaCl_2$
H301+H332
P301+P310+P330, P304+P340+P312
GEFAHR, G2

Bariumnitrat, $Ba(NO_3)_2$
H272, H301, H319, H332
P221, P308+P310, P305+P351+P338
GEFAHR, G2

Bromthymolblaulösung, $C_{27}H_{28}Br_2O_5S$ **(aq)**
H225, H319
P210, P240, P403+P235, P305+P351+P338
GEFAHR, G4

Bromwasser, Br_2 **(aq)**
H314, H332
P261, P280, P310, P304+P340, P305+P351+P338
GEFAHR, G4

Butan-1-ol, C_4H_9OH
H226, H302, H315, H318, H335, H336
P210, P280, P313, P302+P352, P305+P351+P338
GEFAHR, G3

Calciumcarbonat, $CaCO_3$
(kein Gefahrstoff nach GHS)

Calciumchlorid(-Hexahydrat), $CaCl_2 \cdot 6H_2O$
H319
P305+P351+P338
ACHTUNG

Calciumsulfat, $CaSO_4$
(kein Gefahrstoff nach GHS)

Chlor, Cl_2
H270, H315, H319, H330, H335, H400, EUH071
P220, P244, P260, P273, P280, P403, P405, P302+P352, P332+P313, P370+P376, P304+P340+P315, P305+P351+P338+P315
GEFAHR

Citronensäure(-Monohydrat), $C_6H_8O_7 \cdot H_2O$
H319,
P280, P337+P313, P305+P351+P338
ACHTUNG

Eisen(II)-sulfatlösung, c = 1 mol/L, $FeSO_4$ **(aq)**
H315, H319
P305+P351+P338
ACHTUNG, G2

Eisen, Nagel
(kein Gefahrstoff nach GHS)

Eisen, Pulver, **Fe**
H228, H2519
P210, P260, P370+P378
ACHTUNG, G2

Ethansäurelösung, Essigsäurelösung, w < 5 %, $C_2H_4O_2$ **(aq)**
H290
ACHTUNG

Ethanol, C_2H_6O
H225, H319
P210, P240, P305+P351+P338, P403+P233
GEFAHR, G3

Ethen, Druckgas, C_2H_4
H220, H280, H336
P210, P260, P315, P377, P381, P403, P405, P304+P340
GEFAHR

Glucose, $C_6H_{12}O_6$
(kein Gefahrstoff nach GHS)

Glycerin, s. Propan-1,2,3-triol

Haushaltsessig, s. Ethansäure

n-Heptan, C_7H_{16} — GEFAHR — G3
H225, H304, H315,
H336, H410
P210, P240, P273, P301+P330+P331,
P302+P352, P403+P233

n-Hexadecan, $C_{16}C_{34}$ — ACHTUNG — G3
H304, EUH066
P301+P310+P331

Hex-1-en, C_6H_{12} — GEFAHR — G3
H225, H304, EUH066
P210, P243, P280, P331,
P301+P310, P403+P233

Kaliumcarbonat, K_2CO_3 — ACHTUNG — G2
H315, H319, H335
P302+P352, P305+P351+P338

Kaliumchloridlösung, gesättigt, w = 25,6 %,
KCl (aq)
(kein Gefahrstoff nach GHS)

Kaliumchlorid, **KCl**
(kein Gefahrstoff nach GHS)

Kaliumnitrat, KNO_3 — ACHTUNG — G2
H272
P210, P221

Kerzenwachs, s. Paraffinwachs

Kupfer(II)-chloridlösung,
w = 25 %, **CuCl (aq)** — GEFAHR — G2
H302, H315, H318, H410
P264, P273, P280, P301+P312,
P302+P352, P305+P351+P338

Kupfer(I)-iodid, **CuI** — GEFAHR — G2
H302, H315, H317,
H318, H335, H410
P280, P301+P312+P330, P305+P351+P338

Kupfer(II)-sulfatlösung, c = 1 mol/L,
$CuSO_4$ **(aq)** — GEFAHR — G2
H318, H411
P273, P302+P352, P305+P351+P338

Kupfer(II)-sulfatlösung,
konzentriert, $CuSO_4$ **(aq)** — GEFAHR — G2
H302, H318, H410
P273, P280, P305+P351+P338, P313

Kupfer, Blech, **Cu**
(kein Gefahrstoff nach GHS)

Lebensmittelfarbe
(kein Gefahrstoff nach GHS)

Magnesium, Band, **Mg*** — GEFAHR
H228, H252, H261
P210, P223

Magnesiumcarbonat, $MgCO_3$
(kein Gefahrstoff nach GHS)

Magnesiumchlorid, $MgCl_2$
(kein Gefahrstoff nach GHS)

Magnesiumsulfat, $MgSO_4$
(kein Gefahrstoff nach GHS)

Nagellack, acetonfrei
Gefahrstoffangaben des Herstellers beachten

Nagellack, acetonhaltig (s. Aceton)
Gefahrstoffangaben des Herstellers beachten

Natrium, **Na*** — GEFAHR
H260, H314, EUH014
P223, P280, P422, P231+P232,
P370+P378, P305+P351+P338

Natriumcarbonat, Na_2CO_3 — ACHTUNG
H319
P260, P305+P351+P338

Natriumchlorid, **NaCl**
(kein Gefahrstoff nach GHS)

Natriumsulfat, Na_2SO_4
(kein Gefahrstoff nach GHS)

Olivenöl
(kein Gefahrstoff nach GHS)

Paraffinöl, s. n-Hexadecan

Paraffinwachs, hart, C_nH_{2n+2}
(kein Gefahrstoff nach GHS)

Propan-1-ol, C_3H_8O — GEFAHR — G3
H225, H318, H336
P210, P240, P280, P313, P403+P233,
P305+P351+P338

Propan-1,2,3-triol, **$C_3H_5(OH)_3$**
(kein Gefahrstoff nach GHS)

Propan-2-on, **C_3H_6O**
H225, H319, H336, EUH066
P210, P240, P305+P351+P338, P403+P233
GEFAHR G3

Salpetersäurelösung, w = 10-15 %, **HNO_3 (aq)**
H290, H314
P280, P310, P330+P361+P353, P305+P351+P338
GEFAHR G1

Salzsäurelösung, Chlorwasserstofflösung, w = 5 %, **HCl (aq)**
H290
ACHTUNG G1

Salzsäurelösung, Chlorwasserstofflösung, konzentriert, **HCl (aq)**
H290, H314, H335
P260, P280, P303+P361+P353, P304+P340+P310, P305+P351+P338
GEFAHR G1

Schiffs Reagenz, Fuchsingehalt w < 1 %, parafuchsinfrei
(kein Gefahrstoff nach GHS)

Silber, Blech, **Ag**
(kein Gefahrstoff nach GHS)

Silber(I)-nitratlösung, c = 1 mol/L, **$AgNO_3$ (aq)**
H290, H314, H410
P280, P310, P303+P361+P353, P305+P351+P338
GEFAHR G2

Stahl, Draht
(kein Gefahrstoff nach GHS)

Stärke, **$C_6H_{10}O_5$**
(kein Gefahrstoff nach GHS)

Strontiumchlorid, **$SrCl_2$**
H318
P280, P305+P351+P338+P310
GEFAHR G2

Strontiumnitrat, **$Sr(NO_3)_2$**
H271, H318
P210, P220, P280, P306+P360, P305+P351+P338, P371+P380+P375
GEFAHR G2

Spülmittel
(kein Gefahrstoff nach GHS)

Tinte
(kein Gefahrstoff nach GHS)

Traubenzucker, s. Glucose

Zink, Blech, **Zn**
(kein Gefahrstoff nach GHS)

Zink(II)-sulfatlösung, c = 1 mol/L
$ZnSO_3$ (aq)
H318, H411
P273, P280, P305+P351+P338
GEFAHR G2

Zitronensaft, s. Citronensäure

Die Daten in der Chemikalienliste sind den Gefahrstoffdatenbanken „DEGINTU" und „D-GISS – Gefahrstoffmanagement in der Schule" entnommen.

Haftungshinweis: Die Chemikalienliste wurde sorgfältig geprüft. Da sich Verordnungen zur Kennzeichnung ändern und Fehler nie ganz ausgeschlossen werden können, übernehmen der Verlag und die Autorinnen und Autoren keine Haftung für Folgen veralteter oder fehlerhafter Einträge.

** gesonderte Entsorgung notwendig*

A

Akkumulator: Ein Akkumulator (Kurzform: Akku) ist im Gegensatz zu einer Batterie ein wiederaufladbarer Energiespeicher. In ihm finden reversible Redoxreaktionen statt: Beim Entladen liefert eine freiwillig ablaufende Redoxreaktion elektrische Energie. Beim Aufladen wird der umgekehrte Vorgang durch das Anlegen einer elektrischen Spannung von außen erzwungen.

Aldehyd: Die Aldehyde bilden eine Verbindungsklasse, deren Moleküle als gemeinsames Kennzeichen mindestens eine Aldehyd -Gruppe enthalten, die endständig an einen Alkyl-Rest gebunden ist. Bei der Benennung der Verbindung wird an den Alkanstamm die Endung „-al" angehängt.

Aldehyd-Gruppe (–CHO-Gruppe): Die Aldehyd-Gruppe (–CHO) ist die funktionelle Gruppe der Verbindungsklasse der Aldehyde. Das Sauerstoff-Atom ist mit einer Doppelbindung an ein Kohlenstoff-Atom gebunden, an dem außerdem ein Wasserstoff-Atom gebunden ist. Die Aldehyd-Gruppe ist im Molekül über eine Elektronenpaarbindung an ein weiteres Kohlenstoff-Atom (oder Wasserstoff-Atom) gebunden. Aldehyde können mit der SCHIFFschen Probe über eine violette Färbung nachgewiesen werden.

Alkan: Alkane sind Kohlenwasserstoffe, bei deren Molekülen zwischen den Kohlenstoff- und Wasserstoff-Atomen nur Einfachbindungen vorliegen. Die allgemeine Molekülformel lautet: C_nH_{2n+2}. Sind die in den Molekülen enthaltenen Kohlenstoff-Atome in unverzweigten Ketten angeordnet, so spricht man von den n-Alkanen.

Alken: Alkene sind Kohlenwasserstoffe, deren Moleküle mindestens eine Doppelbindung zwischen Kohlenstoff-Atomen enthalten. Alkene (mit einer Doppelbindung im Molekül) haben die allgemeine Molekülformel C_nH_{2n}.

Alkin: Alkine sind Kohlenwasserstoffe, deren Moleküle mindestens eine Dreifachbindung zwischen zwei Kohlenstoff-Atomen enthalten. Alkine (mit einer Dreifachbindung im Molekül) haben die allgemeine Molekülformel C_nH_{2n-2}.

Alkohol: Die Alkohole bilden eine große Verbindungsklasse, deren Moleküle als gemeinsames Kennzeichen mindestens eine Hydroxy-Gruppe enthalten, die an einen Alkyl-Rest gebunden ist. Bei der Benennung der Verbindung wird an den Alkanstamm die Endung „-ol" angehängt.

Alkyl-Rest: Die Seitenkette einer organischen Verbindung, die nur aus Kohlenstoff- und Wasserstoff-Atomen besteht, wird als Alkyl-Rest bezeichnet.

amphiphil: Stoffe, die sich sowohl in Wasser (hydrophil) als auch in fettähnlichen (lipophil) Stoffen lösen (siehe Löslichkeit), werden als amphiphil (= beides liebend) bezeichnet. Die Moleküle von amphiphilen Stoffen besitzen sowohl polare als auch unpolare Strukturelemente. Der jeweilige Anteil entscheidet über das bevorzugte Löseverhalten.

Atomorbital: Nach dem Orbital-Modell handelt es sich bei einem Atomorbital um einen Raum in der Atomhülle, in dem sich ein bis maximal zwei Elektronen eines Atoms mit 99 %iger Wahrscheinlichkeit aufhalten.

B

Bindigkeit: Die Anzahl an Elektronenpaarbindungen, die ein Atom innerhalb eines Moleküls eingeht, nennt man Bindigkeit.

Bindung: Unter der chemischen Bindung versteht man die Art der Zusammenhalte der Ionen im Salzkristall (Ionenbindung), der Atomrümpfe im Metall (Metallbindung) oder der Atome im Molekül (Elektronenpaarbindung).

Bindungsenergie: Bei der Annäherung zweier Atome treten zwischen den positiv geladenen Atomkernen und den negativ geladenen Elektronenwolken Abstoßungskräfte auf. Bei einem bestimmten Kernabstand wird in einem Molekül jedoch ein Energieminimum erreicht, die dabei freigesetzte Energie wird als Bindungsenergie bezeichnet. Diese muss zur Spaltung eines Moleküls in seine Atome aufgewendet werden.

Bindungslänge: Bei der Annäherung zweier Atome treten zwischen den positiv geladenen Atomkernen und den negativ geladenen Elektronenwolken Abstoßungskräfte auf. Bei einem bestimmten Kernabstand, der Bindungslänge, wird in einem Molekül jedoch ein Energieminimum erreicht.

Bindungspolarität: siehe polare Elektronenpaarbindung

Bindungswinkel: Der Bindungswinkel in einem Molekül ist der Winkel, der von einem Atom und zwei seiner Nachbaratome gebildet wird.

C

Carbonsäure: Die Carbonsäuren bilden eine Verbindungsklasse, deren Moleküle als gemeinsames Kennzeichen mindestens eine Carboxy-Gruppe enthalten, die an einen Alkyl-Rest gebunden ist. Bei der Benennung der Verbindung wird an den Alkanstamm die Endung „-säure" angehängt.

Carboxy-Gruppe (–COOH-Gruppe): Die Carboxy-Gruppe (–COOH) ist die funktionelle Gruppe der Verbindungsklasse der Carbonsäuren. An das Kohlenstoff-Atom mit der Doppelbindung zum Sauerstoff-Atom ist noch eine Hydroxy-Gruppe gebunden. Eine Carboxy-Gruppe kann durch einen Säure-Base-Indikator nachgewiesen werden, da Carbonsäuren in wässriger Lösung sauer reagieren.

Cycloalkane: Cykloalkane gehören wie die Alkane zu den Kohlenwasserstoffen. Bei den Molekülen dieser Stoffklasse sind die C- und H-Atome nur mit Einfachbindungen zu ringförmigen Molekülen verknüpft. Die allgemeine Molekülformel lautet C_nH_{2n}.

D

DANIELL-Element: Im DANIELL-Element laufen die Teilreaktionen einer Redoxreaktion räumlich getrennt voneinander ab. Es besteht aus einer Kupferhalbzelle mit einer Kupferelektrode (= Pluspol) und einer Kupfersalzlösung als Elektrolytlösung und aus einer Zink-Halbzelle mit einer Zinkelektrode (= Minuspol) und einer Zinksalzlösung als Elektrolytlösung.

Dichteanomalie: Im Gegensatz zu anderen Stoffen hat Wasser im flüssigen Aggregatzustand die höchste Dichte (bei 4 °C). Im festen Aggregatzustand liegen die Teilchen vieler Stoffe sehr nah beisammen. Im Eis liegt aber ein weitmaschiges Gitter aus Molekülen mit großen Hohlräumen vor. Dieses regelmäßige Molekülgitter wird von den Wasserstoffbrücken zwischen den Wasser-Molekülen stabilisiert. Das Eis hat somit ein größeres Volumen und damit eine geringere Dichte als flüssiges Wasser.

Dipol(-Molekül): Von einem Dipol bzw. Dipol-Molekül spricht man, sobald ein Teilchen eine unsymmetrische Ladungsverteilung aufweist und dadurch einen positiven und einen negativen Pol besitzt. Unterschieden werden dabei permanente und temporäre Dipole.

Dipol-Dipol-Wechselwirkungen: Dipol-Dipol-Wechselwirkungen bilden sich zwischen Dipol-Molekülen aus. Diese mittelstarken Wechselwirkungen entstehen durch elektrostatische Anziehungskräfte zwischen einem positiv polarisierten Atom oder Bereich eines Moleküls (δ^+) und einem negativ polarisierten Atom oder Bereich (δ^-) eines anderen Moleküls.

Doppelbindung: Die Doppelbindung ist eine Elektronenpaarbindung, die durch zwei Elektronenpaare gebildet wird.

Dreifachbindung: Die Dreifachbindung ist eine Elektronenpaarbindung, die durch drei Elektronenpaare gebildet wird.

E

Edelgaskonfiguration: Als Edelgaskonfiguration wird die Elektronenkonfiguration der Edelgas-Atome bezeichnet. Mit Ausnahme von Helium (zwei Valenzelektronen) verfügen alle anderen Edelgas-Atome über acht Valenzelektronen.

Edelgasregel: Die Edelgasregel besagt, dass Atome bzw. Ionen in Verbindungen häufig die stabile Elektronenkonfiguration eines Edelgas-Atoms einnehmen.

Einfachbindung: Die Einfachbindung ist eine Elektronenpaarbindung, die durch ein einziges Elektronenpaar gebildet wird.

Elektrode: Die Elektroden bilden den Minus- und den Pluspol in einem elektrischen Stromkreis.

Elektrolyse: Eine Elektrolyse ist eine durch elektrische Spannung erzwungene Redoxreaktion, bei der eine chemische Verbindung in ihre Elemente zerlegt wird. Die Kationen wandern dabei stets zum Minuspol, die Anionen stets zum Pluspol.

Elektrolytlösung: Bei einem Elektrolyt handelt es sich um einen Stoff, der in Lösung den elektrischen Strom leitet und so den Stromkreis zwischen Minuspol und Pluspol schließt.

Elektronegativität (= EN): Die Elektronegativität ist ein Maß für die Stärke eines Atoms in einem Molekül, die Elektronen innerhalb eines bindenden Elektronenpaares an sich zu ziehen.

Elektronegativitätsdifferenz (= ΔEN): Die Differenz zwischen den Elektronegativitätswerten zweier Bindungspartner in einem Molekül wird als Elektronegativitätsdifferenz (ΔEN) bezeichnet. Je größer ΔEN von zwei miteinander verbundenen Atomen verschiedener Atomarten ist, desto polarer ist die Elektronenpaarbindung.

Elektronenakzeptor: Ein Elektronenakzeptor ist ein Teilchen, das Elektronen aufnimmt und somit reduziert wird.

Elektronendonator: Ein Elektronendonator ist ein Teilchen, das Elektronen abgibt und somit oxidiert wird.

Elektronenkonfiguration: Die Elektronenkonfiguration beschreibt die Verteilung der Elektronen auf die verschiedenen Energiestufen der Elektronenhülle eines Atoms.

Elektronenpaarabstoßungsmodell (EPA-Modell): Das Elektronenpaarabstoßungsmodell (EPA-Modell) dient zur Erklärung der räumlichen Struktur eines Moleküls. Aufgrund der gegenseitigen Abstoßung der Elektronenpaare eines Atoms, ordnen sich diese im größtmöglichen Abstand zueinander um das Zentralatom herum an. Nichtbindende Elektronenpaare haben einen größeren Raumbedarf als bindende Elektronenpaare.

Elektronenpaarbindung: Bei der Elektronenpaarbindung in Molekülen werden die Atome durch ein bis drei gemeinsame Elektronenpaare zusammengehalten. Nach dem Orbitalmodell verschmelzen dabei je Elektronenpaarbindung zwei mit je einem Elektron besetzte Atomorbitale so miteinander, dass ein mit zwei Elektronen besetztes Molekülorbital entsteht. Dabei wird die Bindungsenergie freigesetzt und die Atome erreichen in Molekülen die stabile Edelgaskonfiguration. Man unterscheidet zwischen polaren und unpolaren Elektronenpaarbindungen.

Elektronenpaar, bindend: Durch die Bildung eines bindenden Molekülorbitales entsteht ein bindendes Elektronenpaar, welches aus zwei Elektronen besteht, die sich in einem Molekül zwischen zwei Atomen aufhalten und diese so miteinander verbinden. Diese werden in der Valenzstrichformelschreibweise durch einen Strich zwischen den Atomartensymbolen dargestellt.

Elektronenpaar, nicht-bindend: Valenzelektronen, die in Molekülen keine bindenden Elektronenpaare bilden, bilden nichtbindende Elektronenpaare. Sie werden in der Valenzstrichformelschreibweise durch einen Strich um das Atomartensymbol herum dargestellt.

Elektronenpaarbindung, polar: Bei dieser Art der Elektronenpaarbindung sind in einem Molekül die Bindungselektronen zwischen zwei verschiedenen Atomen zu einem der beiden Atome hin verschoben, und zwar zum elektronegativeren Atom (Elektronegativität). Bei der polaren Elektronenpaarbindung kommt es dadurch zu unterschiedlichen Ladungsschwerpunkten bzw. Partialladungen innerhalb des Moleküls.

Elektronenpaarbindung, unpolar: Bei dieser Art der Elektronenpaarbindung sind in einem Molekül die Bindungselektronen zwischen zwei Atomen gleichmäßig zwischen den beiden Atomen verteilt (Elektronegativität).

Elektronenübertragung: Bei der Elektronenübertragung geben die Teilchen eines Stoffes (des Reduktionsmittels) Elektronen ab und die Teilchen eines anderen Stoffes (des Oxidationsmittels) nehmen diese Elektronen auf.

Elektronenübertragungsreaktion: siehe Redoxreaktion

Elektrostatische Anziehungskräfte: Zwischen den Elektronen zweier oder mehrerer Atome herrschen elektrostatische Anziehungskräfte. Diese sind die Grundlage für die Ausbildungen von Elektronenpaarbindungen in einem Molekül, aber auch für die Wechselwirkungen zwischen Teilchen (z. B. Dipol-Dipol-Wechselwirkung, LONDON-Dispersionswechselwirkungen, Wasserstoffbrücken).

Energiestufenmodell: Laut dem Energiestufenmodell befinden sich die Elektronen der Atomhülle auf sogenannten Energiestufen. Die energieärmsten Elektronen befinden sich auf der niedrigsten Energiestufe (n=1).

Erdöl: gelblich bis schwarzes, hauptsächlich aus Kohlenwasserstoffen bestehendes Stoffgemisch. Es hat sich in Millionen Jahren aus abgestorbenen Pflanzen und Tieren tief unter der Oberfläche der Erde gebildet.

_E/Z_-Isomerie: Die _E/Z_-Isomerie ist eine von mehreren unterschiedlichen Formen der Isomerie. Sie bezeichnet die unterschiedliche räumliche Anordnung von Atomen in einem Molekül, die auf der fehlenden Drehbarkeit um eine Doppelbindung zwischen zwei Kohlenstoff-Atomen beruht.

F

Formalladung: Die Formalladung eines Atoms ergibt sich aus der Differenz der Anzahl an Valenzelektronen des ungeladenen Atoms und der in einer Valenzstrichformel formal zugeordneten Valenzelektronen des Atoms.Die Summe der Formalladungen ergibt die Gesamtladung eines Moleküls bzw. Molekül-Ions.

Funktionelle Gruppe: Als funktionelle Gruppe wird ein Atom oder eine Atomgruppe im Molekül bezeichnet, welches die Eigenschaften und das chemische Reaktionsverhalten des Stoffes maßgeblich bestimmt.

G

GALVANOtechnik: Bei der GALVANOtechnik wird auf einem Metall elektrolytisch eine Beschichtung abgeschieden. Beispiele für den Einsatz dieses Verfahrens sind das Verzinken, Verzinnen, Verchromen oder Vergolden von Gegenständen.

gesättigte Lösung: Eine Lösung gilt als gesättigte Lösung, wenn sie bei einer bestimmten Temperatur keine weiteren Mengen des gelösten Stoffes aufnehmen kann. Man stellt diese her, indem man so viel des Stoffes in Wasser löst, dass noch ein Bodensatz übrigbleibt.

gewinkelt: Am Zentralatom eines gewinkelten Moleküls liegen zwei nicht-bindende Elektronenpaare vor. Der Bindungswinkel des Wasser-Moleküls z. B. beträgt 104,5° und weicht wegen des größeren Raumbedarfs der nicht-bindenden Elektronenpaare vom Tetraederwinkel ab.

Gitterenergie ($\Delta_G E$): Die Gitterenergie bezeichnet die Energie, die bei der Bildung eines Ionengitters frei wird, da sich Anionen und Kationen im Ionengitter gegenseitig anziehen. Sie wird in der Einheit kJ angegeben und muss beim Löseprozess aufgewendet werden. Wird die Gitterenergie auf ein Mol bezogen, spricht man von molarer Gitterenergie ($\Delta_G E_m$). Diese wird in kJ/mol angegeben. Die Gitterenergie ist umso größer, je kleiner die Ionenradien und damit die Abstände der Ionenmittelpunkte zueinander sind und je höher geladen die Ionen sind.

Grenzformeln: Bei einigen Molekülen oder Molekül-Ionen kann die tatsächliche Elektronenverteilung durch Valenzstrichformeln nur näherungsweise abgebildet werden. Diese Valenzstrichformeln werden als mesomere Grenzformeln bezeichnet und durch den Mesomeriepfeil (↔) verbunden.

H

Halbstrukturformel: Die Halbstrukturformel ist eine vereinfachte und platzsparende Darstellung der Strukturformel. Es werden nur die Verknüpfung zwischen den Kohlenstoff-Atomen durch Striche dargestellt, alle anderen Atomarten des Moleküls werden zu Gruppen zusammengefasst.

Hauptgruppe: Eine senkrechte Spalte im Periodensystem wird Hauptgruppe genannt. Alle Atome der Elemente einer Hauptgruppe besitzen die gleiche Anzahl an Valenzelektronen.

Homologe Reihe: Als homologe Reihe fasst man eine Reihe von Verbindungen zusammen, deren Moleküle die gleichen Strukturmerkmale oder die gleiche funktionelle Gruppe besitzen und somit durch eine allgemeine Molekülformel beschreiben lassen.

Hydratation: Die Hydratation bezeichnet den Lösevorgang eines Stoffes, z. B. Salzes, in Wasser. Dabei bilden die Wasser-Moleküle eine Hydrathülle um die Ionen des Salzes.

Hydratationsenergie ($\Delta_H E$): Die Energie, die bei der Bildung einer Hydrathülle freigesetzt wird nennt man Hydratationsenergie ($\Delta_H E$). Wird diese angegeben für ein Mol einer Ionensorte, spricht man von der molaren Hydratationsenergie ($\Delta_H E_m$). Sie wird in der Einheit kJ bzw. kJ/mol angegeben.

Die Hydratationsenergie nimmt mit zunehmendem Ionenradius ab und mit zunehmender Ionenladung zu.

Hydrathülle: Die Hydrathülle ist eine Hülle aus Wasser-Molekülen, welche einen in Wasser gelösten Stoff umgeben, z. B. die Ionen des Salzes.

hydrophil: Stoffe, die sich gut in Wasser lösen (siehe Löslichkeit) werden als hydrophil (= wasserliebend) bezeichnet. Die Moleküle (bzw. Molekülteile) der Stoffe weisen einen polaren Bau auf. Hydrophile Stoffe sind meist lipophob.

hydrophob: Stoffe, die sich nicht gut in Wasser lösen (siehe Löslichkeit), werden als hydrophob (= wassermeidend) bezeichnet. Die Moleküle (bzw. Molekülteile) der Stoffe weisen einen unpolaren Bau auf. Hydrophobe Stoffe sind meist lipophil.

Hydroxy-Gruppe (OH-Gruppe): Die Hydroxy-Gruppe (OH-Gruppe) ist die funktionelle Gruppe der Verbindungsklasse der Alkohole. Eine Hydroxy-Gruppe kann durch eine salpetersaure Lösung von Ammoniumcer(IV)-nitrat nachgewiesen werden, die sich bei Anwesenheit von Alkoholen tiefrot färbt.

I

Ionen-Dipol-Wechselwirkung: Ionen-Dipol-Wechselwirkungen entstehen aufgrund elektrostatischer Anziehungskräfte zwischen den positiven und negativen Ionen oder den positiv und negativ polarisierten Polen eines Dipol-Moleküls.

Ionenladungszahl: Bei Atom-Ionen leitet sich die Ionenladung von der Elektronenanzahl ab, die das Atom-Ion mehr oder weniger besitzt als das entsprechende ungeladene Atom. Sie gibt damit die Zahl der positiven bzw. negativen Ladungen eines Ions an.

Ionisierung: Bei der Ionisierung entstehen aus ungeladenen Atomen geladene Ionen. Dies kann durch Abgabe oder Aufnahme von Elektronen erfolgen.

Ionisierungsenergie: Die Ionisierungsenergie ist die für die Abspaltung eines Elektrons aus einem Atom (siehe Ionisierung) erforderliche Energie.

Isomere (isomere Verbindungen): Als Isomere werden Stoffe bezeichnet, deren Moleküle zwar die gleiche Molekülformel, aber eine unterschiedliche Valenzstrichformel und damit eine unterschiedliche Anordnung der Atome im Molekül aufweisen. Isomere besitzen unterschiedliche chemische und physikalische Eigenschaften.

Isotop: Isotope sind Atome des gleichen Elementes mit unterschiedlicher Neutronenzahl. Bei gleicher Protonenzahl unterscheiden sich die Isotope eines Elementes durch ihrer Atommasse.

K

Keilstrichformel: Bei der Keilstrichformel wird auf der zweidimensionalen Zeichenebene die räumliche, dreidimensionale Anordnung der Atome im Molekül dargestellt. Alle Bindungen im Molekül, die vor der Zeicheneben liegen werden mit Keilen (◀) und alle Bindungen, die dahinter liegen als Strichlinien (---) symbolisiert.

Keton: Die Ketone bilden eine Verbindungsklasse, deren Moleküle als gemeinsames Kennzeichen mindestens eine Keto-Gruppe enthalten. Bei der Benennung der

Verbindung wird an den Alkanstamm die Endung „-on“ angehängt.

Keto-Gruppe (–ROR‘-Gruppe): Die Keto-Gruppe (–ROR‘) ist die funktionelle Gruppe, der Verbindungsklasse der Ketone. Eine Keto-Gruppe kann durch eine salzsaure 2,4-Dinitrophenylhydrazinlösung nachgewiesen werden, aus der bei Anwesenheit von Ketonen ein gelber Niederschlag ausfällt.

Konstitutionsisomerie: Die Konstitutionsisomerie ist eine von mehreren unterschiedlichen Formen der Isomerie. Darunter versteht man das Auftreten mehrerer Verbindungen mit gleicher Molekülformel, aber unterschiedlicher Verknüpfung der Atome im Molekülbau.

L

linear: Die räumliche Gestalt eines Moleküls ist linear, wenn ein Atom und seine zwei Nachbaratome einen Bindungswinkel von 180° bilden. Diese drei Atome sind auf einer Geraden angeordnet.

lipophil: Stoffe, die sich gut in Fetten und fettähnlichen Stoffen lösen (siehe Löslichkeit), werden als lipophil (= fettliebend) bezeichnet. Die Moleküle (bzw. Molekülteile) der Stoffe weisen einen unpolaren Bau auf. Lipophile Stoffe sind meist hydrophob.

lipophob: Stoffe, die sich nicht in Fetten und fettähnlichen Stoffen lösen (siehe Löslichkeit), werden als lipophob (= fettmeidend) bezeichnet. Die Moleküle (bzw. Molekülteile) der Stoffe weisen einen polaren Bau auf. Lipophobe Stoffe sind meist hydrophil.

LONDON-Dispersionswechselwirkungen: LONDON-Dispersionswechselwirkungen treten zwischen allen Teilchen auf. Sie beruhen auf der elektrostatischen Anziehung zwischen temporären Dipolen und sind die schwächsten Wechselwirkungen. Je länger die Molekülketten bzw. je größer die Oberfläche der Teilchen ist, desto stärker können sie sich ausbilden.

Löseenergie ($\Delta_L E$): Die Löseenergie ($\Delta_L E$) ist der Gesamtenergieumsatz beim Lösevorgang, der sich aus der Gitterenergie ($\Delta_G E$) und der Hydratationsenergie ($\Delta_H E$) zusammensetzt: $\Delta_L E = \Delta_H E$ (Kation(en)) + $\Delta_H E$ (Anion(en)) – $\Delta_G E$ (Salz)

M

Mesomerie: Als Mesomerie wird die Erscheinung bezeichnet, dass die tatsächliche Elektronenverteilung innerhalb eines Moleküls oder eines Molekül-Ions nur durch mehrere Grenzformeln dargestellt werden kann.

Minuspol: Der Minuspol ist die negativ geladenen Elektrode in einem Stromkreis.

Molekülgeometrie: Die Molekülgeometrie beschreibt durch die Angabe von Bindungswinkeln und Bindungslängen die räumliche Anordnung der Atome im Molekül bzw. Molekül-Ion. Zur Erklärung dient das Elektronenpaarabstoßungsmodell (EPA).

Molekül-Ion: Ein Molekül-Ion ist ein elektrisch geladenes Molekül, das aus zwei oder mehreren Atomen zusammengesetzt ist, die über Elektronenpaarbindungen miteinander verbunden sind (Beispiele: H_3O^+, OH^-, NO_3^-, SO_4^{2-}, PO_4^{3-}, NH_4^+).

Molekülorbital: Nach dem Orbital-Modell handelt es sich bei einem Molekülorbital um einen gemeinsamen Aufenthaltsbereich von Elektronen, der durch das Verschmelzen zweier Atomorbitale entstanden ist. Dabei unterscheidet man zwischen bindenden und antibindenden Molekülorbitalen.

Molekülorbital, bindend: Der Bindungszustand in Molekülen wird durch das Orbital-Modell beschrieben. Durch die Vollbesetzung des energetisch niedriger liegenden Molekülorbitales mit zwei Elektronen entsteht ein bindendes Molekülorbital.

Molekülorbital, antibindend: Der Bindungszustand in Molekülen wird durch das Orbital-Modell beschrieben. Neben dem energetisch niedriger liegenden Molekülorbital gibt es auch energetisch höher liegende Molekülorbitale, die antibindenden Molekülorbitale.

Molekülpolarität: Molekülpolarität liegt vor, wenn eine Molekül mindestens eine polare Elektronenpaarbindung besitzt und sich die Ladungsschwerpunkte aufgrund der räumlichen Struktur eines Moleküls gegenseitig nicht aufheben.

N

nachwachsende Energieträger: Energiereiche Stoffe aus nachwachsenden, überwiegend pflanzlichen Quellen, die als Brennstoff genutzt werden können.

Neutronenzahl: Die Neutronenzahl ergibt zusammen mit der Protonenzahl die Nukleonenzahl. Die Neutronen sind die ungeladenen Bausteine der Atome im Atomkern.

Nukleonenzahl: Die Nukleonenzahl gibt die Zahl der Teilchen im Atomkern an. Sie ist also die Summe aus der Protonenzahl und der Neutronenzahl.

O

Oberflächenspannung: Die Oberflächenspannung beruht auf der nach innen gerichteten Anziehungskraft zwischen Teilchen einer Flüssigkeit. Beim Wasser ist diese durch Ausbildung von Wasserstoffbrücken zwischen Wasser-Molekülen besonders hoch und dadurch wird die Oberfläche eines Wasservolumens möglichst klein gehalten.

Orbitalmodell: Das Orbitalmodell ist eine Modellvorstellung in der Chemie, nach der sich Orbitale als Elektronenwolken darstellen lassen. Orbitale besitzen keine scharfe Begrenzung, sondern sind über die 99 %ige Antreffwahrscheinlichkeit der Elektronen definiert. Jedes Orbital kann ein oder maximal zwei Elektronen enthalten, wobei man zwischen Atomorbitalen und Molekülorbitalen unterscheidet.

Ordnungszahl: siehe Protonenzahl

Oxidation: Bei der Oxidation gibt ein Elektronendonator ein oder mehrere Elektronen ab.

Oxidationsmittel: Ein Oxidationsmittel enthält Teilchen, die als Elektronenakzeptoren wirken und selbst reduziert werden.

P

Partialladung: Die durch eine ungleiche Verteilung von Elektronen (Elektronegativität) hervorgerufene unterschiedliche Teilladung innerhalb eines Moleküls oder Molekül-Ions wird als Partialladung bezeichnet. Die Partialladungen werden, wenn nötig, bei chemischen Formeln oberhalb des Atomartensymbols mit δ^- und δ^+ symbolisiert.

Periode: Eine waagrechte Zeile im Periodensystem wird Periode genannt. Alle Atome der Elemente einer Periode besitzen die gleiche Anzahl an besetzten Energiestufen

Permanenter Dipol: Ein permanenter Dipol liegt vor, wenn in einem Molekül polare Elektronenpaarbindungen vorkommen und die dadurch auftretenden positiven und negativen Ladungsschwerpunkte nicht zusammenfallen.

Pluspol: Der Pluspol ist die positiv geladenen Elektrode in einem Stromkreis.

polare Elektronenpaarbindung: Bindungselektronen zwischen verschiedenen Atomarten können abhängig von der Elektronegativitätsdifferenz ΔEN der Atome unsymmetrisch verteilt sein. Daraus resultiert eine polare Elektronenpaarbindung.

polares Molekül: Ein polares Molekül ist ein Molekül, bei dem sich aufgrund der Struktur die Bindungspolaritäten nicht aufheben. Es besteht Molekülpolarität. (Beispiel: Wasser-Molekül)

Protonenzahl: Die Protonenzahl oder auch Ordnungszahl gibt die Anzahl der Protonen im Atomkern an. Da im ungeladenen Atom gilt, dass die Anzahl der Protonen gleich der Anzahl der Elektronen ist, entspricht diese auch der Elektronenzahl.

pyramidal: Liegen um ein Zentralatom drei bindende Elektronenpaare und ein nicht-bindendes Elektronenpaar vor, ordnen sich die bindenden Elektronenpaare in Form einer Pyramide. Aufgrund des größeren Platzbedarfs des nicht-bindenden Elektronenpaares, sind die Bindungswinkel kleiner als 109,5°.

R

Redoxreaktion: Redoxreaktion ist der Fachbegriff für den Elektronenübergang von einem Elektronendonator auf einen Elektronenakzeptor. Dabei laufen Reduktion und Oxidation immer zusammen ab, da die Elektronen für die Reduktionsreaktion von der Oxidationsreaktion bereitgestellt werden.

Reduktion: Bei der Reduktion nimmt ein Elektronenakzeptor ein oder mehrere Elektronen auf.

Reduktionsmittel: Ein Reduktionsmittel enthält Teilchen, die als Elektronendonatoren wirken und selbst oxidiert werden.

Redoxreihe (der Metalle-Atome und -Ionen): In der Redoxreihe sind Metall-Atome bzw. -Ionen nach ihrer Tendenz angeordnet, Elektronen abzugeben bzw. aufzunehmen.

reversibel: Mit dem Fachbegriff reversibel werden durch Änderung der Reaktionsbedingungen umkehrbare chemische Reaktionen bezeichnet, z. B. die Vorgänge in einem Akkumulator.

S

Salzbildung: Die Salzbildung ist ein Vorgang, bei dem Atome zu Ionen werden. Dadurch erreichen die Atome Edelgaskonfiguration und sind dadurch energetisch besonders stabil.

Salzbrücke: Bei einer Salzbrücke handelt es sich um einen mit einer Salzlösung getränkter Filterpapierstreifen, der einen Ionenaustausch zwischen den beiden Halbzellen z. B. eines DANIELL-Elements ermöglicht.

SCHIFFsche Probe: Aldehyde können durch die SCHIFFsche-Probe nachgewiesen werden, die sich bei Anwesenheit von Aldehyden violett färbt.

Skelettformel: Die Skelettformel ist eine vereinfachte Schnellschreibweise zur Angabe der räumlichen Anordnung der Kohlenstoff-Atome im Molekül. Es werden nur die Kohlenstoff-Kohlenstoff-Bindungen durch Striche dargestellt, alle andere Verknüpfungen und auch die Atomartensymbole entfallen.

Strukturformel: Die Strukturformel ist eine Formeldarstellung, bei der, wie bei der Valenzstrichformel, alle bindenden Elektronenpaare eines Moleküls als Striche zwischen die Atomartensymbole angegeben werden. Die nicht-bindenden Elektronenpaare als Striche um die Atomartensymbole herum angeordnet. Zusätzlich werden jedoch auch noch die Bindungswinkel im Molekül dargestellt.

T

temporärer Dipol: Ein temporärer Dipol ist ein Dipol, der nur vorübergehend existiert. Er entsteht durch eine kurzzeitige Ungleichverteilung von Elektronen in einem Molekül oder Atom.

Tetraeder: Bei einem Molekül, an dessen Zentralatom vier bindende Elektronenpaare vorliegen, sind diese Elektronenpaare so um das Zentralatom angeordnet, dass sie alle den gleichen Abstand zum zentralen Atom haben. Alle Bindungswinkel betragen 109,5°.

Tetraederwinkel: Bindungswinkel, der in einem Molekül vorliegt, dessen räumliche Struktur der Form eines Tetraeders entspricht. Er beträgt 109,5°.

trigonal planar: Die räumliche Anordnung der Atome innerhalb eines Moleküls ist trigonal planar, wenn am Zentralatom drei Elektronenpaare vorliegen. Diese liegen in einer Ebene und der Bindungswinkel zwischen dem Zentralatom und zwei benachbarten Atomen beträgt jeweils 120°.

U

unpolare Elektronenpaarbindung: Wenn die Differenz der Elektronegativitäten ΔEN der an einer Elektronenpaarbindung beteiligten Atome kleiner als 0,4 ist, spricht man von einer unpolaren oder nahezu unpolaren Bindung.

unpolares Molekül: In einem unpolaren Molekül existieren keine polaren Bindungen oder die Bindungspolaritäten heben sich gegenseitig auf, sodass das Molekül nach außen keine Partialladungen und somit keine Molekülpolarität aufweist (Beispiel: Methan-Molekül).

V

Valenzelektron: Die Elektronen der höchsten Energiestufe nennt man Valenzelektronen (oder Außenelektronen). Die Anzahl der Valenzelektronen bestimmt das chemische Verhalten der Elemente.

Valenzstrichformel: Die Valenzstrichformel ist eine Formeldarstellung, bei der die bindenden Elektronenpaare von Molekülen als Striche zwischen den Atomartensymbolen dargestellt werden. Die nicht-bindenden Elektronenpaare werden als Striche um die Atomartensymbole herum angeordnet. Ein Punkt symbolisiert ein Elektron.

VAN-DER-WAALS-Wechselwirkungen: Die Dipol-Dipol-Wechselwirkungen und die LONDON-Dispersionswechselwirkungen werden unter dem Begriff VAN-DER-WAALS-Wechselwirkungen zusammengefasst.

Viskosität: Die Viskosität ist ein Maß für die Zähflüssigkeit eines Stoffes und abhängig von den vorliegenden Wechselwirkungen: Je stärker die Wechselwirkungen zwischen den Molekülen sind, desto zähflüssiger ist der Stoff.

W

Wasserstoffbrücke: Als Wasserstoffbrücken bezeichnet man die besonders starken elektrostatischen Anziehungskräfte zwischen Molekülen. Diese Wechselwirkungen liegen zwischen einem partiell positiv (δ^+) geladenen Wasserstoff-Atom und einem nicht-bindenden Elektronenpaar eines partiell stark negativ (δ^-) geladenen Sauerstoff-, Stickstoff- oder Fluor-Atoms eines anderen Moleküls vor.

BILDNACHWEIS

123RF / suteenakin - S. 78; AdobeStock / Andrei - S. 170; - / EyeEM, Peter Garner - S. 142; - / ftfoxfoto - S. 177; - / Gorilla - S. 170; - / John Nakata - S. 40; - / Stephane Pothin - S. 170; Alamy Stock Photo / Auscape International Pty Ltd - S. 54; - / Photo 12 - S. 136; - / Science History Images - S. 79; - / UPI - S. 51; - / Fred van Wijk - S. 177; - / Juriaan Wossink - S. 150; © Prof. R. Blume / www.chemieunterricht.de, Oerlinghausen - S. 171; Claudia Bohrmann-Linde, Wuppertal - S. 11, 96; Piet Claasen, Bremen - S. 82; Stefanie Faas, Straubenhardt - S. 52, 68, 72, 76; Fotolia / alonesdj - S. 38; - / dalequedale - S. 6, 46/47; - / Doug Olsen - S. 148; - / Thaut Images - S. 74; Getty Images Plus / DigitalVision, Martin Poole - S. 32; - / Hemera, Ulrich Mueller - S. 207; - / iStockphoto, A_M_Radul - S. 152; - / iStockphoto, AnatolyM - S. 222; - / iStockphoto, artyme83 - S. 66; - / iStockphoto, bangkok - S. 179; - / iStockphoto, bashta - S. 176; - / iStockphoto, Olesia Bekh - S. 190; - / iStockphoto, Berkut_34 - S. 114; - / iStockphoto, Cavan Images - S. 164; - / iStockphoto, coddy - S. 222; - / iStockphoto, curraheeshutter - S. 179; - / iStockphoto, Daisy-Daisy - S. 158; - / iStockphoto, diego_cervo - S. 18; - / iStockphoto, Easy_Company - S. 88; - / iStockphoto, empire331 - S. 51; - / iStockphoto, Oleksandr Filon - S. 158; - / iStockphoto, golubovy - S. 70; - / iStockphoto, hanhanpeggy - S. 178; - / iStockphoto, Hello my name is james, I'm photographer - S. 158; - / iStockphoto, Irina Iglina - S. 119; - / iStockphoto, Ivan-balvan - S. 185; - / iStockphoto, ivansmuk - S. 102 (2); - / iStockphoto, jgroup - S. 146; - / iStockphoto, kckate16 - S. 152; - / iStockphoto, kit yu - S. 114; - / iStockphoto, kzenon - S. 220; - / iStockphoto, manfredxy - S. 24; - / iStockphoto, MarianVejcik - S. 114; - / iStockphoto, MeggiSt - S. 38; - / iStockphoto, mg7 - S. 153; - / iStockphoto, micro_photo - S. 149; - / iStockphoto, Mindklongdan - S. 32; - / iStockphoto, mustafaU - S. 51; - / iStockphoto, Natali_Mis - S. 164; - / iStockphoto, nevodka - S. 164; - / iStockphoto, Nomadsoul1 - S. 73; - / iStockphoto, oatawa - S. 6, 20/21; - / iStockphoto, olhakozachenko - S. 153; - / iStockphoto, PhotoObjects.net - S. 79; - / iStockphoto, PicLeidenschaft - S. 162; - / iStockphoto, Picsfive - S. 59; - / iStockphoto, pioneer111 - S. 51; - / iStockphoto, Vadym Plysiuk - S. 177; - / iStockphoto, roman023 - S. 157; - / iStockphoto, Roman Samokhin - S. 51; - / iStockphoto, Zdenek Sasek - S. 138 (2), 141; - / iStockphoto, Serg_Velusceac - S. 222; - / iStockphoto, Misha Shutkevych - S. 176; / iStockphoto, Sinhyu - S. 191; - / iStockphoto, slowmotiongli - S. 148; - / iStockphoto, Sudowoodo - S. 114; - / iStockphoto, sunstock - S. 119; - / iStockphoto, toeytoey2530 - S. 190; - / iStockphoto, TPopova - S. 119; - / iStockphoto, turk_stock_photographer - S. 66; - / iStockphoto, VadimZakirov - S. 150; - / iStockphoto, vchal - S. 7, 84/85, 187; - / iStockphoto, vector - S. 51; - / iStockphoto, ViewApart - S. 57; - / iStockphoto, vitalkaka - S. 182; - / iStockphoto, volosina - S. 23; - / iStockphoto, Wavebreakmedia - S. 221; - / iStockphoto, xxllxx - S. 119; - / iStockphoto, Zakharova_Natalia - S. 74; - / Photodisc, Ryan McVay - S. 136; Hagemann & Partner Verlagsgesellschaft mbH Düsseldorf - S. 170; Ernst Hollweck, Stephanskirchen - S. 144, 149; http://images-of-elements.com/ - S. 32, 39, 75; iStockphoto / kemie - S. 23; - / mattjeacock - S. 50; - / sharrocks - S. 143; - / shulz - S. 8, 132/133; - / theasis - S. 184; Steffen Ittig, Schleusingen - S. 62; Simone Kröger, Münster - S. 106; Klaus-Dieter Krüger, Friedland - S. 10, 11, 16 (2), 26 (6), 42 (3), 106; Mauritius Images / Alamy Stock Photo, Sciencephotos - S. 59; Johannes Schmidkonz, Eichstätt - S. 58; Science Photo Library / Ramon Andrade, 3dciencia - S. 183; - / Andrew Lambert Photography - S. 60, 92; - / US Geological Survey - S. 183; - / Charles D. Winters - S. 61; Stelzner Illustration & Grafikdesign, Frankfurt - S. 16, 188; Thomas Weingand, Gmund - S. 50; www.wikimedia.org - S. 34 (2), 119 (2)

Chemische Berufe

Es gibt viele Berufe im Bereich der Chemie, die entweder in einer Ausbildung oder über das Studium an einer Hochschule bzw. Universität erlernt werden können. Wenn du besondere Freude an dieser Naturwissenschaft hast, informiere dich hier! Weitergehende Informationen kannst du z. B. bei der Agentur für Arbeit erhalten.

Chemielaborantin / Chemielaborant und Chemisch-technische Assistentin / Chemisch-technischer Assistent (CTA)

Inhaltlich sind diese beiden Ausbildungen vergleichbar. Der wesentliche Unterschied liegt darin, dass die dreieinhalbjährige Ausbildung zur Chemielaborantin bzw. zum Chemielaboranten dual ist. Das heißt sie findet im Betrieb und in der Berufsschule statt und wird vergütet. Die CTA-Ausbildung erfolgt an einer Berufsfachschule und dauert zwei Jahre. Die Ausbildungszeit verlängert sich beim Anstreben weiterer Zusatzqualifikationen. Zu den Aufgaben in beiden Berufen gehört das Untersuchen von Stoffen und Produkten chemischer Reaktionen. Weiterhin das Herstellen von Stoffgemischen sowie das Entwickeln und Optimieren von Syntheseverfahren. Die Versuchsdurchführung wird dabei selbstständig überwacht und digital protokolliert. In der Ausbildung wird auch das Warten von Laborgeräten, die Überwachung des Lagerbestands und die fachgerechte Entsorgung von Gefahrstoffen erlernt.

Arbeitsplätze:

- Chemische, pharmazeutische und Kunststoffindustrie
- Nahrungsmittel- und Kosmetikindustrie
- Medizinische und naturwissenschaftliche Institute und Untersuchungslabors
- Umweltämter

Chemikantin / Chemikant

Zu den Aufgaben eines Chemikanten bzw. einer Chemikantin gehört das Herstellen von Grundchemikalien, wie Farben, Lacken, Kunststoffen sowie Wasch- und Reinigungsmitteln. Dazu müssen automatisierte Anlagen und Fertigungsstraßen gesteuert werden. Zu den Tätigkeitsfeldern gehört das Abmessen und Abfüllen von Rohstoffen für Produktionsanlagen und die Überwachung des am Anschluss ablaufenden Fertigungsprozesses. Zur Qualitätsprüfung werden während der Abläufe regelmäßig Stichproben entnommen und Messungen durchgeführt. Daten werden protokolliert und die Verpackung der fertigen Produkte wird überwacht. Zum Umfang der dreieinhalbjährigen Ausbildung gehört das Sicherstellen des betrieblichen Umweltschutzes und das Warten und Reparieren von Produktionsanlagen.

Arbeitsplätze:

- Chemische und pharmazeutische Industrie
- Unternehmen der Kunststoff verarbeitenden Industrie

Pharmazeutin / Pharmazeut

Für diesen Beruf werden ein Studium der Pharmazie und eine sogenannte pharmazeutische Prüfung benötigt. Zu den Tätigkeitsfeldern gehört das Erforschen und Herstellen neuer Wirkstoffe gegen Krankheiten sowie die großtechnische Produktion dieser Wirkstoffe mithilfe von Maschinen und Anlagen. Ein anderes Tätigkeitsfeld ist die Arbeit als Apothekerin bzw. Apotheker. Diese versorgen die Bevölkerung mit medizinischem Rat und Fertigarzneimitteln. Bei Bedarf stellen sie selbst Salben und Lösungen her.

Arbeitsplätze:

- Chemische und pharmazeutische Industrie
- Nahrungsmittel- und Kosmetikindustrie
- Naturwissenschaftliche und medizinische Institute von Hochschulen
- Apotheken

Toxikologin / Toxikologe

Toxikologie ist ein modernes interdisziplinäres Studium. Zu den Aufgabenfeldern gehört die Untersuchung der Wirkung, Aufnahme, Verteilung und Umsetzung fremder Stoffe im Stoffwechsel von Menschen, Tieren, Pflanzen sowie Ökosystemen, aber auch die Arbeit als Kriminaltechnikerin bzw. Kriminaltechniker.

Arbeitsplätze:

- Medizinische und naturwissenschaftliche Institute und Untersuchungslabors
- Umweltämter
- Polizei

Ingenieurin / Ingenieur in Chemie-, Verfahrens- oder Werkstofftechnik

Ein Studium in diesem Bereich ermöglicht die Arbeit in vielfältigen Zweigen der Forschung und Entwicklung, um Herausforderungen wie die Energiewende oder die Klimaproblematik zu meistern. Außerdem zählen zu den möglichen Tätigkeiten der Betrieb und die Optimierung von komplexen Produktionsanlagen, aber auch die Organisation und Überwachung bei wichtigen Einrichtungen, wie z. B. Behörden.

Arbeitsplätze:

- Chemische und pharmazeutische Industrie sowie Energiesektor
- Universitäten und Institute
- Behörden, Organisationen und Verbände

Chemielehrerin / Chemielehrer

Ein abgeschlossenes Hochschulstudium mit einem zweiten Unterrichtsfach sowie eine abschließende stark praxisorientierte Ausbildung an den verschiedenen Schularten sind dafür nötig. Zu den Aufgaben gehört das Begeistern von Kindern und Heranwachsenden für die faszinierende Welt der Stoffe und deren Reaktionen. Mithilfe von anschaulichen und spannenden Experimenten führen sie ihre Schüler an den naturwissenschaftlichen Erkenntnisweg heran und meistern dabei pädagogische und entwicklungspsychologische Herausforderungen wie z. B. die Pubertät.

Arbeitsplätze:

- Verschiedene schulische Einrichtungen
- Behörden

Gegenstandsbereiche der Chemie

Stoff-Teilchen-Konzept

Stoffe und ihre Eigenschaften lassen sich beobachten und messen. Grundlage zur Erklärung aller erfahrbaren Phänomene der Stoffebene ist die Vorstellung, dass alle Stoffe aus kleinen Teilchen und Teilchenverbänden aufgebaut sind. Gedanklich und sprachlich muss immer konsequent zwischen der Stoffebene und der Teilchenebene unterschieden werden.

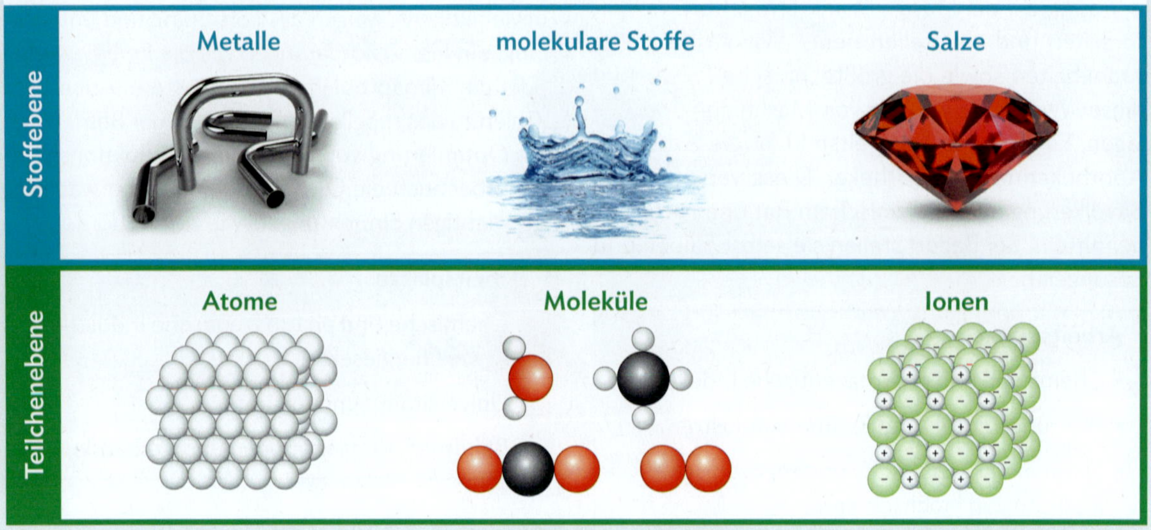

Chemische Reaktion

Bei chemischen Reaktionen findet ein Stoffumsatz statt. Aus Edukten entstehen Produkte mit anderen Kenneigenschaften. Die Gesamtmasse aller beteiligten Stoffe ändert sich während einer chemischen Reaktion nicht.

Reaktionsgleichung: $CH_4 + 2\,O_2 \longrightarrow CO_2 + 2\,H_2O$

Teilchenebene: 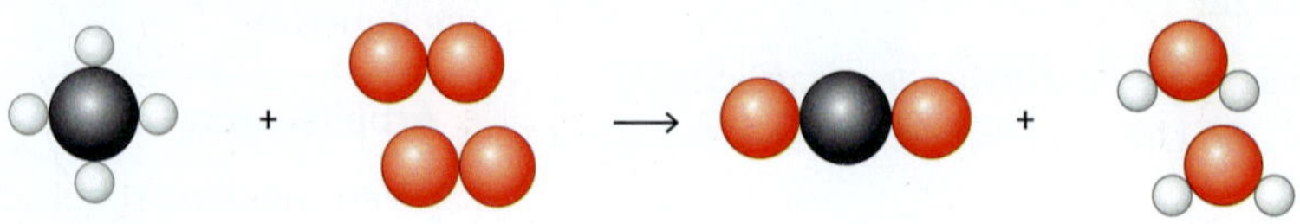

Bei Donator-Akzeptor-Reaktionen fungiert auf der Teilchenebene ein Reaktionspartner als Donator, der andere als Akzeptor.

Beispiel: Bei Redoxreaktionen findet zwischen den Teilchen der Reaktionspartner ein Elektronenübergang statt: Die Teilchen der Elektronendonatoren geben Elektronen ab, welche die Teilchen der Elektronenakzeptoren aufnehmen. Redoxreaktionen sind meist reversibel z. B. die Elektrolyse von Zink(II)-iodid und die freiwillige Rückreaktion.

Zink-Iod-Akku	Laden (Elektrolyse)	Entladen
Oxidation:	$2\,I^- \longrightarrow I_2 + 2\,e^-$	$Zn \longrightarrow Zn^{2+} + 2\,e^-$
Reduktion:	$Zn^{2+} + 2\,e^- \longrightarrow Zn$	$I_2 + 2\,e^- \longrightarrow 2\,I^-$
Gesamtgleichung:	$Zn^{2+} + 2\,I^- \longrightarrow Zn + I_2$	$Zn + I_2 \longrightarrow Zn^{2+} + 2\,I^-$

Struktur-Eigenschafts-Konzept

Art, Anordnung und Wechselwirkung der Teilchen bestimmen die Eigenschaften eines Stoffes.

Beispiel: **Alkane haben unterschiedliche Siedetemperaturen.**

Alkan	Siedetemperatur in °C
Ethan	-89
2,2-Dimethylpropan	10
n-Pentan	36

Die Stärke der LONDON-Dispersionswechselwirkungen zwischen Alkan-Molekülen ist abhängig von der Kettenlänge und dem Verzweigungsgrad der Moleküle.

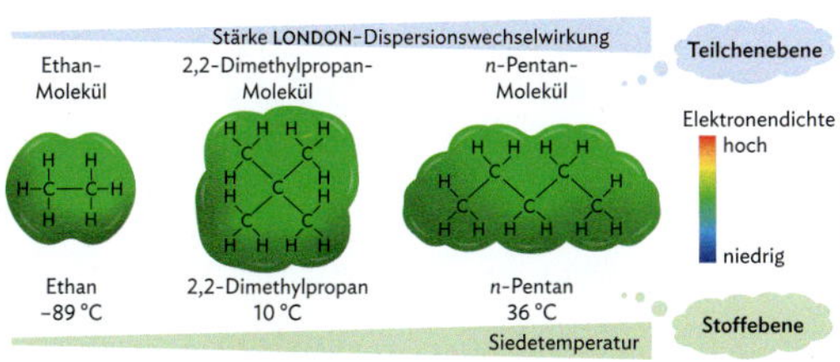

Energetische Betrachtung bei chemischen Reaktionen

Alle chemischen Reaktionen sind mit einem Energieumsatz verbunden. Die energetische Betrachtung chemischer Reaktionen liefert Aussagen darüber, ob und in welchem Ausmaß eine chemische Reaktion prinzipiell abläuft.

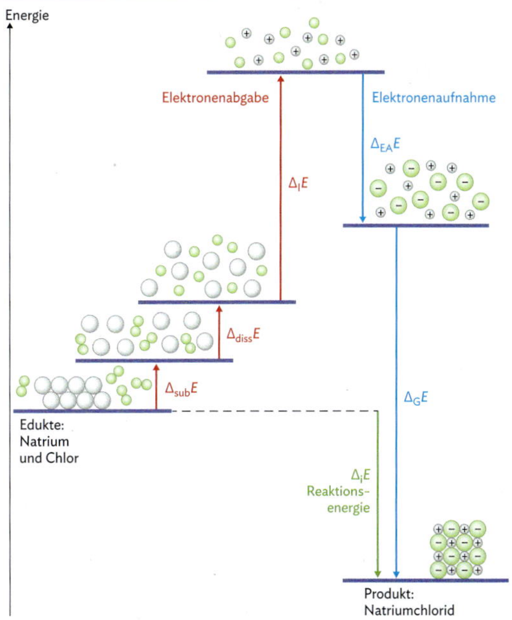

Kohlenwasserstoffe

Alkane

- Moleküle haben nur Einfachbindungen zwischen Kohlenstoff-Atomen
- unverzweigte Alkane-Moleküle bilden eine homologe Reihe
- allgemeine Molekülformel: C_nH_{2n+2}
- Isomere ab vier Kohlenstoff-Atomen im Molekül, z. B.: Isomere des Butans C_4H_{10}

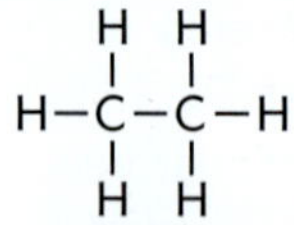

Ethan-Molekül

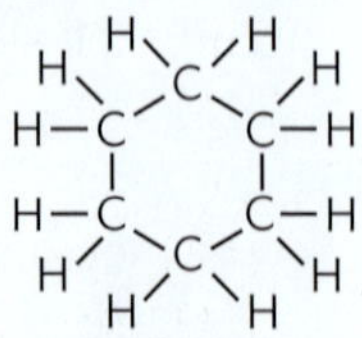

Cyclohexan-Molekül

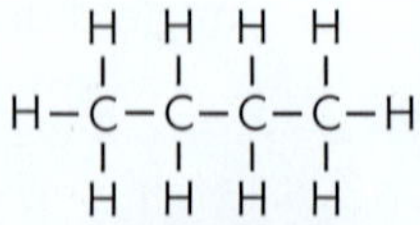

unverzweigt: *n*-Butan-Molekül

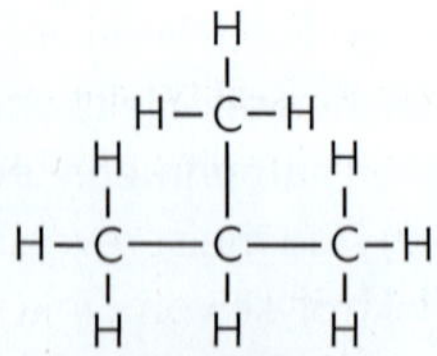

verzweigt: 2-Methylpropan-Molekül

- Alkan-Moleküle können ringförmig auftreten; allgemeine Molekülformel der Cycloalkane: C_nH_{2n}

Alkene und Alkine

- zusätzlich eine Mehrfachbindung in den Molekülen

- Alkene: Doppelbindung zwischen zwei Kohlenstoff-Atomen im Molekül
- unverzweigte Alken-Moleküle bilden eine homologe Reihe
- allgemeine Molekülformel für Alkene: C_nH_{2n}
- Isomere ab vier Kohlenstoff-Atomen im Molekül, z. B.: Isomere des Butens C_4H_8

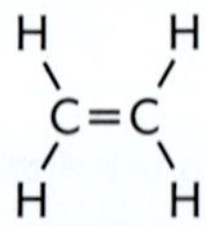

Ethen-Molekül

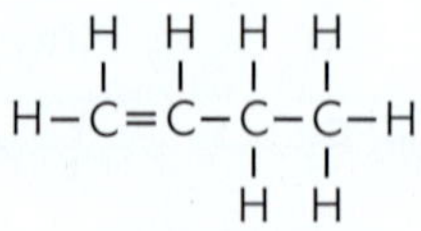

***n*-But-1-en-Molekül**

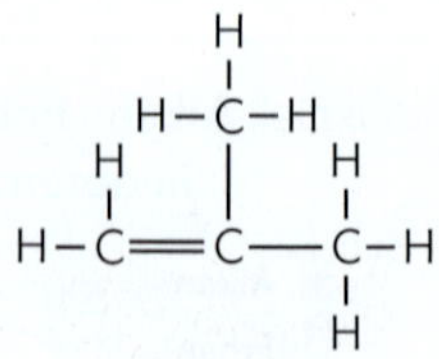

2-Methylpropen-Molekül

- fehlende Drehbarkeit um Doppelbindung: *E*/*Z*-Isomerie
- *E*/*Z*-Isomerie beschreibt unterschiedliche räumliche Anordnung von Atomen bzw. Atomgruppen um eine Doppelbindung

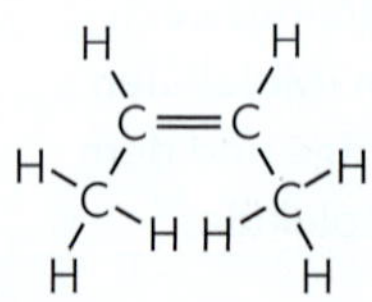

***n*-But-2-en-Molekül**
(*Z*)-But-2-en-Molekül

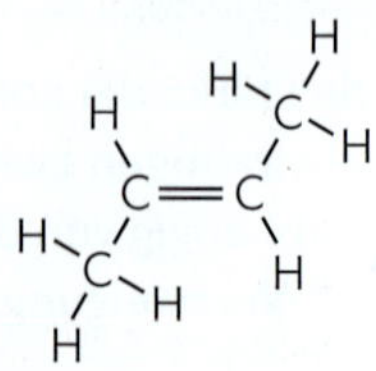

***n*-But-2-en-Molekül**
(*E*)-But-2-en-Molekül

- Alkine: Dreifachbindung zwischen zwei Kohlenstoff-Atomen im Molekül

$H-C\equiv C-H$

Ethin-Molekül

- unverzweigte Alkin-Moleküle bilden eine homologe Reihe
- allgemeine Molekülformel für Alkine: C_nH_{2n-2}
- Isomere ab vier Kohlenstoff-Atomen im Molekül, z. B.: Isomere des Butins C_4H_6

- Nachweis von Doppel- und Dreifachbindungen mit Bromwasser (positiv: Entfärbung)

Verbindungsklassen mit polaren funktionellen Gruppen

Alkohole

- funktionelle Gruppe:
  Hydroxy-Gruppe / –OH
- R = Alkyl-Rest = C_nH_{2n+1}
  oder anderer Kohlenwasserstoff-Rest tw. mit weiteren funktionellen Gruppen

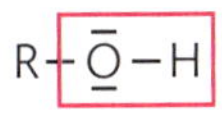

Hydroxy-Gruppe

Nachweis

- salpetersaure Lösung von Ammoniumcer(IV)-nitrat
  (positiv: Farbumschlag nach rot)

Vorkommen / Verwendung

- Getränke
- Reinigungsmittel
- Brennstoff

Aldehyde

- funktionelle Gruppe:
  Aldehyd-Gruppe / –CHO
- R = Alkyl-Rest = C_nH_{2n+1}
  oder anderer Kohlenwasserstoff-Rest tw. mit weiteren funktionellen Gruppen

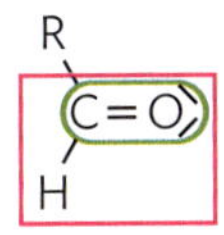

Aldehyd-Gruppe

Carbonyl-Gruppe

Nachweis

- SCHIFFsche Probe
  (positiv: Farbumschlag nach rosa bis violett)

Vorkommen / Verwendung

- natürliche Duftstoffe in Pflanzen
- Duftstoff in Parfüms und Lebensmitteln
- Zwischenprodukte chemische Industrie

Ketone

- funktionelle Gruppe:
  Keto-Gruppe / R–CO–R´
- R = Alkyl-Rest = C_nH_{2n+1}
  oder anderer Kohlenwasserstoff-Rest tw. mit weiteren funktionellen Gruppen

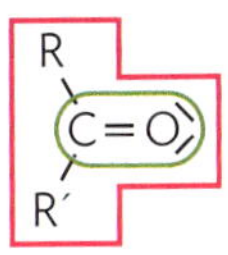

Keto-Gruppe

Carbonyl-Gruppe

Nachweis

- salzsaure 2,4-Dinitrophenylhydrazinlösung
  (positiv: gelber Niederschlag)

Vorkommen / Verwendung

- in Sexualhormonen
- Lösemittel

Carbonsäuren

- funktionelle Gruppe:
  endständige **Carboxy-Gruppe** / –COOH
- R = Alkyl-Rest = C_nH_{2n+1}
  oder anderer Kohlenwasserstoff-Rest tw. mit weiteren funktionellen Gruppen

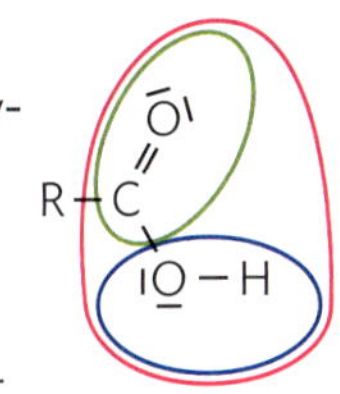

Carbonyl-Gruppe

Carboxy-Gruppe

Hydroxy-Gruppe

Nachweis

- Säure-Base-Indikator (z. B. Bromthymolblau)

Vorkommen / Verwendung

- Lebensmittel (z. B. Zitrusfrüchte oder Essig)

Arten chemischer Bindungen

Ionenbindung

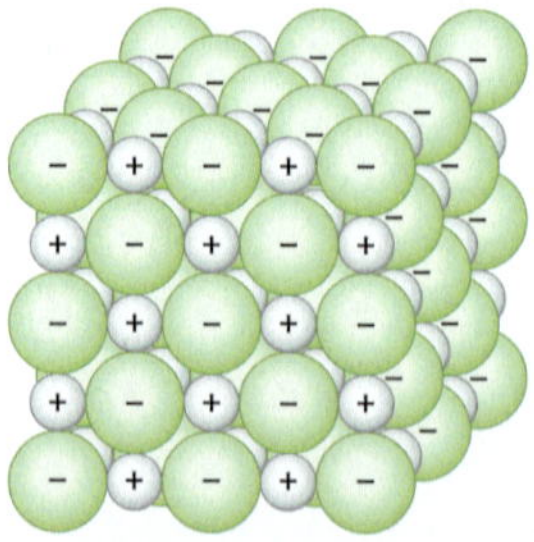

Elektrostatische Anziehungskräfte zwischen den Anionen und Kationen eines **Ionengitters** wirken in alle Raumrichtungen. Sie sind der Grund für den starken Zusammenhalt der Ionen im Gitter. Dieser ist umso größer, je kleiner die Ionen sind und je höher die Ladung der Ionen ist.

Elektronenpaarbindung

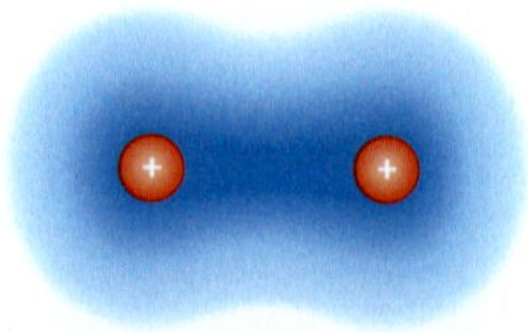

Die Atome in **Molekülen** werden durch **gemeinsame Elektronenpaare** (Bindungselektronen) zusammengehalten. Die Bindungselektronen können zu einem Atom hin verschoben sein (**polar**) oder sich genau zwischen den beiden Atomen bevorzugt aufhalten (**unpolar**).
($\Delta EN \leq 0{,}4$: unpolare oder nahezu unpolare Elektronenpaarbindung; $\Delta EN > 0{,}4$: deutlich polare Elektronenpaarbindung)

Metallbindung

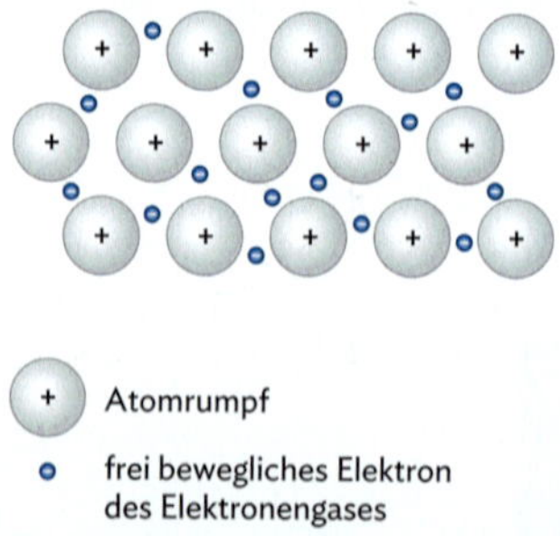

Im **Metallgitter** besetzen positiv geladene Atomrümpfe feste Gitterplätze. Um sie herum befinden sich die frei beweglichen Elektronen des Elektronengases. Die Metallbindung resultiert aus den Anziehungskräften zwischen den positiv geladenen Atomrümpfen und dem Elektronengas.

abnehmende Stärke der Bindung